「十四冬」气象印记

——第十四届全国冬季运动会气象保障服务全记录

内蒙古自治区气象局
赵黎明◎主编

气象出版社
China Meteorological Press

内 容 简 介

本书介绍了中华人民共和国第十四届冬季运动会(简称“十四冬”)内蒙古自治区气象局气象保障服务工作情况,主要从“十四冬”基本概况、组织管理、科技支撑、服务保障、宣传科普、党建引领、成效成果、经验启示8个方面记录了“十四冬”气象保障服务情况,旨在重点展示内蒙古自治区气象局在组织管理、保障服务、科技支撑等方面取得的经验和成果。

本书内容翔实、资料丰富、图文并茂,既可以作为第十四届全国冬季运动会气象保障服务的珍贵历史档案,又可以作为广大气象工作者做好气象保障服务的宝贵参考材料。

图书在版编目(CIP)数据

“十四冬”气象印记 : 第十四届全国冬季运动会气象保障服务全记录 / 赵黎明主编. -- 北京 : 气象出版社, 2024. 9. -- ISBN 978-7-5029-8305-5

Ⅰ. P451

中国国家版本馆 CIP 数据核字第 2024MA4456 号

“十四冬”气象印记——第十四届全国冬季运动会气象保障服务全记录

“Shisi Dong”Qixiang Yinji——Di-shisi Jie Quanguo Dongji Yundonghui Qixiang Baozhang Fuwu Quanjilu

---

出版发行:气象出版社

地　　址:北京市海淀区中关村南大街 46 号　　**邮政编码**:100081

电　　话:010-68407112(总编室)　010-68408042(发行部)

网　　址:http://www.qxcbs.com　　**E-mail**:qxcbs@cma.gov.cn

责任编辑:张　媛　　**终　　审**:张　斌

责任校对:张硕杰　　**责任技编**:赵相宁

封面设计:楠竹文化

印　　刷:北京地大彩印有限公司

开　　本:787 mm×1092 mm　1/16　　**印　　张**:19.75

字　　数:493 千字

版　　次:2024 年 9 月第 1 版　　**印　　次**:2024 年 9 月第 1 次印刷

定　　价:150.00 元

本书如存在文字不清、漏印以及缺页、倒页、脱页等,请与本社发行部联系调换

《“十四冬”气象印记
——第十四届全国冬季运动会气象保障服务全记录》

编委会

编写组

张治楠　张晨阳　张蛟娇　张新禹　陈　杰　陈金琪
陈炜光　武艳娟　国永伟　金　淼　周昕南　周铁桩
宝金钢　孟玉婧　赵　斐　赵　楠　赵睿峰　洪潇宇
晋亮亮　贾志非　贾晓燕　徐玉强　徐亮亮　徐艳琴
殷凤阳　高　菲　高　晶　高超越　郭晓佳　郭浩峰
康　利　康晟炜　董志鹏　靳雨晨　缪丽颖　魏　巍

统　稿：武艳娟　余亚庆　宋禹霏　李红梅　于溥天　邹逸航
洪潇宇　司　阳　康晟伟　宝金钢

【领导关怀】

2024 年 2 月 15 日，内蒙古自治区党委书记孙绍骋（前排右一）到扎兰屯赛区调研指导“十四冬”气象保障服务工作

2023 年 8 月 10 日，中国气象局党组书记、局长陈振林在兴安盟调研时，指导“十四冬”气象保障服务工作

2023 年 3 月 6 日，中国气象局党组成员、副局长张祖强（中）在中国气象局听取"十四冬"气象保障服务工作汇报

2024 年 1 月 26 日，中国气象局副局长曹晓钟（左六）到内蒙古冰上运动训练中心调研时，指导"十四冬"气象保障服务工作

2024 年 1 月 12 日，中国气象局党组成员、副局长熊绍员（中）在京主持召开"十四冬"气象保障服务专题调度会，安排部署"十四冬"冲刺阶段筹备工作

2024 年 1 月 21 日，中国气象局地球数值预报中心主任龚建东（前排左二）到赤峰气象分中心调研时，指导“十四冬”气象保障服务工作

2023 年 12 月 21 日，内蒙古自治区气象局党组书记、局长赵黎明（左二）到国家卫星气象中心走访对接“十四冬”气象保障服务工作

2023 年 12 月 21 日，内蒙古自治区气象局党组书记、局长赵黎明（右三）到国家气象信息中心走访对接“十四冬”气象保障服务工作

2023 年 12 月 16 日，内蒙古自治区气象局党组书记、局长赵黎明（右三）到扎兰屯赛区检查指导“十四冬”气象保障服务工作

2024 年 1 月 12 日，内蒙古自治区气象局党组书记、局长赵黎明向中国气象局党组成员、副局长熊绍员汇报“十四冬”气象保障服务进展

2024 年 1 月 21 日，内蒙古自治区气象局党组书记、局长赵黎明（右三）到喀喇沁赛区指导“十四冬”气象保障服务工作

2024 年 2 月 16 日，内蒙古自治区气象局党组书记、局长赵黎明（中）在呼伦贝尔气象分中心参加“十四冬”开幕式专题会商

2024 年 2 月 23 日，内蒙古自治区气象局党组书记、局长赵黎明（前排左五）到凉城赛区指导“十四冬”气象保障服务工作

2024 年 1 月 24 日，内蒙古自治区气象局党组成员、副局长刘海波（中）到喀喇沁赛区指导“十四冬”气象保障服务工作

2024 年 2 月 20 日，内蒙古自治区气象局党组成员、副局长刘海波（前排右二）到凉城赛区指导“十四冬”气象保障服务工作

2024 年 2 月 24 日，内蒙古自治区气象局党组成员、副局长刘海波（二排中）到扎兰屯赛区现场指导“十四冬”气象保障服务工作，参加“十四冬”扎兰屯赛区气象保障临时党支部活动

2024 年 2 月 24 日，内蒙古自治区气象局党组成员、副局长刘海波（左）与扎兰屯市委副书记、市人民政府党组书记、市长王波（右）就“十四冬”气象保障服务进行座谈交流

2024 年 2 月 19 日，内蒙古自治区气象局党组成员、纪检组组长卢松（前排右一）到凉城赛区专项监督指导“十四冬”气象保障服务工作

2024 年 1 月 26 日，内蒙古自治区气象局党组成员、副局长李春筱（左五）慰问凉城赛区干部职工，指导“十四冬”气象保障服务工作

2023 年 12 月 24 日，内蒙古自治区气象局党组成员、副局长达布希拉图（左三）到扎兰屯赛区指导“十四冬”气象保障服务工作

【现场服务】

2024 年 2 月 17 日,“十四冬”海拉尔赛区气象保障服务人员监测开幕式现场气象条件

2024 年 1 月 2 日,“十四冬”扎兰屯赛区气象保障服务人员与裁判员和运动员交流降雪天气对赛事影响

2024 年 1 月 4 日,“十四冬”扎兰屯赛区气象保障服务人员清理观测设备上的积雪

2024 年 2 月 1 日，“十四冬”扎兰屯赛区气象保障服务人员向裁判员征求意见

2024 年 1 月 19 日，“十四冬”喀喇沁赛区气象保障服务人员参加第一次教练员会议

2024 年 1 月 23 日，“十四冬”喀喇沁赛区气象保障服务人员向竞赛长李宏权（右二）介绍天气情况

2024 年 1 月 19 日,"十四冬"凉城赛区气象保障服务人员安装调试六要素便携式自动气象站

2024 年 1 月 19 日,"十四冬"凉城赛区气象保障服务人员会商研判天气情况

2024 年 1 月 12 日,"十四冬"呼和浩特赛区气象保障服务人员安装调试六要素便携式自动气象站

【温馨时刻】

2024 年 2 月 24 日，内蒙古自治区气象局党组成员、副局长刘海波（二排中）在扎兰屯赛区与“十四冬”气象保障服务人员欢度元宵佳节

2024 年 2 月 9 日，扎兰屯赛区“十四冬”气象保障服务值守工作人员共度春节

2024 年 2 月 24 日，凉城赛区"十四冬"气象保障服务人员共度元宵佳节

2024 年 6 月 1 日，欢送北京冬奥气象服务专家北京市气象台副台长时少英(前排中)

【冬奥专家风采】

2024 年 2 月 15 日，国家气象中心首席预报员董全（左二）到内蒙古自治区呼伦贝尔市气象局指导“十四冬”气象保障服务工作

冬奥专家　北京市气象台副台长　时少英（右一）

冬奥专家　河北省张家口市气象局　郭宏（前排右一）

冬奥专家　黑龙江省气象台　徐玥(左一)

冬奥专家　黑龙江省气象台　唐凯(右一)

冬奥专家　内蒙古自治区气象台　马学峰(右一)

冬奥专家　内蒙古自治区气象台　赵斐(左一)

冬奥专家　内蒙古自治区呼伦贝尔市气象台　王颖

冬奥专家　内蒙古自治区呼伦贝尔市气象台
隋沆锐（左一）

冬奥专家　内蒙古自治区赤峰市松山区气象局
洪潇宇（左一）

冬奥专家　内蒙古自治区赤峰市气象台　晋亮亮（左一）

序

当寒风凛冽，白雪皑皑，冬季的韵味弥漫在空气之中，我们知道，那不仅仅是大自然的馈赠，更是对勇敢者的挑战。在这样的季节里，一场盛大的体育盛宴——中华人民共和国第十四届冬季运动会（简称“十四冬”）隆重举行，它汇聚了来自全国各地的冰雪健儿，共同竞技，共筑梦想。在这一切的背后，有一群默默奉献的气象保障服务人员，他们用自己的专业知识和细致周到的气象保障服务，为赛事的成功举办保驾护航。

为了总结凝练好“十四冬”气象保障服务的宝贵经验，呈现一个真实、全面、深入的气象保障服务视角，内蒙古自治区气象局组织编写了《“十四冬”气象印记——第十四届全国冬季运动会气象保障服务全记录》（简称《“十四冬”气象印记》），分别从基本概况、组织管理、科技支撑、服务保障、宣传科普和党建引领等方面全面总结了“十四冬”气象保障服务的经验成果。通过对“十四冬”气象保障服务的深入剖析，探讨气象服务在体育赛事中的重要性和作用，为未来的重大活动气象保障服务工作提供有益借鉴和参考。

《“十四冬”气象印记》不仅是“十四冬”期间气象保障服务工作的全面记录，更是对这群幕后英雄辛勤努力的生动描绘，书中详细记录了气象保障服务团队在筹备、实施、总结等各环节中的辛勤付出和精彩瞬间，展现了他们面对复杂天气变化时的智慧与勇气。

《“十四冬”气象印记》不仅让我们看到气象保障服务团队对标“监测精密、预报精准、服务精细”目标，运用先进科技手段，为赛事的顺利进行提供有力保障，更详细记载了他们夜以继日分析数据、调整方案，只为确保运动员们在最佳天气条件下发挥出最高水平。正是他们的努力，才保障了一场场精彩绝伦的冰雪赛事成功举行。

《“十四冬”气象印记》不仅是对气象保障服务团队的一次致敬，更是对他们专业精神和奉献精神的一次深刻展现。正是他们的努力，让社会更加深刻地认识到气象服务在体育赛事中的重要性。在未来的日子里，期待气象服务能够继续发挥重要作用，为更多的体育赛事及重大社会活动提供精准、及时、有效的保障。

在此，我要向所有参与“十四冬”气象保障服务工作的同志们表示衷心的感谢和崇高的敬意，衷心感谢你们的辛勤付出和无私奉献。同时，我也要感谢所有关心和支持气象事业发展的朋友们，是你们的关注和支持让我们有了更多的动力和信心去追求卓越、创造辉煌。

最后，我希望《“十四冬”气象印记》能够成为连接读者与气象服务的桥梁，让更多的人了解关注并支持气象事业。愿每一位读者都能从中汲取力量，为推进气象科技能力现代化和社会服务现代化，实现中华民族伟大复兴做出新的更大贡献。

（中国气象局党组成员、副局长　熊绍员）

2024 年 7 月 1 日

前　言

历经八年，两次备战，“十四冬”圆满闭幕。不同于夏季运动会，冬季运动会比赛更易受极端天气影响，且比赛项目大多属于极限运动，气象因素的细微变化可能导致赛事重大安全事故。“十四冬”比赛项目全面对标米兰-科尔蒂纳丹佩佐冬季奥林匹克运动会①，是历届全国冬季运动会②中规模最大、项目最多、标准最高的一届，也是内蒙古自治区首次承办全国大型综合性运动会，是对气象保障服务的严峻考验。国—省—市—县四级气象部门经受了艰巨挑战，扛住了巨大压力，取得了显著成效，以实际行动和使命担当兑现了气象保障服务承诺，赢得了国家体育总局及内蒙古自治区党委、自治区人民政府和中国气象局的高度肯定。

成功的气象保障服务离不开高效的组织管理。全国气象部门坚持主动、互动、联动，充分发挥集中力量办大事的体制优势，举全国气象部门之力，为做好“十四冬”气象保障服务提供了坚强保障。国家级业务单位亲临赛区实地考察“十四冬”气象保障服务工作，从赛事组织、项目建设、技术支撑、产品制作等多个方面为“十四冬”气象保障服务工作提供精准技术指导与支持，形成“十四冬”气象保障服务国—省部门合力。内蒙古自治区气象局形成“十四冬”“2133”气象保障体系，凝练“九必做”工作法，全力做好“十四冬”期间气象保障服务工作。区—盟—旗三级气象部门主动对接沟通，积极争取项目，扎实开展观测站选址、供电、通信等相关工作。举办地盟（市）、旗（县）气象部门顶风冒雪巡护仪器，披星戴月研判天气，全力以赴开展气象保障服务。北京市、河北省、黑龙江省气象部门选派第24届冬季奥林匹克运动会③专家全程参与保障任务，以高度的责任感和使命感，以高水平、

① 米兰-科尔蒂纳丹佩佐冬季奥林匹克运动会，简称米兰冬奥会。

② 冬季运动会，简称冬运会或冬运。

③ 第24届冬季奥林匹克运动会，简称北京冬奥会或北京冬奥。

高质量、高标准气象服务为“十四冬”保驾护航。

成功的气象保障服务离不开先进的技术支撑。对标“监测精密、预报精准、服务精细”目标，内蒙古自治区气象局建成了全时空、立体化的气象观测系统，无缝隙、精细化的气象预报系统，以及广覆盖、专业化的气象服务系统。地基遥感垂直观测系统首次投入冬运气象服务，组织实施了“十四冬”精细化气象预报示范计划，自主研发了5项气象预报技术，引进北京冬奥“百米级、分钟级”精准预报技术，运用和林格尔新一代国家气象超算，实现了精细化的赛事服务，“十四冬”气象保障服务集中检阅了气象科技创新和气象现代化建设成果，生动诠释了新时代气象科技发展进程。

成功的气象保障服务离不开优良的气象传统。内蒙古气象部门坚持党建引领，聚焦“十四冬”气象保障服务各个环节，团结协作、恪尽职守、奋发有为，成立气象保障临时党支部和气象保障服务突击队，充分发挥基层党组织主动性、创造性。在“十四冬”气象保障服务的全过程中，广大气象工作者心怀“国之大者”，充分发扬“蒙古马精神”和“三北精神”，敢于担当作为，勇于攻坚克难，甘于无私奉献，立足本职岗位，奔赴一线，全力以赴开展气象保障服务，用党性自觉、使命责任、科学技术和专业技能，书写了无愧于新时代的气象风采新篇章。

站在新的历史起点，内蒙古气象部门将以更加昂扬的姿态，持续深入领会习近平总书记关于内蒙古工作和对气象工作重要指示精神，对标《气象高质量发展纲要(2022—2035年)》《关于推动内蒙古高质量发展 奋力书写中国式现代化新篇章的意见》要求，全面推进《中国气象局 内蒙古自治区人民政府合作协议》内容落实，大力加强“十四冬”气象保障服务成果的推广应用，加快推进气象科技能力现代化和社会服务现代化，以气象高质量发展赋能经济社会高质量发展，为奋力书写中国式现代化新篇章和办好“两件大事”①做出新的更大贡献。

作者

2024年6月25日

① “两件大事”是指习近平总书记交给内蒙古的“五大任务”和全方位建设“模范自治区”。“五大任务”是指内蒙古要建设成为我国北方重要生态安全屏障、祖国北疆安全稳定屏障、国家重要能源和战略资源基地、国家重要农畜产品生产基地、我国向北开放重要桥头堡。

目　录

序

前言

第1章　基本概况 …… 1

1.1　赛会背景 …… 1

1.2　赛事规模 …… 1

1.3　比赛场地 …… 2

1.4　开(闭)幕式 …… 2

1.5　火炬传递 …… 2

1.6　赛事安排 …… 2

1.7　气象条件与冬季运动会的关系及影响 …… 4

第2章　组织管理篇 …… 5

2.1　需求与挑战 …… 7

2.2　组织机构 …… 11

2.3　方案预案 …… 25

2.4　工作机制 …… 25

2.5　支撑与合作 …… 28

第3章　科技支撑篇 …… 31

3.1　全时空、立体化的气象观测系统 …… 31

3.2　无缝隙、精细化的气象预报系统 …… 47

3.3　广覆盖、专业化的气象服务系统 …… 75

第4章　服务保障篇 …… 88

4.1　“十四冬”期间天气气候特征 …… 88

4.2　“十四冬”筹备期气象服务 …… 90

4.3 “十四冬”赛事气象服务 …… 95
4.4 “十四冬”大型活动气象预报服务 …… 112
4.5 “十四冬”赛会气象预报服务 …… 118
第 5 章 宣传科普篇 …… 120
5.1 宣传举措 …… 120
5.2 宣传科普稿件选编 …… 123
第 6 章 党建引领篇 …… 165
6.1 成立临时党支部 …… 165
6.2 主题党日 …… 165
6.3 工作日志 …… 171
第 7 章 成效成果篇 …… 215
7.1 精密监测类 …… 215
7.2 精准预报类 …… 215
7.3 精细服务类 …… 216
第 8 章 经验启示篇 …… 218
附录 A 各级领导和部门对赛事气象服务的评价 …… 220
附录 B 重要会议材料 …… 228
附录 C 重要文件 …… 262
附录 D 重要简报 …… 269
附录 E “十四冬”气象保障服务大事记 …… 279
附录 F “十四冬”气象服务产品 …… 283
附录 G “十四冬”雪上竞赛气象要素阈值指标 …… 289
致谢 …… 290

第1章

基本概况

1.1 赛会背景

中华人民共和国第十四届冬季运动会(以下简称“十四冬”),由国家体育总局主办、内蒙古自治区人民政府承办,原定 2020 年 2 月举办,受新冠疫情影响,经国务院批准,于 2024 年 2 月 17—27 日在内蒙古自治区举行。这是继北京冬奥会后首次举办的全国冬季大型体育赛事,也是内蒙古自治区首次承办的全国大型综合性运动会。

“十四冬”是深入贯彻党的二十大精神,巩固和扩大“三亿人参与冰雪运动”成果、促进冰雪运动持续发展、掀起“后奥运时代”冰雪运动新高潮的重要举措,也是充分展示内蒙古自治区政治、经济、社会、文化、生态文明建设成就的重要舞台。同谱冬运新曲,共唱草原欢歌。“冬运惠民”全民健身系列活动将冬运知识、技能培训和项目推广融入全域四季的全民健身活动,号召“人人都是宣传员、人人都做东道主”,以关心关注“十四冬”掀起全民健身热潮,以全民健身进一步普及推广冬季项目,激发群众参与冰雪运动的热情。

为做好“十四冬”赛事服务工作,内蒙古自治区人民政府成立“十四冬”筹备委员会①(内政办字〔2023〕31 号),下设筹委会办公室②以及综合部、宣传部、竞赛部、场地器材部、大型活动部、接待部、安全保卫部、食品药品安全保障部、医疗卫生和疫情防控部、志愿者服务部、市场开发部、财务审计部③、气象保障部、反兴奋剂工作部和环境治理部 15 个专项工作部,设立呼伦贝尔执行委员会④、赤峰执行委员会、乌兰察布执行委员会、呼和浩特执行委员会。

1.2 赛事规模

“十四冬”比赛项目全面对标 2026 年米兰冬奥会,设滑冰、滑雪、冬季两项、冰壶、冰球、雪车、雪橇、滑雪登山 8 个大项、16 个分项、180 个小项。其中,比赛项目设 8 个大项、176 个小项,群众赛事活动设 4 个小项。对比 2016 年新疆“十三冬”,增加了 3 个大项、5 个分项、79 个小项;对比北京冬奥会,增加了滑雪登山 1 个大项。“十四冬”共有来自 31 个省(区、市)、香港

---

① 筹备委员会,简称筹委会。
② 筹委会办公室,简称筹委办。
③ 财务审计部,简称财审部。
④ 执行委员会,简称执委会。

地区、澳门地区及新疆生产建设兵团、中国石油体育协会的 35 支代表团 3000 余名运动员参加竞技体育和群体项目比赛，1300 余名技术官员参与执裁，是历届全国冬季运动会中规模最大、项目最多、标准最高的一届。

1.3 比赛场地

在内蒙古自治区设立海拉尔赛区、扎兰屯赛区、喀喇沁赛区、凉城赛区、呼和浩特赛区 5 个赛区。

(1)冰上项目：内蒙古冰上运动训练中心。

(2)雪上项目：呼伦贝尔扎兰屯金龙山滑雪场、赤峰喀喇沁美林谷滑雪场、乌兰察布凉城滑雪场。

(3)群众体育项目：呼和浩特市东河冰场。

因内蒙古不具备雪车、雪橇和部分滑雪项目办赛条件，这些比赛项目安排在北京市延庆区和河北省张家口市崇礼区举办。其中，雪车、钢架雪车和雪橇项目在北京市延庆区国家雪车雪橇中心举办；高山滑雪项目在北京市延庆区国家高山滑雪中心举办，跳台滑雪项目在河北省张家口市崇礼区举办。

1.4 开(闭)幕式

开幕式在内蒙古冰上运动训练中心速度滑冰馆举行，时间为 2024 年 2 月 17 日；闭幕式在呼伦贝尔大剧院举行，时间为 2024 年 2 月 27 日。

1.5 火炬传递

“十四冬”火炬传递时间为 2024 年 2 月 3 日，传递路线为满洲里国门景区→陈巴尔虎旗→海拉尔区。

1.6 赛事安排

内蒙古自治区境内比赛场馆场地涉及呼伦贝尔市(海拉尔区、扎兰屯市)、赤峰市(喀喇沁旗)、乌兰察布市(凉城县)、呼和浩特市(赛罕区)4 个市的 5 个旗(县、区)，比赛项目占 78%以上。

1.6.1 资格赛安排

资格赛安排

项目	赛事名称	比赛日期	比赛地点
自由式滑雪空中技巧	2023—2024 年赛季全国自由式滑雪空中技巧锦标赛暨“十四冬”资格赛	2023 年 12 月 22—31 日	呼伦贝尔扎兰屯金龙山滑雪场
单板滑雪大跳台(BA)和坡面障碍技巧(SS)	2023—2024 年赛季全国单板滑雪大跳台和坡面障碍技巧锦标赛暨“十四冬”资格赛	2023 年 12 月 29 日—2024 年 1 月 10 日	呼伦贝尔扎兰屯金龙山滑雪场

续表

项目	赛事名称	比赛日期	比赛地点
自由式滑雪大跳台(BA)和坡面障碍技巧(SS)	2023—2024 年赛季全国自由式滑雪大跳台和坡面障碍技巧锦标赛暨“十四冬”资格赛	2023 年 12 月 29 日—2024 年 1 月 10 日	呼伦贝尔扎兰屯金龙山滑雪场
越野滑雪	2023—2024 年赛季全国越野滑雪锦标赛暨“十四冬”资格赛	2023 年 12 月 23—30 日	乌兰察布凉城滑雪场
冬季两项	2023—2024 年赛季全国冬季两项锦标赛暨“十四冬”资格赛	2024 年 1 月 4—10 日	乌兰察布凉城滑雪场

1.6.2　开幕式前比赛安排

开幕式前比赛安排

赛区	项目	比赛日期	金牌数/枚	比赛地点
海拉尔赛区	冰壶(青年组)	2024 年 1 月 9—17 日	3	内蒙古冰上运动训练中心冰球冰壶馆
	速度滑冰(公开组)	2024 年 1 月 11—14 日	14	内蒙古冰上运动训练中心速度滑冰馆
	短道速滑(青年组)	2024 年 1 月 11—14 日	9	内蒙古冰上运动训练中心短道速滑馆
	花样滑冰(青年组)	2024 年 1 月 17—19 日	4	
喀喇沁赛区	单板滑雪平行大回转	2024 年 1 月 22—25 日	4	赤峰喀喇沁美林谷滑雪场
扎兰屯赛区	滑雪登山	2024 年 1 月 30 日—2 月 1 日	3	呼伦贝尔扎兰屯金龙山滑雪场
呼和浩特赛区	群众越野滑雪	2024 年 1 月 13—14 日	2	呼和浩特市东河冰场
	群众速度滑冰		2	

1.6.3　开幕式后比赛安排

开幕式后比赛安排

赛区	项目	比赛日期	金牌数/枚	比赛地点
海拉尔赛区	短道速滑(公开组)	2024 年 2 月 15—18 日	9	内蒙古冰上运动训练中心短道速滑馆
	花样滑冰(公开组)	2024 年 2 月 21—22 日、24—26 日	5	内蒙古冰上运动训练中心短道速滑馆
	速度滑冰(青年组)	2024 年 2 月 24—27 日	12	内蒙古冰上运动训练中心速度滑冰馆
	冰壶(公开组)	2024 年 2 月 14—27 日	3	内蒙古冰上运动训练中心冰球冰壶馆
	冰球(青年组)	2024 年 2 月 16 日、18—27 日	2	内蒙古冰上运动训练中心冰球冰壶馆

续表

赛区	项目	比赛日期	金牌数/枚	比赛地点
扎兰屯赛区	自由式滑雪空中技巧	2024 年 2 月 21—24 日	6	呼伦贝尔扎兰屯金龙山滑雪场
	自由式滑雪雪上技巧	2024 年 2 月 18—19 日	4	
	单板滑雪U 型场地技巧	2024 年 2 月 15—17 日	4	
	自由式滑雪U 型场地技巧	2024 年 2 月 24—26 日	4	
	单板滑雪大跳台和坡面障碍技巧	2024 年 2 月 20—21 日、24—26 日	8	
	自由式滑雪大跳台和坡面障碍技巧	2024 年 2 月 17 日、20—21 日	4	
凉城赛区	单板滑雪障碍追逐	2024 年 2 月 19 日、21 日	5	乌兰察布凉城滑雪场
	自由式滑雪障碍追逐	2024 年 2 月 20 日	4	
	越野滑雪	2024 年 2 月 23—26 日	18	
	冬季两项	2024 年 2 月 15—16 日、18 日、20 日、22—23 日	11	

1.7　气象条件与冬季运动会的关系及影响

冰雪项目与气象条件关系密切，风速、风向、气温、降水、雪面温度等气象要素对户外赛事的开展影响重大，气象是冬运会成功举办的最关键因素之一。同时，雪务保障、运行保障以及运动员人身安全都对气象服务提出了严峻挑战。冬运会期间，观众众多，比赛地点分散，各类安全问题突出，对气象保障提出了更高要求。与北京冬奥会相比，“十四冬”比赛期间更容易出现气温−40 ℃以下、风力 8 级以上的对赛事非常不利的天气。气温低和风力大是“十四冬”面临的主要天气风险，同时也需要应对降雪、沙尘、低能见度、过暖融雪等天气风险。气象条件除了对所有的户外比赛，比如安全和公平的比赛环境、运动员的发挥和表现等有明显影响外，还会影响到场馆建设、制冰造雪等赛事筹备建设，运动员和观众的交通出行以及观众观看的舒适度，也会影响电视转播等。

第2章

组织管理篇

内蒙古自治区气象局高度重视“十四冬”气象保障服务，坚决贯彻落实内蒙古自治区党委、自治区人民政府和中国气象局各项决策部署，将做好“十四冬”气象保障作为一项重大政治任务来抓，主动作为、积极融入，克服比赛地点分散、资料累积时间短、赛事对气象需求高、高影响天气多发、大型体育赛事服务经验偏少等重重困难，以高效精准、优质精细的气象保障服务赛事、赛会、开(闭)幕式、火炬传递等取得圆满成功，获得了各级领导、筹委会、竞赛委员会[①]、赛区执委会、裁判团、运动员以及社会各界的广泛好评和高度赞誉。

在中国气象局、筹委办和各执委会的大力支持下，内蒙古自治区气象局坚持高位部署、高标推进、高效落实，组织召开专题会议30余次，制定各类制度3项，“月通报、周调度、日记录”等工作机制10项，开展周调度42次，月通报10次，全面推进“十四冬”气象保障服务筹备工作。高位部署，周密谋划。成立了“十四冬”内蒙古气象中心[②]，下设办公室(简称“冬运办”)，内蒙古自治区气象局党组书记、局长赵黎明任冬运内蒙古气象中心主任，全面部署“十四冬”气象保障服务工作。针对赛前筹备、资格赛保障、大型活动保障、正赛服务等不同阶段，多次召开党组专题会议研究安排部署，要求各工作组、各气象分中心担当作为，履职尽责。主动下沉呼伦贝尔市海拉尔区参加筹委会合署办公，充分利用合署办公契机，与多个专项工作部开展工作对接。多次到各赛区实地检查指导，慰问驻场服务人员，并对气象保障服务工作进行针对性指导。四级协同，密切联动。发挥垂管体制优势，强化四级主动互动联动。内蒙古自治区气象局的领导多次带队向中国气象局汇报“十四冬”筹备工作进展，争取支持。中国气象局组织制定《第十四届全国冬季运动会气象保障工作方案》，成立协调指导组，全程跟进指导，国家级业务单位提供各类支持49项。统筹资源，体系完备。组建组织协调专班和技术服务专班，各赛区现场气象保障团队和后方支撑团队(共275人)尽锐出战。编制各类方案预案20个，明确职责分工，提升保障能力。29个自动气象站、4个辐射站、2部激光测风雷达、1部微波辐射计、1套地基遥感垂直观测方舱，实现所有场馆和赛道监测全覆盖；引进北京冬奥先进技术和平台并本地化应用，自主研发多项预报技术成果，以科技创新为引领的气象观测系统、气象预报系统和气象服务系统充分展现气象现代化水平。“一场一策、一项一策、分类施策”，递进式、伴随式、精细化的大型活动服务、赛事气象服务和赛会保障服务效果显著。形成的“2133”冬运气象保障体系(2个工作专班、1套方案预案、3大业务系统、3类气象服务)在“十四冬”气象保障服务

① 竞赛委员会，简称竞委会。

② “十四冬”内蒙古气象中心，简称冬运内蒙古气象中心。

中发挥了至关重要的作用。

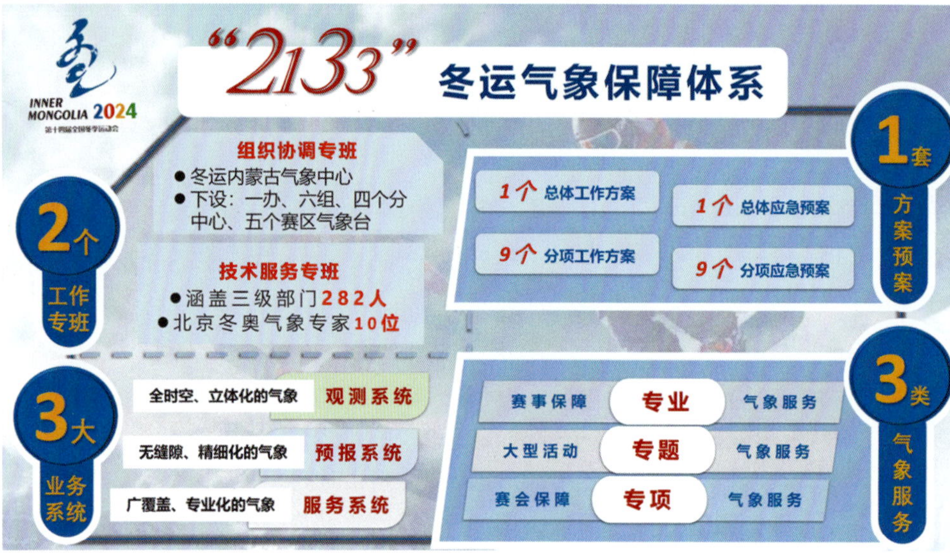

"2133"冬运气象保障体系

内蒙古自治区气象局科学高效的组织管理工作为"十四冬"气象保障服务顺利运行提供了强有力的支撑，主要呈现如下特点。

一是施策精准，有的放矢。精心组织管理，在"十四冬"筹备和运行服务的不同阶段采取针对性组织管理措施。

1）人员配置科学精干：一方面，抽调精兵强将组成冬运办，筹备初期，工作人员全面掌握内蒙古自治区整体气象保障服务工作及各赛区情况，共同参与研究推进各项工作。赛事期间，冬运办人员实行赛区负责制，全部下沉赛区办公，针对性地开展工作，强化每个责任赛区沟通协调工作。冬运办副主任牛宝亮负责各赛区整体工作把控，执行副主任武艳娟负责扎兰屯赛区，司阳负责凉城赛区，董志鹏负责海拉尔赛区，周昕南负责喀喇沁赛区。另一方面，在气象保障服务团队人员配置方面充分考量赛区特点。海拉尔赛区赛事以室内冰上运动为主，呼和浩特赛区赛事为群众项目，对气象服务需求略小于其他赛区，团队以盟（市）气象局首席专家为主。喀喇沁赛区有 2 名本单位专家参与过北京冬奥气象保障服务以及上一周期"十四冬"气象保障服务，经验丰富，同时考虑喀喇沁赛区仅有 1 项赛事，赛程较短，因此团队组成以本地气象专家为主。凉城赛区缺少参加过北京冬奥气象保障服务工作的专家，为高质量完成气象保障任务，冬运办协调 2 名北京冬奥气象保障专家（黑龙江省气象局 1 名、内蒙古自治区气象局 1 名）入驻凉城赛区，同时北京冬奥首席气象专家、内蒙古自治区气象台副台长时少英全程下沉赛区指导。扎兰屯赛区作为"十四冬"明星运动员最多的赛区，关注度极高，又考虑到赛区气象条件复杂，山地小气候多变，特集结了包含 2 名本地预报专家在内的 5 位北京冬奥气象保障专家（河北省气象局 1 名、黑龙江省气象局 1 名、内蒙古自治区气象局 3 名），全力保障赛事顺利进行。

2）管理模式灵活适用：筹备阶段初期，冬运办统筹安排，总体掌握。建立联络员制度，不定期组织冬运内蒙古气象中心各专项工作组、各气象分中心联络员召开联络员会议，小范围快速高效部署工作。筹备后期，建立调度会议制度，召开各组、各气象分中心工作调度会，定期通报工作进展和下一步重点工作安排，利于相关人员及时掌握最新筹备情况，全面有序落实推进工作。比赛期间，每天召开各赛区日调度会，总结当日服务过程中发现的问题并提出解决措施，确保后续服务工作持续改进和提升。

3）信息报送及时高效：为及时准确掌握各工作组、各气象分中心工作动态，冬运办定期组织信息报送。筹备期要求相关单位报送工作月报，赛事期间加密报送日报，并制作月、日工作简报，以便有效利用信息促进下一步工作开展。同时，在比赛期间增加赛事专报，适时总结每项比赛气象保障服务情况，并向有关单位及时通报。

二是因地制宜，发挥优势。根据不同赛区实际情况采取不同的运行模式，充分发挥各赛区本地优势。喀喇沁赛区作为最早举行雪上项目正赛的赛区，管理服务的运行经验还不够丰富，为保证赛事气象保障服务万无一失，实行冬运办与赤峰气象分中心共同管理的模式，同步发挥区—市两级经验优势。海拉尔赛区、凉城赛区及呼和浩特赛区实行以属地管理为主的模式，配合北京冬奥专家指导，市级气象局充分发挥主观能动性，根据本赛区赛事时间、项目特点及服务需求，指导赛区气象台运行。扎兰屯赛区赛事项目多，天气情况复杂，关注程度高，采用冬运办扁平化管理模式，冬运办执行副主任直接部署各项工作，大大提高气象保障服务运行效率。不同的运行管理模式在各赛区实现了工作效率的最大化，取得了显著的成效。

三是复盘总结，凝练经验。作为最早进行决赛角逐的比赛项目，海拉尔赛区冰球（公开组）于 2023 年 7 月 13 日率先开赛，气象保障服务各项工作进入全流程全要素实战，先行先试为其他赛区后续"十四冬"气象保障服务的团队组成、服务模式、产品发布机制、系统平台运行、高影响天气应对措施等方面提供了极其宝贵的经验借鉴。同时，冬运办组织两次全流程应急演练，不断查找不足，提升应急处置经验和能力。2023 年末至 2024 年 1 月末，各赛区资格赛、喀喇沁赛区正赛以及扎兰屯赛区滑雪登山决赛相继举行，在每次气象保障服务后不断复盘总结，凝练经验，查漏补缺，冬运气象保障服务运行体制日渐完善，为整个"十四冬"气象保障服务圆满成功奠定了扎实基础。"十四冬"结束后，内蒙古自治区气象学会组织召开技术交流，进一步总结交流了气象保障服务的技术成果，有利于提升今后重大活动气象保障服务水平。

2.1　需求与挑战

2.1.1　冬季运动对气象保障服务的需求

冬季运动特别是雪上运动与气象条件密切相关，气象对赛事举办、运动员比赛成绩和比赛安全影响重大。随着我国经济社会的快速发展，全国性经济、文化、体育等重大活动增多，气象服务也已成为各项重大活动组织实施及运行保障中不可或缺的重要内容。

2023 年 5 月 29 日，《内蒙古自治区人民政府办公厅关于调整第十四届全国冬季运动会筹备委员会组成人员和机构设置的通知》，专门设置了气象保障部，要求气象保障部主要负责制定工作方案和相关应急预案，负责气象保障工程实施方案的编制和项目建设实施，负责大型活动和赛事期间气象监测、天气预报、灾害预警等服务保障工作，负责大型活动人工影响天气①方

① 人工影响天气，简称人影。

案的编制和实施等。同时,气象又作为环境治理部的组成单位,承担着环境气象相关任务。随着各项筹备工作的不断推进,“十四冬”的举办对气象保障服务提出了更加全面、具体的需求。

2023 年 12 月,国务委员谌贻琴,国务院副秘书长刘宇辉都对气象保障服务工作提出了要求。

中国气象局党组高度重视“十四冬”气象保障服务,多次对推进工作进行部署。中国气象局党组书记、局长陈振林到内蒙古调研指导时指出:“要提高政治站位,把‘十四冬’气象保障服务作为重大政治任务,全力以赴做好各项筹备工作。”中国气象局党组成员、副局长张祖强听取“十四冬”气象保障筹备服务等工作情况汇报时要求:“举全国之力做好第十四届全国冬季运动会气象保障服务,成立专门协调机构,做好统筹协调,将北京冬奥保障中心的业务系统、服务系统、人才队伍应用到内蒙古。”中国气象局副局长曹晓钟实地检查指导“十四冬”气象保障服务工作。中国气象局党组成员、副局长熊绍员在“十四冬”专题调度会上要求:“要提高政治站位,切实增强责任感、紧迫感。要坚持抓实抓细,充分应用气象科技能力现代化和社会服务现代化成果。要坚持党建引领,积极作为,将党建与业务融合体现在气象保障服务的各个环节。”

内蒙古自治区党委书记孙绍骋到扎兰屯赛区气象工作室视察指导。内蒙古自治区党委副书记、自治区主席王莉霞与自治区副主席么永波多次对气象服务提出要求。

参与“十四冬”的群体较多,不同群体对气象服务的需求不同,主要包括以下几个方面。

赛事安全保障需求。“十四冬”气象保障服务对象包括筹委会、组织委员会①、各赛区执委会、各单项竞委会、比赛场馆运行团队、各项目技术官员、代表团官员、教练员、运动员、工作人员等。为保障各项赛事安全、顺利举办,冬运内蒙古气象中心需结合赛事需要,分析可能影响竞赛日程、交通保障、能源调度、安保管理、代表团返程等有关的天气信息,向各部门及工作人员提供气象产品及咨询服务,并提供抵御风险的建议。

大型活动保障需求。开(闭)幕式及火炬传递等大型活动气象保障服务同样至关重要。火炬传递在户外进行,降水、大风、低温等高影响天气会对活动进行直接产生不利影响,需要为火炬传递及彩排期间提供定时、定点、定量的精细化预报服务。开(闭)幕式虽在室内场馆举行,天气变化对活动的影响相对较小,但仍需密切关注降水、大风等高影响天气风险对彩排活动、交通运行、观众抵离、志愿者服务等造成的不利影响,及时发布滚动跟踪预报或天气预警。主要负责开(闭)幕式及火炬传递等大型活动气象保障服务的呼伦贝尔气象分中心和海拉尔赛区气象台按需求及时做好实时数据服务、天气预报服务、气候服务以及现场服务。

赛场运维保障需求。在前期筹备阶段,需要气象部门为“十四冬”造冰、造雪、保雪、场地选择等方案设计提供气象分析支撑。在赛事运行期间,雪场运维部门需要根据气候预测、天气预报等预判造雪的最佳时段,开展赛道新雪清除等工作。

城市运行管理需求。根据赛事期间属地运行相关需求,盟(市)—旗(县)两级气象部门按职责做好属地赛事外围及城市运行保障气象服务。服务对象主要包括主办地人民政府及公安、交通、应急、文旅、生态环境等部门。加强“十四冬”场馆周边的供电、供水、供暖、通信等城市生命线系统气象保障服务,提供包括环境、扫雪铲冰、供电供气等专项气象预报,加强气象灾害及衍生灾害气象保障服务,以及突发事件应急气象保障服务。

公众观赛和旅游出行需求。公众对气象服务需求集中在场馆精细化天气预报、交通出行气象预报以及便捷的气象服务。由于雪上项目设在室外,赛场及周边天气情况、与观赛效果相关

① 组织委员会,简称组委会。

的天空状况、太阳辐射、风速、能见度、穿衣指数等都成为公众关注的重点。雪上项目赛场通常离市区较远，公众需要提前了解气象条件对交通的影响，以便提前做好观赛前的交通出行选择和准备。结合公众对气象信息获取的便捷性要求，满足公众多渠道、多手段获取气象服务的需求。

根据不同气象服务需求，研究明确了“十四冬”服务时段、服务产品、发布频次等。

服务产品清单

<table>
<tr><th>类别</th><th colspan="2">服务时段</th><th>服务产品</th><th>发布频次</th></tr>
<tr><td rowspan="3">火炬传递气象服务</td><td colspan="2">火炬传递前 1～2 个月</td><td>火炬传递阶段气候背景分析</td><td>按需提供</td></tr>
<tr><td colspan="2">活动前 15～30 d</td><td>“十四冬”火炬传递阶段短期气候预测产品</td><td>按需提供</td></tr>
<tr><td colspan="2">火炬传递前 7 d 至火炬传递结束</td><td>火炬传递天气服务专报</td><td>每日 1 次</td></tr>
<tr><td rowspan="4">开(闭)幕式气象服务</td><td colspan="2">2023 年 11—12 月</td><td>“十四冬”开(闭)幕式期间气候风险评估</td><td>按需提供</td></tr>
<tr><td colspan="2">活动前 15～30 d</td><td>“十四冬”开(闭)幕式短期气候预测产品</td><td>按需提供</td></tr>
<tr><td colspan="2">2024 年 2 月 11—17 日</td><td>开幕式气象服务专报</td><td>每日 1 次或根据天气情况加密</td></tr>
<tr><td colspan="2">2024 年 2 月 21—27 日</td><td>闭幕式气象服务专报</td><td>每日 1 次或根据天气情况加密</td></tr>
<tr><td rowspan="6">赛事气象服务</td><td rowspan="2">赛前</td><td>2023 年 12 月 15 日—2024 年 2 月 15 日</td><td>赛事期间气候预测</td><td>每 5 d 1 次</td></tr>
<tr><td>2023 年 6 月 1 日—12 月 31 日</td><td>0～7 d 无缝隙场馆天气预报</td><td>室内场馆每日 2 次(11 时、16 时)
室外场馆每日 4 次(07 时、11 时、16 时、19 时)</td></tr>
<tr><td rowspan="3">赛中</td><td rowspan="3">2024 年 1 月 4 日—2 月 27 日</td><td>天气实况</td><td>实时提供</td></tr>
<tr><td>0～7 d 无缝隙场馆天气预报</td><td>每日 4 次(07 时、11 时、16 时、19 时)</td></tr>
<tr><td>赛场高影响天气预警</td><td>根据天气情况不定时提供</td></tr>
<tr><td>赛后</td><td>2024 年 2 月 28 日—3 月 3 日</td><td>天气预报</td><td>每日 1 次</td></tr>
<tr><td rowspan="6">专项气象服务</td><td colspan="2" rowspan="6">2024 年 1 月 4 日—2 月 27 日</td><td>环境气象服务专报</td><td>每日 1 次</td></tr>
<tr><td>交通气象服务专报</td><td>每日 1 次</td></tr>
<tr><td>旅游气象服务专报</td><td>每日 1 次</td></tr>
<tr><td>扫雪铲冰气象服务专报</td><td>不定时提供</td></tr>
<tr><td>供电供气气象服务专报</td><td>不定时提供</td></tr>
<tr><td>气象科普宣传产品</td><td>不定时提供</td></tr>
</table>

2.1.2 “十四冬”气象保障面临的挑战

北京冬奥会后气象工作受到了广泛关注，同时“十四冬”是内蒙古自治区首次承办的全国性体育赛事，内蒙古气象部门冬季大型体育赛事气象保障服务经验不足，“十四冬”气象保障服务面临前所未有的压力和挑战，主要体现在以下几个方面。

比赛标准高，项目设置全。“十四冬”在历届冬运会中比赛标准最高、项目最全。一是赛事举办对标北京冬奥会，比赛项目全面对标 2026 年米兰冬奥会，其中滑雪登山首次纳入比赛项目，影响赛事正常举行的气象阈值尚无参考依据，尚无任何气象保障服务经验可以借鉴。二是为了保障米兰冬奥会的人才储备和选拔，在往届冬运会个别项目设置青年组的基础上，“十四冬”在短道速滑、速度滑冰、花样滑冰、冰壶等冰上项目和单板滑雪、自由式滑雪、跳台滑雪、高山滑雪、越野滑雪等雪上项目广泛设置青年组，让年轻一代在全国最高水平的舞台尽情展现、积累经验、快速成长，参赛人员众多。三是“十四冬”还首次设置了群众比赛项目，来自全国 21 个代表团的 410 名运动员、教练员参赛。设置的越野滑雪和滑冰都是群众喜闻乐见、参与度高的冬季项目，覆盖各年龄段人群，积极响应习近平总书记“带动三亿人参与冰雪运动”的号召。这些“首次”都对气象保障服务提出了更高要求。

比赛规模大，赛事变化多。“十四冬”在历届冬运会中比赛规模最大，同时比赛项目和地点相较上一周期来说调整较大，气象保障服务任务艰巨。一是比赛地点分散。“十四冬”比赛场馆场地分布在内蒙古自治区呼伦贝尔市、赤峰市、乌兰察布市、呼和浩特市以及北京市延庆区、河北省张家口市 7 个赛场，仅内蒙古自治区境内最西部赛区呼和浩特至最东部赛区扎兰屯的直线距离就有近 1200 km。二是各赛区特点差异明显。各赛区特别是雪上项目场地地形地貌、气候特征差异明显，不同的比赛项目对气象要素敏感性差异较大，气象保障服务采取“一场一策、一项一策、分类施策”难度很大。三是比赛时间分散。自 2023 年 7 月 13 日开启首场比赛，至 2024 年 2 月 27 日最后一场比赛落幕，“十四冬”整个赛程历经 7 个半月，时间跨度大，2 月 17 日“十四冬”开幕前就已产生 77 枚金牌。虽然是冬季运动会，但从规划建设气象站点开始，气象保障服务跨越了四季，针对不同季节、不同赛事特点，采取针对性气象服务具有很大挑战。

赛场地形复杂，观测预报难度大。“十四冬”雪上项目多在室外山地举行，没水没电没路没网的恶劣条件对气象观测站网布局、建设、运维和海量多尺度多要素探测数据的实时应用提出巨大挑战。“十四冬”不同赛事对天气条件要求高、风险阈值差异大，个别比赛项目还有对秒级风的需求。不同赛区赛场大都地形复杂、局地小气候多变，而预报团队针对山地微尺度精准预报技术这一国际难题积累的预报经验不足，对标北京冬奥会“百米级、分钟级”预报技术难度极大。虽然“十四冬”当时计划引进北京冬奥先进预报技术平台，但如何将预报模式、方法进行本地化应用，使其更适用于内蒙古，从而能在“十四冬”中发挥更大优势，是摆在所有预报服务人员面前的又一大难题。

2.2　组织机构

2.2.1　气象保障部和环境治理部

1)2023 年 5 月 29 日，内蒙古自治区人民政府办公厅印发《关于调整第十四届全国冬季运动会筹备委员会组成人员和机构设置的通知》(内政办字〔2023〕31 号），决定对"十四冬"筹委会组成人员和机构设置进行调整，其中筹委会成员、气象保障部部长由内蒙古自治区气象局党组书记、局长党志成担任。

气象保障部组织成员及职责：

部　长：党志成　内蒙古自治区气象局局长

副部长：李志友　内蒙古自治区体育局副局长

　　　　刘海波　内蒙古自治区气象局副局长

联络员：武艳娟　内蒙古自治区气象局应急与减灾处副处长

主要职责：制定工作方案和相关应急预案；负责气象保障工程实施方案的编制和项目建设实施；负责大型活动和赛事期间气象监测、天气预报、灾害预警等服务保障工作；负责大型活动人工影响天气方案的编制和实施；做好资料收集、整理、归档等工作；完成筹委会交办的其他工作。

2)2023 年 8 月 11 日，"十四冬"筹委办印发《关于调整第十四届全国冬季运动会筹备委员会组成人员和成员单位的通知》(十四冬筹办字〔2023〕23 号)。根据人事变动和工作需要，经研究，决定对"十四冬"筹委会组成人员和环境治理部成员单位进行调整，其中筹委会成员、气象保障部部长由内蒙古自治区气象局党组书记、局长党志成调整为内蒙古自治区气象局党组成员、副局长杨志捷。

环境治理部新增赤峰市人民政府、乌兰察布市人民政府、内蒙古自治区发展和改革委员会、内蒙古自治区工业和信息化厅、内蒙古自治区公安厅、内蒙古自治区财政厅、内蒙古自治区自然资源厅、内蒙古自治区住房和城乡建设厅、内蒙古自治区商务厅、内蒙古自治区卫生健康委员会、内蒙古自治区应急管理厅、内蒙古自治区市场监管局、内蒙古自治区能源局、内蒙古自治区气象局为成员单位。

3)2023 年 10 月 20 日，"十四冬"筹委会环境治理部印发《关于印发第十四届全国冬季运动会筹备委员会环境治理部组成人员和机构设置的通知》。

(1)环境治理部组成人员

部　长：王旺盛　内蒙古自治区生态环境厅厅长

副部长：王一岭　内蒙古自治区生态环境厅副厅长

　　　　杨茂盛　内蒙古自治区工业和信息化厅副厅长

　　　　赵剑南　内蒙古自治区公安厅副厅长

　　　　王风岐　内蒙古自治区财政厅副厅长

　　　　田　野　内蒙古自治区自然资源厅副厅长

　　　　于新芳　内蒙古自治区住房和城乡建设厅副厅长

　　　　张志全　内蒙古自治区交通运输厅副厅长

　　　　侯燕会　内蒙古自治区商务厅副厅长

隋晓杰　内蒙古自治区卫生健康委员会副主任
邢国显　内蒙古自治区应急管理厅副厅长
冯　晔　内蒙古自治区市场监督管理局二级巡视员
刘胡成　内蒙古自治区体育局副局长
铁　牛　内蒙古自治区林业和草原局副局长
张占军　内蒙古自治区能源局副局长
刘海波　内蒙古自治区气象局副局长
杨子江　呼伦贝尔市副市长
赵志刚　赤峰市副市长
于海成　乌兰察布市副市长

(2)专项工作组组成人员及工作职责

①综合协调组

成员及职责(略)。

②督查督办组

成员及职责(略)。

③监测预警组

组　长:王一岭　内蒙古自治区生态环境厅副厅长
刘海波　内蒙古自治区气象局副局长
副组长:阿永嘎　内蒙古自治区生态环境厅生态环境监测处处长
牛宝亮　内蒙古自治区气象局应急与减灾处处长
成　员:许海珍　内蒙古自治区生态环境厅生态环境监测处副处长
周兴军　内蒙古自治区环境监测总站大气室主任
武艳娟　内蒙古自治区气象局应急与减灾处副处长
包卓兰　内蒙古自治区生态环境厅生态环境监测处干部
董志鹏　内蒙古自治区气象局干部

工作职责:做好保障区域空气质量监测和预测预报,分析研判大气污染特征及变化趋势,根据预测预报结果,提出保障区域应急措施启动和解除建议。做好辐射环境监测工作。

④保障服务组

成员及职责(略)。

⑤保障专家组

组　长:樊庆云　内蒙古自治区环境监测总站副站长
副组长:胡生荣　内蒙古自治区生态环境科学研究院副院长
成　员:马　婷　内蒙古自治区生态环境科学研究院大气中心主任
谷新波　内蒙古自治区气象服务中心专业气象台台长
赵　玲　内蒙古大学教授

工作职责:为环境治理部保障工作提供技术支撑;分析论证环境质量保障各项管控措施;为环境质量决策会商提供管控策略和措施建议。

⑥应急处置组

成员及职责(略)。

4)2023 年 12 月 25 日,"十四冬"筹委办印发《关于调整第十四届全国冬季运动会筹备委员会组成人员的通知》。根据人事变动和工作需要,经研究,决定对"十四冬"筹委会组成人员进行调整,其中筹委会成员、气象保障部部长由内蒙古自治区气象局党组成员、副局长杨志捷调整为内蒙古自治区气象局党组书记、局长赵黎明。

2.2.2　冬运内蒙古气象中心

内蒙古自治区气象局于 2023 年 4 月 19 日成立了以主要负责人任主任,其他局领导任副主任,相关职能处室、直属单位及盟(市)气象局主要负责人为成员的冬运内蒙古气象中心。冬运内蒙古气象中心下设"一办、六组、四个分中心、五个赛区气象台",即冬运办,气象服务组、预报预测组、观测与网络组、人影服务组、应急与宣传组、财务审计组,呼伦贝尔气象分中心、赤峰气象分中心、乌兰察布气象分中心、呼和浩特气象分中心,海拉尔赛区气象台、扎兰屯赛区气象台、喀喇沁赛区气象台、凉城赛区气象台和呼和浩特赛区气象台,充分利用气象业务分段、气象部门垂管的特点,将工作组设置横向拓展至各业务段,纵向延伸到各赛区,确保组织有力有序。

冬运内蒙古气象中心负责对接协调中国气象局、内蒙古自治区党委及自治区人民政府、"十四冬"筹委会及执委会,统一领导和指挥"十四冬"各赛区的综合观测、预报预测预警、气象服务、信息网络、人影等工作;组织协调共同开展气象保障服务;完成上级交办的其他工作。

主　任:赵黎明　　内蒙古自治区气象局局长
副主任:杨志捷　　内蒙古自治区气象局副局长
　　　　刘海波　　内蒙古自治区气象局副局长
　　　　卢　松　　内蒙古自治区气象局纪检组组长
　　　　李春筱　　内蒙古自治区气象局副局长
　　　　达布希拉图　内蒙古自治区气象局副局长

成　员:由各相关职能处室、直属单位主要负责人以及呼伦贝尔市、赤峰市、乌兰察布市、呼和浩特市气象局主要负责人组成。

冬运办负责冬运内蒙古气象中心日常事务工作。

主　　任:刘海波　内蒙古自治区气象局副局长
副 主 任:牛宝亮　内蒙古自治区气象局应急与减灾处处长
执行副主任:武艳娟　内蒙古自治区气象局应急与减灾处副处长

1)气象服务组

组　长:牛宝亮　内蒙古自治区气象局应急与减灾处处长
副组长:李　忠　内蒙古自治区气象服务中心主任
　　　　李兴华　内蒙古自治区生态与农业气象中心主任
　　　　武艳娟　内蒙古自治区气象局应急与减灾处副处长
　　　　宋桂英　内蒙古自治区气象台副台长
　　　　郭春燕　内蒙古自治区气象服务中心副主任
　　　　武荣盛　内蒙古自治区生态与农业气象中心副主任

2)预报预测组

组　长:马小林　内蒙古自治区气象局科技与预报处副处长(主持工作)
副组长:李云鹏　内蒙古自治区气象台台长

孙永刚　内蒙古自治区气候中心主任
李纯彦　内蒙古自治区气象局科技与预报处副处长
宋桂英　内蒙古自治区气象台副台长
赵艳丽　内蒙古自治区气候中心副主任

3)观测与网络组

组　长:康　利　内蒙古自治区气象局观测与网络处副处长(主持工作)
副组长:李永利　内蒙古自治区气象数据中心主任
张　立　内蒙古自治区气象数据中心副主任

4)人影服务组

组　长:唐英昆　内蒙古自治区人影办常务副主任
副组长:苏立娟　内蒙古自治区人影中心主任
毕力格　内蒙古自治区人影中心副主任

5)应急与宣传组

组　长:李长生　内蒙古自治区气象局办公室主任
副组长:李晓亮　内蒙古自治区气象局办公室副主任
白晓东　内蒙古自治区气象服务中心副主任

6)财务审计组

组　长:刘正会　内蒙古自治区气象局计划财务处处长
副组长:赵利云　内蒙古自治区气象局党组纪检组副组长(正处级)
殷凤阳　内蒙古自治区气象局计划财务处副处长

7)呼伦贝尔气象分中心

主　任:张平安　呼伦贝尔市气象局局长
副主任:哈布尔　呼伦贝尔市气象局纪检组组长
张　昉　呼伦贝尔市气象局副局长
曹庆国　满洲里市气象局局长
张小东　呼伦贝尔市气象局副局长

8)赤峰气象分中心

主　任:咸立仁　赤峰市气象局局长
副主任:安新宇　赤峰市气象局副局长
季　飏　赤峰市气象局副局长
赵　红　赤峰市气象局纪检组组长

9)乌兰察布气象分中心

主　任:任福江　乌兰察布市气象局局长
副主任:赵存富　乌兰察布市气象局纪检组组长
卢少东　乌兰察布市气象局副局长
张兴源　乌兰察布市气象局副局长

10)呼和浩特气象分中心

主　任:汝凤军　呼和浩特市气象局局长
副主任:雪　斌　呼和浩特市气象局副局长

樊　斌　呼和浩特市气象局副局长

刘跃刚　呼和浩特市气象局副局长

11)海拉尔赛区气象台

台　长:车延超　海拉尔区气象局局长

副台长:杨雪峰　呼伦贝尔市气象台副台长

王　涵　呼伦贝尔市气象综合保障中心主任

姜　涛　海拉尔区气象局副局长

12)扎兰屯赛区气象台

台　长:金　淼　扎兰屯市气象局局长

副台长:王　颖　呼伦贝尔市气象台副台长

张晨阳　内蒙古自治区气象数据中心工程师

张新禹　内蒙古自治区气象数据中心工程师

雍末华　扎兰屯市气象局副局长

13)喀喇沁赛区气象台

台　长:徐丽娇　赤峰市气象台台长

副台长:晋亮亮　赤峰市气象台高级工程师

洪潇宇　松山区气象局副局长

刘　健　赤峰市气象综合保障中心高级工程师

14)凉城赛区气象台

台　长:陈　杰　乌兰察布市气象台副台长(主持工作)

副台长:王海珍　凉城县气象局高级工程师

马　强　乌兰察布市气象综合保障中心副主任

赵　楠　乌兰察布市气象台助理工程师

15)呼和浩特赛区气象台

台　长:杨彩云　呼和浩特市气象台台长

副台长:刘晓敏　呼和浩特市气象台副台长

红　英　赛罕区气象台台长

魏　宽　呼和浩特市气象综合保障中心高级工程师

2.2.3　现场与后方支撑团队

组建涵盖区—盟—旗三级的气象服务团队,由 5 个现场气象保障团队和后方支撑团队 275 人共同构成。"十四冬"现场气象保障服务团队 74 人,直接服务于赛事运行的海拉尔赛区、扎兰屯赛区、喀喇沁赛区、凉城赛区、呼和浩特赛区,由内蒙古自治区气象局专家、呼伦贝尔市气象局、赤峰市气象局、乌兰察布市气象局、呼和浩特市气象局的业务人员以及雷达和微波辐射计等厂家保障人员共同组成,承担"十四冬"开(闭)幕式、其他大型活动及各赛区赛事预报制作和发布、赛事现场服务、装备运维保障等相关赛事服务工作。后方支撑团队 201 人,分为内蒙古自治区级气象保障支撑团队和盟(市)级气象保障支撑团队,承担"十四冬"气象保障中联络协调、预报预测、观测与网络、气象服务及宣传等各项技术支撑工作。

技术服务专班中,高级工程师以上职称人数占比达 40%,冬奥气象保障服务专家共 10

人，其中内蒙古自治区气象局6人（赵斐、马学峰、洪潇宇、晋亮亮、王颖、隋沆锐），北京市气象局1人（时少英），河北省气象局1人（郭宏），黑龙江省气象局2人（徐玥、唐凯）。省—市—县三级气象部门管理和技术专家尽锐出战，为高质量、高标准圆满完成“十四冬”气象保障服务任务提供强大的人才支撑。

1）现场气象保障团队

（1）海拉尔赛区现场气象保障团队

①现场预报服务团队

成　员：江　靖　内蒙古自治区气象台
赵　斐　内蒙古自治区气象台
刘思彤　呼伦贝尔市气象台
丁丽婷　呼伦贝尔市气象台
刘　娜　海拉尔区气象台
王　莹　海拉尔区气象台
李　玲　海拉尔区气象台

②现场运维保障团队

成　员：马　健　呼伦贝尔市气象综合保障中心
崔玉阳　呼伦贝尔市气象综合保障中心
金　刚　海拉尔区气象局
周铁桩　海拉尔区气象局
刘兴瑞　海拉尔区气象局

服务赛事：内蒙古冰上运动训练中心比赛项目

（2）扎兰屯赛区现场气象保障团队

①现场预报服务团队

前方工作组：江　靖　内蒙古自治区气象台（空中技巧）
郭　宏　河北省张家口市气象台（大跳台）
常　煜　呼伦贝尔市气象台（滑雪登山、雪上技巧）
王　颖　呼伦贝尔市气象台（U型场地技巧）
隋沆锐　呼伦贝尔市气象台（坡面障碍技巧）

后方工作组：唐　凯　黑龙江省气象台（空中技巧、U型场地技巧、雪上技巧）
白　明　呼伦贝尔市气象台（空中技巧、U型场地技巧、雪上技巧）
高绍鑫　呼伦贝尔市气象台（空中技巧、U型场地技巧、雪上技巧）
春　花　扎兰屯市气象台（空中技巧、U型场地技巧、雪上技巧）
姚　晔　扎兰屯市气象台（空中技巧、U型场地技巧、雪上技巧）
赵　斐　内蒙古自治区气象台（滑雪登山、坡面障碍技巧、大跳台）
姜凤友　呼伦贝尔市气象台（滑雪登山、坡面障碍技巧、大跳台）
刘　伟　呼伦贝尔市气象台（滑雪登山、坡面障碍技巧、大跳台）
曲婧琦　扎兰屯市气象台（滑雪登山、坡面障碍技巧、大跳台）
王志达　扎兰屯市气象台（滑雪登山、坡面障碍技巧、大跳台）
红　梅　扎兰屯市气象台（滑雪登山、坡面障碍技巧、大跳台）

②现场运维保障团队

观测保障团队：张晨阳　内蒙古自治区气象数据中心
　　　　　　　杨树羿　呼伦贝尔市气象综合保障中心
　　　　　　　李　昊　扎兰屯市气象局
　　　　　　　张　琦　扎兰屯市气象局
　　　　　　　马　超　扎兰屯市气象局

网络保障团队：张新禹　内蒙古自治区气象数据中心
　　　　　　　贾志非　呼伦贝尔市气象综合保障中心
　　　　　　　张佳兴　扎兰屯市气象局

服务赛事：空中技巧、大跳台、滑雪登山、雪上技巧、U 型场地技巧、坡面障碍技巧

(3)喀喇沁赛区现场气象保障团队

①现场预报服务团队

前方工作组：洪潇宇　松山区气象局
　　　　　　晋亮亮　赤峰市气象台

后方工作组：常　欣　赤峰市气象台
　　　　　　郭兆东　赤峰市气象台
　　　　　　尹　源　赤峰市气象台
　　　　　　金洪竹　喀喇沁气象台

②现场运维保障团队

成　员：李　博　内蒙古自治区气象数据中心
　　　　田晓龙　内蒙古自治区气象数据中心
　　　　车万鑫　赤峰市气象综合保障中心
　　　　贾　东　赤峰市气象综合保障中心
　　　　赵星辰　赤峰市气象综合保障中心
　　　　陈炜光　赤峰市气象综合保障中心
　　　　刘　健　赤峰市气象综合保障中心
　　　　吕明芯　喀喇沁旗气象局

服务赛事：平行大回转

(4)凉城赛区现场气象保障团队

①现场预报服务团队

前方工作组：马学峰　内蒙古自治区气象台(障碍追逐)
　　　　　　宋彦妮　乌兰察布市气象台(障碍追逐)
　　　　　　徐　玥　黑龙江省气象台(越野滑雪、冬季两项)
　　　　　　赵　楠　乌兰察布市气象台(越野滑雪、冬季两项)

后方工作组：陈　杰　乌兰察布市气象台(障碍追逐、越野滑雪、冬季两项)
　　　　　　郭浩峰　乌兰察布市气象台(障碍追逐、越野滑雪、冬季两项)
　　　　　　邢　蕾　乌兰察布市气象台(障碍追逐、越野滑雪、冬季两项)
　　　　　　贾浩煜　乌兰察布市气象台(障碍追逐、越野滑雪、冬季两项)
　　　　　　王海珍　凉城县气象局(障碍追逐、越野滑雪、冬季两项)

陈海英　凉城县气象局(障碍追逐、越野滑雪、冬季两项)

②现场运维保障团队

成　员:王　驰　内蒙古自治区气象数据中心

那　庆　内蒙古自治区气象数据中心

马　强　乌兰察布市气象综合保障中心

殷树旺　乌兰察布市气象综合保障中心

冯志军　凉城县气象局

王贵胜　凉城县气象局

赵　喆　察哈尔右翼后旗气象局

服务赛事:障碍追逐、越野滑雪、冬季两项

(5)呼和浩特赛区现场气象保障团队

①现场预报服务团队

成　员:吴歆彦　赛罕区气象局

红　英　赛罕区气象局

李　璐　赛罕区气象局

②现场运维保障团队

成　员:赵东凯　赛罕区气象局

夏军波　赛罕区气象局

李海波　赛罕区气象局

魏　宽　赛罕区气象局

张全明　赛罕区气象局

服务赛事:呼和浩特市东河广场群众组比赛(越野滑雪、速度滑冰)

2)气象保障后方支撑团队

(1)自治区级气象保障支撑团队

①预报预测支撑团队

组　长:李云鹏　内蒙古自治区气象台台长

副组长:孙永刚　内蒙古自治区气候中心主任

宋桂英　内蒙古自治区气象台副台长

赵艳丽　内蒙古自治区气候中心副主任

孙　鑫　内蒙古自治区气象台副台长

技术专家:时少英　内蒙古自治区气象台副台长(挂职)

a. 智能网格预报组

成　员:云静波　内蒙古自治区气象台首席/高级工程师

邹逸航　内蒙古自治区气象台工程师

周志花　内蒙古自治区气象台工程师

张　璐　内蒙古自治区气象台工程师

霍志丽　内蒙古自治区气象台工程师

b. 数值预报应用组

成　员:刘林春　内蒙古自治区气象台科长/高级工程师

朱　峰　内蒙古自治区气象台副科长/工程师
计燕霞　内蒙古自治区气象台工程师

c. 实况监测组

成　员：金迎春　内蒙古自治区气象台科长/高级工程师
袁慧敏　内蒙古自治区气象台高级工程师
赵睿峰　内蒙古自治区气象台助理工程师

d. 决策与风险评估组

成　员：侯　婷　内蒙古自治区气象台科长/高级工程师
仲　夏　内蒙古自治区气象台科长/工程师
钱连红　内蒙古自治区气象台高级工程师
黄晓璐　内蒙古自治区气象台副科长/工程师

e. 气候灾害监测及风险评估组

成　员：孟玉婧　内蒙古自治区气候中心高级工程师
杨司琪　内蒙古自治区气候中心工程师
范灵悦　内蒙古自治区气候中心工程师
石茹琳　内蒙古自治区气候中心助理工程师

f. 气候预测组

成　员：高　晶　内蒙古自治区气候中心科长/高级工程师
包福祥　内蒙古自治区气候中心科长/高级工程师
刘　炜　内蒙古自治区气候中心高级工程师
陈金琪　内蒙古自治区气候中心高级工程师

②气象服务及宣传支撑团队

组　长：李　忠　内蒙古自治区气象服务中心主任
副组长：白晓东　内蒙古自治区气象服务中心副主任
郭春燕　内蒙古自治区气象服务中心副主任

a. 环境气象服务组

成　员：冯　震　内蒙古自治区气象服务中心副科长/高级工程师
胡亚男　内蒙古自治区气象服务中心工程师
王晓丽　内蒙古自治区气象服务中心高级工程师
韩丽娜　内蒙古自治区气象服务中心助理工程师
马素艳　内蒙古自治区气象台高级工程师
姜雨蒙　内蒙古自治区气象台工程师

b. 专项气象服务组

成　员：谷新波　内蒙古自治区气象服务中心科长/高级工程师
徐丽娜　内蒙古自治区气象服务中心正高级工程师
郝玉珠　内蒙古自治区气象服务中心工程师
贾晓红　内蒙古自治区气象服务中心工程师
冯凯宁　内蒙古自治区气象服务中心工程师
石　岚　内蒙古自治区气象服务中心正高级工程师

宫春宁　内蒙古自治区气象服务中心高级工程师
赵迦琪　内蒙古自治区气象服务中心工程师

c. 公众气象保障服务组

成　员:金柏青　内蒙古自治区气象服务中心
高超越　内蒙古自治区气象服务中心
苏　峰　内蒙古自治区气象服务中心
董瑞强　内蒙古自治区气象服务中心

d. 气象服务信息发布组

成　员:陈　悦　内蒙古自治区气象服务中心
王婧瑄　内蒙古自治区气象服务中心
田艳芳　内蒙古自治区气象服务中心
李玮祎　内蒙古自治区气象服务中心
孟晓峻　内蒙古自治区气象服务中心
王媛媛　内蒙古自治区气象服务中心
郭　敏　内蒙古自治区气象服务中心
张　晶　内蒙古自治区气象服务中心

e. 科普宣传组

成　员:叶　虎　内蒙古自治区气象服务中心影视中心科长
乌恩奇　内蒙古自治区气象服务中心影视中心副科长
李岩涛　内蒙古自治区气象服务中心宣传与科普中心副科长
李一凡　内蒙古自治区气象服务中心影视中心工作人员
陈　琳　内蒙古自治区气象服务中心影视中心工作人员
高　菲　内蒙古自治区气象服务中心宣传与科普中心
李红梅　内蒙古自治区气象服务中心宣传与科普中心

③观测与网络支撑团队

组　长:张　立　内蒙古自治区气象数据中心副主任
副组长:安学武　内蒙古自治区气象数据中心科长
池继忠　内蒙古自治区气象数据中心科长
王志伟　内蒙古自治区气象数据中心副科长

a. 数据传输保障组

成　员:张彩云　内蒙古自治区气象数据中心副科长/工程师
杜　宇　内蒙古自治区气象数据中心副科长/工程师
岑　瑶　内蒙古自治区气象数据中心工程师

b. 数据质量保障组

成　员:牛永红　内蒙古自治区气象数据中心工程师
胡美兰　内蒙古自治区气象数据中心助理工程师

c. 数据服务保障组

成　员:刘　辉　内蒙古自治区气象数据中心工程师
陶　鑫　内蒙古自治区气象数据中心工程师

陶　睿　内蒙古自治区气象数据中心助理工程师
刘志红　内蒙古自治区气象数据中心见习生
赵　栋　内蒙古自治区气象数据中心见习生

d. 平台运行保障组

成　员：乔　淼　内蒙古自治区气象数据中心工程师
段晓梅　内蒙古自治区气象数据中心工程师

e. 观测产品制作组

成　员：温建伟　内蒙古自治区气象数据中心科长/高级工程师
徐亮亮　内蒙古自治区气象数据中心科长/高级工程师
王家乐　内蒙古自治区气象数据中心工程师
张　翔　内蒙古自治区气象数据中心工程师
韩仲强　内蒙古自治区气象数据中心工程师

f. 视讯保障组

成　员：吴志农　内蒙古自治区气象数据中心高级工程师
杜　宇　内蒙古自治区气象数据中心副科长/工程师
娟　娟　内蒙古自治区气象数据中心高级工程师
彭少杰　内蒙古自治区气象数据中心工程师
杨明华　内蒙古自治区气象数据中心工程师

g. 观测保障组

成　员：安学武　内蒙古自治区气象数据中心科长/正高级工程师
赵建凯　内蒙古自治区气象数据中心副科长/高级工程师
王志伟　内蒙古自治区气象数据中心副科长/工程师
李林蔚　内蒙古自治区气象数据中心工程师
刘　方　内蒙古自治区气象数据中心助理工程师
袁甲坤　内蒙古自治区气象数据中心助理工程师

h. 综合保障组

成　员：闫　平　内蒙古自治区气象数据中心科长/高级工程师
于溥天　内蒙古自治区气象数据中心副科长/高级工程师
赵　丹　内蒙古自治区气象数据中心副科长/工程师

(2)盟市级气象保障支撑团队

①呼伦贝尔市气象局保障支撑团队

a. 联络协调组

组　长：王洪丽　呼伦贝尔市气象台台长

成　员：汪　涵　呼伦贝尔市气象综合保障中心
金　淼　扎兰屯市气象局
车延超　海拉尔区气象局
白　杨　海拉尔区气象局

b. 专项气象服务组

组　长：杜金玲　呼伦贝尔市气象台高级工程师

成　员：李红艳　呼伦贝尔市气象台
　　　　杨保成　呼伦贝尔市气象台
　　　　阴秀霞　呼伦贝尔市气象台
　　　　刘鸿硕　呼伦贝尔市气象台
　　　　刘鑫昊　呼伦贝尔市气象台
　　　　米光坤　呼伦贝尔市气象台
　　　　张若冰　呼伦贝尔市气象台

c. 科普宣传组

组　长：于文超　呼伦贝尔市气象局办公室主任
成　员：杨雪峰　呼伦贝尔市气象台
　　　　徐玉强　呼伦贝尔市气象局办公室
　　　　姜　涛　海拉尔区气象局
　　　　孟庆娜　呼伦贝尔市气象台
　　　　李　健　呼伦贝尔市气象台
　　　　赵天圆　呼伦贝尔市气象台
　　　　萨　娜　呼伦贝尔市气象台
　　　　雍未华　扎兰屯市气象局
　　　　缪丽颖　扎兰屯市气象局
　　　　姚奕欣　呼伦贝尔市气象台
　　　　刘乙萌　呼伦贝尔市气象台

②赤峰市气象局保障支撑团队

a. 联络协调组

组　长：张治楠　赤峰市气象局业务管理科副科长
成　员：尹志华　喀喇沁旗气象局
　　　　孙志敏　赤峰市气象综合保障中心
　　　　李　鹿　赤峰市气象综合保障中心

b. 专项气象服务组

组　长：徐丽娇　赤峰市气象台台长
成　员：刘志辉　赤峰市气象台
　　　　魏　学　赤峰市气象台
　　　　于明洋　赤峰市气象台
　　　　王媛媛　赤峰市气象台
　　　　马　丽　喀喇沁旗气象局
　　　　孙玮鸿　赤峰市气象局业务管理科
　　　　王和鸣　赤峰市气象局业务管理科
　　　　金洪竹　喀喇沁旗气象局

c. 宣传报道组

组　长：汪晓梅　赤峰市气象局办公室三级主任科员
成　员：付　铭　赤峰市气象台

　　　　张新龙　赤峰市气象台
　　　　佟天悦　喀喇沁旗气象局

③乌兰察布市气象局保障支撑团队

a. 综合协调组

组　长：张兴源　乌兰察布市气象局副局长
副组长：王轶博　乌兰察布市气象局业务管理科科长
　　　　王瑞峰　凉城县气象局局长
成　员：宋禹霏　乌兰察布市气象局业务管理科
　　　　杨永利　凉城县气象局
　　　　周媛媛　凉城县气象局

b. 专项气象服务组

组　长：郭晓丽　乌兰察布市气象台副台长
成　员：李　露　乌兰察布市气象台
　　　　皇　彦　乌兰察布市气象台
　　　　刘　薇　乌兰察布市气象台
　　　　张　韬　乌兰察布市气象台

c. 综合保障组

组　　　　长：姚晓磊　乌兰察布市气象综合保障中心副主任（主持工作）
信息网络保障：白艳萍　乌兰察布市气象综合保障中心
　　　　　　　赵艳娇　乌兰察布市气象综合保障中心
　　　　　　　郭　敏　乌兰察布市气象综合保障中心
雷 达 保 障：谢　东　乌兰察布市气象综合保障中心
　　　　　　　刘莉群　乌兰察布市气象综合保障中心
后 勤 保 障：王泽豪　乌兰察布市气象综合保障中心
　　　　　　　葛奕州　乌兰察布市气象综合保障中心
　　　　　　　武圣利　乌兰察布市气象综合保障中心
　　　　　　　邓淑娟　凉城县气象局

d. 科普宣传组

组　长：王晓君　乌兰察布市气象局办公室主任
成　员：李　鹏　乌兰察布市气象局办公室
　　　　杨永利　凉城县气象局
　　　　郭晓佳　乌兰察布市气象局办公室
　　　　郭志达　乌兰察布市气象局办公室
　　　　郑　潇　乌兰察布市气象融媒体中心
　　　　吴　萌　乌兰察布市气象融媒体中心
　　　　周媛媛　凉城县气象局

④呼和浩特市气象局保障支撑团队

a. 综合协调组

组　长：辛宁宁　　呼和浩特市气象局办公室主任

成　员：杜文娟　　呼和浩特市气象局办公室
　　　　特日格乐　呼和浩特市气象局办公室
　　　　涂伟志　　呼和浩特市气象综合保障中心

b. 预报预测组

组　长：杨彩云　呼和浩特市气象台台长
副组长：胡志超　呼和浩特市气象台副台长
　　　　刘晓敏　呼和浩特市气象台副台长
成　员：韩仙桃　呼和浩特市气象台
　　　　张金硕　呼和浩特市气象台
　　　　刘　杨　呼和浩特市气象台
　　　　佟　彤　呼和浩特市气象台
　　　　王志楠　呼和浩特市气象台
　　　　赵梦玉　呼和浩特市气象台
　　　　魏　薇　呼和浩特市气象台
　　　　李　蓉　呼和浩特市气象台
　　　　吴　琼　呼和浩特市气象台
　　　　牛永梅　呼和浩特市气象台
　　　　姜佳玉　呼和浩特市气象台
　　　　王俊秀　呼和浩特市气象台
　　　　赵枫如　呼和浩特市气象台
　　　　段　玮　呼和浩特市气象台
　　　　任柏合　呼和浩特市气象台
　　　　潘耀婷　呼和浩特市气象台
　　　　王　盈　呼和浩特市气象台
　　　　任　皓　呼和浩特市气象台

c. 观测保障组

组　长：马召伟　呼和浩特市气象综合保障中心主任
成　员：马　丛　呼和浩特市气象综合保障中心
　　　　闵昊天　呼和浩特市气象综合保障中心
　　　　周雪松　呼和浩特市气象综合保障中心

d. 科普宣传组

组　长：辛宁宁　呼和浩特市气象局办公室主任
成　员：胡云鹏　呼和浩特市气象局融媒体中心
　　　　付亚楠　呼和浩特市气象局融媒体中心
　　　　齐　丹　呼和浩特市气象局融媒体中心
　　　　樊淑惠　呼和浩特市气象局融媒体中心
　　　　塞　丫　赛罕区气象局

2.3　方案预案

组织编制了一套“十四冬”各类方案预案，共计 20 个，包括 1 个总体工作方案，即中国气象局应急减灾与公共服务司①印发的《第十四届全国冬季运动会气象保障工作方案》(气减函〔2023〕76 号)；5 个专项方案，即《第十四届全国冬季运动会观测与网络专项方案》《第十四届全国冬季运动会预报预测专项方案》《第十四届全国冬季运动会气象服务专项方案》《第十四届全国冬季运动会气象宣传科普专项方案》和《第十四届全国冬季运动会人工影响天气保障专项方案》；4 个气象分中心服务方案，即《第十四届全国冬季运动会呼伦贝尔气象分中心服务方案》《第十四届全国冬季运动会赤峰气象分中心服务方案》《第十四届全国冬季运动会乌兰察布气象分中心服务方案》《第十四届全国冬季运动会呼和浩特气象分中心服务方案》；1 个总体应急预案，即《第十四届全国冬季运动会气象服务应急预案》；5 个专项应急预案，即《第十四届全国冬季运动会内蒙古气象中心气象服务组专项应急预案》《第十四届全国冬季运动会内蒙古气象中心预报预测组专项应急预案》《第十四届全国冬季运动会内蒙古气象中心观测与网络组专项应急预案》《第十四届全国冬季运动会内蒙古气象中心应急与宣传组后勤保障专项应急预案》《第十四届全国冬季运动会内蒙古气象中心人影服务组专项应急预案》，以及 4 个气象分中心应急预案，即《第十四届全国冬季运动会呼伦贝尔气象分中心气象服务应急预案》《第十四届全国冬季运动会赤峰气象分中心气象服务应急预案》《第十四届全国冬季运动会乌兰察布气象分中心气象服务应急预案》《第十四届全国冬季运动会呼和浩特气象分中心气象服务应急预案》。

2.4　工作机制

2.4.1　会议制度

建立“十四冬”气象保障服务工作会议制度，加强工作的指挥调度和研究决策，强化协调沟通，承上启下做好沟通，形成工作合力。

专题会议制度。主要用于“十四冬”气象保障服务筹备过程重大事项、“十四冬”办赛资金使用等重要事项研究决策，以及重要工作的指挥调度。由牵头单位提请冬运内蒙古气象中心专题会议研究。

调度会议制度。主要用于掌握工作进展，解决工作推进中的各类问题、落实冬运内蒙古气象中心决策部署等。由冬运办筹备召开工作推进会、联络员会议等。

工作例会。主要用于落实冬运内蒙古气象中心指示要求，推动“十四冬”气象保障各项工作有序进行。由各牵头单位组织安排，召开频次根据实际情况确定，会议及工作推进落实情况通过工作进展形式报冬运办。

2.4.2　特别工作状态制度

冬运内蒙古气象中心决定自 2024 年 1 月 8 日起，进入“十四冬”气象服务特别工作状态，

① 中国气象局应急减灾与公共服务司，简称减灾司。

实行值班值守、会议调度、零报告制度。

实行值班值守制度。特别工作状态期间，各有关单位根据服务需求，在服务时段实行领导带班和业务值班制度。观测设备、业务系统、数据传输、网站运行维护等相关人员适时巡视巡检相关业务运行状态，保持 24 h 通信畅通。根据天气演变情况，认真组织做好特别工作状态期间的加密观测、专题会商、滚动预报、跟进服务、技术支持、后勤保障及宣传科普等工作。

实行会议调度制度。适时启动每日会议调度，会议由冬运内蒙古气象中心有关领导主持，通报前一日预报服务工作情况并部署当日重点工作，与会人员包括冬运办有关人员，各专项工作组及成员单位、各气象分中心负责人，各赛区气象台有关人员。

实行零报告制度。特别工作状态期间，实行"有事报事、无事报平安"的零报告制度，各专项工作组及成员单位、各气象分中心联络员每日 16 时前向应急值班室（政务邮：内蒙古自治区气象局值班员/内蒙古区气象局/中国气象局）报送前 24 h 业务系统运行、服务、宣传科普和突发事件应急处置等情况，结合实际提出第二天工作重点。如有重要事项按流程上报并及时电话告知。

2.4.3 联络员制度

各工作组、各气象分中心明确 1 名成员为"十四冬"气象保障服务工作联络员，强化信息报送质量，严格信息报送时效，推动工作落实。主要职责：及时了解"十四冬"气象保障服务工作部署及要求，掌握本工作组（气象分中心）阶段性工作重点，及时传达有关会议精神；负责做好本工作组（气象分中心）各类资料收集整理工作；负责编报本工作组（气象分中心）工作进展；配合冬运办做好上传下达等相关工作；及时完成冬运办交办的其他工作。

2.4.4 应急响应制度

加强对各类重大风险的预判和防范，遵循分类响应、分级负责、上下联动的原则，各工作组、气象分中心按照"十四冬"气象服务应急预案、各类专项应急预案的职责分工进行应急响应。组织开展各类应急演练，冬运办与筹委会、组委会，各气象分中心与执委会等有关方面建立协调机制，及时处置重大风险和突发事件。

2.4.5 督查督办制度

冬运办实行日记录、周调度、月通报工作机制，负责对各组、各气象分中心工作进展、"十四冬"相关会议决定事项和各级领导的批示指示落实情况督查督办，各工作组负责对分管领域工作进展等指导督查督办，建立重点工作问题台账，对督查督办中发现的问题和存在的不足，逐条整改落实。气象分中心负责对赛事所在地气象局落实"十四冬"气象保障服务工作进行督查指导，并将落实情况及时反馈冬运办。

2.4.6 文件归档制度

各工作组、各气象分中心按照职责分工和应急与宣传组要求做好档案收集管理工作，在规定时间前由应急与宣传组将全部档案移交组委会。如有涉密文件，要严格遵守保密相关的法律法规，各单位主要负责人为保密工作第一责任人，组织做好相关档案的规范整理、安全保管。

冬运内蒙古气象中心有关"十四冬"气象保障服务工作的档案由应急与宣传组牵头组织，

负责指导各组和各气象分中心做好档案收集、整理、移交工作，“十四冬”气象保障服务工作归档材料包括：“十四冬”气象保障工作总体方案、应急预案；气象保障工作机构设置、制度等文件材料；气象保障工程项目建设实施过程中形成的文件材料；气象观测、预报、服务和人工影响天气等专项工作方案；气象保障部重要节点工作台账、总结；本部门形成的各种文件及领导批示；本部门形成的各类会议纪要；本部门形成的各种规章、制度、管理办法等；本部门工作人员外出考察、参加会议形成的资料、考察报告及声像材料等；本部门其他需归档的文件材料。

2.4.7　总体技术牵头人制度

经冬运内蒙古气象中心研究，确定时少英同志为“十四冬”气象保障服务总体技术牵头人。要进一步发挥专家技术支撑重要作用，充分借鉴北京冬奥气象保障的成功经验，指导组建现场气象服务团队和后方支撑团队，组织修订明确“十四冬”雪上竞赛气象要素阈值指标，指导“十四冬”预报预测等项目建设，指导做好“十四冬”气象保障服务工作。

2.4.8　审核把关制度

冬运内蒙古气象中心办公室、专项工作组和各气象分中心负责对所起草需印发、上报的各类材料审核把关，对外报送的材料需要承担单位按照职责审签，日常文件按照流程进行。

2.4.9　财务管理制度

财务审计组负责组织做好资金管理，制定相关制度，落实“简约办赛”要求，强化财务管理，提高资金使用效率，严格按照有关财务规定，各工作组、各气象分中心推进落实“十四冬”气象保障项目实施，加强项目建设全流程管理，做好资料归档工作。

加强项目财务管理，制定印发“十四冬”气象保障专项资金管理细则，明确采购、合同、发票、资产等相关要求，强化项目资金使用与安全，严格按照批准的概预算、投资计划和资金支出审批流程进行列支，全面保障“十四冬”项目顺利实施。

2.4.10　宣传与服务协同制度

“十四冬”气象保障服务宣传工作由应急与宣传组统一部署，各工作组、各气象分中心配合提供相关素材，确保宣传工作上下一致、口径统一。冬运办、各组、各气象分中心之间加强协同联动，主要负责人严格把关，现场保障团队严格落实有关制度，确保各级所有天气气候预报预测和服务产品口径一致。

2.4.11　驻场实训制度

按照“十四冬”组委会时间安排及冬运气象服务要求，“十四冬”现场气象服务团队于 2023 年 11 月开始远程测试，12 月 10 日起团队成员陆续到海拉尔赛区、扎兰屯赛区、喀喇沁赛区、凉城赛区开展驻场实训。

明确了远程测试、测试赛服务、实训小结、赛时服务和赛后服务各阶段工作任务，提升预报员理论和实战能力，全面了解“十四冬”气象服务需求，建立了驻训经费保障、人员管理、请假管理、休假安排、后勤保障等工作管理细则。通过驻训全面掌握赛区复杂地形条件下冬季天气特征，积累赛场、赛事天气预报经验，提高预报准确率，全力以赴做好“十四冬”的各项赛事气象保障服务工作。

2.4.12 天气会商制度

为确保"十四冬"预报预测结论一致有序,各类天气会商机制规定如下。

赛事专题天气会商。在"十四冬"资格赛和正式比赛前 3 d 起到比赛结束期间每日 10 时开展赛事专题天气会商。当遇重大天气过程并可能对比赛造成天气影响时,由内蒙古自治区气象台组织,可邀请中央气象台、近期有赛事的盟(市)和赛区发言。若无重大天气过程,赛区内部组织天气会商。

开(闭)幕式会商。在"十四冬"开(闭)幕式筹备期和当天开展会商。开(闭)幕式前 20 d,内蒙古自治区气候中心组织延伸期天气会商,重点关注延伸期时段天气对活动可能造成的影响,邀请国家气候中心参加;开(闭)幕式前 7 d,由内蒙古自治区气象台组织进行中期天气会商,重点关注中期时段天气对活动可能造成的影响,邀请中央气象台参加;开(闭)幕式前 3 d 起,由内蒙古自治区气象台组织每天进行一次短期天气会商,重点关注短期时段天气对活动可能造成的影响,邀请中央气象台、内蒙古自治区气象服务中心参加。根据特殊服务需求,内蒙古自治区气象台、内蒙古自治区气候中心可随时向各赛区气象中心提出增加天气会商要求,也可邀请中央气象台、国家气候中心参加天气会商。

加密会商。遇有以下情况时,由气象分中心提前向内蒙古自治区气象台或内蒙古自治区气象服务中心提出会商需求,由内蒙古自治区气象台和内蒙古自治区气象服务中心组织相关单位开展加密会商。①当出现或预报有大雾、持续性降雪(达到大到暴雪量级)、寒潮大风、极端低温、过暖融雪等赛事高影响天气时,内蒙古自治区气象台启动高影响天气加密会商。②针对交通影响、铲雪除冰、供电供气等专项服务,遇特殊影响状况时,内蒙古自治区气象服务中心启动专项服务加密会商。

会商重点。内蒙古自治区级单位:对"十四冬"气象服务期间可能影响各赛区的气候事件、赛事高影响天气以及天气过程极端性进行分析。盟(市)气象台:当天以及未来 3 d 内赛事关注点、重点阐述 24 h 赛场天气、赛道精细化预报和赛事敏感气象要素预报。赛区现场预报服务团队:重点补充说明最新的现场服务需求以及关注点,结合赛事阈值指标判断可能造成的影响。

2.5 支撑与合作

2.5.1 气象部门内技术支撑

1)国家级技术支撑

(1)组织管理高效有序

中国气象局高点谋划、高位推动。中国气象局应急减灾与公共服务司及时成立"十四冬"气象服务工作协调指导小组,印发"十四冬"气象保障工作方案,全程跟进指导内蒙古自治区充分应用冬奥服务经验,做好"十四冬"气象保障服务。综合观测司组织协调提供赛区观测应急备件,指导加密观测工作。预报与网络司协调组织做好"十四冬"数据环境、计算资源和网络支撑。计划财务司组织协调经费支持。

(2)科技支撑有力到位

中国气象局给予人员和技术等支撑 49 项，在中国气象局有关职能司的协调指导下，国家气象中心提供了国家级重大保障关键点要素预报技术支持，强化重要时间节点早间天气会商指导，根据实际需要增加专题会商。国家气候中心提供了欧洲中期天气预报中心数据、美国第二代季节模式产品及三代模式逐旬、月、季预测产品，同时对气象灾害风险预估、延伸期重大天气过程预测等方面技术给予指导。国家卫星气象中心支持建设了风云地球“十四冬”版，选派专家进行技术指导，对关键时段、高影响天气进行技术指导。国家气象信息中心提供了天擎实况专栏和“百米级、分钟级”实况产品，支持“十四冬”精细化数值模式预报系统在北京、和林格尔超算中心部署运行，将内蒙古至中国气象局宽带网带宽拓宽至 1 Gbps，支持开展“十四冬”气象保障服务核心系统网络安全攻防演习及运行实时监控。中国气象局地球系统数值预报中心提供了各赛区 1 km 精细化数值预报产品推送，支持数值预报冬奥产品在“十四冬”应用和展示。中国气象局气象探测中心支持建设了天衡天衍专题，研制了赛场周边 C 波段和 X 波段雷达拼图产品，提供激光测风雷达、微波辐射计等垂直观测数据展示应用支持，赴现场指导并开展了专题培训，为扎兰屯赛区提供地基遥感设备集成移动方舱，融合多种探测仪器，包括毫米波测云仪、微波辐射计、激光测风雷达、气溶胶激光雷达，实现多仪器多产品的显示。中国气象局公共气象服务中心提供了赛事交通气象预报服务指导产品。中国气象局人工影响天气中心指导人工影响天气保障方案编制；积极协调相关省人工影响天气飞机做好机载探测仪器和作业设备的安全检查，做好异地备用准备；在内蒙古部署人工影响天气“天工·‘十四冬’专业服务版”软件系统；多次支撑开展人工影响天气保障专题会商，指导人工影响天气探测方案的制定并协助分析飞机大气探测数据。中国气象局气象宣传与科普中心(中国气象报社)指导了气象宣传计划编制及科普产品的制作，同时在网站开设专题，选派记者深入实地采访，同步做好“十四冬”气象宣传科普。华风集团针对天气频道播报工作进行了指导。国家气象信息中心、中国气象局地球系统数值预报中心、中国气象局气象探测中心、中国气象局人工影响天气中心人员亲临赛区调研指导“十四冬”气象保障服务。北京市气象局提供了智能预报算法技术支持，并为“十四冬”气象保障提供人工影响天气飞机支持。这些支持在服务保障过程中发挥了重要作用。

2)省—市级支撑与合作

强化观测装备保障支撑。全力推进“十四冬”综合观测系统建设，组织完成“十四冬”赛区站点设备新建、升级等工作；优先检定“十四冬”设备，圆满完成赛区设备检定任务；对接台站及厂家，向中国气象局气象探测中心申请储备易损备件，及时采购相关省级备件；对赛事区域的天气过程及自动气象站①、雷达等观测设备运行情况进行密切关注，及时响应，保证观测设备在赛事期间正常稳定运行。

强化网络技术支撑。优化自治区级互联网隔离区(DMZ)安全区设计，利用旧应用服务器、存储、网络设备，建设 DMZ 专用虚拟资源池，重点保障“十四冬”区、盟(市)级相关建设单位计算存储资源需求。现场指导呼伦贝尔市气象局、赤峰市气象局网络及安全建设。完成各赛区观测设备站点信息接入、实时监控和数据共享服务。

强化业务系统支撑。自主研发了“十四冬”赛事交通气象预报服务系统，为赛区所在盟

① 自动气象站，简称自动站。

(市)及旗(县)及时提供了赛区公路交通气象条件预报和影响预报产品;与内蒙古生态环境监测总站合作,每日联合会商研判分析制作了赛区核心区和保障区未来 3 d 空气质量预报;结合服务需求,为盟(市)及旗(县)提供了赛区及其周边旅游景点预报、紫外线指数预报和供电供气专项服务产品;建设并开通运行"十四冬"专题气象服务网站,将内蒙古自治区气象局和各气象分中心制作的各类气象服务产品进行了汇总和展示,并提供了内蒙古自治区气象局和盟(市)、旗(县)进行产品中转传输渠道,为"十四冬"顺利开展提供专业支持。北京市气象局在"十四冬"赛事站点智能预报技术和"十四冬"气象预报制作系统研发引进等方面提供鼎力支持。

人才保障支撑有力。内蒙古自治区气象局开展"十四冬"专题培训班,提升保障人员专项服务能力与水平。商请北京冬奥气象首席、正高级工程师时少英到内蒙古气象局挂职,作为"十四冬"气象服务特聘专家。河北省气象局和黑龙江省气象局共选派 3 名北京冬奥气象专家支持"十四冬"气象保障服务。内蒙古自治区气象局选派 9 名自治区级技术专家进行现场技术指导。

2.5.2 气象部门外对接与合作

气象保障部与筹委会、各专项工作部、执委会等部门,密切对接需求,畅通沟通渠道,凝聚部门合力,切实推动了"十四冬"顺利举办。

气象保障部与竞赛部、场地器材部联合开展实地调研和勘察,及时为雪上项目场地选择提供服务支撑,同时为新建赛道气象观测设备选址奠定基础。积极与筹委办沟通协调,争取落实保障经费。与"十四冬"财务审计部,对接"十四冬"气象保障项目经费事宜,争取气象保障服务经费。

气象保障部组建工作专班,下沉赛区参加合署办公,充分利用合署办公契机,与多个专项工作部开展工作对接。积极与大型活动部,对接了"十四冬"开(闭)幕式加密气象服务具体需求,双方明确了开(闭)幕式气象保障服务频次和内容。与竞赛部、各执委会确认气象服务需求,明确赛事和赛会服务产品、发布频次和传播途径等。与场地器材部和执委会,对接了赛场自动气象站建设、信息网络建设以及各赛区大屏幕显示气象监测数据等。及时与筹委办对接,协调指导各赛区执委会协助开展观测站选址、供电、通信等相关工作,解决现场气象保障服务团队办公场所、住宿等办公及生活条件。

气象保障部与筹委办、竞赛部、单项竞委会,对接了高影响天气赛事气象服务需求,建立了"竞赛组织与气象保障服务联动工作机制"(十四冬筹办字〔2024〕1 号)。同时,气象保障部完善了跨地区、跨部门、分级协调联动工作机制,充分利用部门垂管体制优势,纵向联动冬运内蒙古气象中心 6 个工作组、4 个气象分中心、5 个赛区气象台。在此基础上,冬运内蒙古气象中心、各气象分中心与执委会、各赛区气象台与各有关部门加强横向协同合作。纵横有序的联动机制运行,及时满足了赛事筹备、赛时、赛会以及大型活动保障的服务需求,推动各项决策部署落实落地落细,为开(闭)幕式、火炬传递以及比赛的顺利开展提供了有力支撑。

比赛期间,气象部门紧盯高影响天气,顶风冒雪维护观测设备,确保数据传输安全稳定,积极开展现场服务,起早贪黑提前研判天气形势,提供定点定时定量精细化定位预报,充分发挥竞赛与气象部门联动工作机制作用,为官方训练和赛事安排、赛程调整以及赛道运维等提供决策支撑。据统计,由于天气原因优化训练和赛程共 17 次,保障各项比赛顺利开展,联动机制的有效运行在其中发挥了重要作用。

第3章

科技支撑篇

“十四冬”是内蒙古自治区首次承办的全国性体育赛事，是历届全国冬运会中规模最大、项目最全、标准最高的一届体育盛会。赛事举办对标北京冬奥会，比赛项目全面对标 2026 年米兰冬奥会，其中滑雪登山首次纳入比赛项目。雪上项目受气象条件影响大，气象保障服务对比赛的顺利举行以及运动员的安全意义重大。“十四冬”不同赛区赛场地形复杂、局地小气候多变，比赛前内蒙古气象部门对冬季大型体育赛事气象保障服务经验积累不多，影响赛事正常举行的气象阈值掌握不够全面，新建赛道历史观测资料积累尚处空白，预报团队的山地微尺度精准预报技术积累缺乏，“十四冬”气象保障服务面临前所未有的压力和挑战。

为落实习近平总书记提出的“监测精密、预报精准、服务精细”要求，内蒙古气象部门迎难而上，勇于担当，在中国气象局与内蒙古自治区党委、自治区人民政府的领导下，在有关单位的大力支持下，不断强化气象综合观测与信息网络、预报预测、气象服务等方面的技术方法研究应用，为“十四冬”气象保障服务的顺利开展提供了强大的科技支撑。

3.1 全时空、立体化的气象观测系统

3.1.1 “十四冬”气象观测站网

【第一完成单位】呼伦贝尔市气象局、乌兰察布市气象局、赤峰市气象局、呼和浩特市气象局、内蒙古自治区气象数据中心

【主要贡献人员】李博、王驰、张晨阳、王志达、马强、刘健、马召伟

【来源项目名称】“十四冬”气象保障（观测与网络系统）建设项目

【成果主要内容】

内蒙古自治区气象局和各气象分中心针对各类比赛项目的特点，经过现场勘察选址，调研观测要素，协调设备安装场地等事宜，科学设计全时空、立体化的气象观测系统。

1）气象观测站网布局

“十四冬”雪上比赛项目与气象条件关系密切，从雪务保障到运行保障，从赛事保障到运动员人身安全保障等均对气象服务提出了严格要求，需要结合各赛区气候特征和服务保障需求，充分利用已建成和改扩建的地、空综合气象观测网络资源，加强风、降水量和能见度等气象观测要素监测，对观测站网进行科学布局和专项设计，从而提升恶劣天气预测预警能力，提高赛

事预报时效和时间分辨率。地面观测主要是在赛道不同位置及周边建设自动气象观测站，实时监测赛场及周边地区风速、风向、能见度、气温、气压、湿度和辐射等气象要素；高空探测主要由赛区周边的新一代天气雷达、X 波段天气雷达和 L 波段探空雷达等组成；卫星遥感主要是利用风云气象卫星提供赛区周边云图资料。

2)气象观测站网建设

围绕赛事气象保障服务需求，在各赛区共新建新型自动气象站设备 29 套，包括 1 套三要素自动气象站、3 套四要素自动气象站、5 套五要素自动气象站、3 套六要素自动气象站、12 套七要素自动气象站、2 套八要素自动气象站、1 套十要素自动气象站、2 套十二要素自动气象站。

气象观测站网建设应用了新装备和新技术，包括 1 部 X 波段天气雷达、1 套微波辐射计、2 部激光测风雷达，首次应用"地基遥感方舱"，弥补常规观测业务在时空分辨率和垂直观测能力等方面存在的不足。结合 5 个赛区周边已建成的 22 个自动气象站、新建的 29 个自动气象站、4 部 C 波段天气雷达、1 部 X 波段天气雷达和 3 个高空探空雷达组合成天空地一体综合气象观测网。

赛事应急观测和保障装备：针对各赛区地貌和气候差异特点，在赛道附近预备应急保障车、便携式自动气象站、手持气象站和手持雪温仪等用于应急保障服务，实现保障人员和设备快速移动，提升赛事应急观测和保障能力。

3)气象观测站网设备

(1)新型自动气象站

新型自动气象站是多功能综合气象观测设备，采用了最先进的嵌入式系统技术和外部总线技术，结构设计方式为"主采集器＋外部总线＋分采集器＋传感器＋外围设备"。

29 套新型自动气象站设备为 DZZ4 型和 DZZ5 型，分布情况如下：海拉尔赛区 1 个、扎兰屯赛区 15 个、喀喇沁赛区 5 个、凉城赛区 7 个、呼和浩特赛区 1 个。观测要素为气温、地温、雪温、黑球温度、湿度、气压、风向、风速、降水、总辐射、紫外辐射、能见度、积雪深度等气象要素。采集到的观测数据通过 4G 无线通信传到中心站，为各赛区气象台制作重大天气过程短时临近预报提供监测数据支撑。

(2)地基遥感垂直观测系统

地基遥感垂直观测系统是一种对大气垂直结构进行高精度、高频次综合性观测的系统，通过在地面布设多种遥感设备，如毫米波测云仪、风廓线雷达、气溶胶激光雷达、微波辐射计、地基导航卫星水汽探测仪(GNSS/MET)等，实现对赛场周边温度、湿度、气压、风、水凝物和气溶胶等气象要素的三维立体实时监测。

中国气象局气象探测中心在"十四冬"扎兰屯赛区布设 1 部地基遥感垂直观测系统方舱，方舱配备了毫米波云雷达、激光测风雷达、微波辐射计、气溶胶激光雷达及集成控制系统，增强了大气垂直监测能力，提升了数据质量，解决了中小尺度灾害性天气全过程垂直观测能力不足等问题。

(3)激光测风雷达

激光测风雷达是一种精确测量水平风速、垂直风速、温度、风向、风切变和湍流强度的大气探测设备。针对"十四冬"赛场低空风切变具有尺度小、发生周期短和强度大等特点，激光测风雷达可快速、准确识别风切变位置和强度。

喀喇沁赛区和扎兰屯赛区布设了 Wind3D 6000 三维扫描型测风激光雷达，与传统测风手段相比，具有测量精度更精、时空分辨率更高、探测盲区更低等特点，配置高指向精度光学扫描转镜，实现 3D 扫描探测，探测半径最大可达 6 km，能够精细化探测大气边界层三维风场。

(4)微波辐射计

微波辐射计是利用被动接收不同高度传来的大气辐射的微波信号来判断大气温度、湿度变化的地基微波遥感设备，主要用于中小尺度天气现象监测，如暴风雨、闪电、强降水、雾、冰冻及边界层急流、湍流等。实现实时高精度空中气象要素监测，为短时天气预报、人工影响天气、赛区灾害天气预警和雾立体监测等提供有力的数据支持。

扎兰屯赛区布设了 SMR-100 型地基微波辐射计 1 部。该设备实时获取对流层内温度、湿度、水汽等大气物理量廓线数据，从而加强探空气球与天气雷达外的观测，弥补探空站不足以及自动气象站缺少探空数据等问题。

(5)天气雷达

天气雷达是监测和预警强对流天气的重要工具，通过间歇性地向空中发射电磁波(脉冲)，然后接收被气象目标散射回来的电磁波(回波)，探测气象目标的空间位置和特性。

海拉尔区、赤峰市、集宁区和呼和浩特市 4 部 C 波段天气雷达及扎兰屯市 1 部 X 波段天气雷达对赛场周围降水云体的空间位置、强弱分布、垂直结构进行准确观测，对降水云体的移动速度、风场结构特征、垂直气流速度等进行准确判断，为临近赛区提供保障服务，在灾害性天气，尤其是突发性的中小尺度灾害性天气的监测预警中发挥着重要作用。

(6)便携式自动气象站

便携式自动气象站主要由采集及传输系统、供电系统、气象要素传感器和配套数据处理软件四部分组成，可远程无线通信和近距离有线或无线通信，能自动完成空气温度、湿度、气压、风向、风速、雨量等气象要素数据采集处理，支持分钟、小时气象数据存储与传输，能够满足“十四冬”野外气象保障服务应急工作需求。

各赛区共建成 6 套 DZB1 型便携式自动气象站，作为气象观测的应急备份设备。实时监测并显示温度、湿度、气压、风向、风速、雨量等气象要素数据，并通过 4G 通信将数据实时传输至中心站，供预报人员分析处理并做出实时的短临预报服务产品。

(7)称重式降水传感器

称重式降水传感器是一种可以长期在野外使用并自动测量降雨和降雪的设备，既可以作为单独的传感器接在传统的自动气象站上，又可以作为自动观测仪单独使用。具有安装方便、维护简单，可长期在野外应用，配置灵活、测量精确等优点。

各赛区共建设 DSC1 和 DSC2 称重式降水传感器 6 套，实现降水量自动监测、降水强度自动计算。

(8)黑球温度传感器

黑球温度传感器通过在一个直径为 15.24 cm 的镀黑空心铜球体内安装使用热敏电阻，测量镀黑球体表面的温度差来确定表面风速。

喀喇沁赛区和凉城赛区共安装 2 套黑球温度传感器，监测赛场体感温度。

(9)手持气象站

手持气象站是一种携带方便、可快速移动、操作简单、集多气象要素采集于一体的气象观测仪器。“十四冬”开幕式在场馆马道布设手持气象站 1 台，为短道速滑和开幕式场地空间受限、不便于安装便携自动站的区域提供温度调节控制的气象依据，保障馆内比赛顺利进行。

【创新点】

①综合的立体气象观测系统。"天地空"立体气象观测系统采用了多种先进的观测技术和设备，包含赛场周边的高空站、天气雷达、地基遥感方舱以及风云气象卫星，形成了一个综合的立体气象观测系统。

②冬运会首次应用新设备。首次将"地基遥感方舱"应用于"十四冬"气象保障服务，实现了赛区气象监测自动化遥感、遥测。

③提升了综合观测能力。"天地空"立体气象观测系统丰富了气象观测要素种类和观测数据的多样性，实现了对赛区大气环境的全方位、多层次监测，提高了时空分辨率和垂直观测能力。

【成果应用成效】

①该系统为现场气象保障人员提供了赛场周边实时大气状况。同时，通过地基遥感集成和显示系统提供了设备状态监控、传输状态监控、融合产品展示和地面气象要素显示信息，帮助现场保障人员快速了解当前天气状态以及系统运行状况。

②该系统为"十四冬"赛场提供分钟级降雪量、积雪深度、雪温、风向、风速、温度、湿度、云水相态及气溶胶实况监测产品，实现赛区地面至高空 10 km 垂直大气温度、湿度、风向、风速、云、气溶胶等要素的分钟级廓线连续观测，实时准确监测赛区周边 50～150 km 范围内降水云体的空间位置、强弱分布、垂直结构，为气象预警服务(如暴风雪、雷电、雾、冰冻及边界层急流、湍流等)提供数据支持。

【成果应用展望】

全时空、立体化的气象观测系统的建设为"十四冬"提供了全方位、高精度的气象监测服务。这不仅保障了赛事的顺利进行，也为未来大型体育赛事的气象保障工作提供了宝贵的经验和参考。

【成果代表图片】

内蒙古冰上运动训练中心观测站点

内蒙古冰上运动训练中心：气温、相对湿度、气压、超声风向、超声风速、降雪量、能见度

● 气象观测站位置

扎兰屯赛区赛道观测站点

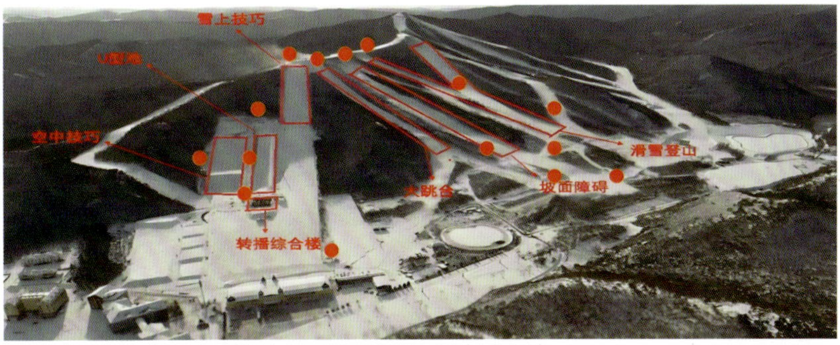

● 气象观测站位置

大跳台出发区：气温、超声风向、超声风速、相对湿度、雪面温度、能见度、积雪深度
大跳台起跳区：气温、超声风向、超声风速、相对湿度、雪面温度、能见度、积雪深度
大跳台结束区：气温、超声风向、超声风速、相对湿度、雪面温度、能见度、积雪深度
障碍技巧起点：气温、超声风向、超声风速、相对湿度、雪面温度、能见度、积雪深度
障碍技巧中点：气温、超声风向、超声风速、相对湿度、雪面温度、能见度、积雪深度
滑雪登山山腰：气温、超声风向、超声风速、相对湿度、雪面温度、能见度、积雪深度
滑雪登山起点：气温、超声风向、超声风速、相对湿度、雪面温度、能见度、积雪深度
滑雪登山山顶：气温、超声风向、超声风速、相对湿度、雪面温度、能见度、积雪深度、降雪量
雪上技巧终点：气温、气压、降雪量、超声风向、超声风速、相对湿度、雪面温度、总辐射、积雪深度、浅层地温
雪上技巧起点：气温、超声风向、超声风速、相对湿度
U型槽起点：气温、超声风向、超声风速、相对湿度
U型槽中间点：气温、超声风向、超声风速、相对湿度、雪面温度
U型槽终点：气温、超声风向、超声风速、相对湿度、雪面温度、能见度、积雪深度
空中技巧终点：气温、超声风向、超声风速、相对湿度、雪面温度

喀喇沁赛区赛道观测站点

出发大厅：气温、气压、降雪量、超声风向、超声风速、相对湿度、雪面温度、总辐射、积雪深度、浅层地温、黑球温度
赛道起点：气温、超声风向、超声风速、相对湿度、雪面温度、能见度
赛道终点：气温、超声风向、超声风速、相对湿度、雪面温度
山顶备赛区：气温、机械风向、机械风速、相对湿度、雪面温度、能见度、积雪深度
训练区：气温、相对湿度、雪面温度

● 气象观测站位置

凉城赛区障碍追逐赛道观测站点

障碍追逐山顶：气温、超声风向、超声风速、相对湿度、雪面温度、能见度、积雪深度
障碍追逐起点：气温、超声风向、超声风速、相对湿度、雪面温度
障碍追逐终点：气温、机械风向、机械风速、相对湿度、能见度
游客服务中心1：气温、气压、降雪量、超声风向、超声风速、机械风速、相对湿度、雪面温度、总辐射、能见度、积雪深度、雪温、黑球温度

● 气象观测站位置

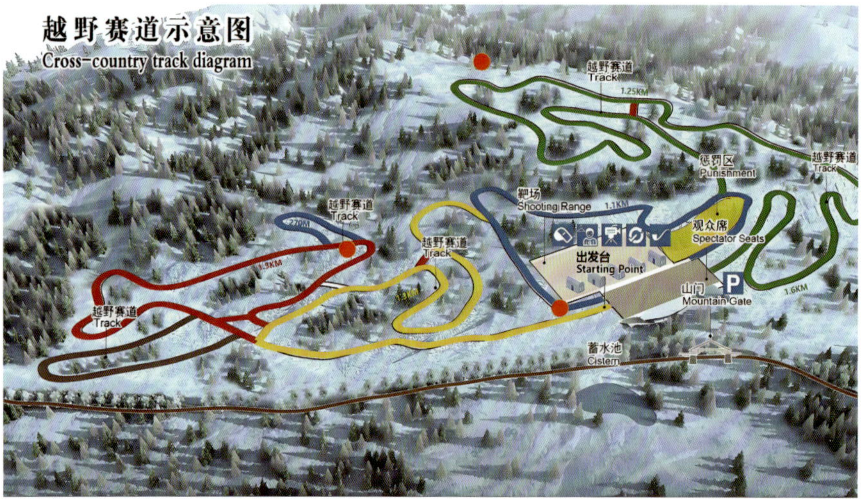

越野滑雪高点（便携站）：气温、气压、机械风向、机械风速、相对湿度
冬季两项高点（便携站）：气温、气压、机械风向、机械风速、相对湿度
靶场站：气温、气压、降雪量、机械风向、机械风速、相对湿度、能见度

● 气象观测站位置

凉城赛区越野滑雪（冬季两项）赛道观测站点

3.1.2 “十四冬”气象信息网络支撑技术

【第一完成单位】内蒙古自治区气象数据中心

【主要贡献人员】张新禹、池继忠、张彩云、那庆、田晓龙、张蛟娇

【来源项目名称】“十四冬”气象保障（观测与网络系统）建设项目

【成果主要内容】

该技术基于安全编排自动化和响应（SOAR）技术，通过在气象综合业务实时监控平台中构建自动化告警处置功能和设计自动化处置流程，将安全运营流程标准化，实现网络安全事件处置流程及相关步骤的自动化处理，提高网络安全事件发生时的应急处置效率。该技术的特点主要有防火墙联动封锁、精细化访问控制策略、上网提醒和一键查杀等功能。

根据“十四冬”气象保障特殊情况，按照网络安全事件响应机制分别设计了主动响应流程和被动响应流程两套处置流程。在主动响应机制流程下，办公区域终端设备在发生安全事件告警时，直接采取全自动应急处置流程，通过微信告警推送方式通知“十四冬”赛场的网络管理联系人，自动调用编排好的联动封锁策略，将该终端用户断开互联网网络链接，同时采取一键查杀策略对终端进行杀毒。在被动响应机制流程下，平台产生的安全事件和告警信息能够通知到“十四冬”赛场气象保障服务责任人和内蒙古自治区气象数据中心网络安全管理员。

为保证消息通知的及时性和准确性，通过使用编程开发语言、爬虫技术从态势感知系统抓取告警信息，并推送到天镜告警平台，通过企业微信号发送给各赛区网络安全联系人。联系人收到告警后对发生安全事件的设备进行处置和反馈，实现安全事件闭环处置。

【创新点】

①引入了安全编排的自动化响应技术。实现了网络安全事件的自动化响应，提高了安全事件处置效率，减少了人为错误的可能性，响应时间从数小时缩短到数分钟，极大提升了效率和准确性。

②建立了多层次的安全事件响应机制。设计了主动响应流程和被动响应流程两套机制，能够应对不同类型的安全威胁，提高了整体安全防护水平，确保每个安全事件都能得到妥善处理。

③采用了先进的数据采集和分析技术。能够及时识别并生成网络安全事件信息，使安全事件的识别更加迅速和准确，为后续的自动化响应提供了可靠的数据支持。

④实现了全面的自动化响应功能。实现了包括联动封锁、访问控制、上网提醒和一键查杀在内的多种功能，显著提高了安全事件的处置效率和效果，提高了响应速度，减少了人为操作的错误风险。

⑤优化了闭环处置流程。与完全自动化或完全人工的处理方式相比，人机结合的闭环处置流程不仅保证了高效的响应速度，还提高了决策的准确性和流程的完备性。

⑥实时推送告警信息。确保相关人员第一时间收到安全事件信息，并及时采取应对措施，提高了安全事件的响应速度和处置效率，极大地缩短了信息传递的时间。

【成果应用成效】

通过自动化响应技术手段在“十四冬”气象保障期间共发现并完成处置全区网络安全事件15753 起，赛事期间平均每日发生网络安全事件均在 200 起以上，其中主机类安全事件主要包括内网病毒传播、服务控制管理器(SVCCTL)创建服务、恶意域名家族木马远控、下载恶意病毒文件等类型，业务类安全事件主要包括文件传输协议弱口令、源代码泄露、网页未授权等。

①主机类安全事件自动化处置。通过自动化阻断响应流程设计完成主机事件的自动化安全事件处置，共处置 1085 次服务器和 294 次终端的安全事件。通过自动化阻断响应流程完成对服务器和终端的安全事件处置，识别并自动处置高危安全事件 118 起，其中发送上网提醒113 次，封锁 IP 地址 118 个。经实践证明，通过自动化策略下发能够缩短安全事件处置时间，平均处理时间从分钟级下降到秒级响应。

②业务类安全事件自动化处置。业务类安全事件类型处置方式采用人机处置响应流程，通过安全事件自动化响应技术通报漏洞、弱密码、Web 明文传输、配置风险等业务告警信息5864 条，平均整改率达到 51%，其中弱密码整改率达到 93%，大大减少了业务运行安全隐患。

【成果应用展望】

网络安全自动响应技术通过态势感知平台系统，完成了联动处置策略编排和全区各盟(市)及“十四冬”赛场资产信息分类，实现了安全事件处置流程化操作。根据安全事件类型选择安全事件处置的响应手段，通过天镜·内蒙古企业微信号进行安全事件的通知反馈，完成了“十四冬”气象保障期间的网络安全自动化处置保障任务，提高了安全事件的处置效率，为后续各类重大赛事网络安全保障工作打下了坚实的基础。

【成果代表图片】

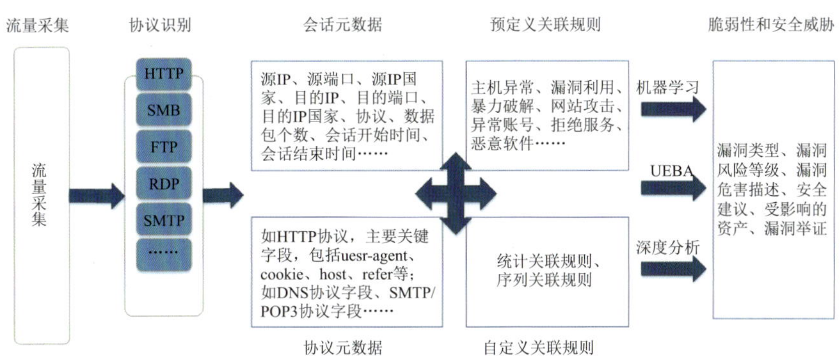

流量采集和安全事件生成流程

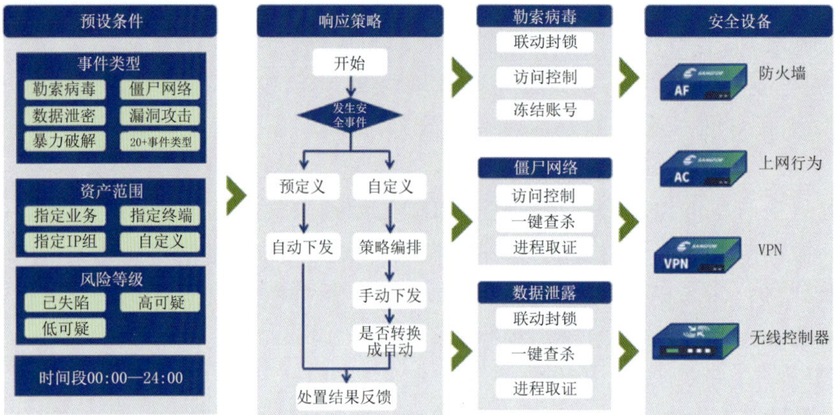

安全编排与自动化的实现过程

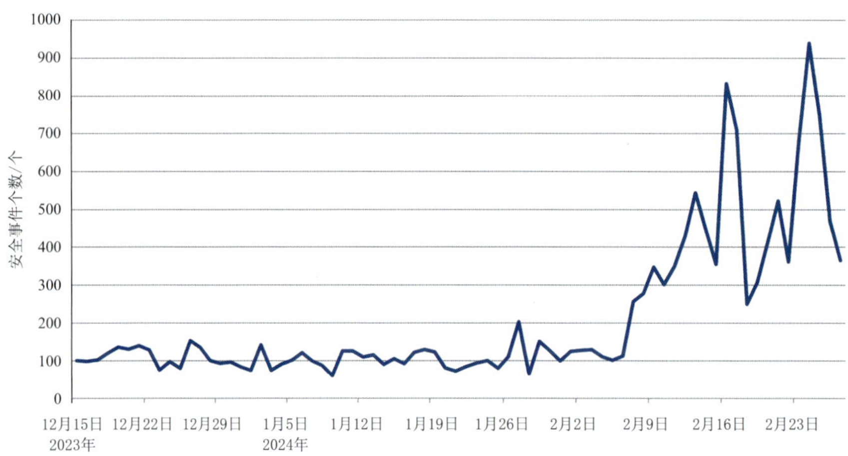

“十四冬”期间总体网络安全事件趋势

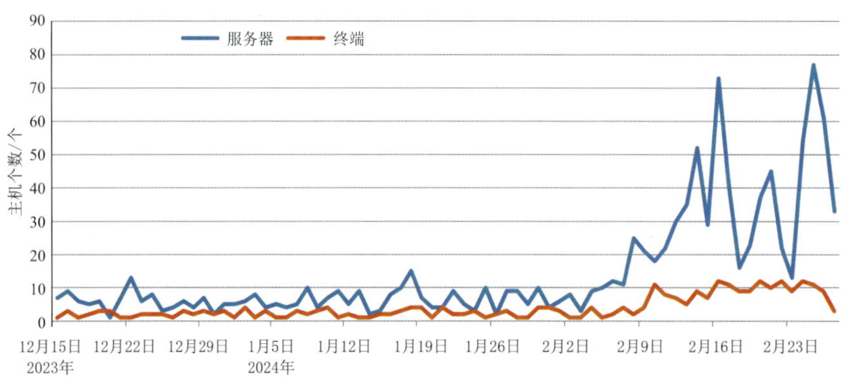

主机安全事件处置情况

3.1.3 “十四冬”赛场观测数据实时处理技术

【第一完成单位】内蒙古自治区气象数据中心

【主要贡献人员】王家乐、徐亮亮、张翔

【来源项目名称】“十四冬”气象保障（观测与网络系统）建设项目

【成果主要内容】该技术基于天擎支撑平台，利用抽取转换与加载(ETL)，实现气温、气压、湿度、风速、风向、降水量等常规要素数据，积雪深度、雪面温度、黑球温度等非常规要素数据和紫外辐射、总辐射等辐射要素数据，从中心站数据环境到天擎数据环境的自动化同步，并发布天擎接口，为各业务单位提供一个便捷、高效的数据获取渠道，助力其在赛事组织、运动员训练、观众服务等方面取得更好的成绩。

数据实时处理包括中心站数据读取、数据同步、数据存储以及服务接口发布，主要成果内容如下。

①实现数据同步。通过 ETL 同步工具(KETTLE)，实现了中心站源数据库中的数据到虚谷目标数据库的同步，确保了数据的完整性、准确性和高效性。

②灵活的 ETL 解决方案。KETTLE 提供了丰富的数据库连接选项，支持多种数据库同步，实现了数据在不同数据库环境之间的无缝迁移。

③高效的调度与监控。KETTLE 调度监控平台提供了灵活的调度配置和强大的监控功能，实现了实时查看任务状态、日志及错误信息的功能，用户可以快速定位问题并解决问题。

④天擎接口服务。提供了全区统一、标准、丰富的数据访问服务和应用编程接口，实现了为各级应用系统提供唯一权威的数据接口服务。

【创新点】

①数据的实时同步。基于数据流传输的方式实现数据的实时同步，显著提升了数据处理效率，确保气象数据的及时性和准确性。

②浏览器操作简单。提供全浏览器界面操作，简化了数据集成过程，用户无须额外安装软件，即可通过浏览器进行管理和操作。

③全面的数据集成。支持集成众多业务系统组件和软件服务组件，实现全面的数据集成，满足不同行业和场景的数据处理需求。

④统一数据接口服务。通过发布统一的天擎接口，提供便捷、高效的数据获取渠道，促进气象数据的广泛应用和服务提升。

【成果应用成效】

①数据管理方面。通过运用基于 ETL 的数据同步技术，成功创建了一个高效、有效的实况数据环境，实现了各赛区 29 套气象监测站 1 min 加密数据传输、解析、存储，“十四冬”举办期间，共存储小时数据记录数 7.3 万余条，分钟数据记录数 36.6 万余条。

②数据服务方面。实现了“十四冬”气象保障服务小时数据、分钟数据以及分钟辐射数据的天擎数据接口发布，直接支撑了“十四冬”气象实况、精准预报、精细服务等核心业务平台的数据应用，“十四冬”举办期间，接口服务的总访问次数 93 万余次，数据总下载量 60 GB。

【成果应用展望】

通过对本技术的探索与实践，形成了一套切实可行的数据同步方法，不仅满足了当前的数据同步需求，更为后续的气象保障服务支撑提供了宝贵的经验和参考。

鉴于全国气象数据环境的高度统一性和标准化，这一技术成果在其他气象保障服务的应用场景中展现出强大的业务迁移能力。计划继续开展基于 ETL 的数据同步技术的研究与应用，不断提升性能和灵活性，满足更多复杂场景下的数据服务需求，为气象保障服务领域的技术创新和发展贡献更多力量。

【成果代表图片】

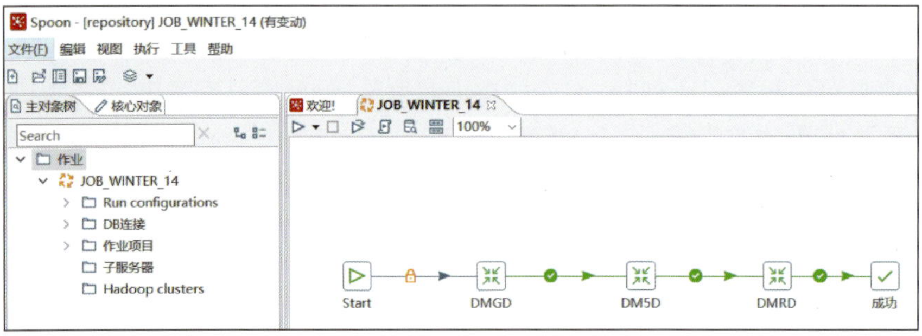

KETTLE 作业转换任务设计平台

KETTLE 调度监控平台

3.1.4 "十四冬"赛场局地百米级精细化实况分析系统

【第一完成单位】内蒙古自治区气象数据中心

【主要贡献人员】徐艳琴、徐亮亮、李晓炀、段晓梅、乔淼

【来源项目名称】"十四冬"气象保障(观测与网络系统)建设项目

【成果主要内容】内蒙古自治区气象数据中心联合国家气象信息中心数据研究室，利用赛场高密度多源气象观测数据，基于物理统计降尺度的动态气温递减率技术、地形指标的局地风场订正技术和站点稀疏区降水背景场优化技术，建成"十四冬"赛场局地百米级精细化实况分析系统。该系统生成的局地高时空分辨率的百米多源融合实况分析产品，可为"十四冬"气象预报预警提供实时数据支撑服务。

该系统通过天擎获取"十四冬"观测、实况和预报的实时数据，后台将源数据转换为符合融合算法的格点数据文件，通过雷达估测降水反演、多重网格变分分析、时空降尺度、多源数据融合等步骤，生成"十四冬"各赛区的百米分辨率逐 5 min 更新的实况分析产品。主要包含：百米雷达降水估测产品(QPE)子系统、百米降水实况分析子系统、百米温湿风实况分析子系统三部分。

①百米雷达 QPE 子系统。用于生成"十四冬"赛场区域 100 m 空间分辨率、逐 5 min/(10 min)和 1000 m、逐 5 min/(10 min)时间分辨率的定量降水估测产品，包含数据解析、质量控制、单站雷达数据处理、多波段雷达组网拼图、降水量反演等，可为赛场预报员提供降水预报参考。

②百米降水实况分析子系统。基于最优插值、偏差订正、降尺度、多源融合等技术，融合"十四冬"赛场地面分钟观测降水、雷达 QPE 偏差订正结果等，生成区域 100 m/(5 min)时空

分辨率局地降水融合分析结果，为赛场气象预报员复盘天气状况提供参考。

③百米温湿风实况分析子系统。基于时空多尺度分析系统（STMAS）框架和机器学习降尺度技术，快速生成“十四冬”赛场气温、相对湿度、U 风、V 风、全风速的 100 m/5 min 时空分辨率实况分析产品。

【创新点】

①多源资料融合，更好发挥新资料效益。弥补了部分 C 波段雷达覆盖不到地区的降水空间监测空白，进一步提升站点观测稀疏区降水融合产品的质量。

②封装化部署，系统可移植性高。系统使用容器进行集约化改造，只需修改经纬度区域、账户 IP 等外置参数，具有分析区域灵活调整、静态参数快速制作、关键功能模块化、快速部署等优点。

【成果应用成效】

该系统实现了高时空分辨率数据的实时高效处理，确保了整个系统在面对高调度频次时的稳定运行。该系统产品成果主要包含各赛区的百米分辨率逐 5 min 更新的降水、气温、相对湿度、U 风、V 风、全风速 6 类实况分析产品，并提供 1 h、3 h、6 h、9 h、12 h、24 h 的累计降水量，产品成果接入天擎实况进行可视化展示，为各赛区气象保障服务人员提供时空连续的基础数据支撑。各子系统数据产品的生成时效均为 2 min 内，满足高时效气象业务需求，以数据和图片两种形式为赛事保障人员提供精细化数据支撑。

【成果应用展望】

该系统主要用于各赛区的精细化数据支撑，后期可根据需要对系统内的经纬度区域、账户 IP 等参数进行设置，进而生成其他需要区域的精细化实况分析产品，为重大气象服务活动提供定时定点的实况数据支撑。对应的成果包含格点文件和图片文件，可支持众多软件调用，方便业务和科研人员使用。

【成果代表图片】

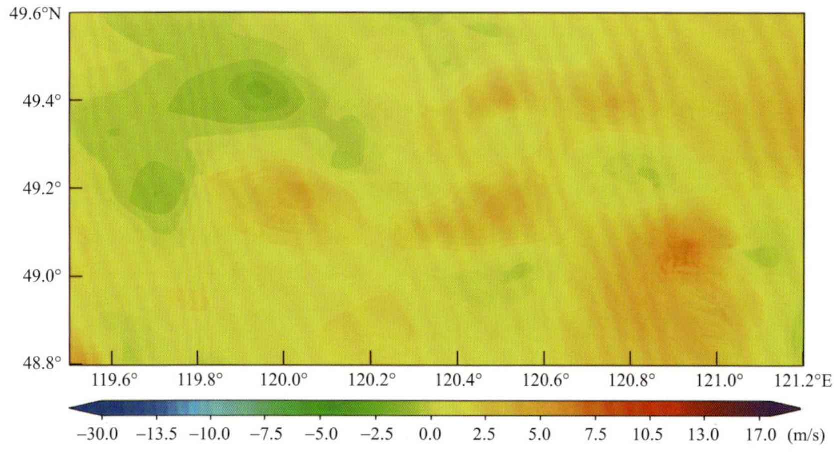

海拉尔赛区局地百米 U 风产品可视化图

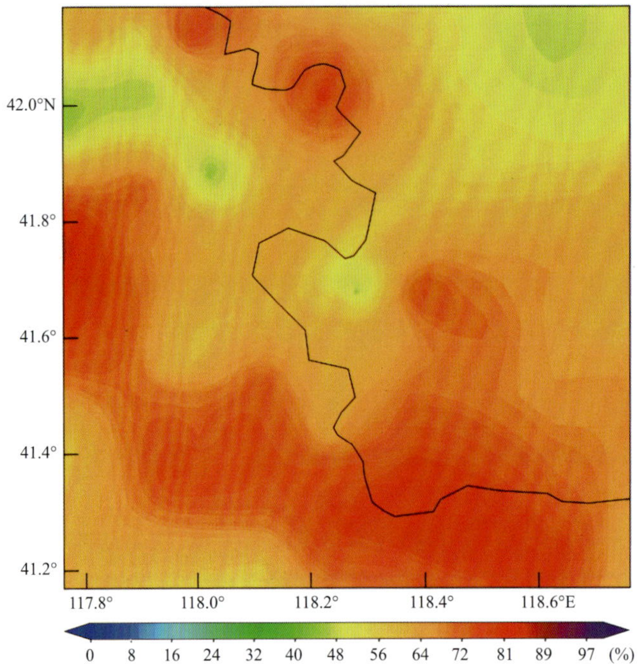

喀喇沁赛区局地百米相对湿度产品可视化图

3.1.5 "十四冬"赛场及周边区域千米级精细化实况产品制作系统

【第一完成单位】内蒙古自治区气象数据中心

【主要贡献人员】徐艳琴、段晓梅、李晓炀、徐亮亮、乔淼

【来源项目名称】"十四冬"气象保障(观测与网络系统)建设项目

【成果主要内容】

内蒙古自治区气象数据中心使用内蒙古区域的近地面分钟/小时观测数据、欧洲中期天气预报中心(ECMWF)预报数据、雷达估测降水数据、卫星估测降水数据、地面高程数据作为数据源,利用多维变分、概率密度匹配、贝叶斯多模型平均等方法,建立了"十四冬"赛场及周边区域千米级精细化实况产品制作系统,实现了算法、产品、流程全部融入天擎,提升了内蒙古自治区级实况产品业务的建设能力,也为后续其他实况产品研发天擎融入提供了技术支撑保障。

该系统主要包括多源融合降水实况分析子系统、多源融合实况温湿风子系统两部分。

①多源融合降水实况分析子系统。主要采用国家气象信息中心研发的中国区域 1 km"概率密度匹配+贝叶斯多模型平均+最优插值"地面—雷达—卫星三源降水融合技术方案,通过 10 min 降水融合分析、1 h 降水融合分析、24 h 降水融合分析、产品质量评估与图形绘制等流程,得到不同时间分辨率的降水产品和可视化结果,为"十四冬"赛区人员提供降水分析参考。

②多源融合实况温湿风子系统。该系统沿用 STMAS 框架,通过时空插值、空间降尺度、多重网格变分融合技术,生成逐小时、逐 10 min 的 2 m 温度、露点温度、气压、相对湿度、比湿、10 m U 风、10 m V 风、10 m 平均风速融合分析产品,为赛区观测、预报和服务提供基础气象要素的实况数据支撑。

【创新点】

①生成时效更快、时间分辨率更高。1 km 内蒙古区域多源融合实况产品实现 5 min 内生

成、逐 10 min 滚动更新，内蒙古自治区现有实况产品时效及时间分辨率明显提升，满足了“十四冬”高时效业务服务需求。

②能一键安装、灵活移植。实现所有算法及其依赖环境的整体封装，安装操作简便，为后续融合其他数据源研究提供了基础框架。

【成果应用成效】

系统实现了所研制实况产品的多角度质量评估，产品空间分辨率和质量明显提高，优于模式背景场或各输入数据源；系统可视化操作，便于运维保障人员实时查看系统运行情况。基于“周边千米”展示功能为用户提供 1 h 降水量、气温、相对湿度、风速、相对湿度、3 h 累计降水量、6 h 累计降水量、24 h 变温、24 h 最低气温等可视化结果。赛区保障人员根据“十四冬”服务需求制作和发布相应的实况监测和预警产品。

【成果应用展望】

该系统主要用于“十四冬”赛事期间天气预报、服务的实况数据支撑。因产品空间范围覆盖内蒙古整个区域，后期可用于重要天气形势分析研判，每日雨晴实况展示、基于位置的天气实况服务等。

【成果代表图片】

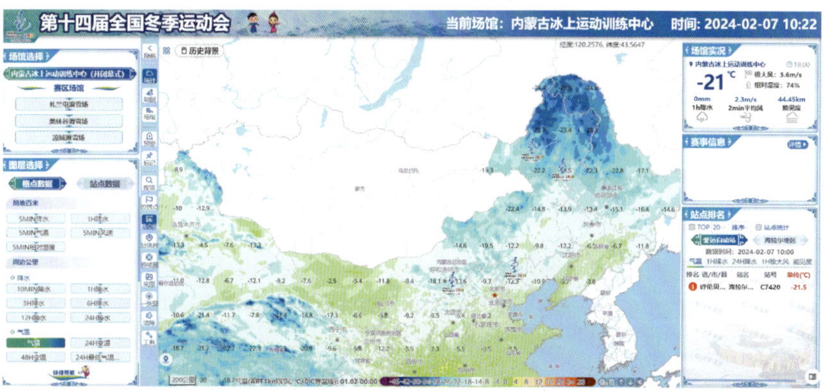

第十四届全国冬季运动会气象指挥平台千米级气温可视化图

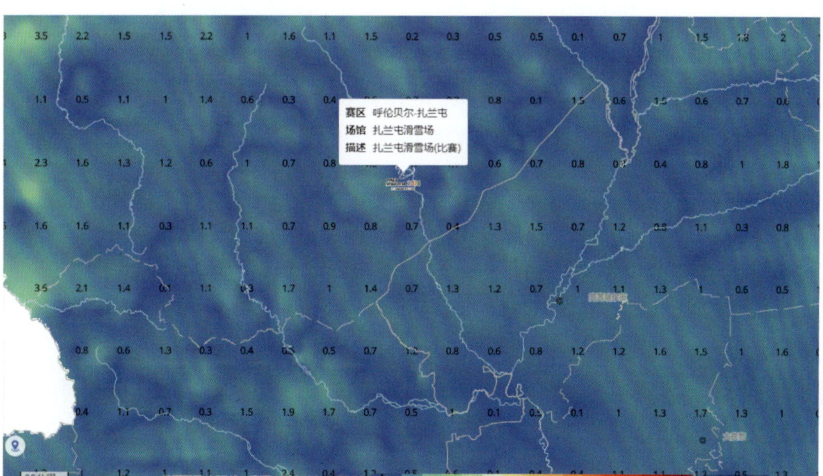

第十四届全国冬季运动会气象指挥平台千米级地面风场可视化图

3.1.6 “十四冬”赛事气象实况数据和产品可视化服务系统

【第一完成单位】内蒙古自治区气象数据中心

【主要贡献人员】张翔、徐亮亮、王家乐、徐艳琴、乔淼

【来源项目名称】“十四冬”气象保障(观测与网络系统)建设项目

【主要成果内容】

该系统基于多要素、高时空分辨率的综合观测系统和多源融合实况产品,通过气象数据处理、可视化技术等向用户展示实时的气象实况和预报产品。该系统采用浏览器和服务器架构模式(B/S)体系结构,使用JAVA编程语言开发,并遵循面向服务的架构(SOA)原则设计,是一个集成了多种先进技术和框架的系统。该系统具有业务架构灵活高效、用户交互体验性好、业务逻辑开发与系统性能优化、海量数据实时高效处理与可视化、高并发访问稳定等特点。主要包括赛区气象实况大屏展示、“十四冬”气象实况综合展示及赛区气象站点实况查询展示三部分功能模块。

①赛区气象实况大屏展示。该展示对接赛区现场大屏,分别以呼伦贝尔扎兰屯金龙山滑雪场、内蒙古冰上运动训练中心、乌兰察布凉城滑雪场、赤峰喀喇沁美林谷滑雪场实景图为背景,叠加展示各赛区气象观测设备点位布局及实况、预报数据,帮助赛区保障人员直观地掌握最新气象信息。

②“十四冬”气象实况综合展示。基于地理信息系统(GIS)信息技术,叠加展示赛区局地百米、赛区千米、赛区站点、天气雷达、激光测风雷达、微波辐射计等实况数据和加工产品,支持赛事场馆切换,实现了精细化、专业化和综合化的实况服务支撑,帮助了赛区气象预报员精准把脉天气形势。

③赛区气象站点实况查询展示。针对“十四冬”赛区新建站点提供单站多要素与多站单要素两种对比查询模式,通过折线图与表格方式实现1 min和1 h分辨率的实时历史数据查询、预览与下载,系统功能设计简洁、用户体验友好,深受一线气象预报员广泛应用与好评。

【创新点】

①交互式可视化。相较于传统静态的气象数据展示方式,该系统结合Monibuca流媒体服务器开发框架(m7s)流媒体支持的深度互动特性,构建了一个具备动态更新功能的大屏界面,允许用户根据需求切换不同的气象产品视图或深入查看特定地区的详细气象实况,并且交互式可视化能力显著提升了用户参与度和信息获取效率。

②高并发、低延迟。传统系统在高负载下往往面临卡顿、延迟甚至崩溃的风险,而该系统使用的m7s流媒体服务具备强大的并发处理能力和低延迟传输特点,保证在赛事期间大量观众同时观看时,气象信息依然能够流畅无阻地传播,尤其在发布紧急气象预警等关键信息时,能够迅速传达给所有相关方。

③跨平台兼容。与仅局限于单一平台的系统相比,该系统的跨平台兼容能力极大地拓宽了气象信息的覆盖范围,提升了信息的传播效率和影响力。该系统利用m7s流媒体技术的广泛兼容性,确保气象数据不仅能在专用大屏幕上播放,还能无缝对接各类移动终端、网页端及电视广播等多渠道进行同步推送。

【成果应用成效】

直观呈现比赛场地的即时气象条件,向中央电视台直播团队技术人员和裁判员提供2

min 平均风速和 1 min 极大风速等定制化分钟级气象数据实况。在赛事直播过程中，将实时气象数据作为比赛天气信息直接嵌入央视直播画面，为观众呈现比赛场地的即时天气状况，增强了比赛的观赏性和专业性，使观众能够更直观地了解比赛环境。央视网、中国气象局官方微信公众号、内蒙古广播电视台等媒体视频报道中多次给予气象实况数据可视化服务系统特写镜头画面。

【成果应用展望】

该系统在赛事气象保障中得到了广泛应用，发挥了“十四冬”气象保障服务核心基础支撑作用。该系统成果具有广阔的应用展望，可对自治区重大活动气象保障服务实况数据和产品可视化服务起到示范作用，对于后续召开的“2025 年哈尔滨亚洲冬季运动会”“中华人民共和国第十五届冬季运动会”等大型冬季冰雪运动气象保障服务提供参考和借鉴。

【成果代表图片】

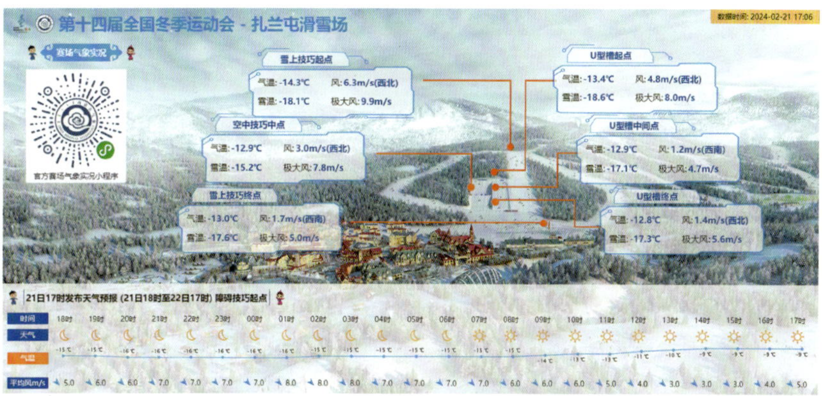

扎兰屯滑雪场大屏展示

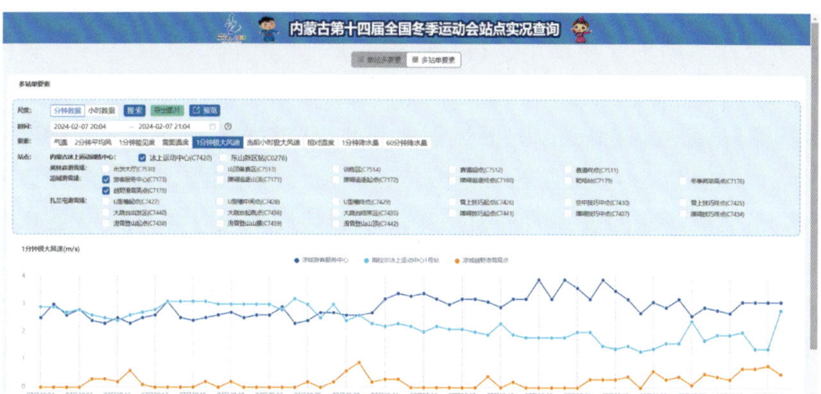

赛场气象站点实况查询展示

3.1.7 “十四冬”赛场气象观测运行监控系统

【第一完成单位】内蒙古自治区气象数据中心

【主要贡献人员】张蛟娇、张彩云、池继忠、娟娟、杜宇

【来源项目名称】“十四冬”气象保障(观测与网络系统)建设项目

【主要成果内容】

该系统基于气象专有云平台实现赛区气象观测设备数据传输运行监控，确保了气象数据传输的及时性和准确性，为赛事提供准确的数据支撑，实现赛区观测设备数据传输的及时性和完整性、设备可用性实时监控和观测设备运行监控全覆盖。主要包括赛场气象观测设备运行情况实时监控、故障自动发现和告警信息靶向推送、运行情况查询统计等功能。

①运行情况实时监控功能。查询当前时次各种资料类型的缺报情况；全部报类当前时次的缺报汇总展示；查询当前时次的缺报详情；查询时只显示当前用户订阅的站。

②故障自动发现和告警信息靶向推送功能。根据观测数据传输情况实时判断观测设备运行情况，根据数据传输时效要求对观测数据进行分析判断，实现故障自动发现。制定满足自动告警推送规则，实现故障信息实时推送给指定用户，完成单站缺报告警、单站故障告警和大面积故障告警信息靶向推送。

③运行情况查询统计功能。实现任意时间段赛区观测数据传输情况实时查询统计，提供任意时间数据传输质量、设备可用性查询统计、移动端和天镜告警平台浏览器页面历史告警信息检索。

【创新点】

①实时全面监控。实时获取赛区气象观测点数据传输及观测状态，实时监控数据传输的及时性、完整性和设备可用性。

②故障自动检测与告警推送。对各赛区观测资料收集情况进行统计，对于符合告警规则的观测资料进行实时告警推送和个性化推送。

③多维度运行情况查询统计。实现任意时间段的赛区观测数据传输情况和设备运行情况的实时查询统计，提供全面、便捷的数据分析手段，使用户能够随时随地、灵活高效地掌握赛区气象动态。

【成果应用成效】

该系统实现赛区 29 个站点观测设备的全天候、高精度监控，为气象数据的实时性与可靠性奠定坚实基础；实现了欧洲中期天气预报中心(ECMWF)大气模式确定性预报产品原始文件(C1D)、中国智能网格国家级格点预报指导产品(陆面预报产品)、内蒙古睿图格点预报产品(全要素)3 种预报产品资料及微波辐射计、激光测风雷达等共享资料的实时监控，共产生 2197 次告警；实现任意时间段内的赛区 29 个站点观测数据传输详情与统计报告功能，直观掌握每时次的气象数据传输状况，为现场观测设备的精细化日常维护与高效应急保障提供强有力的数据支撑与决策依据。

【成果应用展望】

该系统在"十四冬"赛事中提供了准确的赛区气象观测设备实时监控、故障自动发现及告警信息靶向推送，提升赛事安全性，优化赛事决策，提高设备维护效率，支撑现场观测设备日常维护与应急保障。该系统具备高度的可扩展性和灵活性，能够适应不同规模与类型体育赛事需求，为未来的体育赛事气象保障服务提供了可借鉴的经验与参考。

【成果代表图片】

传输详情展示页面

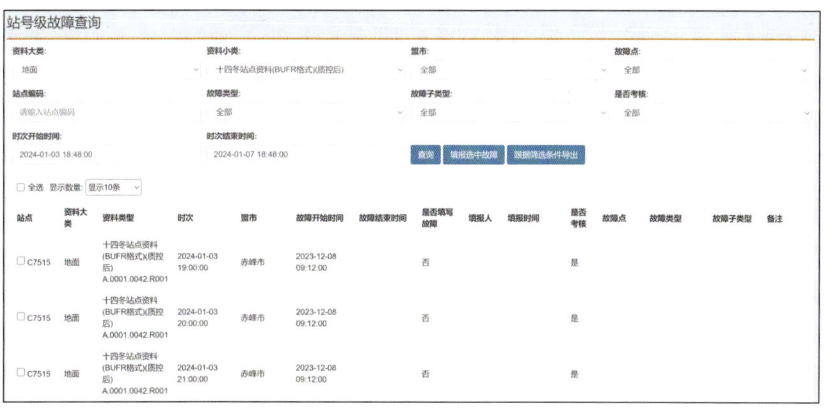

移动端任意时间段赛场观测数据传输情况实时查询统计

3.2　无缝隙、精细化的气象预报系统

3.2.1　“十四冬”赛事站点要素客观预报技术

【第一完成单位】国家气象中心

【主要参与单位】内蒙古自治区气象台

【主要贡献人员】张璐、马学峰、宫宇、赵斐、霍志丽

【来源项目名称】“十四冬”气象保障（预报预测）建设项目

【成果主要内容】

内蒙古自治区气象台以国家气象中心智能预报网格技术为基础，经过前期深入调研，针对

山地赛场间因海拔、坡向、植被等环境差异所导致的要素变化显著不同等特征，将气象预报员预报制作判断流程客观化，研发构建了基于复杂地形模式诊断下多机器学习方法滚动遴选的赛事站点要素客观预报技术(STNF)，实现每日2次滚动更新各赛区站点0～3 d逐小时、3～10 d逐3 h无缝隙的气温、平均风速、平均风向、阵风、相对湿度等要素预报，有力支撑中短期赛事窗口期决策、临近时段赛事现场气象顾问高频咨询等服务需求。

该技术主要包括五方面关键技术，即基于表征多尺度天气过程的特征工程、改进模式地形描述的复杂地形多维插值、模拟预报员模式订正思维过程多机器学习方法优选集成、承载海量数据处理的逐日滚动更新预报模型和考量成果推广应用的标准化工程化。

主要关键技术流程有三个方面。

①构建赛场逐站点单独优选建模方案。分别针对赛场各站点大气和地理特征过程，构建遴选当前环境下性能最优机器学习模型，尽可能客观模拟与预报员思维过程相似的决策树衍生算法，并借助其对该过程的批量化和多层化的复现，实现对模式要素预报误差非线性的判断订正。

②构建多尺度天气机理的预报模型。将模式诊断分析与多种机器学习方法结合，构建描述诸如大尺度变压风、中尺度回流、局地尺度山谷热力循环等多种天气形成机理概念模型表征诊断量，并结合对模式网格与实际地形相对关系的理解，采用多维不规则场插值的位置定标方法改进模式对赛场地形描述的不足，进一步优化模式复杂地形下预报输出，使其所构建的预报模型具备对相关物理过程的复现能力。

③搭建承载海量数据实时处理的工程化方案。基于国家气象中心研发的全流程检验程序库及天气分析工具包，搭建承载海量数据实时处理的业务工程化方案，将最新天气实况和预报模式实时融入，实现赛场各站点预报模型逐日滚动更新训练和10 min级预报更新订正。

【创新点】

①天气学经验同机器学习技术结合，客观固化各类天气概念模型。将气象预报员对天气过程形成机理的理解与机器学习非线性表达能力的结合大大提升了预报员的工作效率。

②多机器学习方法逐点优选建模，解决不同赛场间山地环境复杂差异预报问题。结合国际上新型机器学习技术对非线性过程描述的能力，构建赛场逐站点单独预报模型，客观上实现了对不同尺度天气型、不同季节、不同站点地理环境、不同时效预报偏差的刻画。

③多维时空场插值降尺度模式，解决精细地形描述有限问题。该技术逐日滚动更新预报模型解决了山区变化快、站点预报时效性要求高的问题。

【成果应用成效】

STNF接入内蒙古一体化平台、"十四冬"气象预报制作系统、"十四冬"气象现场服务系统和"十四冬"精细化气象预报示范计划，在"十四冬"各赛区气象保障服务中取得良好预报效果。综合检验结果表明，该技术在赛事前半程的过暖融雪、寒潮、大风等天气预报中起到了关键作用，较最优模式原始预报准确率提升40%～60%，与同类预报模式相比有超过10%的性能优势。

【成果应用展望】

该技术在"十四冬"气象保障服务的应用是对复杂地形下客观预报技术研发的经验积累，是对智能网格技术持续向前发展的一项重要探索。随着该项技术应用的逐步沉淀，未来会反哺于智能网格预报业务的发展，助力内蒙古自治区气象预报服务水平持续提升。

【成果代表图片】

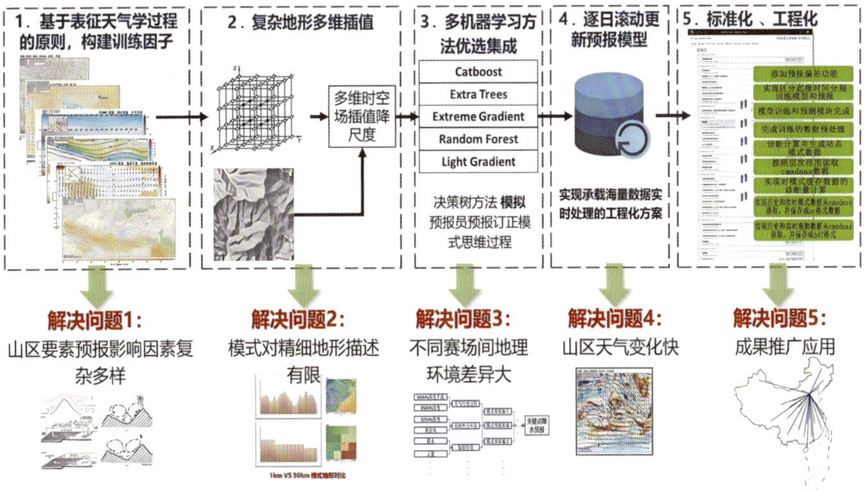

"十四冬"赛事站点要素客观预报技术关键技术流程

3.2.2 "十四冬"赛事站点智能预报技术

【第一完成单位】北京市气象台

【主要参与单位】内蒙古自治区气象台

【主要贡献人员】赵斐、郝翠、李梓铭、马学峰、霍志丽、周志花、计燕霞

【来源项目名称】"十四冬"气象保障(预报预测)建设项目

【成果主要内容】

"十四冬"赛事站点多机器学习方法集成的赛事站点智能预报技术(MMIC)算法包括数值模式、观测实况历史及实时资料的预处理、数值模式时间降尺度、机器学习集成算法开发、参数修订和结果验证等。

1)技术方案

数据预处理:对数值模式、观测资料进行质量控制、特征提取。

时空降尺度方案:结合实况数据对数值模式进行时间降尺度试验,并分析时间降尺度方案的效果;基于站点或精细化格点预报需求,设计基于最近邻、双线性、克里斯曼等不同半径的降尺度方案;优选本地最优降尺度方案。

云量分组方案:基于低云量、总云量对预报要素的影响,设计云量分组方案,并优选本地化最优方案。

降水分组方案:基于降水有无、降水量、降水时段对预报要素的影响,设计降水分组方案,优选本地化方案。

MMIC 算法:基于随机森林、梯度提升树、极端梯度提升、多层感知器、梯度提升、极端树回归等的机器学习算法训练,并用模型集成等算法进行结果集成。

极端或高影响天气预报修订方案:针对大风、极端温度、高影响能见度、降水等预报进行二次订正,提高高影响天气预报效果。

实时滚动更新预报方案:算法使用过程中,融入最新实况对结果的短临时段继续修订,提高短临时段预报效果。

预报检验:对机器学习算法集成结果进行检验分析,依据分析结果调整算法参数,确定最终的本地化参数方案。

产品业务化:实时业务部署、维护、检验。

2)特征工程

在MMIC系统中,特征工程起着关键作用,它利用专业的技术从历史数据中提取有用的特征信息,为机器学习算法提供更好的输入。

①时间特征:系统会从历史数据中提取时间相关的特征,例如,年份、月份、季节、节假日等。这些特征能够反映时间的周期性和季节性变化,对于预测山区冬季温度和风情况具有重要意义。

②地理位置特征:系统会考虑地理位置对山区冬季天气的影响。通过将观测站的经纬度或其他地理信息作为特征,系统可以捕捉到不同地理位置的气候差异,从而提高预测的准确性。

③海拔高度特征:山区的海拔高度对温度和风情况有着显著影响。系统会将海拔高度作为特征之一,用于建立与海拔高度相关的模型,以更好地预测山区冬季的温度和风情况。

④气象参数特征:系统会从历史气象数据中提取与温度和风相关的气象参数作为特征。这些参数包括温度、相对湿度、风速、风向、降水量等。通过提取和组合这些参数,系统可以捕捉到不同气象要素之间的关联性,提高预测的精度。

⑤统计特征:除了原始的气象参数,系统还会计算一些统计特征,例如,均值、方差、最大值、最小值等。这些统计特征能够提供关于数据分布和变化趋势的信息,为机器学习算法提供更全面的输入。通过精心设计的特征工程技术,MMIC系统能够从历史数据中提取出与山区冬季温度和风情况相关的有用特征。这些特征将为后续的机器学习算法提供更准确、可靠的输入,提高预测的准确性和可靠性。

3)多算法集成

MMIC系统采用多种机器学习算法,如决策树、随机森林、支持向量机、梯度提升树、极端梯度提升等,通过集成这些算法的预测结果,获得更准确和可靠的预报。系统使用模型调优技术,对算法参数进行优化,以提高预测性能。MMIC系统采用多种机器学习算法,并利用集成学习的方法获得更准确和可靠的预报结果。以下是关于多算法集成和模型调优的功能介绍。

系统采用集成学习的方法将多个单独的算法模型组合成一个更强大的集成模型。常见的集成学习方法包括投票法、平均法和堆叠法等。通过综合多个模型的预测结果,系统可以减少单个模型的偏差和方差,提高整体预测的准确性。系统使用模型调优技术对算法参数进行优化,以提高预测性能。这包括通过交叉验证、网格搜索和贝叶斯优化等方法,寻找最佳的参数组合,使模型能够更好地拟合和预测数据。通过对算法进行调优,系统可以获得更优化的预测结果。

利用多种机器学习算法的集成,系统能够提高预测的鲁棒性和稳定性。即使在面对数据噪声、异常值或不完整时,集成模型能够更好地适应和预测,减少单个算法的不确定性。通过多算法集成和模型调优技术,MMIC系统能够获得更准确和可靠的预报结果。这使系统能够更好地应对山区冬季温度和风情况的变化,提供用户所需的准确和可信赖的天气预测信息。系统不仅提供长期预测,还能够实时监测山区冬季温度和风情况。通过接入实时气象数据源,迅速更新模型并生成最新的预报结果,帮助用户及时做出决策。

【创新点】

该技术集成多种机器学习方法，将单模式数值预报的气温、风、阵风、湿度、降水量等87个预报因子以及该预报时刻前3个预报时刻的所有预报因子、该格点周围共9个格点的所有预报因子，外加时间特征(年、月、日、时)共3136个预报因子，作为当前预报时刻该格点的所有预报特征集。特征集构建基于多元线性回归、随机森林、支持向量回归、梯度提升树和极端梯度提升等机器学习算法，最终集成为多模式结果，对单模式的结果再进行一次集成，综合获得对当前预报的订正。

【成果应用成效】

“十四冬”正赛期间各赛区应用表明，MMIC在气温预报方面比ECMWF有明显提高，而且对平均风和阵风预报也有很好的提升。正赛期间所有赛区站点的气温、阵风和平均风的预报检验结果如下。

①气温预报：平均绝对误差为1.7 ℃，和ECMWF相比，MMIC模型的提升率为21.8%～36.6%。

②阵风预报：平均绝对误差为2.6 m/s，提升率为23.3%左右。

③平均风预报：平均绝对误差为1.37 m/s，提升率为22.3%左右，其中5 m/s以上的平均风预报平均绝对误差为0.87 m/s，提升率为1.15%左右。

【成果应用展望】

MMIC系统经过“十四冬”气象保障服务中实践和检验，预报效果优异，成功赢得预报员的信任。特别是在复杂地形下，仍能发挥客观预报技术在气温、风向、风速、相对湿度、能见度等关键气象要素精细化预报的优势。随着技术进一步的积累和优化，MMIC将继续为内蒙古重大气象保障服务提供精细、精准预报技术支撑。

【成果代表图片】

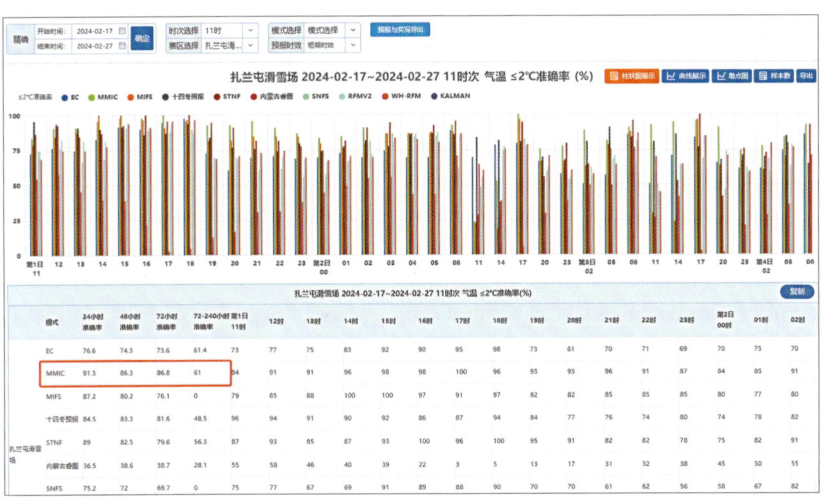

	模式	24小时准确率	48小时准确率	72小时准确率	72-240小时准确率	第1日11时	12时	13时	14时	15时	16时	17时	18时	19时	20时	21时	22时	23时	第2日00时	01时	02时
扎兰屯滑雪场	EC	76.6	74.3	73.6	61.4	73	77	75	83	92	90	95	98	73	61	70	71	69	70	73	70
	MMIC	91.3	86.3	86.8	61	84	91	91	96	98	98	100	96	93	93	96	91	87	84	85	91
	MIFS	87.2	80.2	76.1	0	79	85	88	100	100	97	91	97	82	82	85	85	85	80	77	80
	十四冬预报	84.5	83.3	81.6	48.5	96	94	91	90	92	86	87	94	84	77	76	74	80	74	78	82
	STNF	89	82.5	79.6	56.3	87	93	85	87	93	100	96	100	95	91	82	82	78	75	82	91
	内蒙古睿图	36.5	38.6	38.7	28.1	55	58	46	40	39	22	3	5	13	17	31	32	38	45	50	55
	SNFS	75.2	72	69.7	0	75	77	67	69	91	89	88	90	70	70	61	62	56	58	67	82

2024年2月17—27日扎兰屯赛区气温预报准确率

扎兰屯滑雪场 2024-02-17~2024-02-27 11时次 阵风风速 ≤2m/s预报准确率(%)

模式	24小时准确率	48小时准确率	72小时准确率	72-240小时准确率	第1日11时	12时	13时	14时	15时	16时	17时	18时	19时	20时	21时	22时	23时	第2日00时	01时	02时
EC	50.2	48.6	48.6	0	61	61	42	39	55	53	46	45	50	58	51	62	52	48	48	45
MMIC	70	67	66.6	0	85	84	73	62	76	80	85	55	69	87	73	60	60	56	64	64
MIFS	59.8	57.9	57.6	0	73	76	61	52	67	73	73	55	58	52	45	55	52	60	60	53
十四冬预报	63.9	62.2	60.9	0	83	87	78	74	68	74	66	61	72	72	61	56	47	46	55	51
十四冬非值班预报	64	62.6	62.5	0	93	91	85	82	69	60	55	62	73	80	58	49	40	47	56	47
STNF	72	70.3	69.1	0	95	89	76	67	84	91	85	67	76	71	75	67	53	55	71	62

2024 年 2 月 17—27 日扎兰屯赛区阵风预报准确率

3.2.3 “十四冬”内蒙古睿图数值预报模式

【第一完成单位】内蒙古自治区气象台

【主要贡献人员】刘林春、朱峰、计燕霞、仲夏、孙鑫、刘珂、姚晓娟、孙哲中

【来源项目名称】“十四冬”气象保障(预报预测)建设项目

【成果主要内容】

内蒙古自治区气象台针对“十四冬”赛事、赛场特点，建立了“十四冬”内蒙古睿图数值预报系统(RMAPS-NM)，为赛事、赛场提供最长时效为 3 d、时空分辨率为 1 h、3 km 的常规气象要素专项数值预报产品及逐 10 min 更新、未来 0～12 h 时空分辨率为 1 h、1 km 的常规气象要素精细化数值预报产品。

“十四冬”内蒙古睿图数值预报系统各项技术如下。

1)数据收集处理技术

通过内蒙古・天擎气象大数据云平台实时同步获取赛事、赛场数据，并进行数据格式转化和质量控制，供内蒙古睿图数值预报系统使用。

2)资料同化技术

以美国国家环境预测中心全球预报系统(NCEP-GFS)数据为背景场，采用天气预报与研究模型(WRF)三维变分同化技术，将雷达、地面站、探空、飞机报等观测数据实时同化到内蒙古睿图数值预报系统中，提升模式对特定地区和地点的预报能力。

3)参数化方案评估

组合测试对数值预报系统影响最明显的云微物理参数化方案、积云对流参数化方案和辐射方案，评估不同参数化方案组合对冬季天气的预报能力，最终选出最优的方案组合：云微物理方案为 Morrision 方案、积云参数化方案为 Kain-Fritsch 方案、长波辐射方案和短波辐射方案都为 RRTMG 方案。

4)精细化数值预报产品生成

利用内蒙古睿图数值预报、多源观测数据(自动站、雷达)，基于复杂地形模式订正技术、动力降尺度技术和多源观测及数值预报融合技术，实现 1 km 空间分辨率、10 min 更新循环的赛事、赛场格点化气象要素客观分析和未来 0～12 h 地面要素及降水的融合分析与预报。具体各项技术介绍如下。

(1)复杂地形模式订正技术

为了更好地描述地形对温度、降水等的影响，采用相对地形即地形因子来描述地形。

(2)数值模式和观测资料的融合分析技术

温度、湿度、风的融合分析方法为：以内蒙古睿图数值预报系统输出结果为第一猜值，通过第一猜值与最新的观测资料的误差形成误差场，综合考虑误差场和地形效应，订正模式输出结果。

降水融合分析方法为：考虑地形效应，通过地面自动站降水观测订正雷达估测格点降水，形成可靠的降水观测。

(3)临近和数值预报权重融合预报技术

温度和风的预报为临近预报与数值预报的加权之和，其中临近预报的权重为 g，数值预报的权重为 $1\sim g$，g 在 0～6 h 内，从 1 递减至 0。降水的预报为基于观测的外推预报和数值模式预报的加权之和。

【创新点】

①资料同化采用三维变分方案。通过同化雷达等观测资料并进行参数化优选，建立了针对“十四冬”赛事、赛场特点的“十四冬”内蒙古睿图数值预报系统，可生成最长时效为 3 d、时空分辨率为 1 h、3 km 的高空要素形势场和近地面要素的预报。

②多项技术融合生成高精度数值预报产品。该系统能够充分考虑复杂地形对近地面要素预报的影响，基于内蒙古睿图数值预报及结合雷达、自动站等多源观测资料，采用复杂地形模式订正技术、动力降尺度技术和多源观测及数值预报融合技术，生成“十四冬”赛场逐 10 min 更新、未来 0～12 h 时空分辨率为 1 h、1 km 的常规气象要素精细化数值预报产品，能满足“十四冬”比赛项目对分钟级更新、高分辨率短临预报的刚性需求。

【成果应用成效】

“十四冬”正赛期间在各赛区的应用情况表明，内蒙古睿图数值预报系统的降水预报和风向预报均优于 ECMWF。以扎兰屯赛区为例，该系统对降水、风向、气温、平均风风速的预报检验结果如下。

降水预报的 24 h、48 h、72 h 的平均晴雨准确率分别为 92.4%、93%、94%。风向预报的 24 h、48 h、72 h 平均准确率分别为 68.3%、69.3%、70.7%，排名第一。气温预报的 24 h、48 h、72 h 的平均绝对误差在 2 ℃左右。平均风风速预报的 24 h、48 h、72 h 的绝对偏差为 2.9 m/s 左右。

【成果应用展望】

“十四冬”内蒙古睿图数值预报系统将继续运行，支撑内蒙古地区的精细化预报预警服务。未来还将开展卫星资料、双偏振雷达、微波辐射计等新型观测资料在内蒙古数值预报系统中的同化应用以及在短临预报中的融合应用，不断提升内蒙古睿图数值预报系统的预报准确率，在天气预报服务和专项气象服务中进一步发挥精细化产品支撑作用。

【成果代表图片】

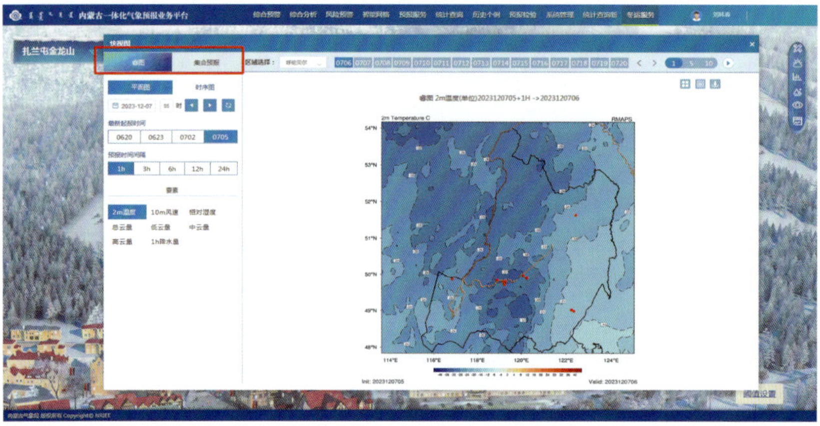

内蒙古一体化气象预报业务平台上内蒙古睿图产品展示

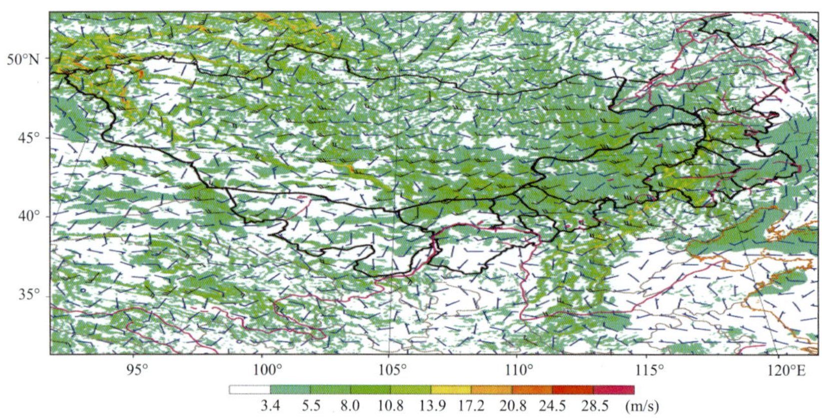

气象现场服务系统内蒙古睿图产品展示

扎兰屯滑雪场 2024-02-17~2024-02-27 11时次 风向 预报准确率(%)

	模式	24小时准确率	48小时准确率	72小时准确率	72-240小时准确率	第1日11时	12时	13时	14时	15时	16时
扎兰屯滑雪场	EC	59.3	60.2	62.1	0	66	61	63	54	61	49
	MMIC	63.2	63.7	64.9	0	70	56	69	58	64	56
	MIFS	56.4	55.7	55.4	0	44	38	41	39	48	58
	十四冬预报	65.4	65.8	65.5	0	83	70	63	55	61	56
	十四冬非值班预报	59.2	59.8	61.3	0	89	67	76	62	75	55
	STNF	66	65.9	66.8	0	81	64	72	62	65	58
	EC700	51.3	52.6	53.1	0	53	45	37	32	37	36
	EC800	45.3	46.7	47.6	0	63	57	48	42	39	30
	EC850	43.5	44.5	45.4	0	50	51	53	40	38	32
	EC925	50.5	50.5	51.6	0	56	48	54	54	61	48
	EC950	54.3	54.4	55.5	0	71	58	60	54	63	55
	内蒙古睿图	68.3	69.3	70.7	0	76	64	66	58	64	61
	SNFS	56.8	58	59.4	0	60	54	47	33	40	38
	RFMV2	57.7	58.4	58.8	0	61	62	52	52	51	41

2024 年 2 月 17—27 日扎兰屯赛区 11 时次风向预报准确率

3.2.4 “十四冬”赛场雪务精细化客观预报技术

【第一完成单位】内蒙古自治区气象台

【主要贡献人员】仲夏、张莫日根、孙鑫、姜雨蒙、韩理、张璐、邹逸航、刘林春

【来源项目名称】“十四冬”气象保障(预报预测)建设项目

【成果主要内容】

该技术基于智能网格客观预报产品、中尺度天气数值预报系统(CMA-MESO)、RMAPS-NM 等数值模式,对不同的预报要素采用统计分析、物理量诊断分析等不同的数值模式解释应用方法,实现各赛区未来 3 d 的积雪深度、降水相态、雪面温度等精细化客观预报。具体技术包括以下三个方面。

1)高分辨率雪面温度预报技术研发

基于赛场、赛道附近国家级气象观测站(简称国家站)历史降雪量、积雪深度、风向、风速、温度等相关气象要素的观测数据,对积雪深度大于或等于 0 cm 的实测地面温度、雪面温度、积雪深度进行统计分析,找出了不同积雪深度下地面温度与雪面温度的关系。利用统计学方法,分别建立了不同积雪深度下雪面温度的回归模型,采用 RMAPS-NM 对温度、降水量等气象要素的直接输出结果,基于雪面温度模型,实现对于各赛区活动场地以及赛道雪面温度预报产品的研发工作。

2)基于 Cobb 算法的积雪深度预报技术研发

基于 Cobb 算法,利用 RMAPS-NM 对温度、相对湿度、降雪量等要素场预报数据,初步建立了 0～72 h 时效内的新增积雪预报技术。通过风场分布确定降雪形成最快的地点,根据垂直速度、最大垂直速度以及云层厚度计算权重系数,并利用观测资料统计融雪比和温度的关系曲线,计算每层的积雪能力。最终,利用加权平均方法,根据权重系数,计算所有层面的积雪能力,根据模式输出的降水量和物理量,形成积雪深度的预报。

3)高分辨率降水相态分析和预报技术研发

通过总结归纳内蒙古地区雨夹雪天气发生的时空分布特征、影响降水相态转变的气象要素变化特征,建立了复杂地形下雪、雨夹雪、雨 3 种不同降水相态的关键指标,涵盖了温度、湿度和气压等多种气象要素,并联合 RMAPS-NM 微物理预报产品、温度和湿度廓线产品、地面观测数据,建立复杂地形下高时空分辨率降水相态客观诊断预报算法,形成比赛区域降水相态预报产品。

【创新点】

①建立了不同积雪深度下雪面温度的回归模型,提升了雪面温度预报的精确度。

②基于 Cobb 算法开发了新增积雪深度的客观预报技术,提高了积雪深度预报的可靠性。

③提出了复杂地形下高时空分辨率的降水相态诊断预报算法,实现了精细化的降水相态预报。

【成果应用成效】

①创新突破、弥补技术空白,通过采用统计学模型和模式物理量诊断等方法,实现了“十四冬”赛场雪面温度、积雪深度、降水相态的客观预报,成为“十四冬”预报服务人员重要参考工具。

②有效提升了雪面温度、积雪深度和降水相态的预报精度以及可靠性,为“十四冬”气象保

障服务提供决策支撑产品。

【成果应用展望】

通过对该技术的不断优化和完善，可以为冬季赛事和相关活动提供更精准的雪务与降水预报，进一步丰富智能网格预报产品，为智能网格预报提供精准预报支撑。此外，积雪深度、降水相态产品也将在冬季气象灾害风险预估业务中发挥重要作用。

【成果代表图片】

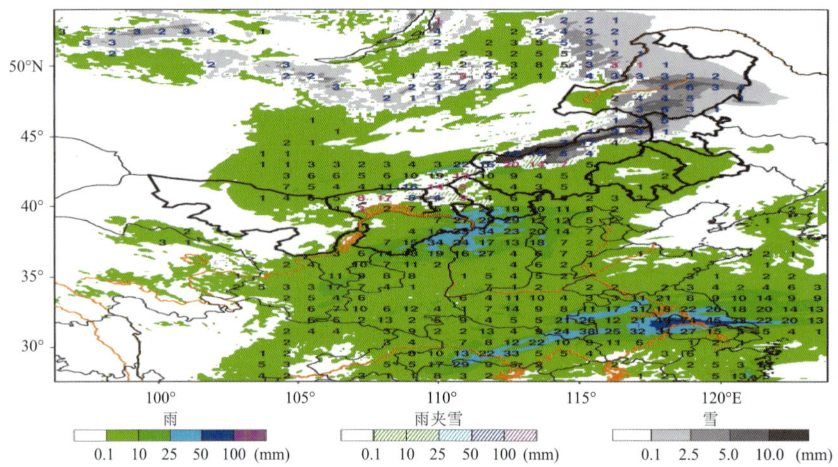

高分辨率降水相态预报产品

3.2.5 "十四冬"多源智能预报技术

【第一完成单位】内蒙古自治区气象台

【主要贡献人员】仲夏、孙鑫、张莫日根、姜雨蒙

【来源项目名称】"十四冬"气象保障(预报预测)建设项目

【成果主要内容】

"十四冬"多源智能预报系统(MIFS)专注于解决复杂地形条件及部分新建站点时间序列数据缺乏情况下精准预报气象要素的难题，聚焦于百米级空间分辨率范围，采用"一场一策、一项一策、一站一策"的算法构建策略，通过整合多源气象数据，提取时空特征，并利用多种机器学习和深度学习算法，实现对于不同地形下各赛道站点的降水量、气温、风速、风向、极大风速、能见度等关键气象要素的0～72 h逐小时精细化客观预报产品。

【创新点】

1)突破传统预报机器学习方法对历史数据的依赖

MIFS在数据稀缺地区(如新建站点、复杂地形等)展现出巨大优势，采用基于多源数据融合、时空特征分析等的技术路线，即使在新建站点缺乏历史数据的情况下，依然能够提供可靠的预报结果，有效填补了该领域的空白。

2)"一场一策、一项一策、一站一策"的个性化算法策略

针对不同比赛场地、不同气象要素和不同站点，MIFS采用个性化的算法构建策略，从而实现对不同场景和需求的精准覆盖，极大地提高了预报的精细化程度和准确率。

3）高效轻量化设计模型，增强实用性和推广价值

MIFS在保证预报性能的前提下，注重预报算法的轻量化设计，降低了对计算资源的要求，提高计算效率，使其更具实用性和推广价值，为以后重大活动气象保障服务提供了重要的技术储备。

【成果应用成效】

①在气象要素精细化预报方面，从“十四冬”测试赛和正赛期间综合预报效果检验来看，MIFS对于所有赛区各预报站点极大风速预报平均绝对误差≤1.25 m/s，气温预报平均绝对误差在1.5 ℃以内，对于复杂地形下气温、平均风速、极大风速等气象要素的预报准确率显著提升。

②相对于其他模式的预报效果来看，“十四冬”测试赛和正赛期间，新建赛道站点24 h内的逐小时气温预报平均绝对误差为1.46～1.92 ℃，预报准确率为66%～79%。相对于ECMWF、RMAPS-NM等数值模式插值结果平均绝对误差减小1 ℃以上，预报准确率提高40%以上；逐小时平均风速预报准确率为82%～86%，相对于ECMWF、RMAPS-NM等数值模式插值结果预报准确率提高10%以上；逐小时极大风速预报准确率为75%～84%，相对于ECMWF、RMAPS-NM等数值模式插值结果预报准确率提高20%以上。

【成果应用展望】

随着多源智能预报算法的不断优化、持续迭代，MIFS已将站点客观预报方法扩展至格点预报方法，由地面单层预报扩展至垂直层次预报，初步实现水平方向百米分辨率、垂直方向0～12 km，百米分辨率的预报产品研发。未来该技术将进一步向更高精度、更长预报时效、更广应用范围方向发展，如提供着陆场区域精细到百米甚至更小尺度的浅层风、高空风等关键气象要素预报，为“神舟”“嫦娥”探月工程等航天器安全着陆提供关键决策支持，同时可提供航线沿途高分辨率的湍流、风切变等危险天气预报，提升航空气象服务水平，保障飞行安全。该技术还可根据重大活动需求，提供定制化的精细气象预报服务，为活动顺利举办保驾护航。

【成果代表图片】

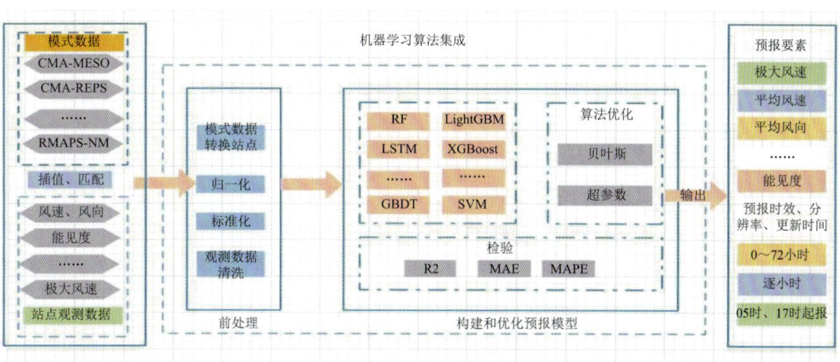

MIFS技术路线

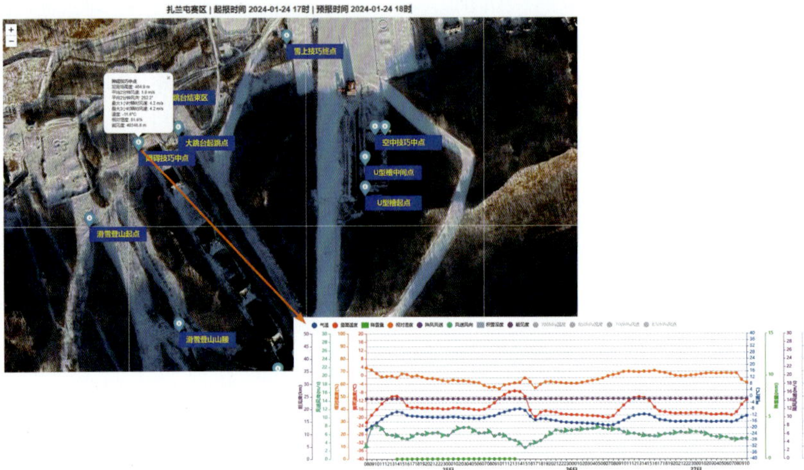

MIFS 扎兰屯百米级赛道站点精细化客观预报产品

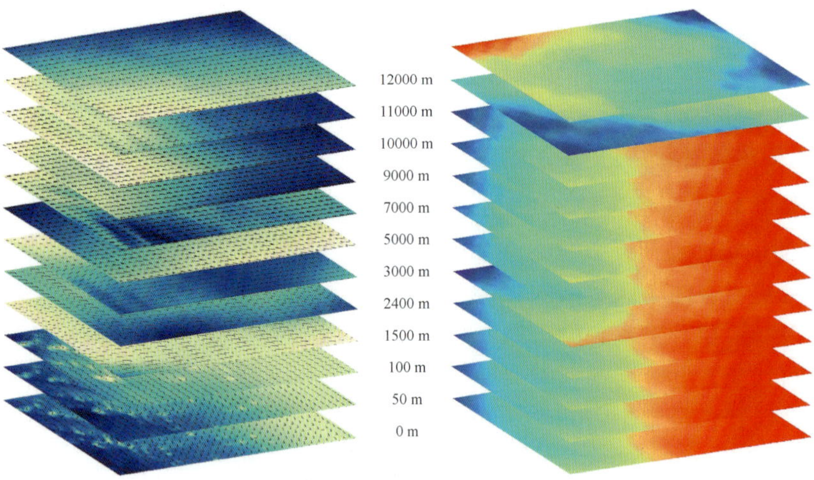

MIFS 三维格点风场、温度场预报产品（垂直方向：0～12 km，分辨率：50～100 m，水平方向：0～2 km，分辨率：300 m）

3.2.6 “十四冬”气象灾害风险预估技术

【第一完成单位】内蒙古自治区气候中心

【主要贡献人员】赵艳丽、孟玉婧、冯晓晶、董祝雷、孙玉、魏娜

【来源项目名称】“十四冬”气象保障（预报预测）建设项目

【成果主要内容】

“十四冬”气象保障服务对中长期气象灾害风险预估有较高的需求，为解决这一问题，内蒙古自治区气候中心研制了一套中长期尺度的“十四冬”客观化气象灾害风险预估技术方法，建立了“十四冬”气象灾害风险预估子系统，制发“十四冬”气象灾害风险预估产品，集成了多种气候预测模式数据和多灾种、多时间尺度的气象灾害风险预估技术，提升“十四冬”气象灾害风险预估服务能力。主要技术内容有以下两个方面。

1）搭建“十四冬”气象灾害风险预估子系统

该子系统属于“气候灾害风险评估与气候预测系统”，集成了中国气象局第三代气候预测模式产品（CPSv3）、美国第二代季节模式产品（CFSv2）和月动力延伸期预测模式产品（DERF2.0）三种气候预测模式数据及其订正方法，以及研制的低温、大风和雪灾风险预估的指标、模型和风险阈值等技术方法，可以及时提供内蒙古地区延伸期、月尺度、火炬传递期间等不同时间尺度的气象灾害风险预估产品，为“十四冬”气象保障服务提供较高品质的中长期气象灾害风险预估产品及系统支撑。

2)集成延伸期、月尺度气象灾害风险预估技术

第一，构建延伸期、月尺度气象灾害风险预估技术。根据“十四冬”各赛区位置和比赛项目特点，确定了影响赛事的主要气象灾害为低温、大风和雪灾。应用内蒙古气象灾害综合风险普查中低温、大风和雪灾的数据和技术成果，基于 CPSv3、CFSv2 和 DERF2.0 三种气候预测模式数据，研制了一套针对“十四冬”延伸期和月尺度的客观化低温、大风和雪灾风险预估的指标、模型和风险阈值等预估技术方法。

“十四冬”主要气象灾害风险预估技术方法

灾害类型	延伸期和月尺度的风险预评估
低温	①预测要素：日最低气温； ②单站冷空气过程识别：单站的 $\Delta T_{48} \geq 6$ ℃的冷空气(ΔT_{48} 为 48 h 内降温幅度：前 48 h 内的日最低气温的最大值与当日的日最低气温之差)； ③致灾因子：过程最大降温幅度、过程日最低气温、过程持续日数； ④预估模型：致灾危险性指数＝过程最大降温幅度×0.3＋过程日最低气温×0.5＋过程持续日数×0.2(时段内多个过程的取最大值)；风险指数＝危险性指数×承灾体指数(人口归一＋GDP 归一)/2； ⑤风险阈值划分：基准期(1991—2020 年)历史过程风险指数 50%、70%、85%和 98%的分位数值
大风	①预测要素：u 平均风速、v 平均风速； ②单站大风过程识别：单站的日平均风速≥4 m/s； ③致灾因子：大风日数、过程最大风速； ④预估模型：致灾危险性指数＝大风日数×0.6＋过程累计降雪量×0.4(时段内多个过程的取最大值)；风险指数＝危险性指数×承灾体指数(人口归一＋GDP 归一)/2； ⑤风险阈值划分：基准期(1991—2020 年)历史过程风险指数 50%、70%、85%和 95%的分位数值
雪灾	①预测要素：日平均气温、日降水、日积雪深度； ②单站雪灾过程识别：单站的日降雪量≥2.5 mm(中雪等级以上)且日平均气温≤−2 ℃； ③致灾因子：过程累计降雪量、过程最大积雪深度、降雪(中雪等级以上)日数； ④预估模型：致灾危险性指数(时段内多个过程的取最大值)＝过程累计降雪量×0.18＋过程最大积雪深度×0.15＋降雪日数×0.67；风险指数＝危险性指数×承灾体指数(人口归一＋GDP 归一)/2； ⑤风险阈值划分：基准期(1991—2020 年)历史过程风险指数 50%、70%、85%和 95%的分位数值

第二，对气候预测模式数据进行动态偏差订正。根据不同气候预测模式数据的时间尺度、预测时效、预测要素等特点进行多来源数据对比和检验，并基于站点观测数据，采用偏差订正方法，对气候预测模式产品进行降水量、气温、大风数据的订正，以提高风险预估结果的准确性。

【创新点】

①初步构建适用于内蒙古的省级客观化气象灾害风险预估业务技术体系，填补了内蒙古中长期气象灾害风险预估的技术空白，提升了全区气象灾害风险预估能力。

②初步建立内蒙古气象灾害风险预估系统，有效保障了“十四冬”气象灾害风险预估服务的顺利开展，实现从灾害性天气预报预警向气象灾害风险预估服务的转变。

【成果应用成效】

依托气象灾害风险预估子系统，开展不同时间尺度低温、大风和雪灾风险预估服务。赛

前，对 2023 年 12 月和 2024 年 1 月“十四冬”赛区的低温、大风和雪灾风险进行预评估，制作并发布“十四冬”赛区的月尺度气象灾害风险预估服务产品 2 期。比赛期间，制作并发布“十四冬”火炬传递期间、开幕式和延伸期气象灾害风险预估产品 10 期。提前 15～30 d 向各赛区提供气象灾害风险预估服务产品，辅助各赛区更加从容和有效地做好应对方案，努力减轻因气象灾害造成的影响。同时，也提前对参赛运动员、观众等提供有效的提醒，有助于做好交通出行、防寒、住宿等安排和计划调整，在“十四冬”气象保障服务期间提供了较好的技术和产品支持，发挥了积极作用。

【成果应用展望】

内蒙古中长期气象灾害风险预估技术将继续发展，系统功能将继续开发和优化完善，将核心技术移植到气象灾害风险预估系统中运行，以提供内蒙古分灾种、分区域、分时间尺度、分承灾体的气象灾害风险客观化分析及风险预估产品，分级、分步形成内蒙古气象灾害风险预估业务。通过新技术的研发、测试和应用，推动系统产品性能的进一步提升和在防灾减灾的进一步应用，为内蒙古中长期气象灾害客观化风险预估提供较好的科技支撑。

【成果代表图片】

“十四冬”气象灾害风险预估子系统

第十四届全国冬季运动会
气象服务专报

冬运内蒙古气象中心　　**第 20 期**　　2024 年 1 月 8 日发布

2024 年 1 月气象灾害风险预估

【提示】基于中国气象局第三代气候预测模式产品（CMA-CPSv3）和内蒙古气候中心气象灾害客观化风险评估模型，开展内蒙古 2024 年 1 月（2023 年 12 月 30 日起报）“十四冬”赛区主要气象灾害风险预评估。

一、低温灾害风险预评估

低温灾害风险预评估结果显示，预计 2024 年 1 月海拉尔赛区低温灾害风险为高等级，扎兰屯赛区、凉城赛区和呼和浩特赛区均为较高风险，喀喇沁赛区为较低风险（图 1）。低温灾害容易使得设备控制失灵或损坏，后续耗电过快等，当气温过低时会影响运动员和观众的身体健康，也会影响运动员比赛甚至导致比赛推迟或取消。建议做好设备电力保障，以及室外运动员和观众的低温防范措施。

内蒙古自治区低温灾害风险预估图
2024年1月（2023年12月30日起报）
内蒙古气候中心
审图号：蒙S(2019)33号

图 1 2024 年 1 月十四冬赛区低温灾害风险预估图

二、大风灾害风险预评估

大风灾害风险预评估结果显示，预计 2024 年 1 月喀喇沁赛区大风灾害风险为高等级，海拉尔赛区为较高风险，扎兰屯赛区为中等风险，凉城赛区和呼和浩特赛区均为较低风险（图 2）。大风灾害可能影响运动员比赛甚至导致比赛推迟或取消，也会有大型装置道具等吊装设备发生倾倒或脱落的风险，建议加强室外运动装置的防风措施，注意安全用火，并做好室外运动员和观众的大风防范措施。

“十四冬”月尺度气象灾害风险预估产品

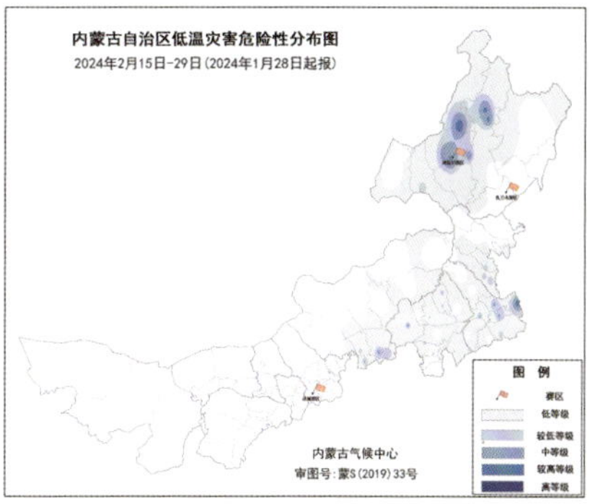

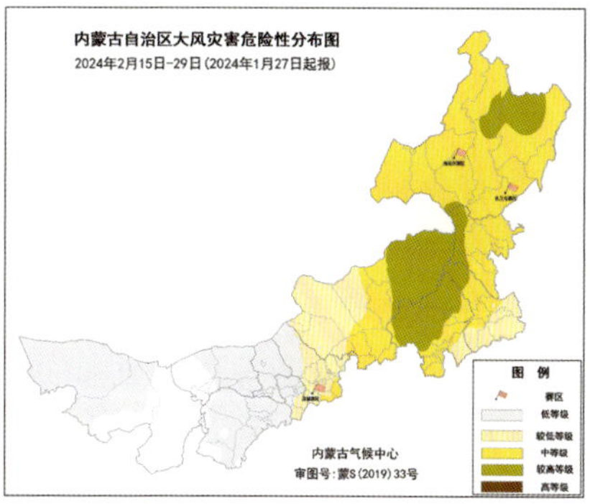

"十四冬"延伸期尺度气象灾害风险预估产品

3.2.7　"十四冬"中尺度天气数值预报专项支撑系统

【第一完成单位】中国气象局地球系统数值预报中心

【主要参与单位】内蒙古自治区气象台

【主要贡献人员】张玉涛、黄丽萍、崔应杰、佟华、胡江凯、于翡、王彬、计燕霞、朱峰、孙鑫、刘林春

【来源项目名称】"十四冬"气象保障(预报预测)建设项目

【成果主要内容】

为满足"十四冬"气象保障服务需求，中国气象局地球系统数值预报中心(以下简称数值预报中心)建立了"十四冬"赛区同化预报模式 1 km、1 h 中尺度天气数值预报系统(CMA-MESO)及其后处理系统，研制了针对保障点的多模式订正集成预报产品，为"十四冬"气象保障服务提供了重要的预报产品支撑。具体技术包括以下三个方面。

1)CMA-MESO 快速循环同化预报模式及其后处理系统

针对内蒙古赛区区域引入高分辨率静态资料以实现对地表复杂下垫面信息的更准确表征，诊断土地利用类型、植被覆盖、土壤类型及相关参数对陆面过程参数化方案技术中地表温度和感热通量等预报量的影响，改进地表温度和感热通量在辐射参数化方案中的应用方案，降低 2 m 温度预报误差。针对冬季天气特征调优物理过程参数化方案组合，改进优化模式陡峭地形下的低层初值生成方案以及侧边界松弛方案，改进优化地面温度资料、雷达径向风、云导风和掩星资料同化方案。

2)赛场多模式订正集成预报产品

该系统基于中国气象局全球同化预报系统(CMA-GFS)、区域台风数值预报系统(CMA-TYM)、中尺度天气数值预报系统(CMA-MESO)三种模式构建订正集成预报产品，实现了针对各个保障站点的定时预报以及滚动更新预报的实时更新制作，提供了包括风速、气温、降雪量、能见度等 9 种预报要素。

针对 CMA 系列模式在内蒙古赛区复杂地形冬季近地面要素预报性能特点，该系统基于 CMA-GFS、CMA-TYM 以及 CMA-MESO 模式的近地面要素预报，采用贝叶斯模式平均技术开展多模式集成技术应用。贝叶斯模式平均方法在提高多模式集成的预报准确率方面效果明显，该方法首先将观测结果与不同模式得出的预报结果作为先验信息，通过求解参数计算各模式相对最优权重等参考值，其中的权重为预报变量后验概率分布，代表每个模型在训练阶段相应的预报技巧。其次对偏差订正后的单个模型的概率密度函数(PDF)进行加权平均，获得多模式成员预报的PDF，该方法可综合各个预报模型，充分发挥各自优势，得到预报的均方根误差也小于单一模型预报。

【创新点】

①针对赛区特点改进优化模式技术方案。根据内蒙古各赛区地形和气候等特点专门搭建了逐1 h更新的CMA-MESO快速循环同化预报模式及后处理系统，并实现了该系统的实时运行。该系统通过引入高分辨率静态资料、优化陆面过程参数化方案、调优物理过程参数化方案组合等方法，降低了2 m温度和风速等近地面要素的预报误差，更准确表征了地表复杂下垫面信息。

②针对赛场保障点服务需求构建多模式订正集成预报技术。为满足赛场保障点定时预报和滚动更新预报服务需求，基于CMA-GFS、CMA-TYM、CMA-MESO三种模式，采用贝叶斯模式平均技术构建订正集成预报，明显提高了赛场保障点气象预报的准确性和时效性，充分展现了现代气象科技在冬季赛事气象保障中的重要作用。

【成果应用成效】

CMA-MESO专项支撑产品的数据均接入了内蒙古一体化气象预报业务平台——冬运服务栏目、“十四冬”气象现场服务系统以及CMA数值预报模式应用平台专项保障栏目等业务平台并实时显示。在“十四冬”赛区气象保障服务期间，数值预报中心提供的CMA-MESO模式和订正集成预报产品，为各赛区现场气象预报服务提供了有力的技术产品支撑，特别是多模式订正集成预报产品在保障站点的各要素预报误差均较模式原始预报明显减小，提高了重大活动预报预警服务能力，发挥了良好的应用效益。

【成果应用展望】

此次专项服务合作是国—省两级加强上下游、左右岸，主动互动联动的极佳范例，是内蒙古自治区大型赛事活动气象保障服务支撑技术攻关和国—省联动的宝贵实践。随着“十四冬”气象保障服务结束后对相关技术的逐步沉淀消化，必将促进内蒙古数值预报技术和集成订正技术的发展，为持续推进内蒙古自治区气象预报高质量发展添砖加瓦。

【成果代表图片】

内蒙古专项支撑产品展示

3.2.8 “十四冬”气象预报制作系统

【第一完成单位】内蒙古自治区气象台

【主要参与单位】北京市气象台

【主要贡献人员】赵斐、时少英、马学峰、计燕霞

【来源项目名称】“十四冬”气象保障(预报预测)建设项目

【成果主要内容】

“十四冬”气象预报制作系统引进了北京冬奥多维度预报业务平台并进行本地化应用。该系统面向各赛区的气象预报制作平台,也是开展赛区场馆天气预报的核心业务平台。该平台集成了各级数值模式和人工智能技术等客观预报产品,提供“十四冬”各赛区各预报点位预报数据编辑、订正和发布等功能,可实现“十四冬”各站点的预报,内容包括 24 h 逐时预报和时序图、72 h 逐 3 h 和 4～10 d 逐 12 h 预报。主要技术如下。

①集成多种客观预报方法。系统接入包括预报员基于统计和预报经验的客观化预报技术成果、优秀“十四冬”精细化气象预报示范计划成果睿图 60 m 模式预报数据等多种预报数据,客观订正结果能够直接应用到“十四冬”预报中,为提升预报准确率提供重要支撑。

②具有高效的主观订正工具。“十四冬”气象预报制作系统沿用北京冬奥会很多实用、高效的订正工具,符合预报员的使用习惯,有效提高了工作效率。

③采用先进的技术栈进行开发。前端用户界面和后端均基于目前最先进的技术框架实现微服务架构,系统根据“十四冬”每项业务进行独立的服务构建,快速响应需求迭代更新。

④采用先进的分布式消息发布功能。系统采用分布式流处理平台和 Kafka① 分布式消息系统,驱动“十四冬”预报产品生成引擎,通过预设模板将场馆预报数据批量生成多类型、多样式的预报服务产品,为组委会等提供不同的预报服务产品和数据。

【创新点】

①三维可视化显示功能。利用三维网络地理信息系统可视化引擎进行“十四冬”场馆预报及高分辨率模式预报展示,通过对引擎渲染性能的优化,提升三维可视化展示的流畅度。

②高效的主观订正模块功能。“十四冬”预报制作系统延续了北京冬奥会多维度冬奥预报平台的主要功能,利用 JAVA 编程语言开发出一套实用、高效的订正工具,能够快速调用多种客观预报产品和数值预报产品,并且通过快速导入、站点同步、辅助编辑等功能实现高效的预报订正操作。

③分布式消息发布功能。利用分布式消息技术将场馆预报数据快速生成高时间分辨率、多要素的“十四冬”预报服务产品,并实现预报服务产品一键式发布。

【成果应用成效】

赛场预报员利用“十四冬”气象预报制作系统及时、准确发布各站点预报产品。对“十四冬”场馆预报和高分辨率模式预报进行展示,同时融合地理信息以及大量的卫星影像数据和地形数据,为预报员提供更加直观、准确的数据分析和灵活展示。“十四冬”气象预报制作系统生成的预报产品包括站点预报-图形、站点预报-表格、站点预报-报文等产品。

① 一种分布式日志系统。

【成果应用展望】

“十四冬”气象预报制作系统在“十四冬”现场气象服务中发挥了巨大作用，是对标北京冬奥会的实例之一。系统能够支持预报员快速分析、制作精细化气象预报产品，将为今后内蒙古重大社会活动保障和专项气象服务提供技术支撑。

【成果代表图片】

“十四冬”气象预报制作系统用户登录界面

“十四冬”气象预报制作系统主界面

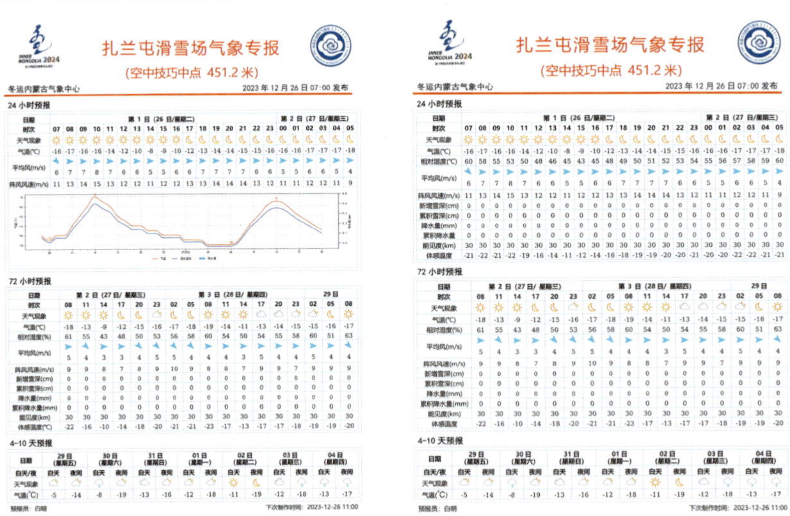

站点预报的表格产品、图形产品

3.2.9 “十四冬”气象现场服务系统

【第一完成单位】内蒙古自治区气象台

【主要参与单位】北京市气象台

【主要贡献人员】马学峰、时少英、赵斐、计燕霞、张璐

【来源项目名称】“十四冬”气象保障(预报预测)建设项目

【成果主要内容】

“十四冬”气象现场服务系统是“十四冬”现场气象保障服务团队开展预报服务产品制作和可视化分析的工作平台,可提供站点、场馆的预报产品和服务产品展示,以及场馆百米级精细数值预报产品的三维可视化等,主要服务于各赛区气象保障人员、竞赛长、教练员和运动员。该系统主要分为赛区预报和赛区实况两大展示功能。赛区预报展示模块包括站点预报、时序图、多站对比,赛区实况展示模块包括分钟级站点实况数据,气象要素的变化通过折线图等表现形式展现。系统在“十四冬”赛事正式保障期间运行稳定、响应迅速,为赛事气象保障工作提供强有力的支撑。主要技术如下。

1)微服务架构

“十四冬”气象现场服务系统采用微服务架构,逻辑结构可分为基础设施层、数据层、服务层、应用层和用户层五个层次。系统技术架构采用技术栈进行开发,前端界面设计基于渐进式框架(VUE)整合开源组件库(Element UI)的方式,后端基于分布式数据库作为底层数据支撑,采用微服务架构实现系统服务松耦合,并根据“十四冬”每项业务需求独立部署,以实现业务应用的快速响应和迭代更新。以三维网络地理信息系统(GIS)引擎实现“百米级、分钟级”的“十四冬”场馆预报及高分辨率模式产品展示,同时融合地理信息以及大量的卫星影像数据和地形数据,实现更加直观、准确的数据分析和展示,通过对 Cesium① 引擎渲染性能的优化,提升三维可视化展示的流畅度。采用 Kafka 分布式消息系统,驱动“十四冬”产品生成引擎,通过预设模板将场馆预报数据批量生成中英双语、多类型、多样式的冬奥预报服务产品,为组委会、气象网站、现场团队等提供不同的预报服务产品及数据。

2)GIS 地理信息服务平台

基于 Web 的地理信息平台主要实现地理信息在网络环境下的存储、处理、分析、显示和应用,通过在业务网上提供地理信息数据,用户可以在浏览器直接获取地理信息系统中的数据和功能服务。

3)“十四冬”专题图可视化分析

针对“十四冬”现场气象保障服务工作的需求,该模块将“十四冬”相关专题图层和精细化赛场微观结构进行 2D 或 3D 可视化地理信息显示,并可以通过点击图层查看详情。

4)观测资料、预报产品可视化分析

该模块在 WebGIS 平台上显示赛区及赛道自动气象站位置、站号、站名、观测要素、要素实况监测等信息,并将自动气象站实况数据图层可视化,形成可按时间查询的多要素变化曲线图、风场要素动画等;赛区预报模块实现不同赛区主观预报产品的查看和展示,同时集成展示中国气象局全球和中尺度模式、本地睿图区域数值模式、欧洲数值预报中心模式三大类数值模

① 一个用于显示三维地球和地图的开源高级程序设计库。

式预报产品以及“百米级、分钟级”科技成果。

5)赛区实况资料监测预警

根据赛事需求,该模块实现基于实况的低温、大风、低能见度等赛事高影响天气和赛事气象条件件阈值的风险监测预警提示。模块提供实况监测自动报警功能,可以根据赛事气象保障的需求针对气温、能见度、风等不同气象要素设置报警阈值,实现赛场恶劣天气自动警报和预警提醒。

6)数值预报分析

该模块可实现 0～10 d 多模式、多要素单点预报对比显示和空间分布显示,同时可以根据需求自由叠加不同数值模式且选择预报时效,并通过 WebGIS 可视化功能实现曲线图、色斑图等不同显示方式,满足不同业务需求。

7)精细化赛场客观预报分析

该模块将关键场馆百米级站点预报和地形相互叠加并实时展示,时间分辨率可以自由切换,最高精细至 1 h 以内,满足精细化业务需求。

8)赛区气象灾害预警产品可视化

该模块以赛场为地图,实时读取“十四冬”气象服务数据环境获取场馆预警产品并在地图相应位置上显示,当接收到气象灾害预警产品数据,可以自动通过声音、图像在界面上进行提醒。界面中实时显示生效中的预警信息,内容包括发布单位、发布时间、预警种类、预警级别等。

9)产品制作

产品制作模块可以支持各赛区近百名预报员同时在线操作,并按照“多个赛区,一个标准”的设计原则,以规范化的模板制作发布各类气象服务产品,模块开发过程借鉴了北京冬奥会气象服务产品形式,凝练赛事相关产品的共性内容,最终形成固定的“十四冬”产品模板,实现一次配置、多次使用,减少不必要的中间操作环节。针对临时性、个性化的气象服务需求,该模块提供了自由组合功能,可选择内容包含预报时长、时间间隔、关注要素等,可以满足不同服务需求。模块采用 Kafka 分布式消息系统驱动“十四冬”产品生成引擎,根据模板将预报数据批量生成多类型、多样式的预报服务产品,极大地提高了工作效率。

【创新点】

“十四冬”气象现场服务系统可模拟近百个天气形势下赛场三维气象高清模拟数据集,做到 0～10 d 无缝隙实时预报预警。同时可以非常清晰地展示各赛场的天气实况和预报数据,使气象预报和现场服务更加便捷、高效,全力护航“十四冬”现场气象服务工作。

【成果应用成效】

“十四冬”气象现场服务系统作为“十四冬”核心业务平台之一,是内蒙古气象部门展示“百米级、分钟级”气象科研成果的窗口。系统可以随时调阅各个场馆和赛道的气象数据,并快速生成气象服务产品。在“十四冬”保障期间,系统运行稳定、响应迅速,前后共生成数千个气象服务产品,强有力地支撑了“十四冬”气象保障服务。

【成果应用展望】

随着山地三维气象观测系统不断强化与完善,系统经过优化升级后可应用于国内外冬季运动赛事和训练的气象保障服务工作中,同时支持航空、交通、能源等其他气象保障服务场景,为各类气象服务提供精细化、可视化平台支撑。

【成果代表图片】

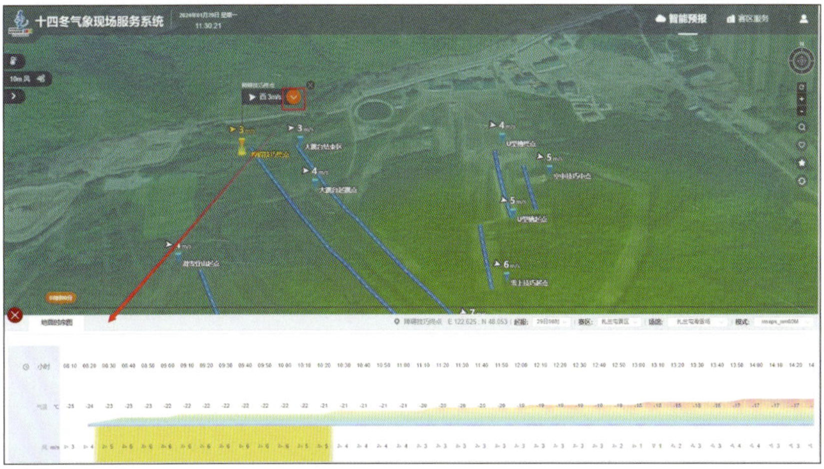

赛区产品时序

3D 可视化显示

3.2.10　“十四冬”内蒙古次百米级数值预报系统

【主要完成单位】内蒙古自治区气象台

【主要贡献人员】刘林春、朱峰、计燕霞、姚晓娟、孙鑫、刘珂、孙哲中

【来源项目名称】“十四冬”气象保障(预报预测)建设项目

【成果主要内容】

内蒙古自治区气象台在前期的技术储备和后期自主研发下,根据“十四冬”各赛区复杂地形下易受小尺度天气影响的特点,基于天气研究预报模式,对多个关键物理方案进行组合优化,重新配置计算资源,分别针对“十四冬”各赛区自主建成“十四冬”内蒙古次百米级数值预报系统(SNFS)。

SNFS 集成了次百米级数值模式技术及高精度地形数据,可提供各赛区 10 min 时间分辨率、67 m 空间分辨率未来 0～24 h 预报产品。具体技术如下。

①次百米级数值模式技术。SNFS 分别取各赛区中心站点位置,采用三重嵌套,包含一个中尺度区域、两个大涡模拟尺度区域,模式系统初始场和侧边界条件来自 NCEP-GFS 数据,三

重嵌套区域水平格点数均为151×151，分辨率依次为1 km、200 m和67 m。根据“十四冬”具体服务需求，结合高性能计算资源和边界层驱动数据的获取时效，SNFS每日08时和20时(北京时，下同)进行两次冷启动，起报时间为08时和20时，背景场为NCEP-GFS的前6 h预报场，可提供时空分辨率为10 min、67 m与预报时效为24 h的数值模式客观预报，为“十四冬”赛场提供了高时空分辨率的“定时、定点、定量”精细化三维立体要素网格预报。

②高精度数字高程模型(DEM)数据处理。引入美国航空航天局在2020年发布的全球南北纬60°以内区域的30 m分辨率DEM数据，根据赛区范围下载分块数据，通过格式转换和数据拼接等处理分别形成各赛区的模式高精度地形数据。

【创新点】

①增强模式湍流预报能力。SNFS引入了高精度的地形高程数据，能够清晰刻画出各赛区复杂的地形情况和近地面风场随复杂地形变化的局地流场特征，从而使模式充分考虑地形效应的影响，增强模式对于地形摩擦而产生湍流的预报能力。

②大幅度提升模式时空分辨率水平。SNFS可提供时间分辨率为10 min、空间分辨率为67 m的次百米级数值模式客观预报产品，大幅度提升了数值模式的时空分辨率水平，该系统的建成实现了内蒙古地区“次百米级、分钟级”模式预报技术的突破。

【成果应用成效】

SNFS产品对不同级别风速预报检验表明，对于实测小于6级的风，扎兰屯、喀喇沁和凉城赛区预报评分均在0.6以上，偏强率分别为0.60、0.46和0.36，均方根误差(RMSE)和偏差(Bias)随预报时效变化不明显；对于实测6～8级的风，评分分别为0.63、0.29和0.17，偏弱率均在0.7以上，RMSE和Bias在扎兰屯和凉城赛区随预报时效变化不明显。对扎兰屯赛区的大风个例分析表明，SNFS预报的风向与观测风向基本吻合，多数时刻预报误差在1 m/s以内，风速变化趋势与观测风速保持一致，其中高海拔测站预报效果优势明显。

【成果应用展望】

该“次百米级、分钟级”模式预报技术，可以在各类重大活动保障、大城市精细化服务、山地林区防灭火、灾害天气预报预警等方面起到重要支撑作用。未来该技术可以用于地区“冷资源”开发利用，促进冰雪产业配套服务能力提升；还可以在风能、太阳能领域获得应用，提升新能源开发和应用的气象服务能力。

【成果代表图片】

SNFS预报产品展示(“十四冬”气象现场服务系统)

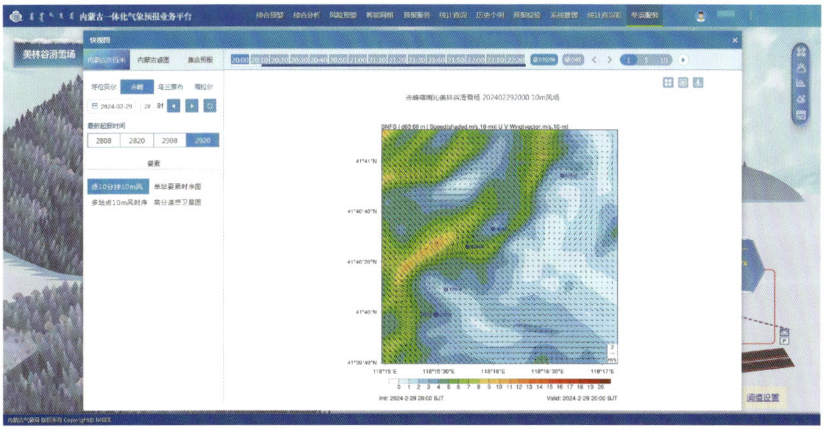

SNFS 预报产品展示（内蒙古一体化气象预报业务平台）

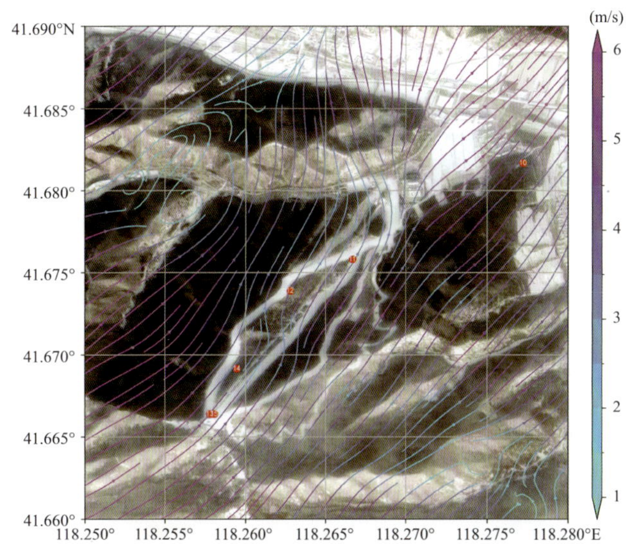

多站点 10 m 风流场叠加高分遥感卫星图

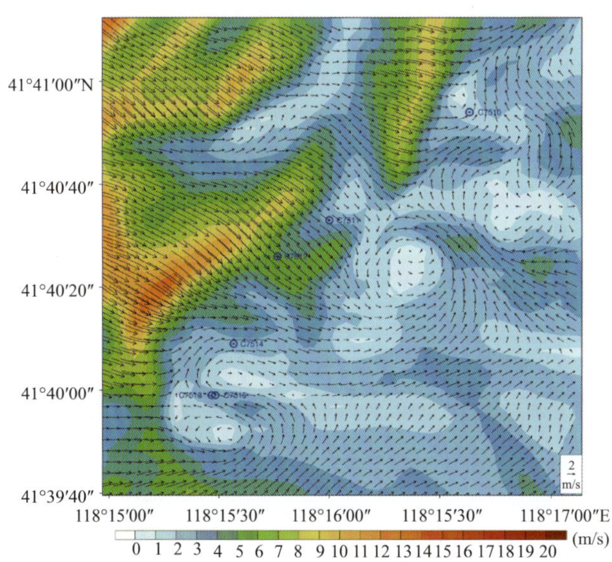

逐 10 min 10 m 风场

3.2.11 “十四冬”赛事高影响天气集合预报系统

【第一完成单位】内蒙古自治区气象台

【主要贡献人员】赵睿峰、霍志丽、金迎春

【来源项目名称】“十四冬”气象保障(预报预测)建设项目

【成果主要内容】

为满足“十四冬”气象保障服务需求,内蒙古自治区气象台开发了面向“十四冬”赛事的高影响天气集合预报系统。该系统能够在高性能计算机服务器上实时运行,定时输出产品,为“十四冬”赛事提供了及时、准确的产品支持。主要内容如下。

1)实时获取本地数据

搭建独立服务器,获取 ECMWF 集合预报 51 个成员数据,将原格式的压缩数据解压为格点数据。利用遥感图像处理平台程序将格点数据转化为网络通用数据格式(NetCDF)①数据,并将数据作为元数据导入集合预报数据产品生成系统,系统每日两次自动获取 08 时和 20 时起报的数据。

2)建立“十四冬”赛事高影响天气集合预报系统

“十四冬”赛事高影响天气集合预报系统实时获取数据后,经过处理缺省值、数据归一化等方法,实时生成 3 种预报产品,包括站点时序预报产品、站点概率预报产品和区域概率预报产品。

(1)站点时序预报产品

站点时序预报产品包括海拉尔、扎兰屯、喀喇沁、凉城四个站点,气象要素包括降雪量、降水相态、2 m 温度、最高/最低气温、10 m 风速、10 m 阵风、能见度。通过最优插值方法计算各个站点各要素概率,包括降雪量量级≥0.1 mm、≥2.5 mm、≥5.0 mm 和≥10.0 mm 的概率,降水相态无降水、降水、降雪和雨夹雪的概率,10 m 阵风和 10 m 风速≥5 m/s、≥10 m/s、≥17 m/s 的概率,2 m 温度和过去 6 h 最高/最低气温≤−20 ℃的概率以及能见度≤20 m 的概率。最终生成图片格式文件及相应数据文件。

(2)站点概率预报产品

站点概率预报产品包括海拉尔、扎兰屯、喀喇沁、凉城四个站点,气象要素包括降雪量、降水相态、2 m 温度、最高/最低气温、10 m 风速、10 m 阵风、能见度。通过最优插值方法计算各个站点各要素值,并利用盒须图展示预报要素的分布情况。盒须图输出数据包括最小值、第 10 百分位、第 25 百分位、中位数、第 75 百分位、第 90 百分位、最大值、控制预报值、集合平均值。最终生成图片格式文件及相应数据文件。

(3)区域概率预报产品

区域概率预报产品包括呼伦贝尔市、赤峰市、乌兰察布市以及内蒙古中东部四个区域范围,气象要素包括降雪量、2 m 温度、10 m 风速、能见度。针对不同气象要素,通过衡量各集合成员在各个格点位置的表现,分别生成 3 h、6 h、12 h、24 h 降雪量≥0.1 mm,过去 6 h 降雪量≥15 mm,10 m 风速≥5 m/s、≥10 m/s、≥17 m/s,2 m 温度≤−10 ℃、≤−15 ℃、≤−20 ℃,能见度≤20 m、≤500 m、≤1000 m 的概率。最终生成产品包括图片格式文件和相对应数据文件,数据包括概率值和预报模式成员数。

---

① 一种面向数组型并适用于网络共享的数据描述和编码标准。

3)“十四冬”赛事高影响天气集合预报产品的共享和展示

通过“十四冬”赛事高影响天气集合预报系统生成的3种预报产品实时共享至服务器盘，并由内蒙古一体化气象预报业务平台的冬运服务板块展示。

【创新点】

该系统开发了针对赛区的三类高影响天气集合预报产品。这些产品不仅提供了天气预报信息，还给出了不同天气情况发生的概率，为赛事提供了更为精细的概率预报，能够直观地展示不同集合成员对同一气象变量的预报结果和不确定性大小。集合预报产品为预报员提供了有效的参考，提升了预报员对高影响天气的预警和应对能力。

【成果应用成效】

“十四冬”赛事高影响天气集合预报产品均接入了内蒙古一体化气象预报业务平台实时显示，在“十四冬”期间，高影响天气集合预报产品到位率达到100%，产品均及时上传至服务器共享盘，在气象保障服务中发挥了很好的实际应用价值，为“十四冬”气象预报团队提供了良好的技术和产品支撑。

【成果应用展望】

随着新技术的研发、测试和应用，赛事高影响天气集合预报系统将在水文、能源、旅游等多个行业开展应用。

【成果代表图片】

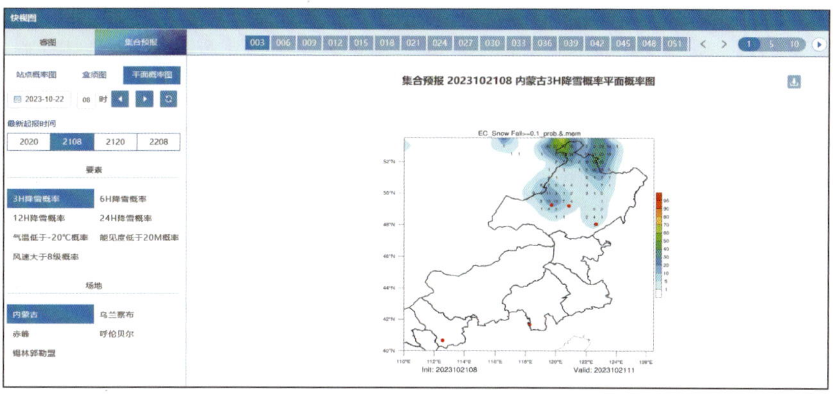

集合预报内蒙古3 h降雪概率平面概率

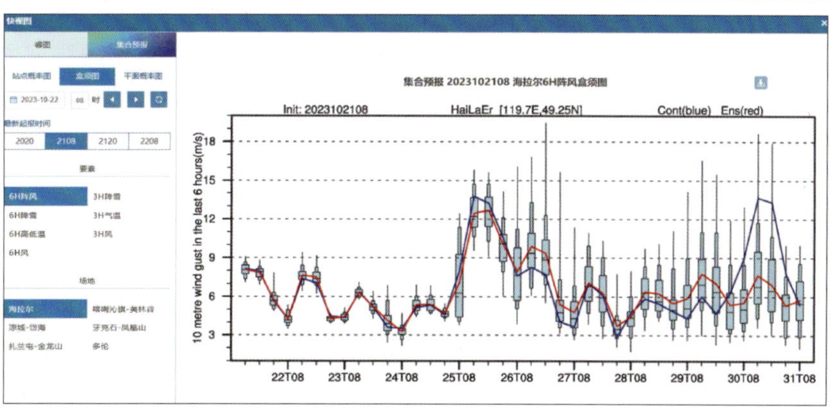

集合预报海拉尔6 h阵风盒须图

3.2.12　“十四冬”气候预测系统

【第一完成单位】内蒙古自治区气候中心

【主要贡献人员】赵艳丽、高晶、包福祥、刘炜、石茹琳、陈金琪、范灵悦、王慧敏

【来源项目名称】"十四冬"气象保障（预报预测）建设项目

【成果主要内容】

1）"十四冬"气候预测系统

该系统包括延伸期、月、季预测模块，可以对CPSv3、CFSv2、国家气候中心气候系统模式产品（BCC_CSM）、ECMWF、DERF2.0等国内外模式产品进行解释应用，为用户提供逐日滚动10 km空间分辨率的延伸期产品和逐月滚动10 km空间分辨率月、季产品，有效支撑"十四冬"延伸期、月、季预测服务产品制作。

2）延伸期、月、季格点预测技术

"十四冬"预测平台集成了延伸期尺度模式订正技术和降尺度预测技术以及月、季尺度人工智能预测技术。各项核心技术如下。

①研发"十四冬"赛事期间延伸期尺度模式订正技术和降尺度预测技术。基于CFSv2、DERF2.0等国内外模式产品，利用偏差订正方法将CFSv2、DERF2.0等国内外模式产品订正，利用双线性插值方法，实现逐日滚动预测10 km分辨率的延伸期产品。

②研发月尺度人工智能预测技术。在月气候预测建模过程中，基于CPSv3、CFSv2、DERF2.0等模式产品和我国全球大气再分析（CRA-40）数据，利用卷积神经网络方法构建月平均气温和降水量的预测模型，实现逐月滚动预测10 km分辨率的月尺度产品输出。

③研发季尺度人工智能预测技术。在季节预测建模过程中，基于CPSv3、CFSv2、BCC_CSM等模式月产品和CRA-40数据，利用卷积神经网络与自然正交函数分解（EOF）方法构建未来两个季节平均气温和降水量的预测模型，实现逐月滚动预测10 km分辨率的季尺度产品输出。

④研发模式产品预测检验技术。通过对历史模式预测异常趋势综合检验和相关系数检验结果，分析各模式产品预测效果。

⑤研发"十四冬"复盘总结技术。组织复盘总结了"十四冬"期间各赛区9次冷空气过程和2次强降雪过程的大气环流特征和各环流系统配置。对1961年以来"十四冬"历史同期，冷空气过程和大雪过程形成的环流成因进行分析。通过复盘总结，归纳出冷空气过程和大雪过程的影响机制，为重大活动气象服务中的重要天气过程预测提供思路和方法。

【创新点】

①建设"十四冬"预测平台。提高国内外模式产品解释应用能力，提升预测产品时空分辨率，延伸期产品为1 d、10 km，月、季产品为1月、10 km，有效支撑"十四冬"延伸期、月、季预测服务产品制作。

②研发"十四冬"复盘总结技术。利用多模式资料复盘总结"十四冬"测试赛期间各赛场重要过程和极端气候事件，为内蒙古举办重大赛事提供客观化预测依据。

【成果应用成效】

该系统通过"十四冬"预测平台，实现对国内外气候预测模式产品的解释应用，提高了预测产品时空分辨率，赛事保障期间，内蒙古自治区气候中心共发布各赛区气候预测产品26期，提供了针对各赛区不同预报时效的温度、降水气候趋势和强降雪、强降温重要过程等预测意见，为"十四冬"延伸期、月、季预测和火炬传递、开（闭）幕式期间气象服务提供技术支撑。利用多模式资料复盘总结"十四冬"期间各赛区冷空气和强降雪过程共11次，归纳形成冷空气和强降雪过程的影响机制，为后续重要天气过程预测提供了思路和方法。

【成果应用展望】

未来内蒙古自治区气候中心将继续优化完善“十四冬”预测平台，进一步加强对国内外气候预测模式产品的解释应用，优化延伸期尺度模式订正技术、降尺度预测技术以及月、季尺度人工智能预测技术，为内蒙古延伸期、月、季、年等不同时间尺度的预测服务产品制作奠定数据和技术基础，在未来重要赛事以及重大活动中继续发挥作用。

【成果代表图片】

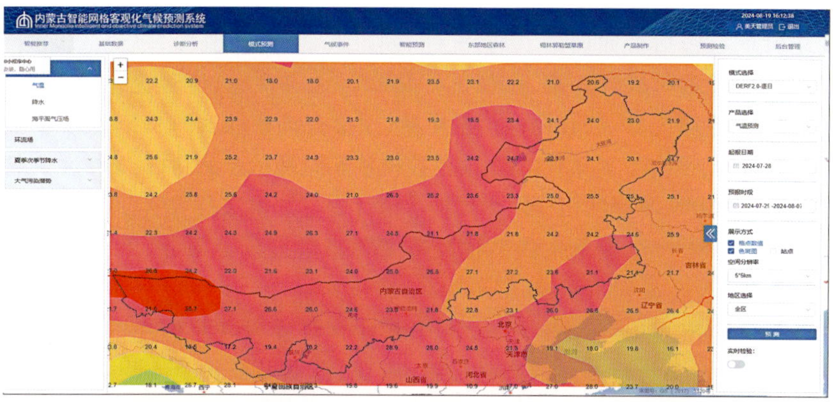

冬运预测平台

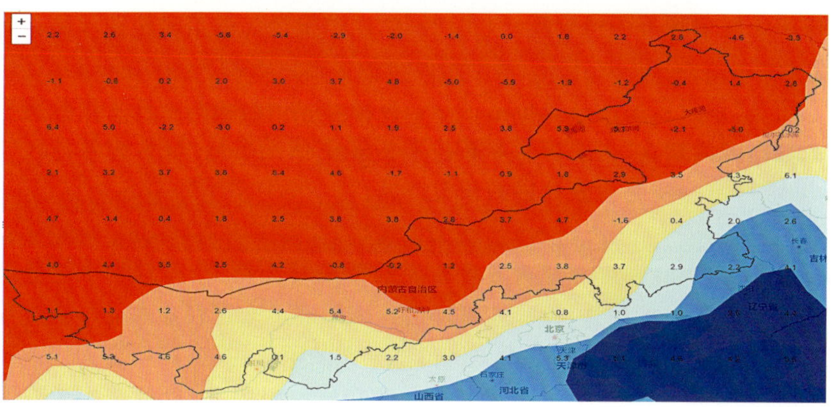

智能网格客观化预测产品

3.2.13　“十四冬”精细化气象预报检验评估系统

【第一完成单位】内蒙古自治区气象数据中心

【主要贡献人员】乔淼、徐亮亮、王家乐、张彩云、陶睿、张立

【来源项目名称】“十四冬”气象保障（观测与网络系统）建设项目

【成果主要内容】

根据“十四冬”精细化气象预报示范计划（以下简称示范计划），征集全区 10 家单位研发和引进的 13 个“十四冬”预报系统产品进行收集、存储、共享与检验评估对比。

该系统在赛区 20 个站点进行了检验，检验要素包括 2 min 平均风（包含风速和风向）、过去 1 h 极大风速（0～24 h 预报）、过去 3 h 极大风速（24～72 h 预报）、整点气温、过去 1 h 累计降水量（0～24 h 预报）、过去 3 h 累计降水量（24～72 h 预报）、整点相对湿度、整点能见度。根据要素分布的特征将降水量、能见度按照不连续物理量进行二分类检验，结合冬奥降水量、能见度要素检验方法，采用的检验指标包括：准确率、漏报率、空报率、TS评分。气温、相对湿度按照连续型变量进行检验，采用的检验指标包括：平均误差、平均绝对误差、均方根误差、准确率。风预报检验采用现行业务规范，结合冬奥风要素检验方法，主要计算预报准确率和预报评分。系统包括预报产品传输收集、解码存储、检验评估可视化展示和产品共享服务四个部分。

①传输收集。支撑各示范预报系统按照规范要求生成文件命名、内容格式规范的预报产品，预报文件通过气象部门通信传输系统统一收集。

②解码存储。预报产品原始文件报文解码数据通过天擎专题数据库统一存储管理。

③检验评估可视化展示。包括检验评估、检验统计、预报查询、报文监控、参赛队伍5个模块。检验评估模块查询展示任意时段各要素、点位的评估指标动态检验；检验统计模块进行任意时段、任意要素预报准确率检验统计，综合评价预报质量；预报查询模块实时检索各站点、各模式的预报数据，支持多模式对比、预报与实况对比；报文监控模块实时展示产品到报、完整性情况，统计参与检验评估的样本数与样本率；参赛队伍模块为预报示范计划参加算法及贡献者信息概览。

④产品共享服务。提供预报产品原始文件数据及报文解码数据统一服务。

【创新点】

①实现多源预报产品的全流程处理。首次在全区开展山区冬季及赛事服务的精细化气象预报系统和产品征集，实现了多源预报产品的高效传输、解码、存储及监控全流程。

②对高精度预报产品开展实时检验评估。依据山区气象要素特征与冬季赛事预报服务需求，研制了“十四冬”精细化气象预报的检验算法，实现高精度预报产品的实时检验评估。

【成果应用成效】

该系统集成了“十四冬”预报产品的高效传输、解码、存储、共享和监控，实现了高分辨率区域数值天气模式、多源数据产品融合、人工智能等新技术的客观预报示范应用，为各赛区气象预报团队提供了综合集成展示和实时检验评估的预报产品。

【成果应用展望】

示范计划所征集的预报产品在温度和相对湿度方面的预报较为稳定，而对于小尺度山地低能见度、大风天气预报还需进一步提升，检验效果评估总体体现了全区在冬季天气客观预报的大致水平和现实能力，对于认识复杂山地冬季天气预报存在的困难、提升高精度天气预报水平等具有重要的意义和应用前景。系统可适用于各类专项气象预报服务，也可作为天擎融入和气象信息系统集约化建设的示例应用。

【成果代表图片】

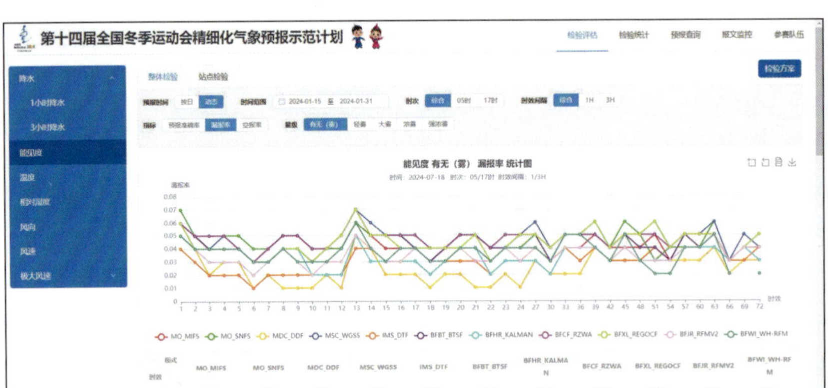

“十四冬”精细化气象预报检验评估系统（检验评估模块）

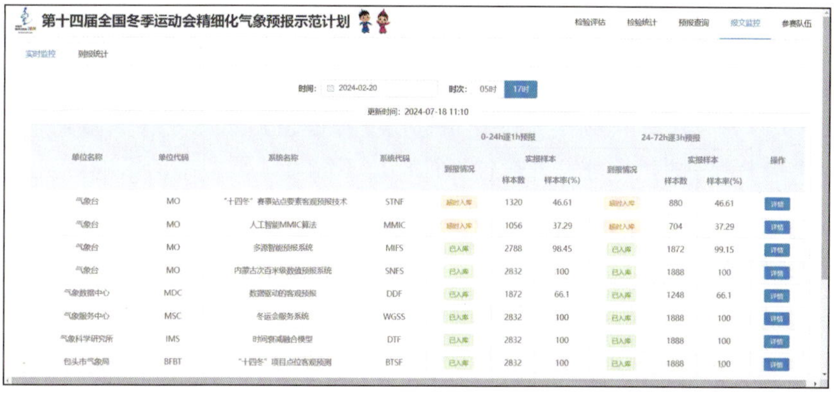

“十四冬”精细化气象预报检验评估系统（报文监控模块）

3.3　广覆盖、专业化的气象服务系统

3.3.1　“十四冬”赛事交通气象预报服务系统

【第一完成单位】内蒙古自治区气象服务中心

【主要贡献人员】谷新波、郝玉珠、冯凯宁、贾晓红、冯　震、徐丽娜、赵迦琪、胡亚男、韩丽娜

【来源项目名称】“十四冬”气象保障（气象服务）建设项目

【成果主要内容】

围绕“十四冬”各赛区及其周边公路交通安全出行气象保障服务需求，组织技术骨干开展了赛区及其周边主要公路交通基础资料、灾害信息、隐患信息搜集和调查，构建了基于公路交通路段的主要气象灾害风险评估模型和风险预警研判指标，研制了赛事交通针对性、精细化保障服务产品和环境、旅游专项服务产品，完成了基于地理信息系统（GIS）的赛事交通气象预报服务系统开发建设，制定了赛区专业专项气象服务业务流程。“十四冬”期间该系统投入各赛区，用于交通气象预报服务保障工作，取得良好的应用成效。具体如下。

1）赛事交通气象预报服务技术支持

（1）交通气象灾害与服务需求调查

联合交通管理部门对“十四冬”五大赛区及其周边公路交通气象灾害影响进行调查，经梳理分析、筛除无效预处理，共获得大雾低能见度、道路结冰灾害高影响路段信息 109 段，包括灾害多发月份、时段、年平均日数，地形地貌、道路形态，历史灾情、影响状况、处置措施及效果等；面向赛区所在地市气象部门开展了服务应用意向及意见建议调查，包括公路交通路段、主要灾害种类、服务内容及时效、产品格式及频次、传输渠道等，进而提高赛事交通气象服务的针对性。

（2）风险评估及风险预警模型构建与应用

交通气象灾害风险是指气象灾害发生及其造成交通运输安全畅通能力遭受损失的可能性，从气象灾害致灾危险性、承灾体暴露度、承灾体脆弱性、孕灾环境敏感性和防灾减灾能力 5 个方面，研究确定并细化公路交通气象灾害风险评估影响因子指标，将层次分析法和专家打分法相结合，构建基于公路交通路段的低能见度（大雾）、道路结冰风险评估模型并开展评估，采用自然断点法将评估结果划分为 5 个风险等级，基于 GIS 空间分析技术形成公路交通气象灾害风险区划图。

①风险评估模型

按照自然灾害风险评估理论，评估因子应包括致灾危险性、孕灾环境敏感性、承灾体暴露度、承灾体脆弱性和防灾减灾能力 5 个方面，参考《高速公路交通气象灾害风险评估、区划与预警》①相关研究成果，研究构建了基于准则层及细化指标层支撑的道路结冰灾害风险评估模型和低能见度（大雾）灾害风险评估模型，为了消除各指标单位不同对计算带来的影响，对指标进行了归一化处理。

道路结冰灾害风险评估模型为：

$$\gamma = W_1 H + W_2 S + W_3 E + W_4 V - W_5 R$$

低能见度（大雾）灾害风险评估模型为：

$$\gamma = W_1 H + W_3 E + W_4 V - W_5 R$$

两式中，γ 分别为道路结冰、低能见度（大雾）灾害风险指数，其值越大，则风险程度越高；H 为致灾危险性分指数；S 为孕灾环境敏感度分指数；E 为承灾体暴露度分指数；V 为承灾体脆弱性指数；R 为防灾减灾能力指数，H、S、E、V、R 均为归一化后数值。W_1、W_2、W_3、W_4、W_5 为相应各因子指数的权重系数。

采用专家打分法与层次分析法分析相结合得到公路交通道路结冰、低能见度（大雾）灾害风险评估模型准则层及细化指标层各指标权重。

道路结冰（γ）灾害风险评估模型准则层及细化指标层各指标权重

目标层	准则层	分项权重	细化指标层	细化指标权重
道路结冰（γ）灾害风险	致灾危险性（H）	0.4174	道路结冰过程平均降水量（H_1）	0.3057
			道路结冰过程平均持续时间（H_2）	0.4468
			道路结冰频率（H_3）	0.2475
	孕灾环境敏感性（S）	0.1725	海拔高度（S_1）	0.2225
			道路坡度（S_2）	0.4146
			道路坡向（S_3）	0.3629
	承灾体暴露度（E）	0.1188	人口密度（E_1）	0.1721
			路网密度（E_2）	0.1961
			单向日最大车流量（E_3）	0.4206
			高速公路里程密度（E_4）	0.2112
	承灾体脆弱性（V）	0.2158	交通阻断管制（V_1）	0.2826
			交通灾情信息（V_2）	0.4247
			财产经济损失（V_3）	0.1249
			灾害风险隐患点（V_4）	0.1678
	防灾减灾能力（R）	0.0755	年平均防灾预算（R_1）	0.4781
			人均国内生产总值（GDP）（R_2）	0.3249
			地均国内生产总值（GDP）（R_3）	0.1970

① 潘进军，柳艳香，田华，等，2019. 高速公路交通气象灾害风险评估、区划与预警[M]. 北京：科学出版社.

低能见度(γ)(大雾)灾害风险评估模型准则层及细化指标层各指标权重

目标层	准则层	分项权重	细化指标层	细化指标权重
低能见度(γ)(大雾)灾害风险	致灾危险性(H)	0.4971	能见度在500～1000 m发生频率(H_1)	0.0809
			能见度在200～500 m发生频率(H_2)	0.1539
			能见度在50～200 m发生频率(H_3)	0.2880
			能见度≤50 m发生频率(H_4)	0.4773
	承灾体暴露度(E)	0.1785	人口密度(E_1)	0.1723
			路网密度(E_2)	0.1511
			单向日最大车流量(E_3)	0.4604
			高速公路里程密度(E_4)	0.2162
	承灾体脆弱性(V)	0.2382	交通阻断管制(V_1)	0.2601
			交通灾情信息(V_2)	0.4817
			财产经济损失(V_3)	0.1240
			灾害风险隐患点(V_4)	0.1342
	防灾减灾能力(R)	0.0862	年平均防灾预算(R_1)	0.4725
			人均GDP(R_2)	0.2947
			地均GDP(R_3)	0.2328

同时，考虑到部分细化指标仍然涉及不同具体内容，比如交通阻断管制包含阻断次数、频率、时长，灾情信息包含事故次数、频次及人员伤亡等，道路坡度、坡向包含不同坡度、方向等，也应采用层次分析法和专家打分法进行权重细化配置，以便在实际应用时更具操作性。以道路坡度、道路坡向为例，相关权重配置如下。

道路坡度子指标权重配置

细化指标层	细化指标子指标	权重配置
道路坡度(S_2)	[0°,2°)	0.0549
	[2°,6°)	0.0896
	[6°,15°)	0.1538
	[15°,25°)	0.2645
	≥25°	0.4372

②风险预警方法

充分考虑同一灾害性天气对不同风险等级区域内公路路段的造成影响程度有差异，经组织专家研讨和走访交通管理部门调研，确定采用“风险评估＋预警指标”相结合双重研判法设计风险预警指标，形成针对低能见度(大雾)、道路结冰的公路交通气象灾害风险预警研判技术方法。以低能见度(大雾)为例，大雾预警分为3级，低能见度(大雾)灾害风险评估为5级，针对同一预警区域，以其中较高等级判为风险预警等级，两者均为最高级别时判为最高级别，两者同级别组合时则判为提高一个等级。

道路坡向(S_3)子指标权重配置

细化指标层	细化指标子指标	权重配置
道路坡向(S_3)	平地(−1°)	0.0691
	北(0°～22.5°,337.5°～360°)	0.2021
	东北(22.5°～67.5°)	0.1339
	东(67.5°～112.5°)	0.0772
	东南(112.5°～157.5°)	0.0719
	南(157.5°～202.5°)	0.0821
	西南(202.5°～247.5°)	0.0772
	西(247.5°～292.5°)	0.1006
	西北(292.5°～337.5°)	0.1859

(3)基于 GIS 的反演技术应用

对路网密度、人口密度、阻断信息、灾情及隐患点信息、人均 GDP 和地均 GDP 等基础信息进行矢量化预处理,采用泰森多边形与反距离权重相结合的方法,对气象站点监测、网格实况、网格预报、灾害预警、灾害评估信息及以上矢量基础信息,进行"面—线"单元格空间分析和路段反演,按照降水量、最低温度、低能见度(大雾)等要素预报业务规范与风险评估、风险预警模型算法及等级划分规则,运算研判并生成赛区及周边公路交通气象实时监测、条件预报、影响预报等图文产品信息。

2)赛事交通气象预报服务系统

①系统总体架构。"十四冬"赛事交通气象预报服务系统总体架构由基础设施层、数据支撑层、平台支撑层、业务应用层构成,并以业务标准规范、算法模型及阈值指标作支撑。其中,基础设施层包括数据服务器、GIS 地图服务器、网络安全设备及操作系统软件。数据支撑层分为包含地理信息基础数据、公路交通基础数据、灾害灾情信息、社会经济信息的综合数据集,包含算法模型、技术指标、标准规范、预处理信息及系统支撑数据信息的应用支撑数据集。平台支撑层分为数据接口管理、算法模型及指标管理、调度任务管理、系统前端架构、后台功能管理、定制化模板及产品规范化管理等。业务应用层包括公路交通气象监测、预报预警、风险评估、信息订正及服务产品制作输出,同时兼顾环境空气质量预报、紫外线预报、旅游景点预报、供电供气专项服务等产品管理。

②系统主要功能。"十四冬"赛事交通气象预报服务系统功能主要包括公路交通气象实况监测、预报预警、风险评估、风险预警、应用服务、产品共享和系统管理,其中针对"十四冬"交通气象服务以"冬运会专题"形式单独列出并以菜单形式细化以上功能,生成专业专项气象服务产品包括:未来 72 h 逐 12 h 赛区交通气象条件预报,未来 24 h 逐 3 h 赛区风险预警信息,赛区交通气象低能见度实时监测图,各赛区核心区、保障区未来 3 d 逐 24 h 环境空气质量预报,赛区及其周边旅游景点未来 24 h 天气预报,赛区未来 24 h 紫外线指数预报及赛区不定期供电供气保障专项气象服务。

【创新点】

①科学构建风险评估模型。从气象灾害致灾危险性、承灾体暴露度、承灾体脆弱性、致灾环境敏感性和防灾减灾能力 5 个方面，研究确定并细化公路交通气象灾害风险评估影响因子指标，将层次分析法和专家打分法相结合，构建基于公路交通路段为承灾体的低能见度（大雾）、道路结冰风险评估模型。

②引入双重研判概念模型。引入“风险评估＋预警指标”双重结合研判概念模型，细化设计风险预警技术指标，形成针对低能见度（大雾）、道路结冰的公路交通气象灾害风险预警研判方法，具有较好的实用性。

③采用“面—线”路段反演实现信息可视化。采用泰森多边形法与反距离权重法相结合，依托 GIS，对气象监测、预报、预警、评估等矢量数据信息进行了“面—线”空间分析和路段反演，实现了基于公路路段的数据信息直观可视化，为分析制作专业化、图形化服务产品形成技术支持。

【成果应用成效】

“十四冬”赛事交通气象服务覆盖赛区及其周边主要公路交通干线，其中海拉尔赛区 13 条，扎兰屯赛区 11 条，喀喇沁赛区 7 条，凉城赛区 14 条，呼和浩特东河赛区 13 条，制作赛区交通气象条件预报、风险预警影响预报、低能见度监测等服务产品 7228 期；赛区环境空气质量预报、紫外线预报、旅游景点预报、供电供气专项服务产品 740 期；通过“十四冬”气象服务专题网站实现对外共享和应用服务，由呼伦贝尔市、赤峰市、乌兰察布市和呼和浩特市气象部门分别向“十四冬”赛事组织等相关部门及时报送，取得良好应用成效，得到广泛认可和好评。

【成果应用展望】

对“十四冬”赛事交通气象技术成果进行梳理和总结，对相关技术方法进行优化改进，更新完善公路交通基础数据和设施信息及软件系统支撑数据库，规范预报服务图文产品格式，优化和拓展“十四冬”赛事交通气象预报服务功能模块，以应用于更广范围的全区公路交通气象保障和其他赛事交通气象服务。依托“十四冬”赛事交通气象服务成果，开展恶劣天气高影响路段气象灾害监测预警、影响预报技术研究和应用服务，推进中国气象局、公安部、交通运输部三部委联合要求“省级恶劣天气高影响路段优化提升”工作任务落实落细。

【成果代表图片】

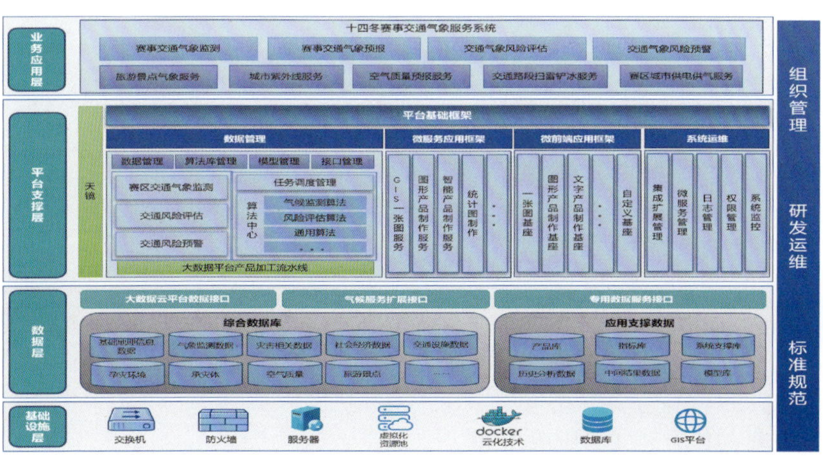

“十四冬”赛事交通气象预报服务系统总体架构

基于站点实况和赛区路段的交通气象实况反演

基于站点预报和赛区路段的交通气象预报反演

基于赛区路段的凉城赛区公路交通能见度预报界面

3.3.2 "十四冬"专题气象服务网站

【第一完成单位】内蒙古自治区气象服务中心

【主要贡献人员】高超越、苏峰、金柏青、陈悦、王婧瑄、李玮祎

【来源项目名称】“十四冬”气象保障(气象服务)建设项目

【成果主要内容】

为了满足“十四冬”赛事气象服务需求,面向公众展示高精度数据服务产品,设计并开发完成了“十四冬”专题气象服务网站的电脑端和移动端页面。网站的前端页面和功能结构全面对标 2022 年北京冬奥会气象服务网站,着重突出美观大气、科技含量高、气象服务信息覆盖全面的特点。网站接入并展示赛场自动气象站分钟级实况观测数据、精细化站点预报数据以及“十四冬”专项气象服务产品。网站主要包括首页、赛区详情页、专项服务产品三大功能模块。

①首页。展示各赛区分布地点,利用可无级缩放的电子地图形式,在地图上标注各赛区的位置,并展示各赛区代表观测站的基础实况信息。

②赛区详情页。用户可通过首页或导航菜单进入各赛区场馆的详情页,其中导航菜单提供“赛区场馆”和“比赛项目”两种导航方式。赛区详情页是整个网站的核心功能模块,是全面展示赛场精细化气象数据的最主要的窗口。赛区详情页包含各赛区,每个详情页都通过在赛场俯瞰效果图上打点的方式精确标注了分布于赛场各处的观测站的位置,并显示基本实况信息,点击相应的观测站即可进行数据切换显示。赛区详情页的主体部分是以折线图方式展示各站点的基本实况数据,下面是列表方式展示完整的实况数据,完整的实况要素包括:气温、过去 1 h 降水量、2 min 平均风速及风向、极大风速、雪面温度、气压、1 min 平均水平能见度和相对湿度。实况数据提供了逐 1 min 和逐 60 min 切换显示的功能,实现了 5 min 间隔更新且页面可自动实时刷新显示。通过在页面中部点击标签可切换显示某个站点的预报数据,以折线图和列表结合的方式展示 0～1 d 逐小时、1～3 d 逐 3 h、4～10 d 逐 12 h 的站点预报数据,预报要素包括天气现象、气温、平均风速和风向、阵风风速、降水量等。此外,赛区详情页还展示各赛区的生活气象指数预报。

③专项服务产品。在展示基本的气象数据的基础上,网站接入了由各级气象部门制作的多种“十四冬”专项气象服务产品,极大丰富了网站的内容,使网站的服务性得到进一步提升。专项服务产品包括赛区天气通报、气候服务产品、赛区空气质量、赛区交通气象、赛区旅游天气以及各赛区专项保障产品等,并在网站的导航菜单设置了相应栏目,各类服务产品在网站上均以文档的形式展示。其中专项保障产品包含积雪监测、扫雪铲冰专项保障、供电供气专项保障以及其他赛区特色服务产品。

【创新点】

①先进的网站架构。网站总体架构可分为基础设施层、数据处理层、应用支撑层、应用服务层 4 个层面,通过模块化的方式有效结合起来。每一层实现其特定的任务,下层为上层提供数据或服务支撑。网站架构采用面向服务的架构路线,基于应用程序编程接口(API)服务实现系统模块的低耦合和高复用。通过 RESTful API① 架构实现电脑端和移动端同时部署,满足用户不同场景使用需求,有效节约开发成本,同时保证网站为用户整体一致地呈现出实况、预报、服务产品等气象服务信息。

②增强的网站安全防护。在技术层面采取了多项措施来加强网站安全防护能力,特别是首次运用电信天翼云边缘安全加速服务,可为网站提供安全加速保障,抵御最高 10 Gb 分布式拒绝服务攻击(DDoS)。该服务还具备网站应用防火墙(WAF)安全防护能力,可对特定的网

① 遵循表现层状态转移架构网络的 API 架构设计。

站应用层攻击行为进行拦截。

【成果应用成效】

该网站面向“十四冬”组委会、赛事管理者、运动员、教练员、工作人员以及公众观赛群体等用户，提供全天“十四冬”气象服务信息，是内蒙古自治区气象部门进行气象保障服务的重要组成部分。网站分为电脑端和移动端两个版本，通过在“十四冬”官方网站及官方微信公众号、中国天气网首页、内蒙古自治区气象局门户网首页、“内蒙古天气”微信公众号等多个平台醒目位置设置入口链接来进行应用。截至 2024 年 2 月 27 日“十四冬”闭幕式，网站共发布 12 类气象服务产品 9122 期。“十四冬”专题气象服务网站电脑端和移动端全站累计页面浏览量达 9.6 万次，独立用户数约为 6.9 万人。其中电脑端页面总浏览量约 4.2 万次，总独立用户数约 2.8 万人；移动端页面总浏览量约 5.4 万次，总独立用户数约 4.1 万人。

【成果应用展望】

“十四冬”专题气象服务网站的开发建设工作为重大活动气象保障服务业务留下了宝贵的经验，相关工作人员锻炼和提升了业务能力和水平，网站的数据传输流程和安全防护措施可以为今后类似系统的开发建设提供借鉴和参考。

【成果代表图片】

“十四冬”专题气象服务网站电脑端首页

“十四冬”专题气象服务网站移动端页面

3.3.3 "十四冬"融媒体气象服务平台

【第一完成单位】内蒙古自治区气象服务中心

【主要贡献人员】高超越、苏峰、金柏青、陈悦、王婧瑄、李玮祎

【来源项目名称】"十四冬"气象保障(气象服务)建设项目

【成果主要内容】

根据融媒体业务发展需求,"十四冬"融媒体气象服务平台实现了气象服务融媒体业务采集、制作、分发、运行、监控等全业务流程。平台具备气象服务信息一次采集、多种生成、多端分发的功能,支持多种新媒体发布渠道的一键式发布,有利于进一步拓宽气象服务信息的覆盖面,推动融媒体气象服务业务集约化发展。平台包括以下特色功能模块。

①历史大数据统计分析子系统。系统使融媒体气象服务平台具备大数据统计分析能力,实现历史日值查询、气象要素统计查询、极值查询、极值提醒、气候均值查询等功能,支持多种气象要素信息以可视化图表的形式快速展示。系统接入多种平台的数据源,如历史气候数据、实时的预报和实况数据,利用数据采集网关,经过清洗、格式转换等数据标准化操作,对数据进行处理和存储。系统建立了算法指标库,将气象分析师团队多年积累的服务经验固化在指标库中,以数据驱动进行实时计算,并可动态增加算法指标,实现多种统计提醒逻辑和服务表现形式,包括强天气主动提醒、气候特色服务、交互式查询服务和数据可视化查询等。

②气象图形产品加工子系统。系统集成多种类型的气象数据,采用多种气象要素分析算法,通过地理信息系统工具提供的接口,将气象数据投影到模板上,生成可用于网站、手机、电视、微博、微信等多种媒体端发布的图形图像类气象服务产品。通过模板的制作,将图形产品的版式、各要素内容和样式固定下来,版式包含图形的宽高比、分辨率,要素包含产品标题、发布时间、图例、发布单位等,各要素样式包含尺寸、字体、字号、颜色、线型、线宽等。产品模板分为基础预报图形产品、天气实况图形产品和地图等类型产品模板。模板的各要素属性支持在线编辑,可对模板的风格进行修改,包括单个市(县)的自定义选择、文字属性修改、背景属性修改、图标属性修改、数据内容修改以及其他属性修改,支持实况、预报产品以表格、柱状、曲线、地图等形式展示,支持图形产品的自动出图和在线下载功能。

③智能化视频产品加工子系统。系统具备适应融媒体特点的敏捷生产能力,以标准化气象数据为支撑,通过制作视频模板,实现视频自动化渲染生产流程,即天气实况、天气预报、预警信息、气温变化和降水动态排行等预制短视频模板的视频自动化制作。系统具备基于模板的气象实况、天气预报、预警短视频的自动合成功能,支持模板管理、背景替换等模板参数设置,支持在视频模板上自定义选择城市、时间信息及生成对应视频。视频模板在无须编程的情况下,可快速完成产品加工模型定制和产品加工任务响应,并提供任务列表查看。系统支持智能语音合成技术,可根据文本内容自动合成语音,提供多个语音库的选择,支持音量和语速调整。视频合成任务管理支持添加、修改和删除视频渲染任务,支持指定模板在指定时间的自动视频合成,支持视频合成结果的自动入库和一键导出。

【创新点】

①基于成熟的广电技术结合气象定制软件达成"平台融合、流程融合、工具融合"设计理念。体现"服务能力+工具",覆盖融媒体业务所需,具备灵活的拓展能力。采用分布式存储集群设计,多对象、多业务支撑,形成去中心的节点集群,提升安全性。安全、动态易扩展的虚拟

化资源，利用微服务技术，统一资源后台，统一管理存储数据。

②定制化自动生产，降本增效。多维气象数据解析，采集转化天擎、一体化平台、历史数据库等气象数据。多类型工具实现气象节目智能生产、智能配音、自动视频、自动发布，节省时间和人力资源。

③集约化协同生态，提升效率。根据业务流程与组织架构配置工作流，实现跨部门协同办公，资源共享。

【成果应用成效】

"十四冬"融媒体气象服务平台实现了资源共享、集中处理，突破了媒体形态边界，将传统媒体与新兴媒体有机衔接，构建了信息内容生产、传播、共享、互动一体化开放平台，实现了信息多元采集、产品多种生成和多渠道广泛传播。通过融媒体气象服务平台，能够提升气象服务产品发布效率，深化精细服务的信息技术融合应用，推动多样态气象服务产品智能加工系统建设，有效扩大内容产能、提升产品生产数量和内容输出规模。平台的建成不仅对新媒体气象服务业务起到很大的支撑作用，也对气象服务事业高质量发展具有重要意义。

【成果应用展望】

后期可拓展智能化视频产品加工子系统的应用范围，接入预警数据并自动生成符合新媒体传播特点的预警信息短视频，使预警信息覆盖主流的短视频平台，服务更多的用户，能够极大地提升内蒙古气象部门的预警信息发布能力。

【成果代表图片】

融媒体气象服务平台首页

气象图形产品加工子系统界面

3.3.4 “十四冬”赛场气象服务小程序

【第一完成单位】内蒙古自治区气象数据中心

【主要贡献人员】徐亮亮、王家乐、张翔、李晓炀、段晓梅

【来源项目名称】“十四冬”气象保障(观测与网络系统)建设项目

【主要成果内容】

该小程序基于位置提供赛场气象数据和产品服务,通过手机移动端展示各赛区气象实况与预报信息,用户随时随地掌握赛区天气实况和预报信息。主要功能模块包括:实时站点数据展示、实况产品展示与预报产品展示。

①实时站点数据展示。包括站点实况和实况详情两部分功能。站点实况通过表格方式展示当前赛区所有站点最新 1 min 加密的气象实况信息,包括气温、风速、风向、能见度等关键气象要素信息。实况详情通过折线图方式展示当前赛区所有站点最近 60 min 与最近 24 h 的气象实况数据序列,支持按照站点分组、分钟与小时尺度切换、气象要素切换等条件筛选过滤,清晰呈现各站点各气象要素随时间变化走势。

②实况产品展示。通过列表布局以直观且易于浏览的方式为用户呈现当前赛场观测点位的实况产品清单。用户点击实况产品条目,通过图片预览方式展示观测点位实况产品,每张实况产品图片代表一个特定站点最新时次气温、风速、风向、极大风速、降水量、能见度气象实况信息以及最近 6 h 气温、风速、风向等天气实况序列。实况产品图片由产品制作后台定时自动制作与发布,并且支持保存、下载、分享等功能。

③预报产品展示。通过条目化、结构化样式列表展示赛区赛程关注点位的预报产品清单。每个条目均代表一个特定站点完整预报信息,当用户在列表中点击任一条目时,系统会迅速响应并通过文档在线预览方式加载展示相应点位的细化气象预报产品信息,包括气温、降水量、风速等要素变化曲线及可能发生气象事件等信息。

【创新点】

①高效的数据加密传输。建立了实时高效的“十四冬”气象数据同步收集流程,实现赛区站点观测数据 1 min 加密传输与收集,确保了用户及时获取最新的赛区气象实况信息。

②基于位置的便捷气象服务。根据用户地理位置信息自动定位展示最近的赛区气象实况,并且支持手动切换,实现随时随地查阅赛区实时气象数据、实况产品、预报产品。

③简洁直观的功能设计。小程序界面简洁直观、交互操作简单,结合图文在线预览技术,高效、直观地展示了赛区实时气象数据与实况、预报产品信息。

【成果应用成效】

“十四冬”赛场气象实况小程序作为官方气象实况小程序,提供了基于位置的赛场气象数据和产品服务,深受赛场气象预报员、裁判员、赛事管理人员欢迎,并得到广泛应用。赛事期间,小程序访问用户约 1 万余人次,日均访问用户数 95 人,每用户日均启动小程序 21 次,每日平均新增用户 10 人,每用户小程序内平均停留时间 2.5 min。通过小程序发布赛场预报产品 540 期、实况产品 5760 期,满足了用户随时随地掌握赛区天气实况和预报信息的需求,有效支撑了“十四冬”气象保障服务工作。

【成果应用展望】

小程序满足了赛区保障人员及赛事观众等用户的业务服务需求,有效支撑了“十四冬”气

象保障服务工作。系统研发成果对自治区重大活动气象保障服务基于位置的气象数据和产品服务起到示范作用，具有推广应用价值，可为大型冬季冰雪运动气象保障服务提供参考和借鉴。

【成果代表图片】

小程序赛场区域切换

小程序赛场站点实况数据与产品展示

扎兰屯滑雪场气象专报

（空中技巧中点 451.2 米）

冬运内蒙古气象中心　　2024 年 02 月 26 日 11:00 发布

24 小时预报

日期	第 1 日（26 日/星期一）													第 2 日（27 日/星期二）								
时次	11	12	13	14	15	16	17	18	19	20	21	22	23	00	01	02	03	04	05	08	11
天气现象																					
气温(℃)	-11	-10	-10	-9	-9	-10	-10	-11	-11	-12	-13	-13	-14	-14	-15	-15	-15	-15	-15	-14	-11
相对湿度(%)	32	31	29	27	30	35	34	33	32	36	37	39	40	45	48	52	56	60	70	74	75
平均风(m/s)	2	2	2	2	2	3	3	4	4	5	5	6	6	6	6	6	6	5	5	6	4
阵风风速(m/s)	6	5	4	4	5	6	7	7	7	8	8	9	9	9	9	9	9	8	7	9	7
新增雪深(cm)	0	0	0	0	0	0	0	0	0	0	0	0	0	0	0	0	0	0	0	0	0
累积雪深(cm)	0	0	0	0	0	0	0	0	0	0	0	0	0	0	0	0	0	0	0	0	0
降水量(mm)	0	0	0	0	0	0	0	0	0	0	0	0	0	0	0	0	0	0	0	0	0
累积降水量(mm)	0	0	0	0	0	0	0	0	0	0	0	0	0	0	0	0	0	0	0	0	0
能见度(km)	30	30	30	30	30	30	30	30	30	30	30	30	30	30	30	30	20	20	20	20	15
体感温度(℃)	-11	-10	-10	-9	-9	-12	-12	-14	-14	-15	-17	-17	-18	-18	-20	-20	-20	-19	-19	-18	-14

72 小时预报

日期	第 2 日（27 日/星期二）						第 3 日（28 日/星期三）								29 日		
时次	08	11	14	17	20	23	02	05	08	11	14	17	20	23	02	05	08
天气现象																	
气温(℃)	-14	-11	-8	-10	-11	-13	-14	-16	-17	-14	-8	-10	-13	-14	-16	-13	-11
相对湿度(%)	74	75	84	84	85	85	86	81	75	73	71	70	70	71	72	75	82
平均风(m/s)	6	4	3	3	3	2	2	2	4	3	4	3	3	3	3	3	3
阵风风速(m/s)	9	7	5	5	5	4	5	5	8	6	8	7	7	6	6	6	7
新增雪深(cm)	0	0	0.2	0.5	0.3	0.2	0.3	0	0	0	0	0	0	0	0	0	0
累积雪深(cm)	0	0	0.2	0.7	1	1.2	1.5	1.5	1.5	1.5	1.5	1.5	1.5	1.5	1.5	1.5	1.5
降水量(mm)	0	0	0.1	0.1	0.2	0.1	0.2	0	0	0	0	0	0	0	0	0	微量
累积降水量(mm)	0	0	0.1	0.2	0.4	0.5	0.7	0.7	0.7	0.7	0.7	0.7	0.7	0.7	0.7	0.7	0.7
能见度(km)	20	15	2	2	2	4	3	10	15	20	30	30	30	30	30	20	15
体感温度(℃)	-18	-14	-9	-12	-13	-14	-15	-17	-20	-16	-10	-12	-15	-16	-18	-15	-13

4–10 天预报

日期	29 日（星期四）		01 日（星期五）		02 日（星期六）		03 日（星期日）		04 日（星期一）		05 日（星期二）		06 日（星期三）	
白天/夜间	白天	夜间	白天	夜间	白天	夜间	白天	夜间	白天	夜间	白天	夜间	白天	夜间
天气现象														
气温(℃)	-8	-17	-7	-16	-6	-14	-4	-11	-3	-12	-3	-13	-3	-9

小程序赛场站点预报产品展示

INNER MONGOLIA 2024

第4章 服务保障篇

4.1 “十四冬”期间天气气候特征

4.1.1 “十四冬”期间气候特征分析

比赛期间，内蒙古大部地区平均气温接近常年，降雪总体偏多，但季内气温阶段性起伏较大。“十四冬”期间，各赛区都经历了气温的骤降，平均气温持续偏低，喀喇沁、凉城、呼和浩特3个赛区降雪明显偏多，但未出现大雪以上强降雪天气，呼伦贝尔市两个赛区风速偏大。各赛区“十四冬”期间气候概况如下。

海拉尔赛区平均气温为−23.5 ℃，较常年(1991—2020年，下同)偏低1.2 ℃，最低气温达到−41.5 ℃(12月19日)；累计降雪量为13.3 mm，较常年偏少6.7%，日最大降雪量为2.4 mm(12月8日)；平均风速为4.1 m/s，较常年偏大1.4 m/s，最大风速达13.5 m/s(12月5日)，极大风速为17.1 m/s(12月5日)。

扎兰屯赛区平均气温为−15.4 ℃，较常年偏低0.9 ℃，最低气温为−29.9 ℃(12月10日)；累计降雪量为12.3 mm，较常年偏多22.4%，日最大降雪量为6.3 mm(12月8日)；平均风速为3.1 m/s，较常年偏大0.7 m/s，最大风速为9.2 m/s(1月14日)，极大风速达16.0 m/s(1月14日)。

喀喇沁赛区平均气温为−8.9 ℃，较常年偏低0.3 ℃；最低气温为−26.9 ℃(12月20日)；降水以雪为主，累计降雪量为13.5 mm，较常年偏多2.1倍，日最大降雪量为5.3 mm(12月14日)；平均风速为1.8 m/s，较常年偏小0.1 m/s，最大风速为7.7 m/s(1月10日)，极大风速为15.9 m/s(1月4日)。

凉城赛区平均气温为−10.7 ℃，较常年偏低0.9 ℃，最低气温为−30.1 ℃(1月22日)；降水以雪为主，累计降雪量为24.5 mm，较常年偏多1.9倍，日最大降雪量为4.1 mm(12月14日)；平均风速为1.9 m/s，较常年偏大0.1 m/s，最大风速为10.1 m/s(12月7日)，极大风速为16.7 m/s(12月7日)。

呼和浩特赛区平均气温为−8.9 ℃，较常年偏低0.5 ℃，最低气温为−26.8 ℃(12月21日)；降水以雪为主，累计降雪量为30.0 mm，较常年偏多2倍，日最大降雪量为5.5 mm(1月19日)；平均风速为1.2 m/s，较常年偏小0.1 m/s，最大风速为8.3 m/s(12月19日)，极大风速为15.1 m/s(12月19日)。

4.1.2　“十四冬”期间主要天气过程

“十四冬”期间高影响天气主要有大风、强降雪、低能见度、强降温、低温、过暖融雪等。其中，2023 年 12 月 29—31 日扎兰屯赛区寒潮天气过程、2024 年 1 月 4—7 日凉城赛区大风和降温天气过程、2024 年 1 月 19—23 日喀喇沁赛区降雪和大风天气过程、2024 年 2 月 16—17 日凉城赛区升温融雪天气过程、2024 年 2 月 18—21 日海拉尔赛区、扎兰屯赛区和凉城赛区寒潮、大风、降雪天气过程、2024 年 2 月 26—29 日闭幕式期间全区大范围降雪天气过程，对赛事和重大活动产生显著影响。

①2023 年 12 月 13—16 日，受横槽东移影响，较强冷空气来袭，内蒙古自治区大部出现分布不均的降雪，乌兰察布市、赤峰市西部和南部地区累计降雪量 5～10 mm，局部超过 10 mm。雪后降温剧烈，西部偏东北和中东部大部地区出现寒潮，12 月 13 日 20 时—16 日 20 时，乌兰察布市中南部气温下降 10～16 ℃，局地下降 16 ℃以上，并伴有 6～7 级阵风。

②2023 年 12 月 29—31 日，受切断低涡东移影响，呼和浩特市西北部、乌兰察布市中部部分地区累计降雪量 2.5～5 mm，本次冷空气过程主要以寒潮降温天气为主，12 月 29 日 08 时—31 日 20 时，赤峰市中东部气温下降 8～10 ℃，呼伦贝尔市大部降温 10～14 ℃，呼伦贝尔市中部局地气温下降 14～16 ℃；平均风力 6 级以上，阵风达 8～9 级。

③2024 年 1 月 4—7 日，受极地冷空气影响，冷空气路径偏北偏东，赤峰市西部和北部、呼伦贝尔市大部出现小雪，其中，赤峰市西北部、呼伦贝尔市中部偏东地区累计降雪量 2.5～5 mm；赤峰市中西部、呼伦贝尔市中部气温下降 8～10 ℃，赤峰市中部和呼伦贝尔市中部部分地区降温 10～14 ℃；赤峰市大部平均风力 7～8 级，局地阵风达 9 级以上。

④2024 年 1 月 18—21 日，受新疆以北高空槽东移影响，内蒙古自治区大部出现降雪，降温明显，并伴大风天气。降雪主要集中在 19 日凌晨至 20 日白天，呼和浩特市、乌兰察布市西部出现中雪，呼和浩特市北部、乌兰察布市西部偏西局地出现大雪；降温最强在 20 日，气温下降10～14 ℃，局地达 14 ℃以上，21 日气温继续下降；21 日和 22 日呼和浩特市、乌兰察布市、赤峰市伴大风天气。

⑤2024 年 1 月 31 日—2 月 5 日，受高空槽加深发展低涡影响，内蒙古自治区自西向东迎来降雪天气，乌兰察布市、赤峰市累计降雪量 2.5～4.9 mm，赤峰市南部地区累计降雪量超过 10 mm。

⑥2024 年 2 月 17—19 日，受冷空气影响，内蒙古自治区出现大范围降温、大风天气，气温下降 8～12 ℃，乌兰察布市、赤峰市出现平均风 5 级短时 6～7 级偏西风，伴有分散性小雪，有雨雪相态转化。

⑦2024 年 2 月 15—17 日，受高空暖脊和暖平流共同影响，内蒙古自治区大部气温回升，中东部大部地区气温回升明显，部分地区过程最低气温回升 12～18 ℃。受回暖趋势影响，16 日夜间，乌兰察布市最低气温升至 0 ℃左右，17 日气温继续上升，白天最高气温升至 7 ℃左右。

⑧2024 年 2 月 19 日夜间至 22 日，受高空槽影响，内蒙古自治区中西部地区出现明显降雪，降雪主要时段集中在 20—21 日。2 月 19 日 20 时—23 日 08 时，乌兰察布市西南部局地累计降雪量超过 10 mm，南部地区累计降雪量 5～10 mm，其余地区累计降雪量 2.5～5 mm；乌兰察布市、呼伦贝尔市部分地区出现 6～7 级偏东风或偏西风。

⑨2024 年 2 月 26—29 日，受冷空气影响，内蒙古自治区出现大范围降雪，并伴有寒潮天气。乌兰察布市、呼伦贝尔市西部气温下降 8～10 ℃，部分地区气温下降 12～14 ℃，呼伦贝尔市伴有降雪。

4.2 “十四冬”筹备期气象服务

“十四冬”筹备期气象服务主要包括比赛场地选择气象服务、各赛区比赛期间气候预测、大型活动期间气候预测、造雪窗口期气象服务以及“十四冬”资格赛气象服务。其中，内蒙古自治区气候中心多次为筹委办提供比赛场地历史气象条件分析，为雪上项目场地选择提供决策支撑，为各赛区及时提供气候预测、大型活动期间气候预测以及造雪窗口期气象服务。“十四冬”资格赛气象服务主要是以实战标准完成了 2023 年中国花样滑冰俱乐部联赛第五站暨“十四冬”资格赛、2023—2024 年赛季中国杯短道速滑精英联赛（呼伦贝尔站）暨“十四冬”资格赛、2023—2024 年赛季中国杯速度滑冰精英联赛第一站暨“十四冬”资格赛、2023 年全国青年女子冰球锦标赛（U18）、2023—2024 年赛季全国自由式滑雪空中技巧锦标赛暨“十四冬”资格赛、2023—2024 年赛季全国单板滑雪大跳台和坡面障碍技巧锦标赛暨“十四冬”资格赛、2023—2024 年赛季全国自由式滑雪大跳台和坡面障碍技巧锦标赛暨“十四冬”资格赛、2023—2024 年赛季全国冬季两项锦标赛暨“十四冬”资格赛、2023—2024 年赛季全国越野滑雪锦标赛暨“十四冬”资格赛等系列资格赛气象保障服务，检验“十四冬”气象服务各项筹备工作。

4.2.1 “十四冬”各赛区气候预测、造雪窗口期和赛场建设气象服务

1)“十四冬”各赛区气候预测

精心组织。内蒙古自治区气候中心成立“十四冬”建设气象保障服务工作机构，参与编制了《第十四届全国冬季运动会气象保障工作方案》《第十四届全国冬季运动会预报预测专项方案》，编制《冬运气象灾害风险评估与气候预测系统建设实施方案》。利用冬运预测平台，对中国气象局第三代气候预测模式产品、美国第二代季节模式产品、国家气候中心气候系统模式产品、欧洲中期天气预报中心数据、第二代月动力延伸期预测模式产品等国内外模式产品解释应用，提高预测产品时空分辨率，延伸期产品为 1 d、10 km，月、季产品为 1 m、10 km，支撑“十四冬”延伸期、月、季预测服务产品制作。利用中国气象局第三代气候预测模式产品、第二代月动力延伸期预测模式产品等气候预测模式数据，在订正气候预测模式数据基础上，建立针对“十四冬”的客观化月尺度的低温、大风和雪灾风险评估指标、模型和风险阈值等预估技术方法，针对“十四冬”开幕式、火炬传递期间和延伸期的赛区气象灾害风险预评估服务需求，建立了延伸期的低温、大风和雪灾风险预评估技术方法。

积极服务。“十四冬”赛前，内蒙古自治区气候中心持续开展监测评估，对各赛区历史气候数据进行分析，评估赛事期间各赛区可能遇到的风险。赛事期间滚动更新了各赛区不同时段的气候背景，并针对不同比赛项目，分析低温、过暖融雪、大风等高影响天气发生的概率。在火炬传递、开（闭）幕式等活动关键期前及时提供服务产品，共参与制发专项服务产品 13 期，提供决策服务材料 4 期，为保障赛事的顺利进行提供了重要支持。积极开展气候预测服务，与国家气候中心联合会商 2 次，讨论火炬传递、开（闭）幕式和 2 月 17—27 日重要天气过程预测结论。发布各赛区气候预测产品 26 期，包括各赛区 2023 年冬季气候趋势预测 1 期，2023 年 1 月和 2

月气候趋势预测 2 期，大气污染潜势预测产品 1 期，2 月东北冷涡预测产品 1 期，火炬传递、开（闭）幕式和延伸期过程预测 21 期。开展气象灾害风险预估服务，对 2023 年 12 月和 2024 年 1 月“十四冬”赛区的低温、大风和雪灾风险进行预评估，制作发布“十四冬”赛区的月尺度气象灾害风险预估服务产品 2 期、气象灾害风险预估服务产品 25 期。

2）“十四冬”造雪窗口期和赛场建设气象服务

“十四冬”全国自由式滑雪雪上技巧等赛事在扎兰屯赛区举行，扎兰屯金龙山滑雪场有 1 个 1.5 万 m^3 的蓄水池和 1 个 5 万 m^3 的蓄水池，从 3.5 km 以外的雅鲁河引水到滑雪场，两个蓄水池的蓄水能力能够满足 18 条雪道同时造雪的需求。2023 年 11 月 5 日，伴随着持续降雪降温天气，扎兰屯金龙山滑雪场迎来了人工造雪的最佳“凉”机，7 台造雪机开足马力，满功率运转，进行造雪作业，白色的雪花在雪道上空簌簌落下，将雪场覆盖了一层厚厚的白雪。据工作人员介绍，按目前造雪量看，平均每小时可造雪 20 m^3，雪场还根据气温、天气等因素调整造雪进度，预计 7 d 左右完成初级雪道造雪任务。为了保障“十四冬”各比赛项目顺利进行，扎兰屯赛区气象台持续为赛场造雪提供精细化预报监测服务，扎兰屯赛区执委会抓住适宜天气安排部署造雪作业，为迎接“十四冬”扎兰屯赛区各项赛事奠定基础。

呼伦贝尔扎兰屯金龙山滑雪场雪道上造雪机正在造雪

“十四冬”单板滑雪平行大回转项目于 2024 年 2 月 21—24 日在赤峰喀喇沁美林谷滑雪场举行。喀喇沁赛区气象台为造雪窗口期提供精细化预报服务，积极为“十四冬”做好赛事场地保障工作。初冬凌晨，伴随着冷空气造成的降雪降温天气，“十四冬”赤峰喀喇沁美林谷滑雪场迎来人工造雪的最佳时机，雪场开足马力，在美林谷滑雪场，一个个雪丘分布在宽敞的雪道上，漫天雪花从排列整齐的造雪机口喷发而出。“根据天气预报，近期降雪过后温度略有回升，湿度在 90%，因此白天暂时不能造雪，只能在夜间两点钟以后，根据实时温度及湿度进行造雪”。美林体育旅游有限公司总经理赵广隆告诉记者，滑雪场计划造雪时间为 45～48 d。

2023 年 11 月 5 日 22 时，凉城赛场根据“受强冷空气影响，5 日夜间气温将降至 0 ℃以下，且未来几天气温持续偏低，达到人工造雪条件”的气象服务建议，正式开启“十四冬”人工造雪工作。场地共投入 22 台造雪机实行 24 h 不间断造雪，造雪过后会利用压雪车对场地压实，为赛事顺利开展提前做准备工作。

赤峰喀喇沁美林谷滑雪场雪道上造雪机正在造雪

乌兰察布凉城滑雪场地处岱海湿地自然保护区，人工造雪水源由 30 km 以外的永兴水库供给，且赛事多、赛道复杂、需雪量大，随着"十四冬"赛程日益临近，抢抓造雪期主要因素就是气象条件，在适宜的温度、湿度、风力、风向等指标下启动造雪机，不仅高效节水，还能提高雪质。11 月 4 日至"十四冬"凉城赛区赛事结束，气象部门持续为滑雪场人工造雪提供精细化的预报监测服务，确保水资源高效利用。乌兰察布气象公众号增设"十四冬"服务专栏，现场工作人员可随时查看造雪气象服务专报和实况数据等服务产品。

乌兰察布凉城滑雪场雪道上造雪机正在造雪

"十四冬"群众比赛于 1 月 13 日起在呼和浩特市正式开赛，这也是冬运会首次设置群众比赛，呈现全民共享冰雪运动，意义非凡。2023 年 12 月 28 日起，为保障"十四冬"群众赛顺利举办，呼和浩特赛区气象台通过微信群每日为群众赛事场地建设提供精细化监测预报服务，保障比赛场地建设有序推进。担任此次比赛速度滑冰项目裁判长的王永祥也对此次比赛场地赞不绝口，他说："这个冰面是我从事速度滑冰裁判生涯中，见到的最一流的非人工制冷的室外场地。这里的水质特别好，冰面乳白色，平滑度也非常好，有助于运动员创造佳绩"。

工作人员在呼和浩特市东河冰场浇冰

4.2.2　系列资格赛气象保障服务

1)海拉尔赛区"十四冬"资格赛气象保障服务情况

2023 年中国花样滑冰俱乐部联赛第五站暨"十四冬"资格赛、2023—2024 年赛季中国杯短道速滑精英联赛(呼伦贝尔站)暨"十四冬"资格赛、2023—2024 年赛季中国杯速度滑冰精英联赛第一站暨"十四冬"资格赛、2023 年全国青年女子冰球锦标赛(U18)分别于 2023 年 8 月 9—16 日、2023 年 9 月 21—24 日、2023 年 11 月 1—3 日、2023 年 11 月 10—16 日在内蒙古冰上运动训练中心举行。

海拉尔赛区气象台预报服务团队由 11 名呼伦贝尔市气象局专家、3 名海拉尔区气象局业务人员组成,运维保障团队由 4 名呼伦贝尔市气象局专家、3 名海拉尔区气象局业务人员组成,团队人员认真履行工作职责,扎实落实使命任务,圆满完成资格赛气象保障服务,为"十四冬"决赛阶段赛事气象保障服务积累了宝贵经验。

在资格赛保障期间,每日提供内蒙古冰上运动训练中心比赛期间天气预报、赛事人员驻地预报、生活指数预报等气象服务产品,为应对高影响天气,不定时提供气象灾害预警产品。累计发布各类预报服务产品 112 期,雷电预警信号 2 期;服务精细,屡获竞赛长、技术代表、竞赛团队、竞赛工作组、地方部门的点赞认可和好评。

海拉尔赛区气象台调试赛场气象站设备

2)扎兰屯赛区"十四冬"资格赛气象保障服务情况

2023 年 12 月 22 日—2024 年 1 月 10 日,2023—2024 年赛季全国自由式滑雪空中技巧锦标赛暨"十四冬"资格赛、2023—2024 年赛季全国单板滑雪大跳台和坡面障碍技巧锦标赛暨"十四冬"资格赛、2023—2024 年赛季全国自由式滑雪大跳台和坡面障碍技巧锦标赛暨"十四冬"资格赛在内蒙古自治区呼伦贝尔扎兰屯金龙山滑雪场举行。

扎兰屯赛区气象台优化气象保障团队配置,其中预报服务团队由河北省、黑龙江省各 1 名专家、内蒙古自治区气象台 2 名专家、呼伦贝尔市气象台 7 名专家以及扎兰屯市气象局 5 名业务人员组成,运维保障团队由 2 名内蒙古自治区气象数据中心专家、2 名呼伦贝尔市气象局专家、4 名扎兰屯市气象局业务人员以及激光测风雷达厂家驻场人员共同组成,通过建章立制,理清岗位职责,细化工作流程,团队人员齐心协力圆满完成资格赛气象保障服务,同时完成"十四冬"气象预报服务驻场实训各项任务,为"十四冬"决赛阶段赛事气象保障服务积累了宝贵经验。

在资格赛保障期间,累计对外发布天气通报、关键点位预报、扫雪铲冰气象专报 158 期,参加空中技巧、单板和自由式大跳台、单板和自由式坡面障碍技巧项目领队会 6 次,进行现场天气介绍;提前预报服务降雪、大风高影响天气,赛程因天气推迟、延期调整累计 5 次;服务精细,屡获竞赛长、技术代表、竞赛团队、竞赛工作组、地方部门的点赞认可和好评。

扎兰屯赛区气象台赛场实地勘探

3)凉城赛区"十四冬"资格赛气象保障服务情况

2023 年 12 月 22 日—2024 年 1 月 10 日,2023—2024 年赛季全国越野滑雪锦标赛暨"十四冬"资格赛、2023—2024 年赛季全国冬季两项锦标赛暨"十四冬"资格赛在内蒙古自治区乌兰察布凉城滑雪场举行。

凉城赛区气象台预报服务团队由 1 名黑龙江省气象局首席专家、1 名内蒙古自治区气象台首席专家、6 名乌兰察布市气象台专家、2 名凉城县气象局业务人员组成,运维保障团队由 2 名内蒙古自治区气象数据中心专家、2 名乌兰察布市气象综合保障中心专家、3 名凉城县气象局业务人员组成,通过加强组织领导,严格责任落实,根据天气变化适时前往赛场进行现场踏勘了解不同天气下对于气象观测数据和赛场的影响,积累了宝贵的预报服务经验,圆满完成资格赛气象保障服务，同时完成“十四冬”气象保障服务驻场实训各项任务，为“十四冬”决赛阶段赛事气象保障服务积累了宝贵经验。

在资格赛保障期间，每日提供靶场站 06 时、10 时、12 时、14 时 0～10 d 24 h 逐小时、48～72 h 逐 3 h、4～10 d 逐 12 h 的天气预报，07 时和 17 时各提供 1 次赛场未来 10 d 天气情况，赛前 1 d、赛时每半小时提供天气实况，并按要求参加领队会，通报第二天天气情况，同时每日提供交通气象条件预报、交通影响预报、周边旅游景点预报、造雪气象专报等专业气象服务产品。累计发布各类预报服务产品 323 期。现场咨询 10 次，参与领队会 9 次。服务精细，屡获竞赛长、技术代表、竞赛团队、竞赛工作组、地方部门的点赞认可和好评。

凉城赛区气象台赛场实地勘探

4.3 “十四冬”赛事气象服务

4.3.1 综合观测及装备网络保障

为做好“十四冬”综合观测及装备网络保障工作，相关工作人员提前进行赛前驻训，熟悉赛区设备、网络传输情况，实地勘察，开展保障技术培训，熟悉完善应急保障方案，搭建和测试内网网络环境，完成赛区气象信息大屏的数据接入和调试。期间共完成巡检现场观测设备 23 次，其中海拉尔赛区 6 次、扎兰屯赛区 7 次、喀喇沁赛区 5 次、凉城赛区 5 次，发现并处置 2 处观测设备异常。监测并处置各赛场网络故障 10 次，网络安全攻击事件 5 次。保障视频会议 13 次，腾讯会议 12 次。

赛时保障阶段主要工作为监控设备运行情况、巡查维护设备，确保观测设备运行稳定，观测数据传输准确及时，保障赛区气象信息显示大屏的正常运行、正常展示，视频会商系统正常使用。期间完成巡检现场观测设备 103 次，其中海拉尔赛区 33 次、扎兰屯赛区 41 次、喀喇沁赛区 4 次、凉城赛区 25 次，发现并处置 15 处观测设备异常。监测并处置各赛场网络故障 16

次，网络安全攻击事件 11 次。保障视频会议 30 次，保障收听中国气象局会商 10 次。

4.3.2 气象预报

赛事赛会气象预报服务精准精细。坚持"一场一策、一项一策"原则，开展赛事、大型活动、赛会专项服务，精准预报支撑了竞赛日程变更、赛道维护、赛场交通等多项保障，累计发布各类预报预测产品 1784 期，参加领队会 56 次，接受现场咨询 26 次。针对开(闭)幕式及火炬传递，滚动跟踪预报，充分发挥卫星、雷达的作用，加密监测分析，强化会商研判，坚守一线全程保障，助力"十四冬"盛大开幕。加强四级会商联动，面向重要天气过程和重要时间节点，中央气象台、国家气候中心、内蒙古自治区气象台、内蒙古自治区气候中心、各气象分中心和赛区气象台开展四级联动会商。制定《"十四冬"天气会商机制》和会商排期表，全国会商发言 7 次，专题会商 11 次，其中 3 次邀请中央气象台，电话会商 15 次。

4.3.3 气象服务

1)海拉尔赛区气象服务

(1)组织部署

2023 年 7 月以来，海拉尔赛区切实强化组织领导，认真履行工作职责，扎实落实使命任务，先后圆满完成"十四冬"海拉尔赛区 60 余项赛事及开(闭)幕式等 10 余项重大活动气象保障服务。

2023 年 8 月 2 日，呼伦贝尔市气象局党组书记、局长张平安到内蒙古冰上运动中心实地指导冰球赛事气象保障工作，要求加强责任意识，多方面做好查漏补缺，时刻保持清醒头脑，全力以赴做好气象保障服务。

2023 年 12 月 15 日，内蒙古自治区气象局党组书记、局长赵黎明深入内蒙古冰上运动训练中心指导气象保障筹备工作，要求提高政治站位，增强使命感、责任感，做好需求对接，优化流程预案，强化实战演练，确保各环节衔接顺畅、组织有序、运行高效，全面提高服务保障质量和水平。

2024 年 2 月 13 日，内蒙古自治区气象局党组成员、副局长刘海波主持召开赛时气象服务调度会，听取了海拉尔赛区及其他赛区气象台准备情况汇报，并就做好开(闭)幕式及赛时气象服务提出明确要求，要求各单位站在讲政治顾大局的高度，认真贯彻落实各项决策部署，紧盯各业务系统运行，务必做到业务系统安全稳定，为"十四冬"气象保障服务营造安全稳定的环境。

2024 年 2 月 16 日，内蒙古自治区气象局党组书记、局长赵黎明赴海拉尔赛区指导气象保障工作，要求各部门要各司其职，密切关注天气变化及其对开幕式展演、仪式和城市交通的影响，加密观测和服务产品报送频次，以时不我待、只争朝夕的进取姿态全面扎实做好气象保障工作。

2024 年 2 月 18 日，内蒙古自治区气象局专项监督工作组深入海拉尔赛区进行专项监督，并要求切实扛起政治责任，紧盯关键环节，以有力有效监督推动气象保障服务各项工作落实到位。

(2)服务需求

作为"十四冬"冰上项目主赛区，海拉尔赛区举办了滑冰、冰球、冰壶 3 个大项，速度滑冰、短道速滑、花样滑冰、冰球、冰壶 5 分项 63 个小项的决赛项目。主要比赛时间为 2023 年 7—8 月，2024 年 1—2 月。天气对赛事的影响主要体现在赛事气象服务和赛会气象服务方面。例如，冬季需要根据气温调整场馆供暖；雷暴、暴雨、降雪等天气对裁判员、教练员、运动员、媒体记者及观众等往返于驻地和赛事场馆的交通有影响，冬季气温和风影响观众着装等。相关保障的服务需求来自“十四冬”呼伦贝尔执委会综合保障部、场地器材部、环境治理部和场馆运行团队，同时各项目领队、裁判也有需求，以天气现象、风、温度的关注度最高。

(3)服务产品和方式

服务产品和方式

类别	服务时段	产品名称	发布频次	发布方式
赛事气象服务	赛事期间	赛事期间气候预测	随时提供	微信群
		内蒙古冰上运动训练中心气象专报	每日 1 次(17 时)	微信群、张贴板、场馆运行团队调度会发言
		监测气象信息	实时	气象服务网站、微信小程序、微信公众号
		场馆运行团队调度会现场天气简介	随时提供	现场汇报
		现场天气咨询服务	随时提供	口头汇报、电话
		定制化产品	随时提供	微信
赛会气象服务	赛事期间	道路扫雪铲冰气象服务专报	视降雪过程提前提供	微信群、气象服务网站
		赛场高影响天气预警信号	视天气情况提前提供	微信群、微信公众号
		环境气象服务专报	每日 1 次(17 时)	微信群、气象服务网站
		交通气象服务专报	每日 1 次(17 时)	微信群、气象服务网站
	赛后	返程预报	返程前提供	微信群

(4)赛事保障与服务效果

海拉尔赛区气象台在冰球(公开组)赛事服务保障期间(2023 年 7 月 8 日—8 月 6 日)发布 129 期产品，冰壶(青年组)、速度滑冰(公开组)、短道速滑(青年组)、花样滑冰(青年组)赛事服务保障期间(2024 年 1 月 7—19 日)发布 83 期产品，“十四冬”决赛服务期间(2024 年 2 月 7—27 日)发布 86 期产品，累计对外发布各类赛事服务产品 302 期。

海拉尔赛区气象台在赛事服务保障期间开展室内温度监测。在速度滑冰(公开组)赛事期间(2024 年 1 月 11—14 日)于速度滑冰馆内布设便携自动站，满足速度滑冰馆计分裁判组了解场馆内温度的需求；在短道速滑(公开组)、花样滑冰(公开组)赛事期间(2024 年 2 月 15—16 日)于短道速滑馆裁判席布设便携自动站，并于场馆马道上布设手持气象站，开发短道速滑馆室内外逐小时温度、湿度监控页面，逐小时提供室外、室内、马道实况数据，为短道速滑馆室内温度控制提供精准依据。

高效优质气象保障服务赢得教练、领队、工作人员等多方认可肯定。“十四冬”呼伦贝尔执委会综合保障部副部长敖东明表示：“气象部门是进入状态最早的、服务最靠前的、最有针对性的，也是最让人放心的！希望再接再厉，做好监测预报，为赛事提供高标准气象服务”。竞赛工作部副部长史菊花指出:"针对短道馆各赛事,气象保障组发挥了重要作用,服务很到位!特别是近几天来为场馆提供的室内气象数据监测,及时准确高效,为场馆运行及赛事顺利举行提供了重要参考依据,谢谢你们"。

2)扎兰屯赛区气象服务

(1)组织部署

各级领导高度重视扎兰屯赛区气象保障服务,多次实地调研督导。

2023 年 12 月 11 日,呼伦贝尔市气象局党组成员、副局长张昉主持召开驻训动员会,统一思想、提振信心、强化措施。

12 月 17 日,内蒙古自治区气象局党组书记、局长赵黎明深入一线调研扎兰屯赛区气象保障筹备工作。呼伦贝尔市气象局党组书记、局长张平安,扎兰屯市委副书记、市长王波和市委常委、副市长姜君勇等陪同。赵黎明肯定了扎兰屯赛区气象保障工作,并对下一步工作提出要求。

12 月 23—24 日,内蒙古自治区气象局党组成员、副局长达布希拉图和观测与网络处副处长蔺汝罡一行到扎兰屯调研指导,针对设备保障、服务需求对接等方面提出要求。呼伦贝尔市气象局党组成员、副局长张昉与扎兰屯市委常委、副市长姜君勇及副市长韩志立陪同。

12 月 25 日,内蒙古自治区气象局应急与减灾处副处长武艳娟一行到扎兰屯赛区调研督导,传达内蒙古自治区气象局领导相关要求,就具体工作提出意见。

2024 年 1 月 9 日,中国气象局人工影响天气中心荆国栋一行到扎兰屯赛区调研,指导赛事人工影响天气保障,内蒙古自治区人工影响天气办公室常务副主任唐英昆陪同。

1 月 10—11 日,中国气象局气象探测中心数据质量室主任施丽娟、基地室主任赵培涛一行深入一线调研天衡天衍系统应用情况,并组织座谈交流,培训天衡天衍"十四冬"专栏及新资料应用。内蒙古自治区气象局观测与网络处处长康利和呼伦贝尔市气象局党组成员、副局长张昉陪同。

1 月 30 日,内蒙古自治区气象局党组成员、副局长刘海波带队调研指导扎兰屯赛区气象台,代表内蒙古自治区气象局党组慰问现场气象保障人员,同时调度气象保障服务工作。呼伦贝尔市气象局党组书记、局长张平安与内蒙古自治区气象局应急与减灾处副处长武艳娟等陪同。

2 月 7 日,呼伦贝尔市气象局党组成员、副局长张小东到扎兰屯赛区检查指导,陪同冬运办下沉工作组调研赛场气象保障,召开工作会议。春节前夕,内蒙古自治区气象局应急与减灾处武艳娟副处长、呼伦贝尔市气象局张小东副局长下沉基层,慰问一线职工。

2 月 14 日,内蒙古自治区气象局党组成员、副局长刘海波和应急与减灾处处长牛宝亮一行到扎兰屯赛区调研指导各项准备工作。刘海波赴前线对预报服务和业务流程进行指导,与国家体育总局冬季运动管理中心副主任李扬、内蒙古自治区"十四冬"下沉工作组组长王武、扎兰屯市副市长尹晓辉充分对接服务需求,并全面部署赛时服务应急联动工作。

(2)服务需求

扎兰屯赛区作为"十四冬"户外雪上比赛项目主赛区,举办了滑雪和滑雪登山 2 个大项,自由式滑雪、单板滑雪和滑雪登山 3 个分项,涵盖了空中技巧、雪上技巧、U 型场地技巧、大跳台、坡面障碍技巧和滑雪登山项目 30 余小项。这些项目均为室外雪上比赛项目,受天气影响极大,低温、大风、降雪、低能见度、过暖融雪均可能对场地运行和比赛造成影响,因此扎兰屯赛区预报服务团队面临更高的赛事保障需求和巨大的服务压力。

扎兰屯赛区最主要的服务需求来自扎兰屯赛区执行委员会和竞赛委员会。一是每日召开竞赛工作对接会，由国家体育总局领导、“十四冬”筹委会下沉工作组、单项竞委会成员、执委办及竞赛、场地器材、安保、医疗卫生、接待保障、综合保障组等相关工作组参加，气象作为主要发言单位之一解读赛区未来七天的高影响天气，竞委会依据天气情况确定赛事日程变更，并由执委办发文对比赛时间调整的情况进行说明，会议确保赛事组织、赛场运行、赛会服务、媒体运行、安全保障等各项工作有序高效、平稳运行；二是每日召开单项领队会，气象与竞委会（竞委会副主任、技术代表、竞赛长或裁判长）对接，现场 PPT 或口头介绍天气情况，遇有高影响天气，部分单项竞委会与各代表队领队讨论改期或赛制调整事宜，经举手投票表决并签字确认。此外，还有赛事外围运行的服务需求，团队根据降雪天气提前制作发布赛区道路扫雪铲冰专项气象服务产品，支撑赛事外围保障。

（3）服务产品和方式

服务产品和方式

<table>
<tr><th>类别</th><th>服务时段</th><th>产品名称</th><th>发布频次</th><th>责任单位</th><th>发布方式</th></tr>
<tr><td rowspan="7">赛事气象服务</td><td rowspan="7">资格赛和决赛期间</td><td>赛事期间气候预测</td><td>随时提供</td><td>扎兰屯市气象局</td><td>微信群</td></tr>
<tr><td>滑雪场天气通报</td><td>每日 2 次（07 时、17 时）</td><td rowspan="2">扎兰屯赛区现场服务团队后方预报组</td><td rowspan="2">微信群、张贴板、领队会发言</td></tr>
<tr><td>0～10 d 无缝隙赛道关键点位预报</td><td>每日 3 次（07 时、11 时、17 时）</td></tr>
<tr><td>监测气象信息</td><td>实时</td><td rowspan="4">扎兰屯赛区现场服务团队前方工作组</td><td>赛场显示屏、气象服务网站、微信小程序、微信公众号</td></tr>
<tr><td>领队会现场天气简介</td><td>随时提供</td><td>现场汇报</td></tr>
<tr><td>天气咨询服务</td><td>随时提供</td><td>口头汇报、电话</td></tr>
<tr><td>定制化产品</td><td>随时提供</td><td>微信</td></tr>
<tr><td rowspan="6">赛会气象服务</td><td rowspan="5">资格赛和决赛期间</td><td>未来 7 d 预报</td><td>每日 1 次（17 时）</td><td rowspan="6">扎兰屯市气象局</td><td>微信群</td></tr>
<tr><td>道路扫雪铲冰气象服务专报</td><td>视降雪过程提前提供</td><td>微信群</td></tr>
<tr><td>赛场高影响天气预警信号</td><td>视天气情况提前提供</td><td>微信群、微信公众号</td></tr>
<tr><td>环境气象服务专报</td><td>每日 1 次（17 时）</td><td>气象服务网站</td></tr>
<tr><td>交通气象服务专报</td><td>每日 1 次（17 时）</td><td>气象服务网站</td></tr>
<tr><td>赛后</td><td>未来 7 d 预报</td><td>每日 1 次（17 时）</td><td>微信群</td></tr>
</table>

（4）赛事保障与服务效果

扎兰屯赛区气象台在 2023—2024 年赛季全国自由式滑雪空中技巧锦标赛暨“十四冬”资格赛期间（2023 年 12 月 22 日—2024 年 1 月 10 日）制作发布 158 期产品，滑雪登山赛事期间

(2024年1月30日—2月1日)制作发布50期产品,“十四冬”决赛期间(2024年2月14—26日)制作发布252期产品,累计制作并对外发布各类预报服务产品460期。

扎兰屯赛区预报服务团队累计参加13次竞赛工作对接会,27场赛前领队会,不计其数的现场对接。依据及时、准确的预报和主动、精细的服务,科学支撑扎兰屯赛区训练及赛事累计因天气原因优化调整15次。根据预报结论,决赛期间总计优化调整9次,其中执委会正式发文通知预(决)赛赛程因天气原因优化调整6次,空中技巧决赛因天气原因推迟1次,训练取消/提前2次。资格赛及滑雪登山赛事因天气原因优化调整6次。

赛程尾声,呼伦贝尔市扎兰屯市副市长、“十四冬”扎兰屯赛区执委会副主任尹晓辉高度肯定气象部门的准确预报:“雪上技巧项目对气象要求比较高,受风雪影响较大,气象部门为各项赛事的举办提供了准确、贴心且及时的服务,赛方对气象服务非常满意”。

国家体育总局冬季运动管理中心竞赛训练部副部长、“十四冬”扎兰屯赛区竞赛委员会副主任周瑾也对气象保障工作给予高度评价:“气象预测非常准确,对我们各项赛事的日程调整、保证赛事训练和比赛的正常进行都提供了非常大的帮助,这个团队非常专业,气象保障服务水平也是对标冬奥水准的”。

赛后,扎兰屯市委副书记、市长、“十四冬”呼伦贝尔扎兰屯赛区执委会主任王波为气象工作点赞,国家体育总局冬季运动管理中心副主任李扬表示:“本次赛会气象服务对于本赛区赛事科学筹划起到了关键性作用,得到各方高度认可,辛苦了”。

①滑雪登山

2024年1月30日—2月1日“十四冬”滑雪登山比赛在呼伦贝尔扎兰屯金龙山滑雪场举行,本次滑雪登山比赛是首次在全国冬季运动会设项,并将出现在2026年米兰冬奥会上,也是气象部门首次参与到滑雪登山赛事保障中,因此滑雪登山项目的气象阈值并不明晰。

1月26日是滑雪登山比赛裁判员报到日,扎兰屯赛区现场预报服务团队积极与滑雪登山竞赛团队对接,初次了解到该项目气象阈值,“大风、降雪会有影响,但主要影响在于温度,因为滑雪登山运动员穿得极薄,白天气温低于−25 ℃,会强制要求停止比赛,或者说要强制运动员增加装备。”滑雪登山项目赛事管理、起点裁判长李冉说。

预报团队开始加强对气温的研判,预计比赛时段没有达到低温阈值的风险,但1月28日起预判2月1日比赛日出现大风天气,并在预报产品中进行提示。29日赛前技术会议召开前,现场服务团队与滑雪登山裁判长康华对接时,双方交流确认了2月1日早晨的大风天气,安全监督张耀华说:“10 m/s是六级风吗? 那就很大了”! 赛前技术会议上,技术代表在会上介绍,根据预报1日早上有大风天气原因,开赛时间向后推迟1 h,11时30分开赛,将两轮比赛调整为一轮比赛。

天气预报支撑了本次赛程调整。2月1日清晨到上午风力逐渐减小,符合预期,早晨最大阵风风速在14 m/s左右,开赛时减小到10 m/s以下,比赛顺利进行。气象部门全力落实习近平总书记“监测精密、预报精准、服务精细”的指示要求,竞赛期间累计为竞赛团队提供各类精细化预报服务产品50期,并为竞赛团队赛后返程提供返程地专项天气预报。扎兰屯滑雪场关键点精细化预报、《冬运气象服务专报》、扎兰屯赛区未来七天天气预报、道路扫雪铲冰专项服务等各类预报产品依据服务对象,向“十四冬”滑雪登山项目裁判长领队工作微信群、“十四冬”官方网站和官方微信公众号气象专栏、“十四冬”气象服务专题网站、中国天气网“十四冬”专栏等发布。

"气象保障工作非常细致，在滑雪登山起点、山顶不同时段均有不同的风力、温度数据，使我们的工作得到很多便利！"国家体育总局登山运动管理中心技术代表李振龙接受采访时说。

斩获两金一银的西藏队教练朗加多吉表示："我们特别关注天气预报，特别准确，感谢你们"！

②雪上技巧

2024 年 2 月 18—19 日进行"十四冬"自由式滑雪雪上技巧比赛。

2 月 14 日和 15 日分别是自由式滑雪雪上技巧比赛裁判员和运动员报到日，在此之前，即 2 月 12 日，"十四冬"气象保障服务人员全员返岗就位，汇集在扎兰屯赛区气象台，进入工作状态并启动天气会商、产品制作与部分产品的发布工作；2 月 13 日，自由式滑雪雪上技巧前方预报服务团队成员与天气主管对接，了解气象服务需求。自由式滑雪雪上技巧前方预报服务成员在每日 06 时、10 时、16 时、20 时与后方服务团队开展会商，每日 07 时、11 时，17 时为自由式滑雪雪上技巧天气主管提供气象服务产品。

自由式滑雪雪上技巧项目关键影响决策点包括"新增积雪＞2 cm，平均风速＞5 m/s，水平能见度＜200 m"。2 月 16 日和 17 日是自由式滑雪雪上技巧训练日，2 月 18 日和 19 日是自由式滑雪雪上技巧比赛日，在 2 月 15 日前方预报服务成员与天气主管沟通，将训练日和比赛日重点关注天气和可能带来的影响进行解读，指出训练日期间天气晴好、气温回升、风力较小，但 17 日夜间后半夜出现的降雪会带来新增积雪，会覆盖前一天赛道表面出现的薄冰层，对 18 日正式比赛带来影响；比赛日期间会有小雪、降温、大风天气，能见度较低，体感温度低，风力加大，会对运动员空中技巧、滑行和回转带来考验。2 月 15 日 17 时，前方预报服务成员在领队会上将训练日和比赛日天气向组委会和裁判长汇报；2 月 17 日 19 时，团队与自由式滑雪雪上技巧竞赛长张云峰进一步对接气象服务需求，共同探讨 18 日降雪对雪上技巧赛事的影响，并向扎兰屯市委副书记、市长王波汇报，领队会上，雪上技巧竞赛长张云峰部署赛区服务人员及时进行清雪工作。

竞赛期间累计为天气主管提供气象专报 19 期。天气预报支撑了自由式滑雪雪上技巧训练日和比赛日各项赛事的顺利进行，天气预报结论接近实况，降雪、大风带来的影响也符合预期。

自由式滑雪雪上技巧竞赛长张云峰对气象保障服务高度认可，过程中和结束后分别表示："你们非常专业！""感谢气象保障团队的大力支持与帮助！气象服务到位、精准！感谢！"

③空中技巧

2024 年 2 月 17—24 日进行"十四冬"自由式滑雪空中技巧比赛。

2 月 18—21 日，一次风雪、寒潮天气影响扎兰屯赛区，根据现场服务团队预判，将对比赛有较大影响。2 月 17 日 20 时第一次领队会上，前方预报服务成员向赛事竞赛长和各领队通报了未来七天的天气情况，着重表明 2 月 18—21 日气温偏低、风力较大。竞赛长王明强表示如果出现大风天气，根据当天现场天气实时研判，视情况应对。

2 月 20 日公开训练日期间，早上由于场地风力太大，裁判团医疗气象负责人孟兵林联系前方预报服务成员，气象部门为竞赛团队定制化制作 10—15 时精细化预报 1 期，随后跟进实况产品 4 期。同时根据需求，内蒙古自治区气象数据中心为空中技巧裁判组紧急开发实况数据展示网页，并布设在空中技巧裁判房，优化"冬运会赛场气象实况"微信小程序，增加"空中技巧"站点实况数据专项服务。前方预报服务成员向孟兵林推介小程序，孟兵林认为非常方便，在裁判微信群中向大家推广。天气实况信息同时显示在央视直播画面中。

20 日 13 时 30 分竞赛工作对接会，竞赛与气象联动，交流天气情况。国家体育总局冬季运动管理中心竞赛部副部长韩晓鹏指出，“根据扎兰屯赛区天气预报情况，2 月 21 日上午将出现大风天气，为确保运动员比赛安全，2 月 21 日的公开组比赛，关于赛程和赛制做了两个预案”。21 日比赛中采取第 1 个预案，比赛中风力较大，气象加密制作 1 期 10—15 时的精细化预报。

22 日比赛按计划执行，中午时段由于增温快，湍流活动加强，瞬时风速超过 12 m/s，比赛紧急叫停，前方预报服务成员迅速对接竞赛长王明强介绍天气情况，预判 1 h 左右风速会降低，14 时 50 分比赛正常进行，并顺利完成。23—24 日比赛时段风力较小，非常适宜比赛，当日比赛均按赛事计划顺利完成。

自由式滑雪空中技巧比赛在风雪、寒潮天气中开始，在风和日丽中落下帷幕，整个赛事气象保障服务中，针对自由式滑雪空中技巧比赛，共发布关键点位精细化预报 20 期，定制化加急提供精细化预报 2 期，提供整点实况产品 36 期。气象预报保障服务团队以准确、及时、高效的气象预报服务圆满完成“十四冬”自由式滑雪空中技巧赛事气象保障工作任务。

④大跳台

2024 年 2 月 15—24 日进行“十四冬”自由式和单板滑雪大跳台比赛。该项比赛原定日期为 2024 年 2 月 15—21 日，期间 2 月 18—21 日举行的单板滑雪大跳台公开训练和比赛，受大风、低温和降雪天气影响延期举办。

扎兰屯赛区气象条件复杂，大跳台场地对风力较为敏感，独特的气候背景和场地地形对赛事的开展影响较大，“十四冬”比赛有青年组和公开组，参赛人员年龄、水平差距大，对气象服务提出了更为严苛的要求。

现场预报服务团队成员紧密关注场地与气象条件的关系，梳理风速、风向对比赛的影响，并把本地气象条件和天气预报及时告诉竞赛主任、竞赛长和技术代表。赛事期间现场预报服务团队累计发布气象专报 20 期、精细化预报产品 30 期，提供天气实况信息 2 次，参加领队会 5 次，现场临时领队会 6 次，精准预报了 18 日降雪、20—21 日大风和降温天气过程。根据气象预报，在竞委会的研判下，执委办 19 日对 20—21 日赛程做出延期通知，21 日再次根据天气情况及赛前训练实际情况，对赛程提前进行了调整，气象服务为赛事的顺利举办提供了有力支撑，展现了气象服务的高水平、高素养。

针对大跳台气象服务，各参赛队领队对气象服务的准确性、针对性给予了高度肯定，该项赛事明星运动员苏翊鸣多次在领队会上针对气象条件对赛事的影响提出问题，并得到了现场服务团队郭宏的准确回答，苏翊鸣对赛事气象服务给予高度评价，认为气象服务对本次大跳台比赛的安全、顺利举行具有关键作用。

竞委会成员对气象服务给予了高度评价。竞赛副主任周瑾表示：“气象预报非常准确，为赛事的举办提供了有效支持，感谢气象团队的付出”；技术代表孟述多次对气象服务进行表扬，并在多场临时领队会上肯定了气象预报的准确性；竞赛长关哈福特表示：“感谢气象团队的辛苦付出，气象团队展现了国内一流的气象服务能力”。

⑤坡面障碍技巧

2024 年 2 月 18—24 日举行“十四冬”坡面障碍技巧比赛。

坡面障碍技巧比赛主要考验运动员过障碍的水平、难度、质量、跳台上空翻转体的高度、难度及着陆。由于比赛过程中运动员会有腾空动作，因此较大的横风将对比赛有影响。同时，部分运动员在坡面障碍技巧和大跳台项目上有兼项，如遇到天气原因需要进行赛程的调整时，则变得更为复杂，对天气及时、准确的预报提出了更高要求。

该项比赛原定于 2024 年 2 月 18—26 日进行，因为大风天气，在赛程上经历了取消、延期和提前，赛制也有调整，对此，在下沉工作组积极、正确指导下，扎兰屯赛区预报服务团队为赛程赛制优化提供了有力支撑。

17 日下午竞赛工作对接会中，预报服务团队负责人重点提示了 20 日高影响天气。18 日中午，竞赛部门通知要启动竞赛气象应急联动机制以保障赛事顺利运行，冬运办执行副主任指导赛区预报服务加密事宜；下午的竞赛工作对接会议上，预报服务团队负责人详细介绍未来几天高影响天气。会后，筹委会竞赛部门与下沉工作组冬运办副主任深入对接应急联动机制启动工作，经深入沟通后，确定针对未来三天高影响天气，气象部门向竞赛部门提供气象专报和精细化预报。气象部门和竞赛部门应急联动高效运行，为组委会下一步赛程优化调整等工作的推进提供有力支撑。

19 日为训练日，在裁判房内领队们普遍反映赛道上的风力和风向对于腾空动作的影响很大，竞委会立即召开了临时领队会，前方预报服务成员在现场说明了 20—21 日风的情况，并给出相应提示。17 时领队会上，竞赛长表示根据天气情况、出于安全考虑，决定将 20—21 日的自由式滑雪坡面障碍技巧项目公开组男子、女子预赛和决赛延期，调整为 22 日进行公开组女子决赛、23 日进行公开组男子决赛。

21 日竞赛团队与气象部门对接过程中，前方预报服务成员对 25—26 日的大风天气进行了提醒，赛程赛事面临再次调整。当日领队会上，竞赛团队表示，根据预报，22 日上午比赛推迟进行，24—25 日取消预赛，26 日青年组和公开组决赛提前至 23 日、24 日进行。另外，由于场地情况和比赛时间有限，为保障男子、女子两个组别能够安全顺利完成比赛，赛制由“三跳”改为“两跳取一跳最好成绩”。

这一系列赛程和赛制科学、合理的优化离不开及时、准确的气象预报及贴身式的气象服务。期间，扎兰屯赛区现场预报服务团队累计为执委会和本项赛事的竞赛团队提供各类精细化预报服务产品 84 期，圆满完成“十四冬”坡面障碍技巧赛事保障任务。

⑥U 型场地技巧

U 型场地技巧比赛分为两个阶段，2024 年 2 月 13—17 日举办单板滑雪 U 型场地技巧比赛，2 月 22—26 日举办自由式滑雪 U 型场地技巧比赛，是扎兰屯赛区农历新年之后开赛最早且结束最晚的比赛项目。

2 月 12 日，扎兰屯赛区现场服务团队 24 人进驻扎兰屯市气象局。上午，下沉工作组冬运办执行副主任一行参加竞赛工作对接会，全面进入“十四冬”扎兰屯赛区赛事保障工作状态。下午，扎兰屯赛区预报服务团队负责人参加单板滑雪 U 型场地技巧第一次领队会，现场介绍未来三天天气情况及风的影响。

单板滑雪 U 型场地技巧比赛期间共参加 3 次领队会并进行现场天气介绍，整体比赛期间，天气条件较为适宜，比赛按计划进行。

自由式滑雪 U 型场地技巧比赛 2 月 22—23 日为训练日，2 月 24—25 日为预赛，2 月 26 日为决赛，决赛日为扎兰屯赛区全部赛事的最后一天，因此该项比赛没有任何因为天气原因延期的可能。

早在21日预报服务团队就注意到了25日的大风天气很可能对比赛造成影响，并在下午的自由式滑雪U型场地技巧首场领队会上，特别指出了24日天气最为适宜以及25日大风的具体预计情况。

根据扎兰屯赛区气象台提前预报本次大风天气过程，竞委会决定将25日公开组预赛提前到24日与青年组预赛相继进行，25日作为竞赛休息日，执委会发文通知赛事时间变更。天气实况数据表明，25日山顶阵风达到8级以上，U型槽起点阵风7级，26日上午风力明显减小，符合预期，26日决赛如期完成！

U型场地技巧比赛期间累计为竞赛团队和执委会提供各类精细化预报服务产品70期。自由式滑雪U型场地技巧比赛结束后，扎兰屯赛区气象台贴心为技术官员和各领队提供返程天气预报，发送至场地竞赛保障微信群和“十四冬”双U代表队联络群。至此，“十四冬”扎兰屯赛区气象保障工作圆满完成！

3)喀喇沁赛区气象服务

(1)组织部署

2023年12月4日，赤峰气象分中心组织召开“十四冬”气象保障服务动员会，对赛事临战阶段各项工作进行部署。12月20日，距离喀喇沁赛区赛事举办仅一个月，赤峰气象分中心各工作组赴喀喇沁旗下沉办公，现场气象服务团队进入实战工作状态，内蒙古自治区气象局赛事气象服务专家作为现场气象服务团队成员进驻赛场，现场气象服务团队队长洪潇宇组织团队成员对上一阶段工作复盘总结，现场气象服务团队正式以战时状态全面冲刺赛事气象保障服务工作。

赛前，冬运内蒙古气象中心副主任刘海波、冬运办执行副主任武艳娟、内蒙古自治区气象台台长李云鹏一行，赤峰市委副书记、市长，“十四冬”赤峰执委会主任栾天猛，市委常委、副市长田晨光，副市长杨牧一行先后到喀喇沁赛区气象台实地督导考察赛事气象保障服务工作开展情况。赤峰气象分中心主任咸立仁带领现场气象服务团队与“十四冬”单板滑雪平行大回转赛事竞赛长李宏权、技术官员韩健波对接工作，对赛事期间气象保障服务细节需求开展座谈，竞赛裁判团队充分肯定赛事气象保障服务前期各项工作，对现场气象服务开展时间、预报时效、实况点位等服务细节提出了进一步需求。

1月20日，中国气象局地球数值预报中心主任龚建东，冬运内蒙古气象中心主任，内蒙古自治区气象局党组书记、局长赵黎明一行莅临喀喇沁赛区实地考察指导气象保障服务工作，看望慰问现场气象保障服务工作人员。

(2)服务需求

赛事期间，喀喇沁赛区主要于2024年1月下旬在美林谷滑雪场承办单板滑雪平行大回转1大项1分项4小项的比赛。单板滑雪平行大回转赛事的成功举办与气象条件密不可分，天气对赛事的影响主要体现在赛事气象服务和赛会气象服务方面，低温、大风、降雪、低能见度、过暖融雪等不利气象条件均可能对场地运行和比赛造成影响，因此对气象工作提出巨大挑战，受天气的影响，需要进行延期、调整比赛时间，甚至取消比赛。比赛成绩也受到天气条件很大制约。降雪、降温、大风等不利天气对裁判员、教练员、运动员、媒体记者及观众等往返于驻地和赛事现场的交通也有影响，冬季气温和风同样影响观众着装。相关保障的服务需求来自“十四冬”赤峰执委会综合保障部、场地器材部、环境治理部和场馆运行团队，同时领队、裁判对气象服务也有需求，以降雪、大风、温度的关注度最高。

(3)服务产品和方式

服务产品和方式

类别	服务时段	产品名称	发布频次	责任单位	发布方式
赛事气象服务	决赛期间	赛区天气预报	每日 2 次(08 时、14 时)	赛事服务组	微信群
		0～10 d 无缝隙赛道关键点位预报	每日 2 次(08 时、14 时)	赛事服务组	微信群
		监测气象信息	实时	赛事服务组	赛场显示屏、气象服务网站、微信小程序、微信公众号
		领队会天气简介	按需提供	赛事服务组	现场汇报
		天气咨询服务	不定时提供	赛事服务组	口头汇报、电话
赛会气象服务	决赛期间	赛场高影响天气预警信号	视天气情况不定时提供	赛事服务组	微信群、微信公众号
		扫雪铲冰气象服务专报	视降雪过程提前提供	赛事服务组	微信群
		环境气象服务专报	每日 1 次(17 时)	赛事服务组	微信群
		交通气象服务专报	每日 1 次(17 时)	赛事服务组	微信群
		供电供气气象服务专报	每日 1 次(17 时)	赛事服务组	微信群
	赛后	返程预报	返程前提供	赛事服务组	微信群

(4)赛事保障与服务效果

在单板滑雪平行大回转项目比赛期间，本地天气过程频繁，赛场天气条件出现了明显变化，尤其是前两个比赛日，赛场遭遇的强降温和大风天气过程，对整个赛事的顺利进行产生了一定的不利影响。虽然天气形势复杂，但赤峰气象分中心在比赛开始前就充分准备了各项预案，竞赛团队根据精准的主客观预报和周密的应急预案，成功应对 2024 年 1 月 20 日降雪天气、1 月 22—23 日低温、大风等复杂天气过程，圆满完成赛区 4 个小项赛事气象保障任务。

2024 年 1 月 22 日，“十四冬”喀喇沁赛区单板滑雪平行大回转项目比赛正式拉开帷幕。竞赛期间，冬运内蒙古气象中心副主任刘海波实地调度指导喀喇沁赛区赛时气象保障服务工作，看望慰问现场预报服务及保障团队成员，并主持召开日调度会。冬运办执行副主任武艳娟、首席专家时少英、冬运办周昕南下沉喀喇沁赛区，实地协助相关工作开展。赤峰气象分中心现场气象服务工作团队每日参加竞赛工作会、领队会，作为主要发言单位之一，解读赛区未来 7 d 的高影响天气，向各参赛代表队详细介绍未来天气情况，发布天气预报服务产品，确保赛事组织、赛场运行、赛会服务、安全保障等各项工作高效平稳运行。根据天气变化情况制作发布赛区各类专业专项气象服务产品，特别是在各赛区中首个制作电力保障专项气象服务产品，有效支撑赛事外围保障工作顺利进行。据统计，赤峰气象分中心累计制作发布各类气象服务产品共 107 期，参加三级天气会商 4 次，多次临时对竞委会、执委会以及各类媒体提出的天气问询进行回应、通报。每日赛事结束后，气象分中心及时召开工作总结会，总结经验、查找不足，为做好次日工作集思广益。本次赛事气象保障服务也再次彰显了国—省—市—县四级气象部门的团结力量。

1 月 15 日，喀喇沁赛区气象台提前做出了在 1 月 19—20 日喀喇沁赛区将会出现一场降雪过程的预报结论，1 月 16 日下午，赛区气象台向竞赛长详细汇报了降雪情况。19 日夜间，降雪如期而至，喀喇沁赛区累计降雪量为 2 mm，整个过程预报小时雪强误差不超过 0.1 mm。综合协调组组长、喀喇沁旗常务副旗长史志良根据准确的预报信息，提前 2 d 安排部署了赛道清雪工作，官方训练如期进行。

1 月 16 日，气象分中心向竞赛长和组委会提示了 22 日大风风险，1 月 21 日，又向场地器材组提示了缆车运行风险。竞委会根据天气预报制定应急预案，准备 10 台雪地摩托车作为通勤备份。23 日上午，比赛时段山顶最大阵风达到了 15.9 m/s，大风导致缆车出现多次减速和停摆，竞赛组随即启动应急预案，使用雪地摩托车通勤，圆满完成赛事任务。技术代表韩健波在当天的竞赛联络会议上表示：“根据气象组的提示，竞赛组针对本次大风天气提前制定了应急预案，让今天的比赛在大风影响缆车时可以继续进行，给技术人员上山和运动员备赛提供了充足时间，比赛进行得非常连贯顺利，气象组立功了”！

比赛期间，赛事竞赛长李宏权、技术代表韩健波等技术专家多次对气象服务给出高度肯定，认为气象预报精准，发言逻辑清晰，较好地支持了赛事运行。单板滑雪平行大回转项目比赛竞赛长李宏权在接受采访时特别点赞气象工作，他说：“这次的气象预报服务非常准确及时，特别感谢我们的气象团队，我认为本次比赛的气象保障服务工作非常出色，代表了中国气象服务体育竞赛的最高水平，为你们点赞”！赛事气象保障服务工作开展过程中，赤峰市委书记万超岐、市长栾天猛、副市长杨牧和市体育局、喀喇沁旗相关领导还多次亲临赛区气象台现场调研指导，对赛事气象保障服务筹备情况进行检查，并对赛事气象保障服务表示高度认可。

精准的预报得到了运动队、执委会以及其他保障单位的一致认可和高度评价。内蒙古自治区体育局副局长李志友说：“气象工作非常认真，做得非常好”。内蒙古自治区卫生健康委员会①联络员刘军强说：“气象工作正规有序，给你们点赞，向你们学习”。赛区竞赛部联络员朝鲁说：“气象保障工作做得非常好，应该给气象局颁发特别贡献奖”。1 月 25 日，喀喇沁赛区气象台发出返程天气预报，为来自全国各地的技术官员、裁判员、领队和教练员送上本次竞赛中气象人的祝福。

4)凉城赛区气象服务

(1)组织部署

2023 年 9 月 8 日乌兰察布气象分中心组织召开“十四冬”气象保障服务专题协调会，主要传达落实内蒙古自治区气象局“十四冬”气象保障服务专题协调会议精神。乌兰察布市气象局党组书记、局长任福江针对前期存在的问题和下一步工作进行再安排、再部署。10 月 29 日，乌兰察布市人民政府党组副书记、副市长方泽在凉城县主持召开第十四届全国冬季运动会筹备调度会，乌兰察布市气象局副局长张兴源及相关负责人员参加会议，并汇报气象工作部工作进展。筹备期间，凉城赛区现场预报服务团队召开越野滑雪资格赛预报服务复盘总结会。对赛事期间天气实况、预报产品、高影响天气和预报服务等方面做全面总结，重点分析平均风速、

① 卫生健康委员会，简称卫健委。

阵风风速预报准确率偏低等问题，为决赛积累预报服务保障经验。

进入“十四冬”凉城赛区筹备工作倒计时后，内蒙古自治区气象局党组书记、局长赵黎明，党组成员、副局长刘海波与李春筱和冬运办、乌兰察布气象分中心主任及相关人员多次赴凉城赛区实地督导检查工作，对气象保障服务工作再安排、再部署，并强调要坚决扛起政治责任，一刻不能放松，要紧贴赛事需求，全力以赴做好赛时气象保障服务，聚焦预报预测准确率这一核心。乌兰察布市气象局相关科室下沉办公，协调解决筹备工作。凉城赛区各项工作在冬运内蒙古气象中心、乌兰察布气象分中心的大力支持下，顺利进入战时状态，全力以赴做好赛事气象保障服务工作。

2024 年 1 月 9 日，组织召开“十四冬”预报服务专题培训班，邀请黑龙江省气象台首席预报员徐玥与内蒙古自治区气象台首席预报员马学峰进行授课。徐玥从大城市气象预报服务、预报新技术应用、经验做法和天气会商要点等方面进行讲解；马学峰通过对标北京冬奥的预报规律，从山地降雪天气分型、静稳天气、沙尘天气等方面对比凉城滑雪场预报关注点进行授课。通过培训，进一步加深现场预报服务团队对山地气象预报方法的认识。

2024 年 2 月 14 日，内蒙古自治区气象局党组书记、局长赵黎明一行到“十四冬”凉城赛区和乌兰察布气象分中心调研指导工作。详细了解前期越野滑雪、冬季两项比赛项目气象保障情况以及执委会、竞委会、裁判员、运动员对气象服务的反馈情况，对大家坚守工作岗位，舍小家为大家的工作状态表示由衷的感谢，并提前致以元宵节的美好祝福。勉励坚守岗位的一线气象人要以“时时放心不下”的责任感，慎终如始做好“十四冬”收官阶段气象保障工作。

(2)服务需求

赛事期间，凉城赛区主要承办“十四冬”2 大项 38 小项决赛项目和 29 个小项资格赛项目，是承办雪上项目最多的赛区，特别是临时承接资格赛气象保障服务，时间紧、任务重、挑战多、压力大，筹备工作面临巨大考验。室外雪上项目受天气影响极大，低温、大风、降雪、低能见度、过暖融雪等不利气象条件均可能对场地运行和比赛造成影响，故而气象工作面临巨大的挑战，预报服务团队面临更高的赛事保障需求和更大的气象服务压力。在本次赛事气象保障服务开展过程中，乌兰察布气象分中心、凉城赛区气象台在冬运内蒙古气象中心组织领导下，成功应对大风、低温、降雪等冬季恶劣天气条件对障碍追逐、越野滑雪和冬季两项赛事举办的不利影响，圆满完成赛事气象保障服务工作，获得执委会高度认可。

(3)服务产品和方式

服务产品和方式

<table>
<tr><th>类别</th><th>服务时段</th><th>产品名称</th><th>发布频次</th><th>责任单位</th></tr>
<tr><td rowspan="6">赛事气象服务</td><td rowspan="6">资格赛和决赛期间</td><td>赛事期间气候预测</td><td>每 5 d 1 次</td><td>乌兰察布市气象台</td></tr>
<tr><td>滑雪场天气通报</td><td>每日 2 次(07 时、17 时)</td><td rowspan="2">凉城赛区气象服务后方预报团队</td></tr>
<tr><td>0～10 d 无缝隙赛道关键点位预报</td><td>每日 4 次(越野滑雪/冬季两项：06 时、10 时、12 时、14 时；障碍追逐：07 时、11 时、16 时、19 时)</td></tr>
<tr><td>天气实况通报</td><td>实时提供</td><td rowspan="3">凉城赛区现场气象服务团队</td></tr>
<tr><td>领队会现场天气简介</td><td>随时提供</td></tr>
<tr><td>天气咨询服务</td><td>随时提供</td></tr>
</table>

续表

类别	服务时段	产品名称	发布频次	责任单位
赛会气象服务	资格赛和决赛期间	扫雪铲冰气象服务专报	不定时提供	乌兰察布市气象台
		气象科普宣传产品	不定时提供	
		环境气象服务专报	每日 1 次(17 时)	
		交通气象服务专报	每日 1 次(17 时)	
		旅游气象服务专报	每日 1 次(17 时)	
	赛后	返程预报	返程前提供	凉城赛区气象服务后方预报团队

(4)赛事保障与服务效果

"十四冬"资格赛期间,气象部门对滑雪场气象监测设备累计巡检 40 余次,发布各类预报服务产品 287 期,接受现场咨询 10 次,参与领队会 9 次,全天候实时提供赛场出发大厅和警务监控室气象实况数据。"十四冬"决赛期间,乌兰察布气象分中心累计制作发布各类预报服务产品 408 期,接受现场咨询 4 次,参与领队会 15 次,参加三级天气会商 29 次,多次临时对竞委会、执委会以及各类媒体提出的天气问询进行回应、通报。每日赛事结束后及时召开工作总结会,总结经验、查找不足,为次日工作集思广益。

奔赴凉城赛区驻训第一天,恰逢降雪、降温天气过程,凉城县普降中雪,局地大雪,积雪深度达 4 cm,预报服务团队前往赛场进行现场踏勘,了解此次降雪、降温天气下对于气象观测数据和赛场的影响,并对观测仪器进行维护。同日,冬运办及总体技术牵头人时少英专家一行赴凉城滑雪场实地检查指导"十四冬"气象保障服务工作,与驻训队员就预报与服务平台应用、预报点位、服务产品模板等方面展开交流。

赛前,气象保障人员立即与竞委会对接气象服务需求,竞委会表示障碍追逐比赛对气象条件要求较高,竞委会主任王楠说:"降雪和风会对比赛产生影响,赛道有降雪,滑雪运动员不易上场,会要求推迟比赛"。为更好地服务赛事,凉城赛区气象台每日制作 5 个点位天气预报;发布交通、环境、旅游等各类专项服务产品;制作凉城滑雪场天气通报。自 2024 年 2 月 12 日起,2 名预报员与滑雪场竞赛办公室合署办公,现场后方预报团队执行 24 h 值班值守。

农历新春第二天,内蒙古自治区、乌兰察布市、凉城县三级气象部门现场服务团队全部到岗,提前进入赛事保障工作状态。乌兰察布市市长奇飞云、副市长李建军、副市长方泽、凉城县委书记刘进涛等对气象保障服务予以充分肯定。2 月 14 日开赛首日,凉城县委副书记、县长郑东平慰问一线预报员,对气象保障工作给予充分认可。竞赛长多次肯定并感谢气象部门赛事期间的大力支持。越野滑雪竞赛长张学春在资格赛最后一次领队会上说:"谢谢气象部门这些天来给我们提供的优质服务。"障碍追逐决赛期间,竞赛长王楠 2 次感谢气象部门在竞赛工作上的全力配合和支持。自由式滑雪障碍追逐公开组男子冠军哈斯提尔·阿德力江赛后接受采访,说气象预报"挺准的,挺准的"!

①越野滑雪

2023 年 12 月 23 日,2023—2024 年赛季全国越野滑雪锦标赛暨"十四冬"资格赛在乌兰察布凉城赛区正式开赛,标志着气象保障服务正式进入赛时状态。

赛前,预报服务团队与竞赛团队对接气象服务需求,竞赛团队临时提出需要气象部门提供越野滑雪(冬季两项)赛道 3 个点位的雪面温度实况。由于赛区志愿者人数不足,无法对标冬奥由志愿者完成,同时比赛开始后保障人员无法进入赛道进行测量,最终通过埋入地温传感器的方式作为雪面温度实况数据,与红外雪温仪和手持雪温仪数次对比观测后确定探测精度在±0.1 ℃以内,数据时效间隔缩短至 1 min,使用 5G 高速网络将雪面温度数据实时发送至竞委会,得到了竞委会高度认可。

12 月 28 日,越野滑雪气象办公室赛时出现断网情况,现场保障人员按照应急流程及时启动应急预案,使用数据热点保障网络畅通,同时联系移动公司维修网络,现场保障工作有条不紊,气象保障服务主动及时、优质高效获执委会一致好评。

12 月 29—30 日凉城赛区出现降雪、降温天气过程,累计降雪量为 0.4 mm,主要降水时段集中在 29 日夜间,25 日 06 时天气预报已提及 29—30 日将出现降雪、降温天气,后续及时更新气象服务产品,有力支撑了赛事服务。

为做好"十四冬"决赛赛事保障工作,自 2 月 11 日开始前方预报团队紧跟赛事,实时与竞赛团队沟通,提供最新天气预报,每日提供 5 个时次靶场站的天气预报、2 个时次的场馆通报和逐小时的实况产品,并向竞赛团队多次推广气象服务小程序,全程提供精细化预报服务。内蒙古气象部门全力落实习近平总书记"监测精密、预报精准、服务精细"的指示要求,发挥基层党支部战斗堡垒作用和党员先锋模范作用,全力以赴做好"十四冬"气象保障服务工作,竞赛期间累计向竞赛团队提供各类预报服务产品 122 期,并在赛后提供返程地专项天气预报 1 期。

正式决赛阶段,过暖融雪、寒潮、大风天气接踵而至,气象保障服务工作也显得尤为重要。

2 月 14 日,越野滑雪进行第一场比赛,赛前预报比赛当日上午有弱冷空气经过,赛场可能有零星降雪,风速不大,现场预报首席徐玥调阅了最新的模式产品,发现此次大风与冷空气过境密切相关,冷空气移出后风速会下降。得出结论后,她及时向竞赛组汇报"1 h 后风速会下降"。事实证明,10 时以后风速明显减小,比赛顺利进行。

16 日,预报首席及时通过微信等与竞赛长沟通,提示 17 日赛道最高气温将升至 10 ℃,有融雪风险,会导致赛道含水率增加、雪质湿化甚至泥化,但比赛时段最高气温为 7 ℃,与 16 日比赛时段最高气温相差不大,整体来说对比赛影响不大。竞赛团队根据天气信息决定按计划完成赛事,最终 17 日公开组女子团体短距离和公开组男子团体短距离顺利进行。

赛事结束后,凉城赛区气象台发出返程天气预报,为来自全国各地的技术官员、裁判员、领队、教练员和运动员送上气象人的祝福。

②冬季两项

2023—2024 年赛季全国冬季两项锦标赛暨"十四冬"资格赛期间,1 月 9 日凌晨凉城赛区出现降雪天气,累计降雪量为 0.5 mm。4 日凉城赛区气象台预报产品提出 9 日凌晨将出现降雪天气,8 日 10 时靶场站天气预报明确指出累计降雪量为 0.4 mm,9 日实况与 8 日预报降雪量级误差仅为 0.1 mm。资格赛期间天气较为平稳,乌兰察布气象分中心圆满完成"十四冬"资格赛气象保障服务。

决赛期间,赛前预报 2 月 14 日上午有弱冷空气经过,赛场可能有零星降雪,风速不大,但赛场实况风速超过预报值,遇到这种情况,预报团队立刻寻找原因,结合冬季两项资格赛相似短时大风天气,调阅了最新的模式产品,发现此次大风与冷空气过境密切相关,冷空气移出后风速会下降,得出结论后,及时通报竞赛团队"1 h 后风速会下降";事实证明,10 时以后风速明显减小。同日下午,沙尘模式预报 2 月 16—18 日可能出现影响凉城赛区比赛的沙尘天气,副台长时少英率先分析研判，并于19时紧急组织全体值班预报员和两位首席进行集体会商，研讨沙尘天气是否会出现，同时征求内蒙古自治区气象台首席专家意见，最终确定此次沙尘天气不会影响凉城赛区。

凉城赛区现场气象服务工作团队每日参加竞赛工作会、领队会，作为主要发言单位之一，解读赛区未来7 d的高影响天气，向各参赛代表队详细介绍未来天气情况，发布天气预报服务产品，密切关注大风、低温、过暖融雪等高影响天气，精准研判高影响天气的影响时段、影响范围、天气系统强度，确保赛事组织、赛场运行、赛会服务、安全保障等各项工作高效平稳运行。根据天气变化情况制作发布赛区各类专业专项气象服务产品，有效支撑赛事外围保障工作顺利进行。

在整个决赛期间，本地天气多变，过暖融雪、强降雪、大风等天气过程接踵而至，对整个赛事的顺利进行产生了一定的不利影响。乌兰察布市气象保障团队从预报方案制定到工作流程确立，从预报技术的引进应用到学习和应用，从气象站选址到山地气候研究，稳稳“拿捏”凉城赛区的“怪脾气”，准确预报各类高影响天气过程。冬季两项竞赛长史明高度肯定气象服务工作，并对气象部门表示感谢。

③障碍追逐

2024年2月17日，“十四冬”比赛项目过程中，单板滑雪青年组、公开组障碍追逐在乌兰察布凉城滑雪场提前半小时开赛。16日，比赛前一天，内蒙古自治区气象台首席预报员、凉城赛区气象台一线预报员马学峰在现场领队会上提示17日天气过暖，赛事期间赛道的最高温度将达到8 ℃左右，有融雪风险，会对比赛造成影响。根据天气预报信息，执委会将2月17日10时的障碍追逐项目，提前到09时35分举行。第一轮单板滑雪障碍追逐预赛结束后，马学峰等继续紧跟赛时赛程，随时提供精细化赛时天气预报及升温趋势，竞赛长根据预报意见安排工作人员加快赛道修整，压缩比赛准备时间，最终安全、顺利地完成了比赛。气象服务得到竞委会及保障人员的一致赞誉。障碍追逐项目竞赛长王楠高度肯定气象服务工作：“这次的预报太准了，十分感谢气象部门准确、及时、快速提供赛事天气预报。”

2月18—19日强冷空气过境，凉城赛区出现一次降温、大风天气过程，预报团队结合凉城滑雪场的地形特点，准确地预报了风场由偏南风转为偏北风时风速调整形式，以及风场为偏北风或偏南风时障碍追逐3个站点风速之间的相关性特点。

2月21日，单板滑雪公开组障碍追逐混合团体决赛，受降雪和大风天气的双重影响，比赛推迟2 h。当天07时，内蒙古自治区气象台首席预报员、凉城赛区障碍追逐气象保障现场服务首席马学峰就已抵达现场，现场观测风力后，向竞赛长提示：“目前风力偏大，瞬时风在7级以上，或将对比赛造成不同程度的影响”。在气象保障服务团队的贴身气象服务帮助下，竞赛长及时调整了赛事安排，原定于10时开赛的“十四冬”单板滑雪公开组障碍追逐混合团体赛，推迟至11时50分进行，最终赛事顺利举办。在单板滑雪障碍追逐项目第四次领队会上，竞赛长王楠专门对气象部门在竞赛工作上的全力配合和支持表示感谢。

2月20—21日出现大范围降雪过程，凉城县降雪量4.2 mm（中雪），与凉城县天气预报（中雪）吻合。滑雪场游客服务大厅站降雪量4.9 mm，越野/冬两靶场站降雪量5.0 mm，达到大雪量级，与18日下午预报降雪量级一致。降雪时段开始时间（20日04时左右飘雪）、降雪明显时段和主体过程与预报时间吻合。

气象服务坚持需求引领，赢得竞委会及保障人员对气象服务一致赞誉。障碍追逐项目竞赛长王楠高度肯定气象服务工作：“感谢气象部门对竞赛工作的全力配合，你们的精准预报和精细服务为赛事的顺利举办提供了有力支持！”

5)呼和浩特赛区气象服务

(1)组织部署

2024 年 1 月 13—14 日，“十四冬”群众比赛在呼和浩特市顺利举行，呼和浩特气象分中心全程为赛事提供精细化、智慧化气象保障服务，助力赛事成功举办。在赛事筹备及举办期间，凝聚合力迅速行动，全力推进各项工作落实。

2023 年 12 月 15 日，呼和浩特赛区新增为“十四冬”群众性比赛赛区，并将呼和浩特市气象局纳入执委会成员单位。面临着时间紧、任务重的赛事气象保障任务，呼和浩特市气象局高度重视，通过参加会议、电话咨询、现场调研等多种方式，第一时间与呼和浩特市执委会和赛罕区人民政府进行沟通协调，对接监测设备、服务终端布设、服务产品发布等气象保障需求。按照“十四冬”气象保障部、呼和浩特市执委会的统一部署，明确任务清单并通过微信群、平台接入等方式，提供精细化气象保障服务。

比赛筹备期间，呼和浩特气象分中心积极主动向“十四冬”气象保障部汇报各项准备情况，邀请内蒙古自治区气象局党组成员、副局长刘海波以及副台长时少英等领导和专家现场指导呼和浩特赛区气象保障服务工作。现场服务团队多次开展调研对接并赴凉城赛区学习赛事气象服务工作经验。积极协调航天新气象公司在赛场布设便携式自动气象站，在代表团入驻的两个酒店醒目位置布设多媒体智能显示屏，实时滚动播放服务信息。短时间内通过集中攻关，实现“十四冬”呼和浩特赛区气象保障平台建设。积极协调呼和浩特市大数据局，首次实现重大活动气象保障服务平台接入“智慧青城”城市大脑，并向内蒙古自治区党委书记孙绍骋和呼和浩特市委书记包钢进行汇报展示。

(2)服务需求

通过与“十四冬”呼和浩特赛区执委会及呼和浩特市体育局对接，“十四冬”气象服务目标群体包括“十四冬”组委会及执委会、运动员、裁判员、教练员、工作人员、交通部门、安保部门、场馆建设部门、嘉宾和观众等。户外比赛主要受天气影响，特别是雪上项目对气象条件非常敏感，当出现局地高影响天气时，则需要调整比赛时间，甚至取消比赛。主要是风向、风速、气温、湿度、积雪深度、能见度、气压、称重降水、地温等观测数据对赛事影响较大。当气象条件突破某项比赛的阈值指标时，执委会将考虑中断比赛或改期进行。对于户外赛事场地，精细化气象服务主要包括所需天气实况、高影响天气预报等。

(3)服务产品和方式

服务产品和方式

类别	服务时段	产品名称	发布频次	发布方式
赛事气象服务	赛事期间	赛事期间气候预测	视天气过程提前提供	微信群
		群众比赛项目气象服务专报	每日 1 次(17 时)	微信群
		监测气象信息	实时	微信群
		现场天气咨询服务	随时提供	口头汇报、电话
		定制化产品	随时提供	微信群

续表

类别	服务时段	产品名称	发布频次	发布方式
赛会气象服务	前期筹备及赛事举办期间	扫雪铲冰气象服务专报	视降雪过程提前提供	微信群
		赛场高影响天气预警信号	视天气情况提前提供	微信群、短信
		供暖气象服务专报	每日 1 次(17 时)	微信群、电子邮箱
		环境气象服务专报	每日 1 次(17 时)	微信群
	赛后	返程预报	返程前提供	微信群

(4)赛事保障与服务效果

呼和浩特赛区气象台在群众比赛赛事服务保障期间发布专项气象服务产品 32 期,各类气象灾害预警信号 10 期,重要天气信息 3 期,雪情公报 4 期,清雪服务产品 2 期,供暖气象服务产品 32 期,空气污染气象条件预报服务产品 32 期,累计对外发布各类产品 115 期。

"十四冬"呼和浩特赛区气象保障平台提供赛区周边的分钟级气象观测数据和逐小时精细化预报,并将智能网格预报、地面及垂直观测实况数据等与赛场周边公安交通管理、智能交通、基层社会治理等场景进行融合,为"十四冬"赛事、群众观赛等提供多维度气象保障服务。赛事期间,现场保障队实时查看数据变化,与周围区域站进行对比分析检验,及时反馈解答了夜间气温异常的质疑,用"数据"送满意。

赛事执委会、各参赛代表队、现场观众对赛事气象服务给予一致好评,新华社、青城融媒等主流媒体进行了专题报道。内蒙古自治区气象局党组成员、副局长刘海波指出呼和浩特赛区气象保障服务体现了"青城速度",彰显了气象作为,"双向收益",服务见实效。

4.4 "十四冬"大型活动气象预报服务

4.4.1 "十四冬"火炬传递气象服务

1)服务需求

火炬传递是"十四冬"中极为重要且备受关注的一个环节,气象条件对火炬传递活动的顺利开展起到至关重要的作用,特别是冬季的降雪、大风、大雾、沙尘等天气直接影响火炬传递能否正常进行。例如,大雪天气可能导致户外无法正常开展活动,风力过大存在火炬熄灭的风险,沙尘、大雾等低能见度天气影响媒体转播效果等。相关保障的服务需求来自"十四冬"筹委会大型活动部、呼伦贝尔执委会大型活动部、综合保障部、场地器材部,同时在火炬传递所在地区的相关单位也对气象服务产品有需求。气候服务方面的需求为火炬传递所在地区的历年同期气候背景以及火炬传递期间的气象要素和重要天气过程的预测服务;中短期预报服务方面的需求为火炬传递演练、彩排、正式仪式期间等重要时段的天气预报,对活动本身影响较大的天气现象、风、气温、能见度等要素的精细化预报服务;现场服务的需求为火炬传递关键节点气温、相对湿度、风向、风速等要素的精细化气象监测服务以及现场气象咨询服务。

"十四冬"火炬传递活动于 2024 年 2 月 3 日上午在满洲里市启动,途经陈巴尔虎旗、呼伦贝尔市中心城区海拉尔，终点为内蒙古冰上运动训练中心，全长约 230 km，总用时约 6 h。共有 65 名火炬手，采用跑步、汽车、骑马、全地形四轮雪地摩托车的方式参与火炬传递。

2)服务产品

(1)气候评估和预测服务

《2024 年 1 月 20 日至 2 月 5 日气候服务》与《2024 年 1 月 25 日至 2 月 10 日气候服务》分别分析了火炬传递终点海拉尔区 1 月 20 日—2 月 5 日和 1 月 25 日—2 月 10 日的历史同期气候背景(包含平均气温、最低气温极值、平均气温和最低气温≤－20.0 ℃出现概率、平均降雪量、日最大降雪量、平均风速、日最大风速、平均风速＞10.0 m/s 出现概率)，对气候趋势(降雪量趋势、平均气温趋势)和重要过程(降雪过程、降温过程)进行预测，并对低温和大风气象灾害危险性进行预评估。

《2024 年 1 月 30 日至 2 月 15 日气候服务和火炬传递期间气候预测》分析了海拉尔区的历史同期气候背景(包含平均气温、最低气温极值、平均气温和最低气温≤－20.0 ℃出现概率、平均降雪量、日最大降雪量、平均风速、日最大风速、平均风速＞10.0 m/s 出现概率)，预测海拉尔区的气候趋势(降雪量趋势、平均气温趋势)、重要过程(降雪过程、降温过程)和气象灾害危险性。同时对 2 月 3 日满洲里市、陈巴尔虎旗、海拉尔区的降雪和降温情况进行预测。

《2024 年 2 月 17 日至 2 月 27 日气候服务》分析了海拉尔区、满洲里市、陈巴尔虎旗火炬传递期间 2 月 3 日历史同期气候背景(包括平均气温、最低气温极值、平均降雪量、最大日降雪量、平均风速、日极大风速极值)，同时对 2 月 3 日满洲里市、陈巴尔虎旗、海拉尔区气象要素(降雪量、气温)和重要过程(降雪过程、降温过程)进行预测。

(2)中短期预报服务

火炬传递专项气象服务：火炬传递前 10 d，即 1 月 25 日开始制作火炬传递专项气象服务，其中 1 月 25—30 日的每日 17 时滚动制作发布火炬传递未来 7 d 的逐日天气预报，产品包含火炬传递线路预报和关注与建议两部分，火炬传递线路预报部分为火炬传递路线所经城镇满洲里市、陈巴尔虎旗、海拉尔区未来 7 d 的天空状况、降雪量、风向、风速、气温 5 个天气要素的逐日变化情况；关注与建议部分结合火炬传递活动的服务需求，对火炬传递时需要关注的重点和相应的应对建议进行提示。火炬传递前 3 d，即 1 月 31 日—2 月 2 日，每日 17 时滚动制作发布 2 月 1—3 日 08 时 30 分—15 时 00 分的火炬传递路线的精细化天气预报，产品内容包含火炬传递线路预报和关注与建议两部分，火炬传递线路预报将火炬传递路线分为火炬传递启动仪式现场、满洲里国门景区、满洲里至陈巴尔虎旗 G10 高速段、陈巴尔虎旗、陈巴尔虎旗至海拉尔段、海拉尔区、内蒙古冰上运动训练中心 7 个部分，并预报每个部分在火炬传递时间的天空状况、风向、风速、气温和能见度 5 个气象要素的变化情况；关注与建议部分主要结合天气情况和火炬传递活动的特点，分别提出火炬在满洲里市、陈巴尔虎旗、海拉尔区传递时需要关注的重点以及防御建议，为主办方科学决策提供参考。

火炬传递点位预报图：火炬传递前 1 d，即 2 月 2 日 10 时、17 时制作发布火炬传递点位预报图，火炬传递点位预报图以火炬传递路线图为底图，在火炬传递路线上的满洲里国门景区、满洲里套娃广场、陈巴尔虎旗呼和诺尔景区、陈巴尔虎旗西大桥、海拉尔区古城南门、内蒙古冰上运动训练中心等 17 个火炬传递关键点位标注分钟级定点预报，标注信息包括该点位的火炬传递时间及传递时的天空状况、风向、风速、气温、能见度，同时在火炬传递点位预报图上对关注重点和建议进行提示。通过火炬线路图的方式，使预报数据随火炬一路向前，让预报产品看得懂、看得清、用得上。

灾害性天气预报预警服务：火炬传递演练、彩排、正式仪式期间，根据未来可能出现的火炬传递高影响天气，不定时发布相应的灾害性天气预报预警产品。

3)服务方式

气候预测服务：气候预测产品通过微信向“十四冬”呼伦贝尔执委会大型活动部、综合保障部、场地器材部发布，通过“十四冬”官方网站和官方微信公众号气象专栏、“十四冬”气象服务专题网站、中国天气网“十四冬”专栏等方式向公众发布，共提供各类气候评估和预测服务产品4期。

中短期预报服务：产品主要通过微信群、“十四冬”官方网站和官方微信公众号气象专栏、“十四冬”气象服务专题网站、中国天气网“十四冬”专栏等方式发布。1月25日—2月2日，海拉尔赛区气象台与中央气象台、内蒙古自治区气象台不定时开展三级联合会商，重点讨论满洲里市、陈巴尔虎旗、海拉尔区在火炬传递期间的天气现象、气温、风速和能见度。每日17时向冬运内蒙古气象中心、“十四冬”呼伦贝尔执委办、大型活动部、综合保障部、场地器材部和公众发布火炬传递专项气象服务产品，共计9期；2月2日10时、17时向“十四冬”呼伦贝尔执委办、大型活动部主动提供火炬传递点位预报图，共计2期；针对1月28—31日强降温天气，在1月26—28日向冬运内蒙古气象中心、“十四冬”呼伦贝尔执委办、大型活动部、综合保障部、场地器材部提供气象灾害预警2期(寒潮黄色预警、寒潮蓝色预警各1期)、气象预报信息1期(强降温天气预报)。

现场保障服务：火炬传递期间，多部便携式移动气象站以及气象应急保障车被布设到火炬传递关键节点，提供传递线路上逐5 min的气温、相对湿度、风向、风速、降水量等气象要素数据，观测保障人员在活动期间驻守岗位，实时监测火炬传递路线各关键节点的风向、风速、降雪、降温情况，并提供现场气象咨询服务。

4)服务效果

此次火炬传递气象服务中，预报服务人员准确预报了火炬传递期间满洲里市、陈巴尔虎旗、海拉尔区的气温、风速及能见度。预报中对气温和能见度的把握尤为准确。气温预报方面，预报服务人员结合驻场实训和前期赛事服务经验，综合分析多种客观预报方法，并与中央气象台、内蒙古自治区气象台多次会商，得出准确的预报结论，满洲里国门景区、陈巴尔虎旗呼和诺尔景区、海拉尔区古城南门和内蒙古冰上运动训练中心4个关键点位的预报误差均小于1.5 ℃，其中陈巴尔虎旗呼和诺尔景区预报仅比实况低0.2 ℃。能见度预报方面，由于火炬传递前3 d在陈巴尔虎旗出现了低能见度天气，针对该情况，预报服务人员对陈巴尔虎旗2024年1月发生低能见度天气时的高低空形势、温度层结以及气温、风速、云量等气象要素进行综合分析，多次与中央气象台、内蒙古自治区气象台会商，得出陈巴尔虎旗此次低能见度天气的是由极寒天气导致；根据研判，2月3日早上最低气温相比于低能见度天气出现日的最低气温有所回升，所以得出能见度将增加至23 km，不会影响火炬传递的预报结论，实际火炬传递时能见度为22.1 km，与预报结论高度吻合，陈巴尔虎旗的火炬传递在准确预报的支持下顺利进行。

预报精准、服务及时，圆满保障“十四冬”火炬传递工作。按照时间由远及近提供逐日、逐时段的火炬沿线精细化预报产品，产品的提前性及产品的精细化程度均满足“十四冬”筹委会、呼伦贝尔执委会需求。特别是提供的火炬传递点位预报图，图文并茂，直观展示了不同时段所经过的火炬传递重点点位的精细化预报。“十四冬”筹委会、呼伦贝尔执委会均对火炬传递气象保障服务工作给予充分肯定，筹委会大型活动部李轩表示：“特别好，特别专业，感谢火炬传递期间提供的气象保障”。

4.4.2 “十四冬”开(闭)幕式气象服务

气象保障部高度重视“十四冬”开(闭)幕式气象服务工作，气象保障部部长、冬运内蒙古气象中心主任、内蒙古自治区气象局党组书记、局长赵黎明，气象保障部副部长、冬运内蒙古气象中心副主任、内蒙古自治区气象局党组成员、副局长刘海波亲自坐镇指挥，中央气象台首席预报员董全亲临一线指导，中央气象台、内蒙古自治区气象台、呼伦贝尔市气象台针对开(闭)幕式期间的气温、风向、风速、降雪量情况进行专题天气会商 6 次，精准的预报有力保障“十四冬”开(闭)幕式顺利举行。

1)服务需求

“十四冬”开幕式和闭幕式分别在海拉尔区的内蒙古冰上运动训练中心和呼伦贝尔大剧院举行，举行时间分别为 2024 年 2 月 17 日和 2024 年 2 月 27 日，大风、降雪、大雾、沙尘等都会对开(闭)幕式以及大规模演练、彩排造成不利影响。例如，大风天气时焰火燃放火灾风险增大，降雪、低能见度影响贵宾、参演人员、官员、媒体记者及观众等往返于驻地和开(闭)幕式场馆的交通，大雾、沙尘等低能见度天气影响媒体转播效果等。相关保障的服务需求来自“十四冬”筹委会大型活动部、呼伦贝尔执委会大型活动部、呼伦贝尔市人民政府等重点部门和领导。气候服务方面的需求为海拉尔区开(闭)幕式历年同期气候背景以及开(闭)幕式期间的气象要素和重要天气过程的预测服务；中短期预报服务方面的需求为“十四冬”开(闭)幕式演练、彩排、训练活动、正式仪式期间等重要时段的天气预报，对活动本身影响较大的降雪、大风、大雾、沙尘等高影响天气精细化预报服务；现场服务的需求为内蒙古冰上运动训练中心(开幕式)、呼伦贝尔大剧院(闭幕式)气温、湿度、风向、风速等要素的精细化气象监测服务以及现场气象咨询服务。

2)服务产品

(1)气候评估和预测服务

《2024 年 2 月 17 日“十四冬”开幕式气象服务》针对开幕式当天历史同期气候背景开展统计分析，计算海拉尔区常年平均气温、平均降雪量、平均风速、最低气温、日最大降雪量、极大风速，分析各类要素出现的概率和对开幕式各类活动、表演的影响。同时针对开幕式当天气象要素(降雪量、气温)和重要天气过程(降雪过程、降温过程)进行预测，在此基础上，预评估开幕式当日气象灾害危险性，指出内蒙古冰上运动训练中心大风灾害等级为中风险。

《2024 年 2 月东北冷涡预测》统计了常年 2 月东北冷涡日数，对 2024 年 2 月的东北冷涡日数和对开(闭)幕式当天的东北冷涡情况进行预测。

《2024 年 2 月 17 日至 27 日气候服务》分析海拉尔区开幕式、闭幕式举办日的常年气候背景，包括平均气温、平均降雪量、平均风速、历史最低气温、日最大降雪量、日极大风速信息。同时对开(闭)幕式当天的气象要素(降雪量、气温)和重要过程(降雪过程、降温过程)进行气候预测。

《第十四届全国冬季运动会海拉尔区主场大型活动日历年气候条件分析和高影响天气风险评估报告》根据历史资料，分析“十四冬”海拉尔区主场在开(闭)幕式当天及大型活动日的平均气温、能见度、湿度、风力情况，评估可能的低温(≤－35 ℃)、大风、降雪、大雾、寒潮等高影响天气出现概率和风险等级，在评估结果基础上，为执委办及大型活动保障部提出活动防御建议。

《第十四届全国冬季运动会高影响天气分析评估报告及预测》针对海拉尔区 2 月中下旬整体气候概况进行分析，包含历年平均气温、极端最低气温、极端最高气温、历年平均降雪量、极端最少降水量、极端最多降水量、无降水日占比、历年平均风速、极大风速。计算海拉尔区 2 月中下旬中雪、大雪、暴雪、极寒、大风、雾等高影响天气发生概率，分析各类天气发生可能性，同时预测 2 月降雪量趋势、平均气温趋势、重要降雪、降温过程，指出具体落区、时段和量级。

(2)中短期预报服务

《第十四届全国冬季运动会开(闭)幕式精细化专项预报》针对开(闭)幕式活动彩排期和当日提供精细化的预报服务，产品内容包含对整体天气情况进行描述，对集结进场期、仪式活动期、撤场期三个时段天气情况进行细致的描述，以及附表和防御建议 4 个部分。其中整体概述上，主要对开(闭)幕式当天降雪出现的时间和量级进行描述；分段描述中，结合活动的不同阶段，提供针对性的气象预报结论，为主办方科学决策提供参考，为开(闭)幕式当天逐小时的要素预报结果，包含天气现象、气温、降水量、风向、风速、相对湿度 6 种要素；活动建议部分，主要结合天气要素变化和户外活动特点，并提出防御建议。时效上，采用由远及近、由粗到细的策略，提前一周提供逐日预报，提前 3 d 提供逐 3 h 预报，提前 2 d 提供逐小时预报结果。

《海拉尔赛区道路扫雪铲冰气象服务》针对开(闭)幕式活动期间降雪和路面结冰对车辆、人员、活动有重大影响，易造成车辆、人员拥堵的情况，制作扫雪铲冰气象服务产品，提供未来 3 d 降雪的时段和量级，为场馆运维、市区环卫部门合理调度、安排机械作业提供气象支撑。

《内蒙古冰上运动训练中心气象专报》提供开幕式场馆 240 h 预报服务，预报要素包括天气现象、气温、平均风向和风速、阵风风速、相对湿度、降水量、累计降水量、新增雪深、累计雪深、能见度、体感温度，时效为 0～24 h 逐小时、24～72 h 逐 3 h、72～240 h 逐 12 h。

《海拉尔赛区交通气象条件预报》提供未来 3 d 海拉尔赛区的降雪情况，分析每日气象条件对交通的影响，并提供未来 72 h 逐 12 h 的海拉尔赛区周边路段降雪预报图。

《海拉尔赛区空气质量预报》包含 3 个部分：第 1 部分是环境空气质量实况，包括核心区(海拉尔区，下同)和重点保障区(陈巴尔虎旗、鄂温克族自治旗，下同)当天 00—14 时和前 1 d 的空气质量等级、空气质量指数(AQI)和首要污染物；第 2 部分为空气污染气象条件预报，分析未来 3 d 空气污染气象条件，并提供空气污染气象条件预报图；第 3 部分为环境空气质量和天气预报，对未来 3 d 核心区和重点保障区的气温、风向、风速、天气现象和空气质量等级和 AQI 进行预报。

赛事人员驻地预报：提供各赛事人员接待酒店的未来 7 d 的逐日天气预报，包括天气状况、降水量、风向、风速、气温 5 个气象要素。借助“十四冬”智慧气象服务平台将各接待酒店的预报信息精准投送到相应酒店显示屏，实现预报信息精准投送。

返程天气预报：为闭幕式结束后返程的贵宾、竞赛团队成员、参演人员提供海拉尔区和北京、呼和浩特、哈尔滨等 10 个返程目的地 2 月 28 日的天气预报，包含天气现象、气温、风向、风速 4 个要素。

灾害性天气预报预警服务：开(闭)幕式气象服务开展期间，根据未来可能出现的火炬传递高影响天气，不定时发布相应的灾害性天气预报预警产品。

3)服务方式

气候评估和预测服务:气候预测产品通过微信向“十四冬”呼伦贝尔执委会办公室、大型活动部、综合保障部、场地器材部发布,通过“十四冬”官方网站和官方微信公众号气象专栏、“十四冬”气象服务专题网站、中国天气网“十四冬”专栏等向公众发布,共提供各类“十四冬”开(闭)幕式气候评估和预测服务产品 5 期。

中短期预报服务:产品主要通过“十四冬”官方网站和官方微信公众号气象专栏、“十四冬”气象服务专题网站、中国天气网“十四冬”专栏、微信群、接待酒店显示屏等方式发布。针对“十四冬”开幕式,2 月 14—17 日,海拉尔赛区气象台与中央气象台、内蒙古自治区气象台开展三级联合会商 3 次,每日 10 时向冬运内蒙古气象中心、“十四冬”呼伦贝尔执委会办公室、大型活动部、综合保障部、场地器材部和公众发布“十四冬”开幕式精细化专项预报,共计 4 期。2 月 16—17 日每日 17 时,向“十四冬”呼伦贝尔执委会办公室、综合保障部、场地器材部和公众发布扫雪铲冰气象服务产品,共计 2 期。2 月 11—17 日每日 17 时,向“十四冬”呼伦贝尔执委会办公室、综合保障部、场地器材部、环境治理部和公众发布内蒙古冰上运动训练中心气象专报,共计 7 期。根据未来天气,不定期向“十四冬”呼伦贝尔执委会办公室、综合保障部、场地器材部和公众提供重要天气报告、气象灾害预警等产品,先后发布气象预报信息 1 期、气象灾害预警 1 期、重要天气报告 1 期。针对“十四冬”闭幕式,2 月 24—27 日,海拉尔赛区气象台与中央气象台、内蒙古自治区气象台开展三级联合会商 3 次,每日 10 时向冬运内蒙古气象中心、“十四冬”呼伦贝尔执委会办公室、大型活动部、综合保障部、场地器材部和公众发布“十四冬”闭幕式精细化专项预报,共计 4 期。针对 2 月 27 日降雪,在 2 月 25—26 日向“十四冬”呼伦贝尔执委会办公室、综合保障部、场地器材部提供气象预报信息、扫雪铲冰气象服务专报各 1 期。为做好贵宾、技术官员、运动团队返程气象服务,2 月 27 日 16 时向“十四冬”呼伦贝尔执委会办公室、综合保障部、场地器材部发布返程天气预报 1 期。

现场保障服务:场馆气象办公室每日两次参加场馆运行团队调度会,向“十四冬”呼伦贝尔执委会领导汇报开(闭)幕式当天天气情况,为场馆运维和开(闭)幕式现场提供咨询服务。每日 17 时通过微信、网站向“十四冬”呼伦贝尔执委会办公室、综合保障部、场地器材部和公众提供交通气象条件预报,向“十四冬”呼伦贝尔执委会办公室、环境治理部和公众提供空气质量预报,通过接待酒店显示屏提供赛事人员驻地预报。在开(闭)幕式气象保障服务期间,共提供交通气象条件预报 14 期、空气质量预报 14 期、赛事人员驻地预报 14 期。在开(闭)幕式举行日,在一线布设便携式移动气象站以及气象应急保障车,观测保障人员、预报服务人员活动期全天驻守,实时监测和预报内蒙古冰上运动训练中心(开幕式)、海拉尔区大剧院(闭幕式)的风向、风速、降雪、降温情况,为现场活动开展、烟花燃放、人员出行、相关道具和设施的布置提供气象保障服务。

4)服务效果

精密的监测系统、精准的预报系统、精细的开(闭)幕式气象服务展现出了明显的效果,确保了开(闭)幕式活动的顺利进行,气象服务成为开(闭)幕式保障中的重要一环,预测和预报产品成为各保障机构重要参考资料,各部门根据气象预报预测提前进行周密部署和科学决策,合理安排了活动的调度工作,这不仅确保了开(闭)幕式和相关活动的顺利进行,同时也体现了气象信息在大型活动组织中的重要作用和价值。在开(闭)幕式各个关键时段的精准预报和精细服务得到了领导和各工作机构的高度赞誉。

内蒙古自治区气候中心和呼伦贝尔气象分中心提供的气候风险和气候预测产品通过对本地历史数据的分析，结合最新的预测结论，提前 30 d 提供相关筹备部门，为"十四冬"开(闭)幕式各部门的准备和科学调度提供了有力的气象支撑，获得了"十四冬"呼伦贝尔执委会和各部门的高度肯定，"十四冬"呼伦贝尔执委会综合保障部部长、呼伦贝尔市副市长梁劲松在《第十四届全国冬季运动会高影响天气分析评估报告及预测》的批示中指出："气象部门统计了历史高影响天气，预测了比赛期间的天气情况，分析全面，数据翔实，为赛前筹备工作提供有力支撑"。2024 年 1 月 17 日和 29 日提供的气候预测产品中明确预测 2 月 17 日海拉尔区降雪量为 0 mm，且无重要天气过程，开幕式当天，内蒙古冰上运动训练中心以零星飘雪为主，并未产生降雪量，预测结论和实况完全一致，开(闭)幕式当日并未发生任何灾害性天气，前期准确的气候预测产品为各个部门提前部署、科学决策、合理安排调度提供了气象支撑，对开(闭)幕式各项活动、仪式的顺利开展贡献气象力量。

海拉尔赛区气象台提供的开(闭)幕式精细化专项预报产品，由远及近、逐步细化，精细到小时的天气预报成为开(闭)幕式各个保障组的重要参考资料。气象保障服务获得了"十四冬"呼伦贝尔执委会综合保障部副部长敖东明的充分肯定，他表示："气象保障服务非常成功，气象部门做得非常好"。开幕式当天，内蒙古冰上运动训练中心白天由晴转阴，18 时左右出现零星飘雪，19—23 时活动仪式期间、烟花燃放以及撤场期间，均以多云天气为主，风力不大，优良的天气条件助力了开幕式各项活动顺利开展。闭幕式前一天，海拉尔区出现降雪天气过程，海拉尔赛区气象台提前制作精细化专项预报和扫雪铲冰专项预报，并通过多途径发送给相关部门，特别是对降雪的起止时间和量级进行了明确，指出 27 日上午降雪逐步停止，对晚上的闭幕式无影响，建议相关部门及时开展清雪工作。保障部门于 27 日上午及时开展了清雪行动，保证了道路通行条件。闭幕式当晚，呼伦贝尔大剧院以多云天气为主，预报与实况完全一致，闭幕式各项活动顺利开展，"十四冬"在绚烂的烟花中落下帷幕。

现场服务组充分发挥一线作用，实时监控气温、降水量、风向、风速等各种气象要素变化，滚动订正早晨发布的专项预报结论，及时向场馆和执委会相关人员解答天气预报问询，助力"十四冬"开(闭)幕式圆满成功。

4.5 "十四冬"赛会气象预报服务

按照服务需求和工作要求，成立"十四冬"赛事交通气象预报支撑团队和"十四冬"专业专项气象服务产品制作保障团队，负责前期监测预报预警技术研究、业务建设，赛事期间的赛事交通气象预报和环境空气质量预报、紫外线预报、旅游景点预报、供电供气专项预报，及时提供"十四冬"专业专项服务产品；同时，承担各赛区环境空气质量预报会商及保障服务，为环境质量决策会商提供管控策略和措施建议。建设"十四冬"融媒体气象服务平台，构建了信息内容生产、传播、共享、互动一体化开放制作模式，实现了信息多元采集、产品多种生成和多渠道广泛传播，推动多样态气象服务产品智能加工系统建设，有效扩大内容产能、提升产品生产数量和内容输出规模。

"十四冬"赛事交通气象服务覆盖赛区及其周边主要公路交通干线，其中海拉尔赛区 13 条，扎兰屯赛区 11 条，喀喇沁赛区 7 条，凉城赛区 14 条，呼和浩特东河赛区 13 条，制作赛区交通气象条件预报、风险预警、低能见度监测等服务产品 7228 期；赛区环境空气质量预报、紫外线预报、旅游景点预报、供电供气专项服务产品 740 期；通过“十四冬”气象服务专题网站实现对外共享和应用服务，由呼伦贝尔市、赤峰市、乌兰察布市和呼和浩特市气象部门，分别向“十四冬”各赛区执委会、裁判组、教练组等组织机构或管理部门及时报送，取得良好应用成效，得到广泛认可和好评。“十四冬”专题气象服务网站于 2023 年 12 月 23 日正式上线，面向“十四冬”组委会、赛事管理者和参赛者、教练员、工作人员以及公众观赛群体等用户，提供全天的冬运会气象服务信息。网站分为电脑端和移动端两个版本，截至 2024 年 2 月 27 日“十四冬”闭幕式结束，网站共发布 12 类气象服务产品 9122 期。“十四冬”专题气象服务网站电脑端和移动端全站累计页面浏览量达 9.6 万次，独立用户数约为 6.9 万人。其中电脑端页面总浏览量约 4.2 万次，总独立用户数约 2.8 万人；移动端页面总浏览量约 5.4 万次，总独立用户数约 4.1 万人。

第5章 宣传科普篇

“十四冬”气象宣传科普工作始终围绕中心、服务大局，通过加强组织领导、完善流程机制、拓展宣传渠道、加强媒体联合等方式，全要素展示气象科技成果，全流程展示气象服务成效，全方位展示气象人精神面貌。“十四冬”气象保障服务全网报道量350余篇，全网浏览量超过800万次，冬季赛事气象保障和内蒙古气象部门的精细服务赢得多方肯定，为内蒙古气象高质量发展营造了良好舆论氛围。

5.1 宣传举措

健全各项工作机制。健全任务分工机制。制定《第十四届全国冬季运动会气象宣传科普专项方案》，组建“十四冬”宣传科普工作团队，下设综合小组和业务小组，明确组长、副组长和成员的工作职责、任务分工，按赛事筹备部署阶段、倒计时阶段、赛事保障服务阶段和比赛即将结束阶段四个重要时间节点，细化各个阶段宣传重点和具体任务，形成宣传科普工作“作战图”。

健全四级联动机制。明确中央主流媒体、中国气象局行业媒体、地方主流媒体、内蒙古气象部门内部媒体四大主力宣传平台。中国气象局气象宣传与科普中心（中国气象报社）联合《中国日报》《科技日报》等中央媒体深入呼伦贝尔地区开展“新春走基层”活动，实地采访报道“十四冬”赛事气象保障服务、气象赋能冰雪经济成效。应急与宣传组加强“十四冬”宣传科普统筹调度和工作策划，并先后选派宣传业务骨干到赛区一线蹲点采访。呼伦贝尔气象分中心组建视频、文字两组通讯员小队，成功挖掘多个宣传科普选题。赤峰气象分中心加强赛事策划，掀起“十四冬”气象保障第一波宣传热潮。乌兰察布气象分中心强化媒体沟通，在市本级宣传平台刊发稿件20余篇。呼和浩特气象分中心联合地方媒体，以直播形式宣传气象保障服务成效。中国气象局气象宣传与科普中心（中国气象报社）、内蒙古自治区气象局、各气象分中心和赛区气象台密切沟通联系，通过“选题策划、素材搜集、一线采访、撰稿编辑、审核把关、送审签发”的“流水线”作业，形成宣传科普完整“闭环链”。

健全信息共享机制。中国气象局气象宣传与科普中心（中国气象报社）安排专门团队协助“十四冬”宣传科普工作，并提供冬季运动会气象科普素材，应急与宣传组、各气象分中心安排专人负责宣传科普的工作联络，并向媒体公开各赛区媒体对接联络人，各赛区气象台负责拍摄和收集一线宣传科普素材，有效提升了媒体采访沟通效率和宣传效果。四级气象部门聚焦不同主题共同搭建“十四冬”气象保障服务的图文、视频素材库并做好及时汇总、实时共享，打通宣传科普信息不畅“壁垒墙”。

健全定期调度机制。进入“十四冬”气象服务特别工作状态后，应急与宣传组每日通过微信工作群调度宣传科普工作成效、进展，每周组织各专项工作组、气象分中心和赛区气象台召开宣传科普工作调度会，总结上周宣传科普工作成果和好的经验做法，查找工作不足和弱项，明确下一步宣传重点和方向，打好宣传科普工作“组合拳”。

健全舆情应对机制。建立舆论引导机制，制定气象宣传科普应急预案，对可能出现舆情和突发采访申请的情况进行推演，制定应对措施，严防负面舆情和外媒的负面炒作。加强媒体采访管理，明确分管领导、部门负责人、对接联络人的职责，提高媒体服务效率。统一宣传口径，通过媒体记者联盟群通报“十四冬”气象保障服务不同阶段的工作情况，专员采写新闻通稿，加强文稿审核把关并第一时间发布，保证刊发内容符合宣传口径与原则，确保重点新闻通稿的及时性与权威性，守好气象科普宣传舆论“主阵地”。

丰富宣传科普形式。开设“十四冬”专题专栏。中国气象局门户网站和官方新媒体平台开设“十四冬”气象保障宣传科普专栏，密集发布服务保障工作信息 40 余篇，有力提升了气象保障服务工作关注度。内蒙古自治区气象局门户网站和“内蒙古天气”新媒体平台开设“十四冬”专栏，刊发科普、赛事服务保障亮点等图文、视频产品 64 期。内蒙古气象政务管理信息系统开设“十四冬”专栏，并启动《“十四冬”气象保障人物篇 分享我的工作日志》专题，全面调动一线气象保障人员积极性，主动记录服务保障工作的感受，累计发布工作日志 50 余篇。

精心推送宣传科普产品。中国气象局和内蒙古自治区气象局利用新媒体平台，以文章、短视频、长图、手绘漫画、专题海报等多种形式累计发布科普产品近 200 部。如中国气象局推出《“十四冬”观赛旅游气象攻略来了》海报、《聚焦“十四冬”！气象与冰雪赛事到底有啥关系》手绘、《“十四冬”气象观赛指南》和《解开冰雪盛会背后的气象密码》等系列微信推文，阅读量达 300 万次。内蒙古自治区气象局推出的《“十四冬”气象观赛指南》《冬运气象密码》《滑雪还得看天气》《气候角度看“十四冬”为什么选择内蒙古》等科普图文和短视频产品，得到 20 余家主流媒体和“2024 第十四届全国冬季运动会”官方微信公众号等平台转发，全网浏览量 150 万次。《中国气象报》以科普看台整版的形式，刊发“十四冬”与气象相关科普文章。新华网发布的《“十四冬”推荐官丨天气是比赛真正的“发令枪”》，取得了良好的科普成效。

全面把握赛事进程。明确“十四冬”气象工作宣传科普阶段。第一阶段为前期气象服务筹备部署阶段，重点围绕组织结构、工作部署、气象基础设施建设等各项工作准备情况，制定宣传计划，提前收集气象服务筹备工作素材。第二阶段为倒计时阶段，在倒计时 100 d 和倒计时 30 d 分别进行宣传科普，重点围绕“十四冬”赛事举办地天气气候概况、冬季运动与气象条件的关系等内容，制作科普产品，建立科普素材库。第三阶段为赛事保障服务阶段，重点围绕“十四冬”资格赛、火炬传递、决赛和开（闭）幕式等重要时间节点，以赛事各项目规则制定与气象条件的关系、赛事期间气候因素对各赛事的影响为主进行科普宣传，四级气象部门联合高频率发布相关报道，并进行气象舆情跟踪监测、分析研判。第四阶段为“十四冬”赛事即将结束阶段，重点围绕专题气象保障服务效果评价和核心技术总结等方面进行宣传，多方位采访服务对象，挖掘气象服务团队、典型人物和典型事例，进行全面深入、总结宣传。

坚持动态和深度报道相结合。在赛事保障服务阶段，气象宣传科普工作达到了高潮，单在赛事期间宣传报道稿件数达 187 篇。在冬季运动项目比赛中，赛事期间多项赛事会因为天气原因优化调整赛事赛程，各赛区根据气象预报调整训练、赛程 17 次，宣传团队紧抓宣传热点，提前统筹协调宣传资源，确保通稿的科学性、及时性和权威性。《精准“看天”优化调整赛程》《单板滑雪U型场地技巧赛——大风之后为竞委会送上“定心丸”》《单板滑雪障碍追逐赛——精准预报升温 开赛提前25分钟》等报道被人民网、新华网等中央主流媒体广泛转载。

保障服务宣传到位。在中央主流媒体方面。围绕“十四冬”气象保障工作进展，开展全流程、多角度的宣传科普，及时向媒体记者联盟群发布宣传通稿，与媒体开展联合宣传策划，全方位展示“十四冬”气象科技成效，多视角展示各项精彩气象服务、深层次宣传气象人精神面貌，宣传报道质量优良、传播广泛、社会反响良好。其中，中央电视台《朝闻天下》《新闻直播间》栏目和体育频道等先后刊发《第十四届全国冬季运动会今日开幕 智慧气象助力“十四冬”比赛顺利进行》《小朱看冬运 一分钟弄清滑雪比赛的影响》《第十四届全国冬季运动会 扎兰屯赛区受天气影响 两项赛事延期举行》《第十四届全国冬季运动会 冷空气影响赛区 气象保障全力护航》《如何把脉天气为冰雪健儿雪上运动保驾护航？智慧气象助力“十四冬”》《倒计时30天！一起打卡“十四冬”比赛场馆》《逐小时精细化预报 气象保障这样护航“十四冬”》等报道，关注度和传播力前所未有。《中国日报》全英文报道*All eyes on the weather to ensure successful National Winter Games*，让“十四冬”气象保障服务走向国际。新华网刊发《“十四冬”这个项目提前开赛 天气预报说了算》文字和《“十四冬”Vlog|“十四冬”雪场“观天象” 带你揭秘背后的科技加持》视频类等多篇报道。《科技日报》头版刊发《“十四冬”的观天人》关注气象精神。《光明日报》刊发《冬奥经验助力“十四冬”精准把脉天气》，《中国妇女报》《中国妇女杂志》刊发《仅0.1毫米误差！追风的她如何“把脉”风云？》《“把脉”风云“问诊”气象，她们为“十四冬”保驾护航》，关注气象保障工作中的“她”力量。人民网刊发《冰雪运动也要“靠天吃饭”？看“十四冬”气象保障团队如何“观云测风”》等多篇报道。《中国青年报》刊发《单板滑雪障碍追逐延迟开赛“追风人”说了算》。《中国体育报》刊发整版深度报道《冰天雪地中有他们在守护》，3篇稿件均大篇幅报道气象工作积极成效。

在省级主流媒体方面。内蒙古自治区主流媒体持续关注气象保障服务工作。《内蒙古日报》头版报道《气象专家为“十四冬”保驾护航》《解码“十四冬”气象保障“黑科技”》，新媒体平台发布《“十四冬”体验官⑤| 最强后援团护航“十四冬”》《以热爱为名 续写冰雪情“援”》等多部视频、图文。内蒙古广播电视台、“学习强国”“奔腾融媒”和“十四冬”官网等平台（播）发《气象服务精细保障“护航”冬运会》《“十四冬”掌握风云变幻的气象卫士》《“智慧气象服务平台”为“十四冬”提供贴心服务》《“十四冬”内蒙古喀喇沁赛区顺利完赛 气象保障服务广获好评》《“十四冬”“冷”知识：雪上项目怕下雪？太热不行太冷也不行？》多篇报道。《北京日报》刊发《气象领域冬奥遗产在“十四冬”赛场“发光发热”》。《青海日报》刊发《相约“十四冬”| 你知道吗？滑雪比赛反而更怕下雪》。

在中国气象局部门媒体方面。紧紧围绕赛事气象保障、冰雪经济等主题，结合“新春走基层”活动，通过报、网、新媒体等多个平台全方位发出“十四冬”气象保障最强音，累计发布稿件和图文、视频70篇。《中国气象报》作为重要宣传阵地，“以‘十四冬’之名 赴一场冰雪之约”“气象视角解码‘十四冬’冰雪资源”“聚焦五赛区 探‘十四冬’气象保障启示”3个整版和多个头版，深度和动态报道各个阶段气象保障服务工作亮点。《共赴冰雪之约 共享冰雪盛宴——写在“十四冬”气象保障进入特别工作状态之际》《共赴冰雪之约，气象一路护航——写在第十四届全国冬季运动会开幕之际》等工作部署稿件获得多方点赞。《“小不点”加入赛事保障“大家庭”》《预报产品制作时间大幅压缩 两大平台提升“十四冬”预报服务成效》《立体观测网亮相

5 项预报技术落地 新系统上线》《探测应急设备助力“十四冬”气象观测工作平稳运行》《“风云地球‘十四冬’版”提供有力卫星遥感支持》《百米“格点实况”分析产品精细化服务赛事》等 10 余篇稿件全面展示熠熠生辉的气象科技力量，传递闪耀赛场的冬奥遗产魅力。《精准“看天”优化调整赛程》《单板滑雪 U 型场地技巧赛—— 大风之后为竞委会送上“定心丸”》《因大风推迟比赛，一个艰难但科学的决定》《火炬到哪，天气预报就先到哪》报道全方位展示“一场一策、一项一策”的精细化气象服务成效。《“十四冬”呼伦贝尔扎兰屯赛区预报团队：别样的“十四冬”春节》《在“十四冬”赛场，这些气象人为何要与时间“赛跑”？》《“十四冬”开幕式倒计时 5 天，气象人奔赴一线》等报道生动展示“追风”的气象人。

“十四冬”气象保障工作圆满结束，气象宣传科普团队甘当幕后的幕后，在选题策划、文字、拍摄、编辑等不同岗位默默地耕耘，团结协作、恪尽职守、奋发有为，用镜头和笔触诠释气象人的不懈奋斗。同时，气象宣传科普工作也在实践中获得了宝贵的经验，通过赛事一线现场实践练兵，组织策划、选题讨论、采访撰稿、复盘总结等系列流程实战，区—盟—旗三级气象宣传科普团队的宣传策划、新闻采编等能力和水平明显提高。未来，气象宣传科普团队将继续讲好内蒙古气象故事，为推动内蒙古气象高质量发展凝聚强大的精神力量。

5.2　宣传科普稿件选编

5.2.1　部署指导类

“十四冬”气象保障服务筹备工作动员会召开

2019 年 11 月 26 日，内蒙古自治区气象局召开“十四冬”气象保障服务筹备工作动员会，内蒙古自治区气象局党组书记、局长党志成出席会议并作动员讲话，党组成员、副局长杨志捷主持会议。一级巡视员李彰俊、副巡视员邢金熠出席会议。

会上，“十四冬”气象保障领导小组办公室、呼伦贝尔市、赤峰市、乌兰察布市、锡林郭勒盟、呼和浩特市气象局依次汇报了前期准备工作进展及下一步工作安排。

关于全面做好“十四冬”气象保障服务工作，党志成强调，要进一步提高政治站位，切实增强做好“十四冬”气象保障服务的使命感、责任感和紧迫感。全区各单位要充分认识到做好“十四冬”气象保障工作的重要意义，进一步提高政治站位，充分认识做好气象保障服务的使命感、责任感和紧迫感，要看到问题和差距，按照筹委会的要求部署，把做好“十四冬”气象保障服务作为当前头等大事和第一要务，聚焦各项任务，排出时间表，举部门之力，抓紧推进各项筹备工作，标准要高，行动要快，作风要实，效果要好，把“十四冬”气象保障服务各项工作做精细、做到位，做到不辱使命、不负重托，全力以赴为“十四冬”顺利举办保驾护航。

党志成要求，要举全部门之力，为“十四冬”气象保障服务提供优质气象保障服务。要聚焦目标导向，体现工匠精神，精益求精，逐一对照要求和标准，把工作做细、做到位。聚焦问题导向，体现创新精神，坚持底线思维，从不利的天气条件情况着手，从高的气象风险着手，从精准的预报服务准备，高质量完成“十四冬”气象保障服务。聚焦需求导向，体现奉献精神，坚持节俭办赛、绿色办赛、廉洁办赛，力戒重复建设、奢华浪费，切实做到责任到位、人员到位、保障到位。聚焦任务导向，体现协作精神，牢固树立“一盘棋”思想，齐心协力打赢这场硬仗。

党志成强调，各单位要深入贯彻落实自治区党委、自治区人民政府与中国气象局的决策部署，以高度的政治责任感、最昂扬的斗志、最扎实的作风、最良好的精神状态，勇于担当，攻坚克难，举全部门之力，确保"十四冬"气象保障服务取得圆满成功。（来源：2024年第十四届全国冬季运动会官方微信公众号，2019年11月27日，作者：佘亚庆）

中国气象局部署"十四冬"气象保障服务工作

2023年3月6日，中国气象局召开协调会，部署推进第十四届全国冬季运动会气象保障服务工作。中国气象局党组成员、副局长张祖强出席。

会议充分肯定内蒙古自治区气象局前期筹备工作，并对下一步工作进行部署。会议强调，要进一步提高政治站位，主动对接国家体育总局、内蒙古自治区人民政府部署要求及"十四冬"筹委会需求；用好"百米级、分钟级"精细化气象预报技术等北京冬奥会遗产，因地制宜、创新求变。

中国气象局将成立专项工作协调组，在观测应用、预报预警、人才支撑等多方面加强对内蒙古气象部门的指导和支持，举部门之力做好"十四冬"气象保障服务。

"十四冬"将于2024年2月17—27日在内蒙古举办。"十四冬"是北京冬奥会、冬残奥会后首次举办的全国冬季项目大型体育赛事，共设8个大项、16个分项、176个小项，2026年米兰冬奥会的比赛项目在"十四冬"全部设项。

会议还对内蒙古冰雪气候资源开发利用、航空气象保障服务进行部署。（来源：《中国气象报》，2023年3月7日，作者：吴卉）

"十四冬"气象保障部部长赵黎明实地考察"十四冬"气象保障工作

2023年12月15—17日，"十四冬"气象保障部部长赵黎明一行到呼伦贝尔市进行考察，深入海拉尔内蒙古冰上运动训练中心、扎兰屯金龙山滑雪场，实地考察指导"十四冬"气象保障工作，看望慰问"十四冬"驻训气象保障人员。赵黎明一行到比赛场馆场地和赛区气象中心实地考察，详细了解了气象保障服务工作准备情况和各类方案预案编制、应急保障、科普宣传等具体工作进展，查看了实况预报服务等平台运行情况。

赵黎明强调，一要提高政治站位，充分认识做好"十四冬"气象保障工作的重大意义和深远影响，切实增强"十四冬"气象保障工作的使命感、责任感，发扬气象人敢于拼搏、敬业奉献的优良作风，切实做好气象保障工作。二要做好沟通协调和需求对接，注重实战演练，不断优化工作流程和方案预案，确保各环节衔接顺畅、组织有序、运行高效，全面提高服务保障质量和水平。三要提升气象保障能力，加强预报平台应用，形成稳定的预报方法，不断提高气象预测预报精准度，做好设施设备的维护和管理，保证各项系统和设备赛时正常运转。四要积极做好复盘总结和经验积累，加强"十四冬"气象保障科研成果转化，及时总结工作经验，提高重大活动气象保障服务能力。五要加强新技术应用，尽快掌握激光测风雷达、雪温仪等设备的使用技术，充分发挥赛场气象中心和多要素气象站的保障作用。六要做好后勤保障，要把驻训气象保障人员的实际需求放在心上，做好、做细、做实交通、出行、饮食、住宿等保障工作。

考察期间，赵黎明与"十四冬"气象保障人员亲切交流，详细了解了驻训人员的工作生活情况，嘱咐大家要劳逸结合，注意自身安全，鼓励年轻同志珍惜参与"十四冬"气象保障工作的难得机遇，积极主动学习，加强沟通交流，提升业务能力。（来源：2024年第十四届全国冬季运动会官方微信公众号，2023年12月26日，作者：于文超）

“十四冬”气象保障部召开“十四冬”气象保障动员部署会

2024 年 2 月 4 日，“十四冬”气象保障部召开“十四冬”开(闭)幕式和决赛气象保障服务专题动员部署会。“十四冬”气象保障部部长赵黎明主持会议并作动员部署讲话，气象保障部副部长刘海波传达近期有关“十四冬”会议精神。

会上，“十四冬”内蒙古气象中心办公室汇报“十四冬”气象服务工作进展，呼伦贝尔、乌兰察布气象分中心作表态发言，内蒙古自治区气象台、气候中心、气象数据中心、气象服务中心有关负责同志分别作交流发言。

赵黎明充分肯定“十四冬”资格赛、部分正式比赛和火炬传递等气象保障服务各项工作取得的扎实成效，并就全力以赴做好“十四冬”开(闭)幕式和决赛时期气象保障服务做出专题部署。

赵黎明提出，要加强组织领导，提高政治站位，充分认识做好“十四冬”气象保障服务的重要性和紧迫性。当前，到了检验气象保障服务的关键时间，各单位务必高度重视，提高思想认识，用好、用足春节前几天，合理安排值班值守，认真查漏补缺，做好万全准备，为“十四冬”气象保障服务决战决胜奠定良好基础。

赵黎明要求，要坚定信心，保持定力，全力以赴做好气象保障服务各项工作。一是各有关单位加强协调配合，确保气象保障服务有力有序。二是认真汲取经验，积极提升赛事气象服务水平。三是突出关键环节，做好开(闭)幕式以及赛会气象服务。四是坚持底线思维，做好安全生产工作。五是强化宣传报道，有效提升服务影响力。

赵黎明强调，要勇挑重担，冲锋在前，在党建和业务融合中展现气象风采。始终将“高质量、高标准、高效率”摆在工作首要位置，适时从服务意识、服务方式、服务成效等方面，开展党建和业务融合活动，充分体现内蒙古一流的精准预报水平和一流的气象服务水准，以“十四冬”气象保障服务的实际行动检验主题教育成效，积极促进党建和业务融合提质增效。**(来源：2024 年第十四届全国冬季运动会官方微信公众号，2024 年 2 月 5 日，作者：司阳、李红梅、周昕南)**

中国气象局进入“十四冬”气象服务特别工作状态

2024 年 2 月 14 日，在第十四届全国冬季运动会开幕倒计时 3 d 之际，中国气象局进入气象服务特别工作状态，执行 24 h 主要负责人领班、专人值班制度，根据天气演变情况，全力做好加密观测、专题会商、滚动预报、跟进服务、技术支持、后勤保障及科普宣传等工作。

2 月 17—27 日，“十四冬”将在内蒙古自治区举办，是历届全国冬季运动会中规模最大、项目最全的一届体育盛会。自筹备以来，中国气象局党组高度重视，中国气象局领导对赛事气象保障服务工作给予密切关注，多次召开专题会议部署、实地指导气象保障服务工作。国家气象中心、国家卫星气象中心、国家气象信息中心、中国气象局地球系统数值预报中心、中国气象局气象探测中心等直属单位加强与内蒙古自治区气象局业务合作和指导，北京市气象局传授冬奥气象保障经验。

“十四冬”是内蒙古自治区首次承办的全国综合性运动会，内蒙古自治区党委、自治区人民政府高度重视气象保障服务工作，在“十四冬”筹委会中单独设立气象保障部。内蒙古自治区气象局成立冬运内蒙古气象中心，并将工作组设置横向拓展至各业务段，纵向延伸到各赛区，组织涵盖区—盟—旗三级共 282 人的气象服务团队。同时，明确“一场一策、一项一策”的服务策略，制定服务方案、预案20个。对标“监测精密、预报精准、服务精细”，围绕赛事气象预报“百米级、分钟级”的精细化要求，内蒙古自治区气象局全力推进综合监测系统、气象预报系统、气象服务系统三大系统建设，在赛区共布设天气雷达6部、自动气象站29个、激光测风雷达2部、辐射站4个、微波辐射计1部和1套地基遥感垂直观测系统，实现地基、天基、空基立体监测；新建成的和林格尔新一代国家气象超算中心率先为“十四冬”气象保障提供有力的算力支持；自主研发“十四冬”内蒙古睿图数值预报模式、“十四冬”内蒙古次百米级数值预报系统、“十四冬”赛事高影响天气集合预报系统、“十四冬”多源智能预报技术、“十四冬”赛场雪务精细化客观预报技术5项技术成果，引进北京冬奥预报技术成果2项，均已在资格赛中投入使用。

目前，“十四冬”气象保障服务各项准备工作一切就绪。在这个关键时期，内蒙古自治区气象部门全体严阵以待，将以饱满的热情、昂扬的斗志、扎实的作风，全力做好“十四冬”赛时气象保障服务工作。（**来源：《中国气象报》，2024年2月14日，作者：吴彤**）

5.2.2 气象服务类

共赴冰雪之约 共享冰雪盛宴
——写在“十四冬”气象保障进入特别工作状态之际

相约“十四冬”，魅力内蒙古。这个冰雪季，在北疆大地上，一个全新的冰雪舞台正在持续助力中国冰雪运动升温。

中华人民共和国第十四届冬季运动会，这场精心筹备数年、凝聚万人心力、牵动全国人民的冰雪盛会，将接过北京冬奥会的“接力棒”，让“带动三亿人参与冰雪运动”的目标继续照亮美好未来。

2024年1月7日，距离“十四冬”开幕还有40 d。在冰与雪的氛围里，内蒙古自治区各赛区赛事基础设施全面完善，各项目资格赛激烈角逐，气象保障进入“一刻也不能停、一步也不能错、一天也误不起”的特别工作状态。气象工作者拿出最硬核的实力，为“十四冬”的顺利举办保驾护航。

凝聚——协同发力

自“十四冬”赛事筹备以来，中国气象局领导对赛事气象保障服务工作给予密切关注和细心指导，召开专题会议部署气象保障服务工作并实地指导，多次听取内蒙古自治区气象局相关人员作专题汇报。国家气象中心、国家卫星气象中心、国家气象信息中心、中国气象局地球系统数值预报中心、中国气象局气象探测中心等直属单位的相关人员对内蒙古自治区气象局进行业务合作和指导。北京市气象局相关人员传授冬奥气象保障经验。

内蒙古自治区人民政府高度重视气象保障服务工作，在“十四冬”筹委会中单独设立气象保障部。在“十四冬”倒计时100 d誓师动员大会上，内蒙古自治区主席王莉霞特别指出，气象工作在“十四冬”比赛中占据重要地位，要求气象部门全力做好赛事保障服务工作。

建立规范有效的组织机构，将工作组设置横向拓展至各业务段，纵向延伸到各赛区，是内蒙古气象部门保障“十四冬”的第一份“答卷”。

“十四冬”开幕后，全部比赛项目将在呼伦贝尔市、乌兰察布市、赤峰市和呼和浩特市的四个赛区举办。根据多赛区比赛的实际情况，内蒙古自治区气象局成立冬运内蒙古气象中心，并下设“一办、六组、四个分中心”，即冬运办，气象服务组、预报预测组、观测与网络组、人影服务组、应急与宣传组、财务审计组，呼伦贝尔气象分中心、赤峰气象分中心、乌兰察布气象分中心、呼和浩特气象分中心。

制定详细的行动方案和应对措施，是气象部门保障服务"十四冬"的又一有力抓手。

"十四冬"比赛设项全面对标 2026 年米兰冬奥会，设有滑冰、滑雪、冬季两项、冰壶、冰球、雪车、雪橇、滑雪登山 8 个大项、16 个分项、176 个小项。

各类赛事对气象服务的需求不同。"十四冬"气象保障服务明确了"一场一策、一项一策"的服务策略，印发"十四冬"气象保障总体工作方案和应急预案，以及预报预测、观测与网络、气象服务、宣传科普等专项方案和各气象分中心服务方案预案 21 个。

"我们将牢固树立'一盘棋'思想，充分调动各方资源，切实凝聚部门合力，全力以赴做好'十四冬'气象保障服务工作。"冬运内蒙古气象中心主任、内蒙古自治区气象局党组书记、局长赵黎明说。

自主——技术创新

先进的气象科技力量，是内蒙古自治区气象局服务保障"十四冬"的底气。

内蒙古自治区气象局按照"十四冬"气象保障服务需求，全力推进综合观测系统、气象预报系统、气象服务系统三大系统建设。

1 月 2 日，呼伦贝尔市扎兰屯金龙山滑雪场迎来新年首个滑雪比赛日，2023—2024 年赛季全国单板及自由式滑雪大跳台锦标赛暨"十四冬"资格赛自由式滑雪大跳台预赛开赛。

天气变化对高山滑雪比赛有较大影响，而气象部门在赛道关键点布设的激光测风雷达，可精确测量三维风场，填补雪上赛区无低空测风探测设备的空白。

为全面保障"十四冬"，四个赛区共投入天气雷达 6 部、自动气象站 29 个、激光测风雷达 2 套、辐射站 4 套、微波辐射计 1 部、应急保障车 2 辆、便携式气象站 6 个，实现了地基、天基、空基立体监测。

"围绕赛事气象预报'百米级、分钟级'的精细化要求，内蒙古自治区气象局自主研发气象预报技术成果 5 项，引入北京冬奥预报技术成果两项，均已在资格赛中投入使用。"冬奥气象服务首席专家、"十四冬"气象服务特聘专家、内蒙古气象台挂职副台长时少英介绍。

"我们自主研发的内蒙古次百米级数值预报系统，已经实现 10 min、60 m 分辨率的 0～24 h 网格预报。"数值预报技术研发带头人、内蒙古气象台高级工程师刘林春说，"这是冬季复杂地形下赛事预报服务的一项重要突破。"

在气象服务平台方面，同样是自主研发的赛事交通气象预报服务系统，实现了对四大赛区公路交通、紫外线、旅游景点、空气质量、气象指数预报等服务产品的制作和推送。该系统已经实现预报、预警、实况数据的实时采集、自动更新，无论是运动员、裁判员还是社会公众，都可以通过"十四冬"气象服务专题网站和小程序查询赛区的天气实况、卫星云图、雷达图和天气分析图。

人才构成了"十四冬"气象保障服务的"最强大脑"。内蒙古气象部门组织涵盖区—盟—旗三级共 282 人的气象服务团队。其中，赛区一线现场服务团队 79 人，已经全部入驻赛场，开展驻训实战。河北省气象局和黑龙江省气象局共选派 3 位北京冬奥气象专家参加"十四冬"气象保障服务。

服务——精益求精

从 2023 年 12 月中旬开始，"十四冬"气象保障工作进入临战状态。

"'十四冬'第一次全流程气象保障服务，现在开始！"2023 年 12 月 20 日，随着内蒙古自治区气象局副局长、演练总指挥刘海波的一声令下，参加演练的“一办、六组、四中心”迅速进入状态，按照预定方案有序展开工作。

“凉城赛区越野资格赛期间天气状况总体良好，我们将每半小时提供实况气象数据，同时提供 0～1 d 逐小时、1～3 d 逐 3 h、4～10 d 逐 12 h 的赛道定点天气预报产品。”2023 年 12 月 23 日，乌兰察布气象分中心预报首席预报员徐玥向赛事组委会介绍。

新年第三天，扎兰屯赛区大跳台竞赛团队决定单板公开组训练、决赛及后续赛程向后推迟一小时，4 日的训练日调整为检查场地，训练日延期一天。“我们精准研判，提前一天通报了天气变化，成为赛事推迟的依据，能够保障运动员的安全，我感到非常自豪。”冬奥气象服务专家、“十四冬”扎兰屯赛区前方气象服务组队员王颖说。

……

“请各部门坚决扛起政治责任，齐心协力圆满完成气象保障服务任务！”1 月 7 日，赵黎明宣布进入“十四冬”气象保障特别工作状态。

2 月 17 日，“十四冬”的圣火将在内蒙古自治区冰上运动训练中心主火炬塔点燃。

气象工作者热切期待那一刻，也将从现在开始，更加全力以赴，更加精益求精，力求高标准、高质量、高水平完成气象保障服务任务！（来源：《中国气象报》，2024 年 1 月 8 日，作者：王祯晗、高菲、周昕南，郭晓佳、汪晓梅、李红梅、于文超对本文有贡献）

问天择时 精准预报
——气象保障服务“十四冬”赤峰喀喇沁赛区竞赛收官

2024 年 1 月 25 日，伴随着现场观众的欢呼声，第十四届全国冬季运动会内蒙古自治区赤峰喀喇沁赛区的所有比赛顺利结束，内蒙古气象部门也将“十四冬”重启后第一枚属于雪上赛事气象保障的“奖牌”收入囊中。

出彩的气象服务赢得单板滑雪平行大回转项目比赛竞赛长李宏权由衷赞叹：“气象预报服务准确及时，体现了气象服务体育赛事的最高水平。”

不仅是竞赛长，气象服务还收获了来自内蒙古自治区体育局、内蒙古自治区卫健委，以及赛区竞赛部的高度评价。

1 月 19—23 日，在整个单板滑雪比赛期间，当地天气条件出现明显变化，尤其是前两个比赛日，赛场出现强降温和大风天气过程，对比赛产生不利影响。喀喇沁赛区现场气象服务团队队长洪潇宇说：“竞赛团队根据我们的预报和预案，及时调整人员通勤方式，确保了比赛的顺利进行。”

更早之前，1 月 15 日，喀喇沁赛区气象台提前预报：19—20 日喀喇沁赛区将会出现降雪。16 日下午，赛区气象台向李宏权详细汇报了降雪预报。

19 日夜间，降雪如期而至，喀喇沁赛区累计降雪量为 2 mm，整个过程预报小时雪强误差不超过 0.1 mm。综合协调组组长、喀喇沁旗常务副旗长史志良表示，虽然降雪量看起来微不足道，但 20 日是赛前官方训练日第一天，喀喇沁赛区的赛道用雪是人造雪，相比自然降雪来说，人造雪性状更加单一且稳定，所以只要有降雪过程就必须进行赛道清雪。得益于气象部门的精准预报，竞赛方提前两天安排赛道清雪工作，官方训练得以如期进行。

22 日，“十四冬”单板滑雪平行大回转比赛开赛，当天喀喇沁赛区现场气温低至－24 ℃，但好在风力只有 3～4 级，对比赛影响较小，比赛首日顺利完赛。到了第二天，低温叠加大风天气,持续影响赛事进程。

针对大风天气,气象保障服务团队多次发出提醒——16 日,向竞赛长和组委会提示大风风险;21 日,向场地器材组提示缆车运行风险。

竞委会根据天气预报制定应急预案,准备了 10 台雪地摩托车作为通勤备份。23 日上午,比赛时段山顶最大阵风风速达 15.9 m/s,大风导致缆车出现多次减速和停摆,竞赛组随即启动应急预案,使用雪地摩托车通勤,圆满完成赛事保障任务。

“根据气象组的提示,竞赛组针对本次大风天气提前制定了应急预案,让比赛在大风影响缆车时可以继续进行,给技术人员上山和运动员备赛提供了充足时间,气象组立功了!”技术代表韩健波说。(来源:《中国气象报》,2024 年 1 月 30 日,作者:汪晓梅、王祯晗、付铭)

走,去“十四冬”雪场!

2024 年 1 月 16 日,记者跟着第十四届全国冬季运动会气象保障服务团队的工作人员,来到内蒙古自治区扎兰屯市金龙山滑雪场。

扎兰屯赛区承担着“十四冬”极具看点的自由式滑雪空中技巧、自由式滑雪 U 型场地技巧、滑雪登山等 7 项赛事。其中,滑雪登山是本次运动会全面对标米兰冬奥会新增的一项赛事,堪称滑雪界的马拉松。

内蒙古自治区气候中心副主任、正高级工程师赵艳丽解释,有着丰富冷资源的扎兰屯位于大兴安岭东南部,冬季漫长且多晴天,平均气温低于−20 ℃、风速超过 4 m/s,出现低能见度天气概率低,未出现过高于 5 ℃的过暖融雪天气,这些条件让这里特别适宜开展冰雪运动。

当记者深一脚、浅一脚地沿着滑雪登山的赛道缓慢前进时,一群穿戴专业装备的矫健身影飞驰而过,原来是提前来“踩点练兵”的各省队运动员。

山东省队的康复师于旭鹏向记者介绍,气象条件对滑雪登山比赛尤为关键。“气温太低会让运动员的肌肉变得僵硬,影响发挥。同时,因为滑雪登山的雪板比高山滑雪的雪板轻很多,如果风力过大会影响方向控制。”

而气温、风力这两大关键要素,已被气象监测设备精准捕捉。据北京冬奥会气象服务首席专家、“十四冬”气象服务特聘专家时少英介绍,扎兰屯赛区赛道关键点位布设有 15 个自动气象站、1 部激光测风雷达、1 部微波辐射计,可全方位分钟级提供赛道实时气象要素变化信息。

在一处十要素自动气象站,“十四冬”气象保障服务团队成员张佳兴拿起除雪板为太阳能板除霜。“供电不足会影响气象数据传输,如果下雪我们会提前撒融雪剂,如果设备被冻住,就拿螺丝刀把冰敲掉。”

“15 个站,每天都要巡视一两次,有个站建在半山腰,坐缆车到不了,那条道还有点难走,需要穿冰爪走 20 min。”扎兰屯市气象局局长金淼说。

巡视完气象站已到午后,排队上雪场“魔毯”的游客多了起来。“虽然温度低,但并不冷,不用穿特别多衣服,雪也好,能卡住雪板。”刚放寒假的小学生台一宁最近每天都扎在雪场,才练习一年的他已经能熟练掌控单板,“看了北京冬奥会就爱上了滑雪,长大了想当运动员!”(来源:《中国气象报》,2024 年 1 月 19 日,作者:吴彤)

共赴冰雪之约，气象一路护航！
写在第十四届全国冬季运动会开幕之际

2024年2月17日21时许，当内蒙古冰上运动训练中心主火炬塔圣火熊熊燃起，夺目光彩瞬间点亮呼伦贝尔这片热土——第十四届全国冬季运动会盛大开幕！

这是一场全民期待、举国瞩目的冰雪盛会。2月17—27日，来自天南地北的运动健儿和观众、游客将集聚于此，与“十四冬”热情相拥。

做好“冰雪”文章，习近平总书记念念在兹。在他的亲自谋划、持续推动下，北京冬奥会播撒下冰雪运动的种子，“带动三亿人参与冰雪运动”成为现实。

地处47°—53°N的冰雪黄金纬度，近200 d的冰雪期，赋予呼伦贝尔发展冰雪运动的天然优势。围绕“绿色、共享、开放、廉洁”的办赛理念，聚焦“超越、精彩、和谐、平安”的办赛宗旨，如何挖掘运用好冰雪资源，充分应用气象科技能力现代化和社会服务现代化成果，最大限度降低高影响天气对赛事的不利影响，对气象保障服务提出更高期待与要求。

中国气象局党组高度重视，多次专题部署、现场调研，中国气象局党组书记、局长陈振林赴内蒙古调研指导时强调，要提高政治站位，把“十四冬”气象保障服务作为重大政治任务，全力以赴做好各项筹备工作。中国气象局其他领导也多次关心指导，进一步压实气象保障服务责任。

在“冰雪之约”的表盘上，气象时针加速转动——

2023年3月，“十四冬”按下“重启键”，中国气象局迅速行动，召开协调会部署筹备工作。12月，“十四冬”进入冲刺阶段，气象保障服务人员进驻赛场开展驻训实战。

2024年1月8日，倒计时40 d，内蒙古气象部门进入“一刻也不能停、一步也不能错、一天也误不起”的特别工作状态。

1月12日，中国气象局召开专题调度会，要求切实增强责任感、紧迫感，做到监测精密、预报精准、服务精细。

2月14日，倒计时3 d，中国气象局进入“十四冬”气象服务特别工作状态，全力做好加密观测、专题会商、滚动预报、跟进服务、技术支持……

踏着迈向未来的铿锵步伐，气象与“十四冬”热情相拥的时刻，终于到来。

凝聚部门合力，拉紧组织管理之“弓”

这是内蒙古自治区首次承办全国综合性运动会，内蒙古自治区党委、自治区人民政府高度重视气象保障服务工作。在内蒙古自治区筹委会设立的15个专项工作部中，气象保障部作为重要一环被单独设立。

规范有效的组织机构，是支撑气象保障服务各项工作落实、落细的骨架。

坚持全国一盘棋，发挥集中力量办大事的体制优势，国—省—市—县四级气象部门强化主动、互动、联动，汇聚磅礴力量。

中国气象局成立“十四冬”气象服务工作协调指导小组，中国气象局应急减灾与公共服务司等内设机构全程跟进指导。

内蒙古自治区气象局落实主体责任，成立冬运内蒙古气象中心，并设立冬运办、6个专组、4个气象分中心，将工作组设置横向拓展至各业务段，纵向延伸到各赛区。

在气象部门组建的282人技术服务专班中，不仅有来自内蒙古区—盟—旗三级的气象工作者，还有从北京、河北、黑龙江等兄弟省份气象局抽调的北京冬奥会气象专家，高级工程师以上职称人数占比达 40%，共同构成了“十四冬”气象保障服务的“最强大脑”。

国家级业务单位拧成一股绳，携智聚力而来。

有关键技术指导——来自国家气象中心的国家级重大保障关键点赛事站点要素客观预报技术(STNF)、国家气候中心的气象灾害风险预估和延伸期重大天气过程预测、国家卫星气象中心的风云卫星实时监测等提供强力支持，国家气象信息中心支持“十四冬”精细化数值模式预报系统在北京及和林格尔超算中心部署运行。

有“拳头”产品相助——中国气象局地球系统数值预报中心提供各赛区 1 km 精细化数值预报产品推送，中国气象局气象探测中心强化天衡、天衍系统培训应用，提供各赛区周边雷达产品应用及垂直加密观测数据展示应用支持，并部署地基遥感方舱入驻提供分钟级实况资料。

有专业力量加持——中国气象局公共气象服务中心、人工影响天气中心、气象宣传与科普中心(中国气象报社)等单位，为城市运行保障、科普宣传等添砖加瓦……

积力之所举，则无不胜也；众智之所为，则无不成也。

转化冬奥成果，磨砺科技支撑之“箭”

两年前，北京冬奥会“百米级、分钟级”精准预报这一质的飞跃，振奋人心。如今，北京冬奥会延庆、张家口赛区又一次承担了“十四冬”办赛任务。

“实现冬奥遗产利用效益最大化”，不仅体现在对赛事场馆“硬设施”的高效利用，更在于对精准预报的“软实力”的延绵传承。

这一次，“十四冬”比赛项目全面对标 2026 年米兰冬奥会，设有滑冰、滑雪、冬季两项、冰壶、冰球、雪车、雪橇、滑雪登山 8 个大项、16 个分项、176 个小项，在历届全国冬运会中规模最大、项目最全。

不同场地、不同赛事活动，对气象服务的需求也不尽相同。坚持需求导向，“十四冬”气象保障服务明确“一场一策、一项一策”原则，组织编制各类方案预案 20 个，并强化预报服务专题培训和全流程应急演练。

冬季赛事对气象条件要求尤为苛刻。“每个山区都有自己的‘小脾气’，每一条赛道的气温、风速都有差别，微尺度天气的研判是一大难点。”北京冬奥会气象服务首席专家、“十四冬”气象服务特聘专家、内蒙古自治区气象台挂职副台长时少英表示。

难上加难的是，准备时间不到一年、实战驻训仅有一个多月，新赛道缺乏历史观测资料，需要重新布设气象站、摸透天气规律，预报团队几乎从零开始。

对标“监测精密、预报精准、服务精细”，内蒙古自治区气象局全力推进建成综合监测系统、气象预报系统、气象服务系统，已全部投入运行并经受资格赛季检验，成为兑现“百米级、分钟级”精细化赛事气象预报承诺的底气。

擦亮气象监测“千里眼”——在赛区布设天气雷达 6 部、自动气象站 29 个、激光测风雷达 2 部、辐射站 4 个、微波辐射计 1 部和地基遥感垂直观测系统 1 套，以及应急保障车 2 辆、便携式气象站 6 个，实现地基、空基、天基的全时空、立体化监测。

打出预报技术创新“组合拳”——自主研发“十四冬”内蒙古睿图数值预报模式、“十四冬”内蒙古次百米级数值预报系统、“十四冬”赛事高影响天气集合预报系统、“十四冬”多源智能预报技术、“十四冬”赛场雪务精细化客观预报技术 5 项技术成果。

实现冬奥会成果“本地化”应用——引进北京市气象台赛事站点智能预报技术(MMIC)、

国家气象中心赛事站点要素客观预报技术(STNF)2项北京冬奥会成熟预报技术成果。自行开发微波辐射计数据显示平台,自动实时显示温度、湿度廓线等要素,有效提高预报水平。

提质,也要兼顾增效。预报产品快速导出、实时呈现的背后,两大系统平台让气象保障工作事半功倍——面向各赛区预报员开发的"十四冬"气象预报制作系统无缝嵌入各类预报模式,具备站点预报、产品制作、预报检验等多种功能。该系统可制作多个点位的逐小时到未来十天预报,并一键导出包含折线图、表格等多元素的服务产品。

面向赛事服务对象开发的"十四冬"气象现场服务系统,可清晰地展示各赛点的温度实况和逐小时温度、风速等气象要素预报,提高了各方获取气象信息的便捷性和时效性。

传承优良作风,瞄准精细服务之"靶"

在风霜雨雪的大草原上,蒙古马不畏艰辛、纵横驰骋,铸就"吃苦耐劳、一往无前,不达目的决不罢休"的独特品格。

对于驰骋在"十四冬"赛事服务保障这片"大草原"上的气象工作者而言,"蒙古马精神"的核心精髓,与"准确、及时、创新、奉献"的气象优良传统和作风一道融入血脉,成为支撑保障团队奋斗进取的重要精神源泉。

坚持党建引领,积极作为。内蒙古自治区气象局党组书记、局长、冬运内蒙古气象中心主任赵黎明表示,各赛区共成立5个临时党支部,充分发挥基层党支部战斗堡垒作用和党员先锋模范作用,以做好"十四冬"气象保障服务检验主题教育成效。

2月12日,大年初三,"十四冬"气象保障服务人员告别家人,全员返岗就位。刚踏上前往赛区的列车,他们就迅速进入工作状态,对未来几天可能出现的高影响天气进行讨论。

虽有科技力量作为底气,要做到真正极致的"卡点",还需要预报员发挥"人"的优势作出精准判断。

从2023年12月集训开始,每日05时起床制作、07时发出第一份预报产品后,他们沿着赛道上山,一步一步从山脚到山顶,感受风的不同、观察云的变化,分析每一条赛道的地理特征、每一个气象点位的气象要素变化特点。

当夜幕降临、雪场寂静下来,气象台灯火通明,工作人员仍在热烈地咨询、讨论、复盘。有的人到23时都不走,只为在更短时间内积累尽可能多的山地气象预报经验。

每日坚持爬山的,还有现场运维保障团队。他们穿冰爪、战严寒,穿梭于赛场各个点位,巡查仪器设备、清除积雪,为气象保障服务提供了稳定的数据支撑和安全的网络环境。

在现场服务团队的团结协作、密切配合下,扎兰屯赛区气象台预报团队精准把握降雪起止时间和降雪量级;喀喇沁赛区气象台提前7 d向组委会和竞赛长提示大风风险,提前2 d向场地器材组提示缆车运行风险;凉城赛区精细提供越野滑雪和冬季两项赛道气温和风速变化情况……在"十四冬"9项资格赛、7项正赛,以及群众项目、火炬传递等气象保障服务期间,气象部门累计发布各类气象预报服务产品1328期,开展现场咨询26次。精准预报为赛事推迟、延期调整提供依据,为竞赛部门及时启动应急预案打出提前量。

"气象保障工作非常细致,在滑雪登山赛道起点、山顶均提供不同时段的风力、气温数据,让我们的工作得到很多便利。"国家体育总局登山运动管理中心技术代表李振龙高度评价气象工作。

不仅是赛事保障,各类专项服务产品的及时发布,还将这份便利延续至公众观赛、交通出行、供电供气、扫雪铲冰等赛会各个领域。就像火炬传递点位天气预报图那样,火炬传递到哪,预报就显示到哪，气象保障服务一路相随。

借力"十四冬"，呼伦贝尔依托冰雪资源优势，加快推动冰雪产业拉动区域经济增长的"新动能"，普及壮大冰雪体育运动、融合升级冰雪文化旅游、拓展提档工业品耐冷测试产业……而"冷资源"释放"热效应"的每一处，皆有气象部门的细心守护。

"让冰花在旋转中绽放，让热血在滑翔中激荡。让雪花在腾空中飞扬，让青春在拼搏中充满力量。"正如"十四冬"会歌所唱，气象工作者将以饱满的热情、昂扬的斗志、扎实的作风，全力以赴高标准护航"十四冬"。（来源：《中国气象报》，2024 年 2 月 17 日，作者：吴彤、王祯晗、高菲、李红梅）

单板滑雪障碍追逐赛——精准预报升温开赛提前 25 min

2 月 17 日，在第十四届全国冬季运动会中，被誉为"雪上跑酷"的单板滑雪障碍追逐赛提前 25 min 开赛。究其原因，正是因为天气这个"发令枪"。

滑雪项目在−12～2 ℃最为适宜，气温过高将导致雪质变得松软、摩擦力增大，不利于运动员发挥。而近期内蒙古自治区乌兰察布凉城滑雪场的天气有点暖和，正午时分，穿一件厚绒衣都不觉得冷。

16 日，比赛的前一天。内蒙古自治区气象台首席预报员、凉城赛区气象台预报员马学峰在现场领队会上介绍赛事期间天气情况及后期影响，提示 17 日天气过暖，赛事期间赛道的最高温度将达 8 ℃左右，有融雪风险。

根据气象预报，赛事竞委会将原定 17 日 10 时开始的障碍追逐项目，提前到 09 时 35 分举行。

17 日是单板滑雪障碍追逐项目的首个比赛日，当日，拥有北京冬奥会气象保障经验的马学峰和其他两名气象保障人员开展现场气象预报服务。第一轮单板滑雪障碍追逐预赛结束后，马学峰等继续紧跟天气变化，第一时间提供精细化赛时天气预报及升温趋势预报。竞赛长则根据预报意见加速赛道修整，从容压缩比赛准备时间。

最终，比赛安全顺利完成，气象服务得到赛事竞委会及保障人员一致赞誉。

实况监测数据也证明，赛事的调整非常有必要——在凉城滑雪场，17 日 10 时出发区气温为 1.8 ℃，风速 7.45 m/s，13 时结束区气温达 8.2 ℃，且比赛时段气温预报与实况变化一致。

回顾这次升温预报，凉城赛区气象台早在 2 月 8 日，就已经预报出这次升温过程。同时，在整个赛事期间，在中央气象台的指导下，内蒙古自治区气象台和乌兰察布市气象台、凉城赛区气象台每日开展专题会商，组建预报"智囊团"共同研判赛区天气。

截至 2 月 17 日，凉城赛区气象台累计发布各类预报服务产品 146 期。（来源：《中国气象报》，2024 年 2 月 21 日，作者：高菲、王祯晗、郭晓佳）

冬奥选手再战"十四冬"！因大风推迟的这场比赛为何获点赞？

2 月 21 日，第十四届全国冬季运动会自由式滑雪公开组女子空中技巧比赛在内蒙古自治区呼伦贝尔市扎兰屯金龙山滑雪场举行。尽管因大风推迟 90 min 开赛，现场气氛依然热烈，运动员的每一次腾空、旋转与落地都引来观众阵阵欢呼和掌声。

"我太激动了，感谢自己这么多年的坚持，这也是我的第一枚冬运会金牌。"获得冠军的是黑龙江队选手孔凡钰，这是她第三次参加冬运会，她曾出战北京冬奥会。

受冷空气影响，扎兰屯近期气温骤降，风力加大，运动员们面对的不仅仅是技巧和体能的挑战，还有天气的考验。

“刚上来的时候风确实是很大，现在已经慢慢地小很多了。”在接受《中国气象报》全媒体记者采访时，孔凡钰表示，风对运动员的影响比较大，平时最关注大风的预报。谈到这一次因大风推迟开赛，她说：“没有影响。专注自己，做好自己！”

获得亚军的是内蒙古队选手邵琪，对扎兰屯的天气了解更深一些，“在大风中进行空中技巧项目还挺困难，这次因为教练员调整速度非常准确，没有特别大的影响。”

决赛比赛时间为正午，阳光明媚。记者打开“十四冬”赛场气象服务小程序，显示 12 时空中技巧中间点风速为 3 m/s，小时极大风速为 7.5 m/s。

而原先开赛时间 09—10 时的小时极大风速高达 11 m/s。“十四冬”气象预报服务保障空中技巧赛事首席江靖介绍，开赛时间推迟 90 min，精准抓住了风力减小的“窗口期”！

“风的预报是最难的一项。”来自河北省张家口市气象局的北京冬奥会气象保障专家郭宏解释，因为风的变化具有突变性，受地形的影响也非常大，在同样的风力背景下，不同赛道的风向风速会有差异。

这一次关键的调整，是扎兰屯赛区执委会根据 19 日扎兰屯赛区气象台“21 日上午出现大风天气”的预报结论决定的。风力预报的提前量达两天！

郭宏指出，通过布设地基遥感垂直观测系统等气象监测设备，引进北京冬奥会“百米级、分钟级”预报技术，自主研发新技术，加上预报员发挥主观能动性判断，“提前 24 h 的风力预报准确性还是很高的。”

在决赛中，北京冬奥会冠军徐梦桃落地失误，最终获得第五名。前几日的训练，她都坚持参加，通过一次次滑行测试着场地和风速。“老快了！”徐梦桃在 19 日一次两周台动作完成后忍不住喊道，之后她又通过对讲机联系出发台的教练沟通风速等情况。

“没想到还能再次站在赛场上，”北京冬奥会后，徐梦桃休赛一年，之后重新回归就是为了“十四冬”，“我有足够的热爱和坚定的信念，我非常爱这个项目，期待可以继续在赛场上展现更好的自己。”

坚持前来训练的，还有北京冬奥会单板滑雪大跳台金牌得主苏翊鸣。19 日一早，他就来到单板滑雪大跳台场地，但只滑行一次便因天气影响中断了训练。21 日，苏翊鸣刚到雪场门口，正好遇到了郭宏，两人聊起了近期的天气情况。

不仅是辅助赛程调整决策，在赛事举办的每一步，都有气象服务踏出的“脚印”。

“这几天降温、风力增大，我们提前收到了准确的气象预报信息，给户外工作的志愿者发放了暖贴，提醒他们增加衣物，让志愿者更好地为赛事进行服务。”扎兰屯市团委副书记、“十四冬”志愿者服务工作组常务副组长赵越高度评价气象工作。（来源：《中国气象报》，2024 年 2 月 22 日，作者：吴彤）

奖牌背后的故事|掌握“风”“云”变幻 为赛事保驾护航

根据赛会气象组提供的扎兰屯天气预报：2 月 21 日上午将出现大风天气，为确保运动员比赛安全，自由式滑雪空中技巧比赛时间整体顺延 90 min……内蒙古的天气有多“善变”？自 2 月 18 日内蒙古迎来大面积降温以来，这已经是第二次因为天气原因导致比赛延迟。

呼伦贝尔市扎兰屯金龙山滑雪场承担着“十四冬”7 个雪上竞技类项目的比赛任务，拥有 6

条比赛赛道。雪上赛事对气象要求严苛，风速、气温、湿度等因素都有可能对比赛造成重大影响，精准“把脉”天气，为雪上运动保驾护航，成了“十四冬”气象预报服务团队面临的新挑战。

走进“十四冬”扎兰屯赛区气象台，一面墙上大大小小的屏幕监测着各项天气数据，另一面墙上则挂满了各类天气对比赛的影响。“十四冬”扎兰屯赛区预报服务团队负责人王颖告诉记者，“我们气象预报服务团队的工作人员每天在地基遥感方舱里利用激光测风雷达实时观测赛道上的风速、温度等信息，并且每天发布 3 期预报服务产品，发布未来十天的精细化预报，这些信息会被第一时间送到竞赛工作部，为赛事调整提供支撑。”谈到 21 日的比赛延迟，王颖介绍，“2 月 18 日，我们预测到未来三天会迎来大风天气，并且 20 日气温会降到最低，因为接下来恰好是空中技巧项目的比赛，需要运动员在空中做出各种高难度动作，这对于风速的要求比较严苛，在 19 日的训练中已经能明显感受到风力的加大，我们将预测情况报告给竞委会后，他们经过研判，作出了比赛延迟的决定。”

王颖有着 2022 年北京冬奥会气象保障经验，时隔两年再次参与冰雪赛事的气象保障工作，她和她的团队对于“十四冬”气象保障可谓是信心满满，“我个人非常激动，来到扎兰屯赛区，我们的团队重新熟悉本地的天气特征，经过资格赛期间的磨合，团队间的配合也愈发熟练，另外，还有国—省—市—县四级部门的全力配合，我们有信心全力保障好‘十四冬’，让天气因素不再成为我们运动员的‘拦路虎’。”

让肉眼看不见的风无处遁形，为了做好赛区天气预报保障，气象部门建成了全时空、立体化的气象观测系统；无缝隙、精细化的气象预报系统；广覆盖、专业化的气象服务系统。除此之外，“十四冬”扎兰屯赛区布设了地基遥感垂直观测系统，这一系统的强大在于能够实现地面到高空 10 km 垂直大气温度、风向、风速、云等要素的分钟级廓线连续观测。为强化这一新技术的应用，中国气象局气象探测中心选派技术人员赴内蒙古实地开展培训。在气象预报技术方面，中国气象局地球系统数值预报中心建立的 1 km 1 h 中尺度天气数值预报系统也在赛事气象保障中发挥了重要作用。

过去人们常说“天有不测风云”，如今在系统化、智能化的气象观测体系下，“十四冬”赛场里，不仅“风”“云”可测，更加精细的气象要素也尽在掌握。

截至目前，预报团队已经发布雪场天气预报信息共计 200 多期，提前预报大雾、降雪、大风等高影响天气过程，竞委会会根据预报信息及时优化赛程。

在接下来的比赛进程中，追“风”之路还将继续，在气象预报服务的助力下，“十四冬”必将成为一场洋溢着蓬勃青春气息、精彩纷呈的体育盛事。（来源：学习强国，2024 年 2 月 22 日，作者：涂利伟、张博）

降雪＋大风双双“发力”！
“十四冬”这项目虽被推迟但有气象服务贴身保障

2 月 21 日，在内蒙古自治区乌兰察布凉城滑雪场进行了第十四届全国冬季运动会单板滑雪公开组障碍追逐混合团体决赛的角逐，本场比赛受到降雪和大风天气的双重影响，比赛由 10 时推迟至 11 时 50 分进行，虽然天气“舞台”不太平静，但是在气象服务的贴身保障帮助下，竞赛长及时调整了赛事安排，比赛顺利完成。

从 2 月 19 日开始，内蒙古中西部出现了一次持续性降雪过程，截至 2 日 08 时，凉城赛区游客服务中心站过程总降雪量为 4.9 mm。受降雪影响，单板滑雪公开组障碍追逐混合团体决赛开赛前，工作人员必须要清理雪道上的积雪。

04 时，在凉城赛区气象台，内蒙古自治区气象台首席预报员、凉城赛区气象台现场服务首席马学峰和预报团队就开始了一天的工作，窗外的雪已经逐渐停了，“昨天的降雪预报非常准！大家继续加油。”赛区气象台负责人陈杰说。

听了陈杰的话，预报团队信心倍增。但根据最新的预报结论，当天的风速很大，可能达到 14 m/s，还是会对比赛产生影响，大家的心又悬了起来。

预报团队从 05 时开始预报会商、研判，在 06 时制作出第一份预产品。

此刻的风速达到了 14.6 m/s，超过了缆车运行要求的 7 级风（风速 13.9 m/s），而缆车上不去，雪道就没办法清理，进而又会影响比赛的时间。

07 时，马学峰拿着打印出来的预报产品，来到了比赛现场保障区。他打开手机上的“十四冬”赛场气象服务小程序显示的实况风速，向竞赛长王楠做出“风速已经超过缆车运行阈值”的提示。

看来比赛注定是要推迟了，推迟到几点？今天还能不能比赛？

从 2 月 17 日单板滑雪障碍追逐开赛后，气象预报团队就一直为竞赛长王楠提供贴身气象服务，“学峰，别急，我们等你们的预报结论！”王楠的语气充满信任。

马学峰不负所托，他沉稳地和同事宋彦妮仔细核对了预报团队发来的逐小时风速预报，得出风力逐步减弱的预报结论。

08 时 30 分，缆车恢复运行。

10 时 30 分，竞委会召开仲裁委员会，根据风力继续逐渐减弱的预报结论，王楠决定马上进行公开训练，最终开赛时间由原定的 10 时推迟到 11 时 50 分。

公开训练结束后，马学峰和宋彦妮继续紧跟赛程，随时提供精细化的赛时天气预报。运动员上雪道方式由乘坐索道改为乘坐雪地摩托车，以压缩比赛准备时间，最终安全、顺利地完成了比赛。

16 时 30 分，比赛结束后，马学峰又回到凉城赛区气象台继续工作，与内蒙古自治区气象台、乌兰察布市气象台开展专题会商，开展复盘总结交流。工作结束后，已经到了 20 时。

虽有降雪和大风天气双双发力，但凉城赛区气象台前后方预报团队精准把脉，为每一场赛事提供 7 期伴随式气象预报产品，在赛事期间每小时提供天气实况，涵盖气温、风向、风速、阵风、降雪量、相对湿度、能见度等关键数据，单板滑雪障碍追逐比赛画上了圆满句号。

在单板滑雪障碍追逐项目第四次领队会上，王楠专门对气象部门在竞赛工作上的全力配合和支持表示感谢。（来源：《中国气象报》，2024 年 2 月 23 日，作者：高菲、王祯晗、李一凡）

冰雪运动也要“靠天吃饭”？
看“十四冬”气象保障团队如何“观云测风”

自第十四届全国冬季运动会开幕以来，频频收到赛事提前开赛或者推迟的消息，比如开幕当天的单板滑雪障碍追逐赛就提前了 25 min，而原定于 21 日 10 时开赛的单板滑雪公开组障碍追逐混合团体赛则推迟至当日 11 时 50 分进行，原因都指向了同一个——气象因素。

实际上，雪上项目对能见度、降雪、风速、气温等气象条件有严格要求，看似充满“变数”的赛程，却是保障运动员安全和比赛顺利进行的重要一环。

为了实现更加精准的“追风”，各个赛区的气象预报团队每天都要开展专题会商，24 h 轮班值守，时刻关注大风、降雪、过暖融雪等，每日制作 0～1 d 逐小时、1～3 d 逐 3 h、4～10 d 逐 12 h 的赛道定点天气预报产品和相应服务产品，并在赛事期间每小时提供实况数据，包括气温、风向、风速、阵风、降雪量、相对湿度、能见度等。

"气象保障团队为各项赛事的举办提供了准确、贴心且及时的服务，根据气象的预报信息，我们及时进行赛事调整，既保证了运动员的安全，又保证了赛事顺利进行，赛方对气象服务非常满意。"扎兰屯市人民政府副市长、"十四冬"扎兰屯赛区执委会副主任尹晓辉说。

精准把控赛程的背后，也少不了科技力量的加持。

"山地气象比较复杂，阵风风速的预报更是难点，21 日上午整体风速较大，但空中技巧赛道海拔高度相对较低，根据前期总结的赛道风速日变化特征，山腰处风速正午前后可能减弱，会出现短暂窗口期。"内蒙古自治区气象台首席预报员、"十四冬"扎兰屯赛区气象台预报专家江靖在赛前与竞委会对接时表示。

每个山区都有自己的"小脾气"，山地气象预报一直是个难题，通过"十四冬"气象制作服务系统，气象预报员可以提前找到"小脾气"的踪迹。该系统应用了基于人工智能的多方法集成预报技术、基于深度学习的站点集成预报方法两项北京冬奥会成熟预报技术成果，还融入了"十四冬"内蒙古睿图数值预报模式、"十四冬"内蒙古次百米级数值预报系统、"十四冬"赛事高影响天气集合预报系统、"十四冬"多源智能预报技术、"十四冬"赛场雪务精细化客观预报技术 5 项技术成果。

气象保障人员金淼介绍，在众多气象监测设备中，地基遥感方舱的毫米波雷达第一次被用于冬季运动会保障，这项"黑科技"也在"十四冬"比赛中起到了重要作用。

气象科技能力的提升让赛事气象预报达到"百米级、分钟级"精细化要求，在"十四冬"的舞台上再次展现了我国气象科技的"硬实力"。（来源：人民网，2024 年 2 月 27 日，作者：赵梦月、徐玉强、王祯晗）

护航冰雪盛会尽展气象风采
——第十四届全国冬季运动会气象保障服务圆满成功

2024 年 2 月 27 日晚，第十四届全国冬季运动会圆满落幕，同心筑梦，共赴冰雪之约。"十四冬"成功举办的背后，气象保障服务能力的高水平展现，倾注了气象干部职工的炽热匠心。

回望这场盛会，气象部门从中积淀了哪些经验做法？为冰雪运动和冰雪经济留下了什么？值得我们细细回味思考。

助滑、加速——形成可推广、能复制的"2133"气象保障体系

"十四冬"是北京冬奥会后我国首次举办的冬季项目，是全国重大体育赛事，承担着巩固和扩大"三亿人参与冰雪运动"成果的任务，同时更是对米兰冬奥会赛前的一次大规模练兵，全国期待、意义重大。

中国气象局党组高度重视、周密部署，中国气象局党组书记、局长陈振林赴内蒙古调研指导时强调，要把"十四冬"气象保障服务作为重大政治任务，全力以赴做好各项工作。

"十四冬"也是内蒙古自治区首次承办的全国综合性运动会，内蒙古自治区党委、自治区人民政府高度重视气象保障服务工作，在"十四冬"筹委会中单独设立气象保障部。内蒙古自治区党委书记孙绍骋在深入扎兰屯赛区气象台调研气象服务工作时指出，气象对赛事保障很重要，预报有难度，要高标准、高质量做好气象保障服务。内蒙古自治区主席王莉霞在"十四冬"

倒计时100 d誓师动员大会上要求，气象部门要全力做好赛事服务保障工作。

就像雪上项目需要助滑作为动力一样，周密的组织筹备工作为做好“十四冬”气象保障服务提供了强有力支撑。

这是一套可推广、能复制的“2133”冬运会气象保障体系：组建2个专班、编制1套方案预案、建成3大业务系统、提供3类气象服务。

国—省—市—县四级保障，高效联动——

组建1个组织协调专班。中国气象局成立“十四冬”气象服务工作协调指导小组，中国气象局应急减灾与公共服务司等内设机构全程指导，推进各项工作。国家气象中心等10个国家级业务单位和北京、河北、黑龙江3地气象部门倾囊相授，提供关键技术、“拳头”产品、最新装备等。内蒙古气象部门成立冬运内蒙古气象中心，并设立冬运办、6个专项工作组、4个赛区气象分中心和5个赛区气象台。

组建1个技术服务专班。气象专家尽锐出战、贴身协助，涵盖内蒙古区—盟—旗三级的气象工作者，与从北京、河北、黑龙江等兄弟省份气象局抽调的北京冬奥会气象服务专家组成282人的团队。

细致周密的工作部署，环环紧扣——

明确“一场一策、一项一策”的服务策略，印发“十四冬”气象保障总体工作方案和应急预案，以及专项方案、各气象分中心服务方案预案20个。组织开展全流程实战应急演练10次，与筹委办、竞赛部等开展工作对接20余次，组织专题、调度、总结等会议40余次。

监测预报服务全链条发力，全过程服务——

建成全时空、立体化的气象监测系统，无缝隙、精细化的气象预报系统，广覆盖、专业化的气象服务系统，提供赛事保障、大型活动、赛会保障3类气象服务。

起跳、腾空——对标北京冬奥会提升赛事气象保障服务综合实力

正如雪上项目腾飞翻转的完成度最能体现运动员的实力，助力赛事安全有序进行是对气象保障服务能力的关键检验。

在单板滑雪平行大回转比赛中，赤峰喀喇沁赛区气象台提前提示大风风险，竞委会根据预报制定应急预案，使用雪地摩托车通勤，圆满完成赛事任务。

在单板滑雪障碍追逐比赛中，乌兰察布凉城赛区气象台提前1 d预报“赛事期间赛道的最高温度将达到8 ℃，有融雪风险”，竞委会据此决定提前25 min开赛。

21日的自由式滑雪公开组女子空中技巧比赛，因大风推迟90 min开赛，这是扎兰屯赛区执委会根据19日扎兰屯赛区气象台“21日上午出现大风天气”的预报结论决定的，风力预报的提前量达到两天。

……

“十四冬”赛事期间，气象部门紧盯高影响天气，为官方训练和赛程调整抢抓“窗口期”，为赛道运维等提供决策支撑，由于天气原因优化调整训练和赛程共17次。

“气象部门为扎兰屯赛区协调提供最优秀的软（硬）件条件，精准预报为赛事顺利进行提供了科学的决策依据，起到了至关重要的作用。”扎兰屯市委副书记、市长王波说。

国家体育总局冬季运动管理中心副主任李扬说：“‘十四冬’气象保障服务得到各方高度认可，大家辛苦了。”

国家体育总局冬季运动管理中心竞赛训练部副部长、“十四冬”扎兰屯赛区竞委会副主任周瑾也高度评价气象工作："这个团队非常专业，气象保障服务水平也是对标冬奥会水准的。"

气象部门再一次兑现"百米级、分钟级"精准预报承诺。

这背后，有气象科技的加持——为室外雪上项目各赛道布设天气雷达、自动气象站、激光测风雷达、微波辐射计等设备，结合风云气象卫星监测，实现地基、空基、天基的全时空、立体化监测。利用高性能人工增雨飞机开展飞行探测，为监测预报提供宝贵数据支撑。在室内场馆补充的穿戴式多功能袖珍手持气象站，为温度控制提供依据。

有对北京冬奥会成果的充分转化利用——提前引入北京市气象台赛事站点智能预报技术(MMIC)、国家气象中心赛事站点要素客观预报技术(STNF)两项北京冬奥会成熟预报技术成果并本地化应用。在此基础上，内蒙古气象局自主研发了 5 项气象预报技术成果，气象服务数据实现全流程自动化采集、制作、传输。

还有团队主观能动性的充分发挥——成立 5 个赛区临时党支部，组建"突击队"。为赛道建设气象站，他们扛着三四十千克的设备上山；为在短时间内更快积累山地气象预报经验，他们白天上山"追风"，晚上复盘摸清规律；10 名参与北京冬奥会保障的专家传授经验、提供指导，内蒙古自治区气象局领导和有关工作组深入一线跟进每一场赛事气象保障；立足赛事实践，搭建人才锻炼平台，形成冬运会气象人才体系……

赛事之外，这场冰雪盛会的每个瞬间都有气象保障服务团队的贴心守护：他们共提供交通、旅游、环境、生活指数、行业保障 5 大类 7 项专业气象服务产品 1691 期。

着陆、向未来——气象火种持续燃情冰雪

在扎兰屯，气象部门在金龙山滑雪场 6 条雪道上建设了 15 个多要素自动气象站。而在"十四冬"之后，这些新建设备将继续记录金龙山滑雪场每分钟的气象要素，当地气象部门将继续开展针对国内外冬季运动赛事和训练的服务保障工作，为各类赛事活动提供精细化预报产品。

曾经服务过成都大学生运动会的"移动垂直观测方舱"——地基遥感垂直观测系统，集成了微波辐射计、毫米波云雷达、激光测风雷达、激光气溶胶雷达等多种设备，可实现地面至高空 10 km 垂直大气温度、湿度、风向、风速、云、气溶胶等要素的分钟级廓线连续观测。在"十四冬"后，也将启程奔赴下一场重大活动、重大天气过程的气象保障服务现场。

办好一个赛，提升一座城。气象保障服务冰雪运动的火苗持续燃烧，也为"冷资源"撬动"热经济"提供了更多支点。

内蒙古自治区气象局党组书记、局长赵黎明表示，贯彻落实"冰天雪地也是金山银山"发展理念，抢抓"十四冬"筹办机遇，内蒙古气象部门紧紧围绕地方经济社会发展目标和服务需求，强化主动、互动、联动，争取地方政策支持，强化项目带动，突出趋利避害和赋能发展，变冰雪经济政策红利为现实生产力。

针对冬季游客需求，气象部门织密重点旅游景区和线路上的气象监测站网，气象服务产品向数字化和智能化转型，与文旅部门建立高效联动机制，联合开展气象景观预报科研攻关，助力内蒙古冰雪旅游迸发新活力。

挖掘极寒潜力，气象部门将发挥内蒙古寒地冰雪气候研究中心作用，进一步开展寒地冰雪气候特征规律及资源开发利用、寒地冰雪气候资源与产业经济发展的应用研究，助力工业品耐冷测试等科研成果转化应用，助力"冷资源"转化为"热产业"。

盛会虽已落幕，"十四冬"气象成果的后续应用和推广正当其时，气象赋能发展冰雪经济的潜力将进一步激发，成为推进气象科技能力现代化和社会服务现代化的有力抓手。

（来源：《中国气象报》，2024 年 2 月 28 日，作者：吴彤、王祯晗、高菲，武艳娟、徐玉强、周昕南、李红梅、刘伟、李晓亮、余亚庆、付铭对本文有贡献）

5.2.3 科技支撑类

兑现"百米级、分钟级"承诺
——"十四冬"气象预报服务能力提升侧记

两年前，在北京冬奥会期间，"百米级、分钟级"精准预报能力在保障赛事顺利进行中立下功劳。两年后，第十四届全国冬季运动会赛事陆续拉开帷幕，再次聚焦对气象条件要求苛刻的冬季赛事，内蒙古气象部门作出兑现"百米级、分钟级"的气象预报承诺。

"每个山区都有自己的'小脾气'，山地气象预报一直是个难题。以凉城赛区为例，赛区山地海拔高度约 2000 m，每一条赛道的气温、风速都有差别，微尺度天气的研判是一大难点。"北京冬奥会气象服务首席专家时少英，如今成为"十四冬"气象服务特聘专家，在内蒙古气象台挂职副台长，"但相比天气气候特点，准备时间紧张和缺乏历史资料是'十四冬'气象预报更大的难题。"

受新冠疫情影响，原定于 2020 年举办的"十四冬"推迟至 2024 年，"十四冬"重启后，内蒙古气象部门立即投入服务保障准备工作。但准备时间压缩至不到一年，气象预报团队的冬季实战驻训机会也仅有正式比赛前的一个多月。更棘手的问题是赛事重新设置了赛道，这就要求气象部门需要重新布设气象站，气象预报所需的重要历史观测资料一片空白，预报团队几乎是从零开始这项任务。

为尽快了解赛道和赛点的天气规律，"十四冬"气象预报团队一次又一次徒步登山，感受赛场不同区域温、压、湿、风等气象要素的差异，体会山地气象要素分布的复杂与多样。同时，他们利用前一周期的赛道气象数据进行模拟分析，充分参考北京冬奥会、冬残奥会气象保障服务经验，一边学习、一边研究、一边在资格赛中实践，攻坚克难、提升水平，迅速进入实战状态。

"北京冬奥会气象保障团队有五年的冬季驻训期，而'十四冬'气象预报团队则用几个月完成几年才能完成的工作，每一个人都在拼尽全力。"时少英说。

1 月 11 日，为期一个月的驻训实战和资格赛服务保障刚刚结束，"十四冬"气象预报团队全体成员立刻赶往扎兰屯市，参加"十四冬"气象预报服务专题培训班，18 名一线预报员代表在培训中分享交流经验。在 2023 年 11 月的第一期培训班中，他们中的大多数人还只是对山地气象毫无经验的新手，而这一次，他们已经转变为"十四冬"气象保障的尖兵。

当然，这一切都离不开气象预报技术的提升和北京冬奥会气象保障经验的传承。

内蒙古自治区气象局自主研发了"十四冬"内蒙古睿图数值预报模式、"十四冬"内蒙古次百米级数值预报系统、"十四冬"赛事高影响天气集合预报系统、"十四冬"多源智能预报技术、"十四冬"赛场雪务精细化客观预报技术 5 项技术成果。同时，引进了赛事站点智能预报技术、赛事站点要素客观预报技术两项冬奥会预报技术。

这些预报技术均应用于资格赛预报服务中，成为实现赛事气象预报"百米级、分钟级"精细化要求的"利器"。

此外，气象预报团队积极利用微波辐射计和激光测风雷达等新资料开展天气分析。"在对风速敏感的高山滑雪项目中，微波辐射计能够很好地补充自动气象站站点稀少的不足。”北京冬奥会气象专家、黑龙江省气象局支援“十四冬”服务保障的预报员唐凯介绍。为进一步发挥好微波辐射计在预报服务中的作用，唐凯在驻训期间自行开发了微波辐射计数据显示平台，该平台能自动实时显示温度、湿度廓线等要素，有效提高了预报水平。

2023 年 12 月 22 日—2024 年 1 月 10 日，“十四冬”气象保障服务迎来了资格赛这一正式考验，气象预报团队在服务中使用的“十四冬”气象预报制作系统和“十四冬”气象现场服务系统，让气象保障工作有了事半功倍的效果。

打开面向各赛区气象台预报员开发的“十四冬”气象预报制作系统，可以看到，系统设计虽简洁，但嵌入了各类预报模式，涵盖了站点预报、产品制作、预报检验等多种功能。以扎兰屯赛区为例，大跳台出发区、滑雪登山山顶等 14 个预报产品点位的逐小时到未来十天预报，都可以在系统中完成制作，并一键导出包含折线图、表格等多元素的服务产品。

而面向赛事服务对象开发的“十四冬”气象现场服务系统，可以非常清晰地展示各赛点的温度实况和逐小时温度、风速预报。

这两个系统平台也均是北京冬奥会气象保障成果的本地化应用成果。

“如果没有这两个平台，400 多个预报要素都要手动完成制作和录入，对外展示的气象预报产品也很单一，这两个系统极大地提高了预报效率和连续性，也是气象服务精细化水平的展现。”内蒙古自治区气象台首席预报员、扎兰屯赛区前线预报员赵斐说。

“百米级、分钟级”的预报技术＋得心应手的工作平台＋预报团队精湛的能力，让气象服务在“十四冬”资格赛保障中广获好评。

2023 年 12 月 25 日，扎兰屯市金龙山滑雪场出现降雪天气，正值全国自由式滑雪空中技巧锦标赛暨“十四冬”资格赛的前一天，赛场 11—18 时累计降雪量为 1.5 mm，扎兰屯赛区气象中心预报团队精准把握降雪起止时间，量级误差仅为 0.1 mm。预报团队用精准的预报服务获得竞赛工作组、竞赛团队成员和各相关部门的认可。（来源：《中国气象报》，2024 年 1 月 16 日，作者：王祯晗、李红梅、高菲，常煜、刘伟、郭晓佳、周昕南对本文有贡献）

立体观测网亮相 5 项预报技术落地 新系统上线
内蒙古气象部门聚力护航“十四冬”

冬季运动赛事对气象条件要求严苛。第十四届全国冬季运动会是内蒙古自治区首次承办的全国综合性运动会，如何把脉“挑剔”的天气，为冰雪健儿冰上驰骋保驾护航？内蒙古气象部门建成了全时空、立体化的气象观测系统，无缝隙、精细化的气象预报系统，广覆盖、专业化的气象服务系统，充分调动各方资源，切实凝聚部门合力，全力以赴做好“十四冬”气象保障服务工作。

建立全时空、立体化气象观测系统

气象观测是预报和服务的基础，内蒙古自治区气象部门沿赛道关键点位布设自动气象站，如在山顶、起跳点、终点、赛道中间点等布设自动气象站，可以全方位、分钟级提供赛道上的实时气象要素变化情况。

内蒙古自治区气象部门在 5 个赛场建立了 29 套自动气象站，租用激光测风雷达 2 部、微波辐射计 1 套，投入应急保障车 2 辆，备用 6 套便携气象站、4 部手持气象站、5 个手持雪温仪，综合利用赛场周边5个高空站、6部天气雷达以及风云气象卫星，形成天地空立体气象观测系统，实现对赛场气象观测的全覆盖，可以实时提供赛场分钟级地面气象监测数据。

传承升级冬奥气象服务核心科技

在北京冬奥会期间，“百米级、分钟级”精准预报能力在保障赛事顺利进行中立下功劳，聚焦“十四冬”，内蒙古气象部门接续传承这一能力，继续提升气象精细化预报预警能力。

依托“百米级、分钟级”预报系统，内蒙古自治区气象部门自主研发了5项气象预报技术，包括“十四冬”内蒙古睿图数值预报模式、“十四冬”内蒙古次百米级数值预报系统、“十四冬”赛事高影响天气集合预报系统、“十四冬”多源智能预报技术、“十四冬”赛场雪务精细化客观预报技术。同时，引进了赛事站点智能预报技术、赛事站点要素客观预报技术两项冬奥会预报技术；开发“十四冬”气象预报制作系统和“十四冬”气象现场服务系统，为预报员和运动员提供24 h内逐小时、2～3 d逐3 h、4～10 d逐12 h的精细化预报产品。

目前，5项预报技术和2项业务系统已投入“十四冬”资格赛和海拉尔、喀喇沁赛区决赛的气象预报服务中，成为预报员手中的利器，将为比赛提供强大的气象保障服务。

新上线服务系统让赛事保障更贴心

气象实况数据和气象预报信息能够准确、及时地传递给运动员、教练员等，是“十四冬”气象服务工作的目标。

为此，内蒙古自治区气象部门建成赛事交通气象预报服务系统，完成了“十四冬”专题气象服务网站与“十四冬”官网的对接。该系统可实时显示比赛场馆29个点位的监测数据，及时提供各场馆天气预报和23个赛道点位预报。交通气象、环境气象、扫雪铲冰等气象信息可及时发布，为赛事组织部门、运动员、公众以及赛事外围保障部门人员的出行、工作、训练等提供帮助。

“十四冬”气象服务专题网站页面设计简洁、内容丰富，涵盖赛区场馆实况和预报数据、比赛分项目实况和预报数据、天气通报、气候服务、空气质量、交通气象、旅游天气、专项保障等多个栏目功能。观众和运动员打开首页，可以看到5个场馆当时的气温、湿度和风速；进入各个场馆所在的单独模块中，该场馆全部气象站的实况数据和0～10 d的气象预报都清晰可见；而自由式滑雪、单板滑雪、越野滑雪、冬季两项等比赛项目，也可以按照起点、山腰、山顶、终点等观测和预报点位查看气象实况和预警。另外，内蒙古自治区气象局同步开发了“十四冬”赛场气象服务小程序，相关人员可以通过手机实时查看气象实况数据和预报产品等信息。

（来源：《中国气象报》，2024年2月2日，作者：王祯晗、周昕南）

“小不点气象站”同样能为“十四冬”做贡献

“近期场馆温度过高，可能对‘十四冬’比赛有影响，你们能监测到场馆高处的温（湿）度等数据吗？”2月12日上午，内蒙古冰上运动训练中心短道速滑馆长于洋与前来对接的“十四冬”呼伦贝尔市气象分中心技术保障组组长王涵提出一个新的保障需求。

“没问题，交给我！”王涵的回答底气十足，这源自他“百宝箱”中的众多仪器设备。

“这‘小玩意’是啥？干什么用的？”当天下午，于洋仔细打量着王涵手里一部像手机似的设备好奇地问道。

“这个‘小不点’，名叫穿戴式多功能袖珍手持气象站，特别为保障短道速滑场馆赛事准备的，你别看它个头小，但本领强大，能够实时监测气温、湿度、风速、气压、冰面温度等气象要素，数据监测频率可达秒级，同时无线传输到气象分中心。”王涵拿着手持气象站，一边安装调试一边讲解。

手持气象站的主要特点是方便快捷、体积小，基于场馆室内监测的需求，它适合安装在马道等空间受限不便于安装便携自动站的场景，能够为室内温度控制提供精准依据。

“气温 11.6 ℃，相对湿度 14.3%……”随着短道速滑馆一条实时气象数据的传回，手持气象站也于当日光荣地加入了“十四冬”赛事气象保障设备“大家庭”，与它的众多伙伴们一起为赛事做贡献。

此外，短道速滑馆内还有个“大块头”的便携自动站，与马道上的手持自动站共同完成场馆内环境气象监测，当温度高于 12 ℃，气象保障人员立刻通知馆内工作人员，通过降低供暖温度、调整空调功率等手段，保障馆内比赛顺利进行。

“小不点”和“大块头”相互补充，构成智能、立体的体育赛事室内气象监测站网，为面向赛事、公众和应急管理的全方位气象服务提供精准监测数据。（来源：《内蒙古日报》，2024 年 2 月 2 日，作者：石向军、王祯晗）

All eyes on the weather to ensure successful National Winter Games

Precise, timely forecasts are expected to play crucial roles during the ongoing 14th National Winter Games that kicked off in the Inner Mongolia autonomous region on Saturday, and meteorologists are working to ensure the accuracy of their weather reports.

Zhang Jiaxing, a meteorological engineer at the weather station in Zhalantun in Hulunbuir, the host city for the games, said the main challenge is ensuring that all 15 automated stations in the area are operating correctly.

Situated at higher altitudes, the stations at the main skiing area are more difficult to maintain because of the lower temperatures and heavy snowfall, he said.

“Monitoring solar panels to ensure power supply and maintaining the signal transmission of meteorological equipment are critical tasks,” he said. “I need to remove frost from equipment, and if it's going to snow, I need to spread a snow-melting agent in advance.”

“Regular inspections, especially during snowfall, are essential to guarantee timely and accurate data transmission.”

The Zhalantun competition area will host seven events during the games, including freestyle skiing, half-pipe and cross-country skiing.

Temperatures that are either too cold or warm can have an impact on athletes' performance and safety. Varying levels of snowfall and visibility can also affect competitions and venues.

“Successful coordination of meteorological services will play a crucial role,” said Lian Yongping, a member of the games' organizing committee.

“Accurate weather forecasts will allow the committee to make timely adjustments, contributing to the success of events,” he said.

In early January, during a meeting of team leaders and coaches, the meteorological service team provided a detailed weather report for the following day. The organizing committee used the information to adjust the schedule for public training and qualifying competitions.

The meteorological service used WeChat apps and printed reports to provide weather updates three times a day during the qualifying rounds.

"For skiing events, factors including wind speed and snow temperatures are of utmost importance," Lian said.

Inner Mongolia's meteorological service said, winter sports heavily rely on climatic conditions, with snow events being more dependent on weather support than ice-based sports.

Competition venues must strike a balance — not too cold, which could hinder athletic performance and increase the risk of injury, and not too warm, which could result in a soft snow surface, increasing the likelihood of errors.

Various factors, such as the quantity and quality of snowfall, can have distinct effects on the competition and the condition of the venue.

Excessive wind speed and low visibility can also have adverse impacts on the technical performance of athletes.

With an average temperature of −14.7 ℃, Zhalantun has ideal conditions for winter sports. Located on the southeastern side of the Greater Hinggan Mountains, the region is shielded from cold air masses from the north and has higher temperatures than nearby areas.

However, forecasting in Zhalantun presents challenges due to the competition zone being located on the leeward slope of the mountains, resulting in a more complex valley wind circulation. Predicting gusts is difficult, the region's meteorological service said.

"During training, forecasters had to combine mountain meteorological theory and local weather rules to enhance their capabilities," he said.（来源：《中国日报》，2024年2月19日，作者：李弘扬）

冬奥经验助力“十四冬”精准把脉天气

2月18日，第十四届全国冬季运动会扎兰屯赛区飘起雪花。张晨阳比往日出发得更早，他脚穿冰爪，深一脚浅一脚地行进，认真巡检山上山下的每一处气象监测设施，清除设备积雪，确保正常运作。遍布雪道的15个点位都走一遍后，两个小时已经过去。这是扎兰屯赛区气象服务团队每天的工作之一。

“下雪天气，赛场内的路途更加难走，要早一点出发，而且运动员训练的时间也提前了，必须赶在他们使用场地之前完成巡检。”作为气象服务团队的一员，张晨阳完成每日巡检之后，又和同事一起，开始观察卫星云图，研判天气变化走势。

扎兰屯赛区处于大兴安岭山脉的东侧背风坡，在冬季风盛行的条件下，天气情况复杂，系统性规律很难找到。“雪上项目，天气因素造成的影响较大，必须根据情况随时调整比赛时间，因此相对准确的天气预报必不可少。”扎兰屯赛区气象服务团队负责人王颖说。

从团队驻训经验交流，尽快补齐山地气象知识，到每日徒步登山，实地感受不同赛道点位要素差异，不断复盘订正预报结论，再到成员间磨合互补，优化前后方工作协作流程……团队快速成长，稳稳“拿捏”扎兰屯雪场的“怪脾气”。

翻开滑雪场气象专报的文件夹，各点位每小时的天气、气温、相对湿度、风速、积雪深度、能见度等各项指标都一目了然。“每一条赛道的气温、风速都有差别，微尺度天气的研判是工作重点。我们已经做到了‘百米级、分钟级’的精细化预报，为赛事顺利进行提供了充分气象信息保障。”王颖说。

据工作人员介绍，对天气情况的精确预报，还有赖于布设在赛区各个角落的气象监测“千里眼”。“比如，‘气象方舱’曾经服务过成都大学生运动会。”王颖说，这是一套地基遥感垂直观测系统，集成了微波辐射计、毫米波云雷达、激光测风雷达等多种设备。除了“气象方舱”，自动气象站、应急保障车、便携式气象站等设施协同“把脉”，实现地基、空基、天基的全时空、立体化监测。

两年前，北京冬奥会在天气精准预报方面实现质的飞跃。在“十四冬”赛场上，北京市气象台赛事站点智能预报技术、国家气象中心赛事站点要素客观预报技术两项北京冬奥会成熟预报技术成果再次得以应用。扎兰屯赛区 16 名团队成员中，有 5 名曾经服务保障过北京冬奥会。

“我们最大的底气与信心来自北京冬奥会的经验，但我们利用冬奥遗产，并不是简单的拿来主义。”王颖说，在已有的技术和人才基础上，气象部门新开发了“十四冬”气象预报制作系统和气象现场服务系统，嵌入各类预报模式，进一步提升了各方获取气象信息的便捷性和时效性。

记者走访了解到，除了为赛事保驾护航，各类气象专项服务产品的发布，还将便利延续至公众观赛、交通出行、供电供气、扫雪铲冰等各个领域，惠及更多部门和群众。（来源：新华网，2024 年 2 月 19 日，作者：张荣锋、张武岳、贺书琛）

解码“十四冬”气象保障“黑科技”

“十四冬”期间，不同场地、不同赛事活动，对气象服务的需求也不尽相同。为做好“十四冬”气象保障工作，内蒙古自治区气象局全力推进建成综合监测系统、气象预报系统、气象服务系统，利用“黑科技”护航“十四冬”。

在扎兰屯赛区，为了能够更好地保障赛区天气情况，气象工作者们下了不少工夫。他们布设天气雷达、自动气象站、激光测风雷达、辐射站、微波辐射计和地基遥感垂直观测系统，可以同时实现地基、空基、天基的全时空、立体化监测。2 月 20 日，在扎兰屯金龙山滑雪场，“十四冬”综合保障组气象保障人员、扎兰屯气象局局长金淼对记者说：“为了实现雪场气象监测数据全覆盖，我们在雪场 6 条雪道建设了 15 套自动气象站，在雪道的起点、终点和关键点，都设置了气象监测设备。其中，地基遥感方舱的毫米波雷达是在成都大学生运动会以后，第一时间到达了金龙山滑雪场，也是第一次投入在冬季运动保障中，这是我们气象方面的一项‘黑科技’。”这个“黑科技”有多厉害？“十四冬”综合保障组气象保障人员权浩哲介绍，微波辐射器可以测出气温和湿度，毫米波测云仪能测出云高低和有无云，激光测风雷达和气溶胶激光雷达可以检测风速和气溶胶等。“为了给赛场提供第一时间的气象信息，这些系统都是每分钟进行一次信息更新，气象数据实时推送。而且，推送的频次也会根据赛场要求做相应调整。预报专家每日 07 时、11 时和 17 时会定时推送预报信息，如天气有大风降温，会根据情况加密推送，按照执委会的需求随时提供。”金淼说。（来源：《内蒙古日报》，2024 年 2 月 20 日，作者：李存霞、牛天甲、刘玉荣、李新军、黄燕飞）

预报产品制作时间大幅压缩：两大平台提升“十四冬”预报服务成效

在第十四届全国冬季运动会气象保障服务中，内蒙古自治区气象局引入冬奥的成熟技术“多维度冬奥预报平台”和“冬奥现场服务系统”，本地化开发“十四冬气象预报制作系统”和“十四冬气象现场服务系统”，使气象预报和现场服务更加便捷、更富有成效。

“在系统引入前，预报人员需要根据预报结论手动输入数据，制作1个预报点位的1份预报产品，耗时1 h左右，系统引入后，预报员根据预报模式结论进行调整，可以直接生成PDF版预报产品，扎兰屯12个预报点位的12份预报产品全部完成仅需1个多小时。”内蒙古自治区气象台首席预报员、扎兰屯赛区一线预报员赵斐，一边演示“‘十四冬’气象预报制作系统”一边说，“我们一线预报员能够提高工作效率，把更多的时间投入预报技术研究上。”

除了便捷外，预报技术的提升应用是“‘十四冬’气象预报制作系统”的一项重要成果。平台接入“十四冬”气象预报全部核心技术，包括“十四冬”内蒙古睿图数值预报模式、“十四冬”内蒙古次百米级数值预报系统、“十四冬”赛事高影响天气集合预报系统、“十四冬”多源智能预报技术、“十四冬”赛场雪务精细化客观预报技术5项技术成果，赛事站点智能预报技术、赛事站点要素客观预报技术两项冬奥会预报技术。预报员可以直接通过系统调用以上技术方法或模式，分析得出气温、能见度、降水量等多个要素预报结论，首席预报员也可以直接通过系统完成预报产品的审核把关；同时，系统可支持“十四冬”海拉尔、扎兰屯、凉城、喀喇沁、呼和浩特5个赛区23个预报点位的预报编辑制作。

“除了要实现报得快，平台的设计还致力于帮助预报员做到报得准。”系统开发技术牵头人、内蒙古自治区气象台副台长时少英介绍，“我们还设置了预览和检验功能，可查看多站点、多要素预报及实况数据对比，支持预报产品的表格、曲线图展示，并与站点实况、参考模式数据进行差值对比，通过折线图的展现方式，帮助预报员了解各模式气象要素预报准确度的对比，为预报员经验积累提供重要参考。”

温度方面，哪个模式报得准？风速预报应该重点参考哪一项技术？在“十四冬”驻训学习期间，预报员通过系统的检验反馈，对这些问题已了然于胸。

在赛事服务保障中，“‘十四冬’气象预报制作系统”落地应用也经受住了考验。

1月19—20日，在“十四冬”赤峰喀喇沁赛区的单板滑雪平行大回转项目开赛前两天，出现了一次降雪大风天气过程，喀喇沁赛区气象台依托“‘十四冬’气象预报制作系统”提前做出研判，赛事综合协调组根据准确的预报信息，提前部署赛道清雪工作，没有影响训练和赛事正常进行。

“气象预报和实况一目了然，你们这个平台设计得真便捷。”喀喇沁赛区竞赛部联络员朝鲁说。他给予好评的是聚焦于赛事服务的“‘十四冬’气象现场服务系统”。

“‘十四冬’气象现场服务系统”可提供站点、场馆的预报产品和PDF版服务产品展示，以及场馆百米级精细数值预报产品的三维可视化等，主要服务于赛区竞赛长、教练员和运动员。

该系统主要分为赛区预报和赛区实况两大展示功能，并将赛道作为底图，预报点位设置在哪，气象信息就显示在哪。赛区预报展示模块包括站点预报、时序图、多站对比，赛区实况模块包括分钟级站点实况数据，气象要素的变化通过折线图等表现形式展现。该系统与“‘十四冬’气象预报制作系统”的站点预报、场馆通报、多站预报的制作模块接通，预报信息制作完成后，

预报产品将自动在系统中更新。(来源:《中国气象报》,2024 年 2 月 20 日,作者:王祯晗、李红梅、邹逸航)

5.2.4　团队人物类

“十四冬”的观天人

2024 年 1 月 28 日 05 时,内蒙古呼伦贝尔扎兰屯,呼伦贝尔市气象台副台长王颖的闹钟准时响起。她习惯性地看了一眼室外温度,显示−16 ℃。

当天,第十四届全国冬季运动会滑雪登山赛事要在距离市区 8 km 的金龙山滑雪场举行。作为“十四冬”扎兰屯赛区预报团队负责人,王颖要和小伙伴们在 07 时准时发出第一份气象服务专报。

走进金龙山滑雪场,3 条高低起伏的赛道映入眼帘。内蒙古自治区气象台副台长、北京冬奥会首席预报员时少英向《科技日报》记者介绍,雪上运动项目对气象条件依赖性较强,天气太冷不仅会影响运动员的身体机能,还可能造成运动性损伤;太暖则会导致雪道表面松软;而风速过大、能见度过低等因素也会影响运动员技术水平发挥。

“‘十四冬’全面对标 2022 年北京冬奥会,‘一场一策、一项一策’,这对赛事气象保障人员提出了更高要求。”内蒙古自治区气象局应急与减灾处副处长武艳娟说。

滑雪登山则是“十四冬”全面对标 2026 年米兰冬奥会的一项新增赛事,堪称滑雪界的马拉松。尽管预报团队中有 5 人都参与过 2022 年北京冬奥会气象保障,对山地预报的基本理论和相关知识已经非常了解,但王颖和队员们依然不敢有丝毫放松。

“山地气象预报一直是个难题。以扎兰屯赛区为例,山顶海拔高度 582 m,从赛道起点到终点的海拔落差 200 m 左右,处于大气边界层的近地面层。这里湍流多,系统性规律很难找到,微尺度天气研判是一大难点。”时少英说,与复杂的天气气候特点相比,准备时间短、缺乏历史资料是“十四冬”气象预报服务的更大难题。

“每个山区都有自己的‘小脾气’,我们需要尽快摸透。”王颖说。为此,从 12 月集训开始,他们每天都会沿着赛道走,感受自动观测站和具体赛点风的不同,观察云的变化。

一个多月走下来,王颖感慨,不到扎兰屯,真不知道天气有多复杂,每天都在颠覆认知。“同一时刻,山顶和山底的温度相差十几摄氏度,极大风速达 24.9 m/s,相当于 10 级大风。”王颖说。

预报团队在争分夺秒,设备保障人员也是马不停蹄。他们深知,监测精密是天气预报精准和服务精细的基础。扎兰屯赛区赛道关键点位共布设有 15 套自动气象站、1 部激光测风雷达、1 部微波辐射计,可全方位分钟级提供赛道实时气象要素变化情况。

在一处十要素自动气象站,“十四冬”气象保障服务团队成员张佳兴拿起除雪板为太阳能板除霜。“供电不足会影响气象数据传输。如果预报下雪,我们会提前撒融雪剂;一旦设备被冻住,就拿螺丝刀把冰敲掉。”

为找到一个好的角度记录下张佳兴工作的场景,仅仅几分钟,记者的手就冻僵了。而对气象保障服务团队来讲,每天都是常态。

扎兰屯市气象局局长金淼介绍,15 个自动气象站,每天都要巡视一两次。有个站建在半山腰,坐缆车上去后,还要穿冰爪走 20 min 才能到。一圈下来,至少要两个多小时。

"北京冬奥会气象保障服务有5年的冬季驻训期,'十四冬'气象预报团队则只有几个月的准备时间,所以每一个人都拼尽全力。"时少英说。

团队果断引入赛事站点智能预报技术(MMIC)、赛事站点要素客观预报技术(STNF)两项北京冬奥会成熟预报技术,并结合自身经验对模式进行修正。他们最终经受住了考验。

在"十四冬"资格赛的前一天,金龙山滑雪场迎来一场降雪。预报团队精准把握降雪起止时间,降水量级误差仅为0.1 mm。那一刻,内蒙古自治区气象台首席预报员、扎兰屯赛区后方首席预报员赵斐悬着的心终于放下。

赵斐也曾服务过2022年北京冬奥会,他深知上述两种预报技术的重要性。"这是实现赛事气象预报'百米级、分钟级'要求的'利器',也是气象服务精细化水平的展示。"赵斐说。

"聚是一团火,散是满天星。"2018年,他们还是山地气象预报毫无经验的"新手"。在经历了北京冬奥会历练后,这一次,他们已成为"十四冬"气象保障服务的"精兵"。看着昔日队友们在各个赛场担任预报首席、服务首席,时少英自豪又骄傲。

一离家就是数月,说起两岁的孩子,王颖忍不住抹眼泪。但当被问到如果有下一次,还会选择去吗?她总会毫不犹豫地答道"会的"。

接下来,"十四冬"各项赛事逐渐开赛,这支平均年龄仅为36岁的团队将继续以精准预报为赛事顺利保驾护航。(来源:《科技日报》,2024年1月31日,作者:付丽丽)

仅0.1 mm误差!追风的她如何"把脉"风云?

2024年1月30日一早,正在第十四届全国冬季运动会扎兰屯赛区参与气象保障的王颖来到金龙山滑雪场气象中心查看当日天气实况,在检验前一日预报时,发现了不寻常之处。

"正常情况下,气温会随着海拔高度的升高而降低,但是今天07时山底的气温是−26.7 ℃,山顶气温反而更高,是一种逆温现象。好在这一情况,我们在昨天的预报中考虑到了。"

王颖是内蒙古呼伦贝尔市气象台副台长、"十四冬"扎兰屯赛区预报团队负责人,是为"十四冬"赛事提供精准气象服务的工作人员之一。

而作为北京冬奥会气象服务首席专家、"十四冬"气象服务特聘专家、内蒙古气象台挂职副台长的时少英也在扎兰屯赛区坚守多日。"山地气象预报一直是个难题。以扎兰屯赛区为例,山顶海拔高度582 m,从赛道起点到终点的海拔落差为200 m左右,处于大气边界层的近地面层。这里湍流多,系统性规律很难找到,微尺度天气研判是一大难点。"时少英说。

"十四冬"全面对标2022年北京冬奥会,"一场一策、一项一策",对赛事气象保障人员提出了极高要求。

尽管面对的天气复杂多变,面临的挑战艰巨异常,但这些气象保障的巾帼女将用专业和敬业坚守一线,守护着"十四冬"赛场"风云"。

"拿下"难以捉摸的山地气候环境

2023年12月22日—2024年1月10日,2023—2024年赛季全国自由式滑雪空中技巧、单板及自由式滑雪大跳台和坡面障碍技巧锦标赛暨"十四冬"资格赛在金龙山滑雪场举行。资格赛期间,共有5项赛程因大风和降雪原因推迟或延期。

为资格赛做气象保障的正是王颖带领的预报团队。因为及时、准确的天气预报和精细的气象服务,竞赛团队对预报团队建立了充分的信任。而预报员们在从被复杂多变的天气打击自信心，到慢慢摸清它们的规律重新建立信心的过程中，也克服了诸多困难。

“一个山头一种天气”，扎兰屯的天气和河北张家口、北京延庆赛区完全不同，错综复杂的地形也总是打破常规的预报经验，加上团队大多数预报员初次预报山地天气，一开始，他们便遇到不少困难。此外，因为新增比赛项目，新建赛道和气象观测站，缺乏历史数据资料的积累，无法形成准确客观的预报指导产品，需要天气预报员具备非常强的预报功底和能力。

扎兰屯赛区举行的都是雪上竞技类项目，对气象条件要求很高。扎兰屯赛区预报团队一共 16 个人，有 5 名是 2022 年北京冬奥会气象保障成员，平均年龄 36 岁。在这 16 人中，其中有 9 人为女预报员。

在时少英看来，这是支老中青三代经验交融的年轻团队，团队刚建立，队员们就走遍赛道，了解山体地形、赛道朝向、气象观测站的位置……在很短的时间内就快速成长起来。

“05 时，就已经有人起床，在 07 时前做好当天第一份预报产品。19 时，团队成员会准时聚在一起，进行前后方团队的会商，初步定好明早的预报结论。”时少英介绍说，在一天的工作中，他们会根据工作情况随时进行天气复盘总结、预报检验分析、交换意见经验，甚至有时 23 时还有人在学习。

资格赛期间，成员们更是以决赛的标准提供预报服务，只为提前把全流程的工作演练和磨合好。

就这样，尽管“身上担子重，压力大”，但预报员们不断摸索和总结，逐渐对当地复杂多变的天气有了很好的把握。

传承气象前辈的钻研精神

2023 年 12 月 25 日那天的天气尤其让人印象深刻。两天前，预报团队预报 25 日金龙山滑雪场将有降雪，降雪量为 1.4 mm。到了 25 日当天，降雪量为 1.5 mm，仅有 0.1 mm 的误差，且降雪起止时间完全一致，让整个团队都非常兴奋。

“从综合运用山地气象理论知识和对局地天气预报的经验，到系统性演练，再到及时与赛事竞赛团队的需求对接……成员们做了大量工作，也因此有了团队的整体提升。”时少英欣慰地说。

在驻训期间，除了去雪场，其他时间，预报员们几乎没有离开过气象局。“虽然累，但不断加压的过程中，也是一点点提升自己的过程。”王颖说。

在王颖看来，预报员们对自己的高要求来自气象前辈们的传承。2018 年，北京冬奥会气象预报服务团队组建时，不少近 50 岁的专家和首席重新学习山地气象、英语、滑雪等知识和技能，他们的勤奋刻苦给王颖留下了很深的印象。“他们没有人觉得自己年纪大了，不想学，而是特别努力，有的晚上学习到比我还晚。”

气象人爱钻研的精神让王颖很受鼓舞，也激励她要求自己去学习更多东西、承担更多工作。

保障“十四冬”，准备好了

温柔却有力量，不断学习和挑战自己的王颖，在提起女儿时，尽管想极力克制，但总会“破防”。2021 年 10 月，参与北京冬奥会正赛气象保障工作时，王颖的女儿才 5 个月大。考虑到孩子太小，领导询问她的意愿，想到“2018 年参加团队组建时自己和冬奥的约定，只有去到‘前线’，完成这件事，才能画上圆满的句号”，王颖咬咬牙，给孩子断了奶，来到了张家口赛区。

“走的那天我很难过，但是觉得没有什么是不能克服的。”半年没回家的时间里，因为工作压力大，加上思念孩子，最难过的时候，王颖会一个人默默躲在被窝里哭。但是哭完后，“内心也变得更强大”。

这次在扎兰屯，王颖一待又是近 40 d，虽然家在呼伦贝尔，“相隔 400 km，翻一座山就能到”，但王颖和团队成员都没有回家。每次想起女儿，她虽心感愧疚，但也无怨无悔。

“十四冬”扎兰屯赛区开赛时间为 2 月 15—26 日。但王颖和团队成员正月初三（2 月 12 日）将提前到岗，全力为扎兰屯赛区做好气象保障。“回到家乡主场，我深感责任更大，我会和大家共同努力，保障‘十四冬’成功举办。”王颖信心满满地说。（来源：《中国妇女报》，2024 年 2 月 5 日，作者：黄婷婷）

“十四冬”呼伦贝尔扎兰屯赛区预报团队：别样的“十四冬”春节

冬运会遇上中国年，注定是一场特殊的情缘。

2024 年 2 月 10 日，农历新春第一天。06 时 30 分，内蒙古自治区呼伦贝尔扎兰屯的天刚刚亮，“十四冬”气象预报保障团队预报员春花开启了一天的忙碌——分析未来 7 d 天气趋势，制作“十四冬”春运专项气象服务预报产品……

对参加工作近 20 年的春花而言，这个春节假期具有特别的意义。“作为一名基层预报员，能够参加到国家级体育盛会的气象预报保障中，我感到兴奋和自豪。看到每位领导同事的付出，我对‘十四冬’正赛气象预报服务充满信心！”提到“十四冬”气象保障服务，春花底气十足。

经验交融 续写冬奥情缘

春花这份底气的背后，是扎兰屯赛区现场预报团队的坚守。

16 名团队成员中，有 5 名服务保障过北京冬奥会的专家，有 3 名经验丰富的自治区、盟（市）级首席预报员，还有 8 名熟知当地情况的基层预报员。

不光是这个春节，还有过去的很多个节假日，队员们全身心投入团队驻训、“十四冬”资格赛和部分正赛服务保障中，没能陪在家人身边。

“‘十四冬’气象预报团队每个人都拼尽全力，每个人都很优秀！”“十四冬”气象服务特聘专家、内蒙古自治区气象台副台长、北京冬奥会首席预报员时少英这样评价这支团队。

“我们沿袭北京冬奥会的模式，按照‘一场一策、一项一策’原则，建立了前（后）方高效协同的预报机制，即前方对接服务、及时反馈需求，后方有效应对、研发精细产品，前（后）方充分沟通会商后再发出产品”。参加过冬奥保障的扎兰屯赛区现场预报服务团队负责人王颖介绍，“这样可以确保我们呈交给赛事主办方的那一份预报产品是最精准的。”

2 月 1 日，首次亮相全国的“十四冬”滑雪登山项目，根据天气预报，比赛推迟到 11 时 30 分举行，为按时完赛，比赛时间也被压缩了一小时。王颖在她的微信朋友圈里骄傲地说道：“大伙怎么能报得那么准，绝对的预报服务底气！”

快速成长 稳稳拿捏山地“怪脾气”

“我们最大的底气与信心来自北京冬奥遗产的经验‘搬迁’，但其实，北京冬奥遗产并不是简单的拿来主义。”内蒙古自治区气象台首席预报员、扎兰屯赛区后方预报员赵斐说道。

扎兰屯赛区处于大兴安岭山脉的东侧背风坡，在冬季风盛行条件下，天气系统过山后，变得更为复杂，有时减弱，有时增强，系统性规律很难找到。

"'十四冬'赛事服务对预报的需求更加精细，逐小时的预报精度对我来说又是一重巨大的考验，加之部分站点由于刚建成，缺乏历史资料，我心里没底"。12 月 10 日，来自呼伦贝尔的预报员刘伟在他的驻训日志中曾提到。

现如今，再问及刘伟，他表示，从第一次面对山地逆温现象时的惊讶与困惑，到逐步发现规律、应用规律，从而做出更准确的预报，驻训和服务的每一天，预报团队都在"边总结、边应用"的自我迭代中不断成长。每一次激烈的讨论、每一场精彩的分享，都在为下一次的服务奠定更坚实的基础。

从团队驻训经验交流，尽快补齐山地气象知识；到每日徒步登山，实地感受 6 条不同赛道点位要素差异，不断复盘订正预报结论；再到成员间磨合互补，不断优化前(后)方工作协作流程……这支团队快速成长，稳稳"拿捏"了扎兰屯山地气候的"怪脾气"。

当谈起团队的成长，赵斐说，最大的收获是不怕错。因为发现错误才是实现精进预报的最好途径，不怕错才有了敢于预报的果敢。因 1 月 2 日的大风预报漏报的遗憾教训，让团队成员更加快速成长，"拿捏"了扎兰屯地区极不稳定的大风规律。因为敢于走出历史观测数据的"套路"，他们准确预报出了 1 月 4 日的降雪过程。

虽然预报不能百分之百准确，但"十四冬"扎兰屯赛区现场预报服务团队付出了百分之百的努力，便是预报团队最好的春节"敬业福"。**（来源：中国气象局官方微信公众号，2024 年 2 月 10 日，作者：李红梅、王祯晗、刘伟）**

气象专家为"十四冬"保驾护航

2024 年 2 月 12 日一大早，天刚蒙蒙亮，呼伦贝尔市气象台的 7 名预报员就登上前往扎兰屯赛区的火车。"我再确认一下赛程安排，一会就把排班表发给大家"，扎兰屯赛区预报团队队长、冬奥气象保障专家王颖刚上车便拿出笔记本电脑，迅速进入了工作状态。黑龙江省气象局的冬奥气象保障专家唐凯、河北省气象局的冬奥气象保障专家郭宏也都汇聚到扎兰屯保障"十四冬"。

在"十四冬"凉城赛区，气象保障人员也在忙碌。2 月 11 日，大年初二，三级气象部门现场服务、现场运维保障和后方支撑团队 46 人全部到岗，进入赛事保障工作状态。

火车、汽车、飞机……北京、黑龙江、河北……中国气象局、兄弟省气象局、内蒙古自治区气象局、呼伦贝尔市和乌兰察布市气象局、各赛区的旗(县、区)气象局……天南海北的气象人通过不同的方式如期赶赴"十四冬"气象保障第一线。

"本次'十四冬'的气象保障工作对标冬奥会水准，为赛事的顺利举办提供了有力支持，体育团队将和气象团队密切配合圆满完成赛事保障任务。"扎兰屯赛区赛事技术代表孟述说。

冬运内蒙古气象中心冬运办副主任牛宝亮、执行副主任武艳娟早在 2 月 6 日就已经分别到凉城赛区、扎兰屯赛区参加工作专班下沉办公，在各赛区一线迎来了新年的钟声。

2 月 10 日，大年初一，海拉尔赛区气象台一大早就召开"十四冬"专题工作会议安排下一步工作。2 月 11 日，大年初二，海拉尔赛区气象服务人员深入综合保障工作部、竞赛工作部和场馆办公室进行工作对接，根据竞赛工作部提出"室内温度达到或接近 12 ℃时立刻通知"等多个新需求，气象保障人员立即维护室内便携自动站，调整自动站位置和高度，密集监测场馆温度。

除了前线的保障团队，赛场后方的气象工作人员同样用辛勤的努力为“十四冬”奉献着。

在呼和浩特，内蒙古自治区气象台作为服务保障的后方“大本营”，4支“十四冬”专项团队对自主研发的预报技术和服务平台进行不间断运维，确保系统发挥各自优势，为前线持续稳定提供精细化客观预报产品支撑。

“气象部门服务靠前，致力于为赛事提供高标准气象服务！”2月11日，“十四冬”呼伦贝尔执委会综合保障部副部长敖东明表示。（来源：《内蒙古日报》，2024年2月14日，作者：石向军、王祯晗）

冰天雪地中有他们在守护

已是冰天雪地，又迎降温、降雪，“十四冬”各赛区的气温不仅低，而且变化多端。冰雪运动赛事对气象条件要求严格。在呼伦贝尔海拉尔赛区，为了保证开（闭）幕式和四个冰上项目比赛顺利进行，综合部门一刻不松懈，坚守岗位，保障运行。在呼伦贝尔扎兰屯和乌兰察布凉城赛区，为了给雪上运动员保驾护航，气象部门建成了全时空、立体化的气象观测系统，无缝隙、精细化的气象预报系统，广覆盖、专业化的气象服务系统三大业务系统，充分调动各方资源，切实凝聚部门合力。

呼伦贝尔海拉尔赛区：让火炬熊熊燃烧　让比赛顺利进行

过去三个月，呼伦贝尔市平均温度低于常年将近2 ℃，低于−30 ℃的天数有25 d，44 d有降雪，累计降雪量46 cm。据“十四冬”综合保障工作部副部长敖东明介绍，针对高寒天气，“十四冬”海拉尔赛区综合保障部采取了一系列保障措施。

首先，从供热部门的给水温度、回水温度调整及场馆侧供热设备的维修和保养等方面保障了四个比赛场馆的赛场温度，并保障16个接待酒店室内温度保持在22～24 ℃。其次，是清雪，环卫保障组实行“人歇、车不停”24 h进行清雪工作。中心城区清雪面积980万m^2。在高寒天气下，普通的融雪剂效果不好，要使用专门的低温融雪剂作业。气象方面，在26个点位设有气象终端，既保障赛事的正常进行，同时保障对赛事的气象预告，并向各相关部门发布。

同时，海拉尔赛区建立了保障联动机制。气象部门向供热部门提供气象产品。供热部门根据气象变化，特别是气温变化，对整体供热管网进行调试。“比如前两天气温突然升高，这两天又有寒潮来临，但场馆内需要保持稳定的温度，工作人员需要随时调整供热入水的温度，以保场馆内的温度恒定。”敖东明说。

对一场大型综合体育赛事来说，电力保障尤为重要。海拉尔赛区电力保障设置了“三保险”。首先对开（闭）幕式、媒体中心、四个场馆比赛期间的灯光、音响、大屏、计时记分系统等提供零闪动电力保障。“为了实现以上要求，国网电力公司提供双电源实现自动投切，但这个转换需要0.5～1 s，为此在4个保电线路配备了4辆10 kV保电车辆。”敖东明说。同时，所有的重点保电线路都要经过UPS进行供电，UPS又接热备发电机组，确保达到“三保险”。仅在电力保障这一项工作，海拉尔赛区就投入了2300多人，保障赛事电力需求。

2月17日晚，“十四冬”开幕式隆重举行，短道速滑运动员武大靖成功点燃主火炬。但是怎样保证主火炬在室外持续燃烧，燃气供给是关键。而在极寒天气下保证液化石油气顺利气化，是保障部门需要攻克的难点。

“主火炬燃烧期间我们保障的最低供气量每小时需要800 m^3，最高量每小时达到2200

m^3。”敖东明介绍，“这是一个新的课题。首先燃气需从市政管网供给，为此我们专门建了一个备用气源站。万一城市的燃气管网出现问题，我们可以不间断、零闪动地启动备用气源直接供火炬塔。”另一个更为严峻的问题则是如何在高寒天气下保证供气量。“经过多次测试，我们确定了通过伴热带将管道提前加热所需的时间，解决了在低于－30 ℃的天气下液化石油气从－160 ℃的液体状态顺利气化的难题，从而获得足够的天然气供给火炬熊熊燃烧。”

“十四冬”开幕式顺利举行，很多人给敖东明发来祝贺消息，但是敖东明带领的保障团队却一刻都不敢松懈。“俗话说‘编筐编篓，重在收口’，只要最后的口没扎好，这个篓就不能叫编好了。”敖东明说，“对于一个大型综合运动会来说，竞赛才是最重要的。虽然开幕式结束了，但是比赛还有 10 d，行百里者半九十，我们这才刚刚开始。下一步综合保障必须把竞赛的环节做好，保证赛事稳定运行。”

呼伦贝尔扎兰屯赛区：全力以赴保障“十四冬”

呼伦贝尔扎兰屯金龙山滑雪场承担“十四冬”7 个项目的比赛，为给各项比赛提供良好的气象服务，扎兰屯气象局在滑雪场布控了多种专业气象设备，用以保障比赛的顺利进行。比赛期间，在滑雪场的气象中心，现场预报服务团队的工作人员忙着制作天气通报、关键点位预报等，每日进行天气会商，发布到“十四冬”气象服务专题网站和“十四冬”赛场气象服务小程序，通过微信群发送至赛事裁判领队群、扎兰屯赛区执委会、媒体记者等工作群。让竞赛团队和相关的工作组及时掌握赛时天气，根据天气开展对赛事的调整。在赛前，遇到有大风、降雪天气时，预报团队需要持续关注天气实况信息，将最新的情况告知竞赛团队，为赛事调整提供支撑。

呼伦贝尔市气象台副台长、“十四冬”扎兰屯赛区预报服务团队负责人王颖表示：“我们在赛前需要持续关注天气实况信息，也就是当前的风速、气温等实况数据与我们的预报数据是否一致，以便检验我们的预报并随时调整。”春节期间，预报服务团队持续坚守岗位，全力以赴为“十四冬”竞赛团队做好预报和服务工作。

除了预报团队外，观测与网络组、运维保障人员每天对 15 套自动气象站、激光测风雷达、微波辐射计运行情况完成巡查自检。为了全时空、立体化地了解滑雪场气象要素变化情况，扎兰屯赛区布设了地基遥感垂直观测系统，该系统能够实现地面到高空 10 km 垂直大气温度、风向、风速等要素的分钟级廓线连续观测。

目前，国家级观测、预报多个系统平台均增设“十四冬”专版模块，为“十四冬”观测、预报和服务提供国家级技术支撑；新型垂直观测仪器已进驻扎兰屯金龙山滑雪场，提供分钟级的垂直观测，精密的监测数据将为重大活动气象保障服务提供支撑。在扎兰屯赛区大跳台出发区、滑雪登山山顶等 12 个预报产品点位的逐小时到未来十天预报，都可以在引进的冬奥预报制作系统平台中完成；面向赛事服务对象开发的“十四冬”气象现场服务系统，可以非常清晰地展示各赛点的温度实况和逐小时温度、风速预报。

扎兰屯市气象局局长、“十四冬”扎兰屯赛区综合保障组气象工作组负责人金淼介绍，在预报系统方面，赛区参照北京冬奥会标准，引进了北京冬奥会的预报系统，并与扎兰屯 15 个自动气象站数据对接，从而既高效地提高了预报产品，也减小了因为人工复杂的制作过程而出现误差的概率。

乌兰察布凉城赛区:以冬奥标准服务"十四冬"

2024年2月17日,"十四冬"单板滑雪障碍追逐比赛在内蒙古乌兰察布凉城赛区开赛,当天的最高气温达到10 ℃以上,原定于10时举行的资格赛提前了25 min。比赛前一天,障碍追逐赛场现场预报员马学峰在领队会上提示,17日天气过暖,赛事期间赛道的最高温度将达到8 ℃左右,有融雪风险,温度升高导致赛道含水率增加、雪质湿化甚至泥化,或将对比赛造成不同程度的影响。根据天气预报信息,竞委会将17日10时开始的单板滑雪障碍追逐赛提前到09时35分开始。

冰雪运动室外项目尤其依赖天气,乌兰察布凉城赛区在18日迎来降温、降雪天气,又是到气象部门出马的时候了。"当天上山后就发现开始飘雪,我向技术代表进行了预报,告诉他们降雪总体不大,中午前后就会结束。"马学峰说在能见度没有影响的情况下比赛也不会受影响,由于前一天温度高导致雪融化,降雪反而会更加有利于赛道维护。

乌兰察布凉城赛区共有两个比赛场地,分别进行越野滑雪、冬季两项,以及单板滑雪和自由式滑雪障碍追逐比赛,两处均有气象团队对天气进行预报和监测。预报在后方,监测在前方。后方团队每天定点传送气象预报,前方团队与竞赛团队一同下沉办公,提供贴身服务。18日的天气风伴随着雪,"竞赛长在出发区向我了解风速情况,他认为当时风比较大,询问运动员在正式训练时风速是否能减小,以此来考虑正式比赛是否能如期进行。"马学峰说。

同时,在越野滑雪和冬季两项赛场的现场预报员徐玥,也要与竞赛部门进行密切沟通。"我们前期会与竞赛部门对接,了解他们的要求和需求,包括气象要素的关注点等,我们就会在预报中着重关注。"徐玥说。在现场,徐玥所在的保障团队要每小时向组委会提供当下的天气实况资料,"十四冬"赛场气象服务小程序也方便各队伍查看天气要素。

值得一提的是,马学峰和徐玥都曾参与过北京冬奥会,分别服务于国家高山滑雪中心和国家越野滑雪中心。"我们把冬奥经验带到'十四冬',同时也针对内蒙古地形、天气特点等进行气象服务。"徐玥说。北京延庆海陀山与乌兰察布凉城滑雪场海拔都是大于2 km,气象服务多方面都有相似点,"我们将在国家高山滑雪中心学到的山地气象知识运用到'十四冬'障碍追逐比赛。此外,冬奥会的'百米级、分钟级'预报技术也应用到了本次比赛。"引进加自主研发,马学峰说本次比赛气象服务可以达到冬奥标准。马学峰和徐玥都表示,他们前方与后方联动工作、共同努力,能够提供准确的气象服务,得到竞赛团队的信任,能够获得极大的荣誉感和成就感。(来源:《中国体育报》,2024年2月20日,作者:李晓洁、田洁、周圆)

乌兰察布凉城赛区:先锋领航党旗飘扬在服务一线

在"十四冬"开幕式前一天,"十四冬"乌兰察布凉城赛区气象服务临时党支部和党员突击队开展了一场别开生面的主题党日活动。

"我志愿加入中国共产党,拥护党的纲领……"伴随着呼啸的风声,在海拔2079.9 m的障碍追逐赛场山顶,临时党支部党员们的誓词铮铮有力。党旗见证了他们许下当好"十四冬"气象保障"主心骨"的庄严承诺。

内蒙古气象部门坚持党建引领,并通过组织政治理论集中学习、"十四冬"气象保障专题研讨、深入业务一线调研等,教育引导全体气象保障人员增强做好"十四冬"气象服务工作的使命感、责任感、紧迫感,坚持守土有责、守土负责、守土尽责,在"十四冬"大考中履职担当、展现作为。同时,在各赛区成立气象保障临时党支部和气象保障服务突击队 5 个,充分发挥基层党组织主动性、创造性,将政治优势转化为攻坚优势,将理论学习与“十四冬”气象保障贯通融合,有力推动主题教育践行见效。

2 月 18 日,“十四冬”呼伦贝尔扎兰屯赛区、海拉尔赛区和乌兰察布凉城赛区气象保障临时党支部联合开展“国省市县四级联动、党建引领气象服务护航‘十四冬’”主题党日活动。“要以党建引领‘十四冬’气象服务,全力以赴为赛事提供精细化气象服务。”内蒙古自治区气象局副局长刘海波这样要求。

2023 年 12 月,气象保障团队就驻扎赛区开展了长达一个多月的驻地实训。2024 年大年初二,乌兰察布凉城赛区气象保障团队的 46 名队员就集结到岗,进入赛事保障工作状态。其间,观测与网络保障团队争分夺秒,保证观测站正常运行,在每日开赛前一小时就抵达现场检查维护赛场气象观测设备;预报团队夜以继日,深化对赛区天气演变特征的认识,密切关注天气变化,提供及时精准的预报产品;现场保障团队不畏严寒风雪,在赛事最前线提供贴身气象服务。

“这是我们的本职工作,更是党员许下的庄严承诺。”凉城赛区气象保障人员马强这样说。

在“十四冬”气象保障中,预报员们每日 04 时就要开始工作,当夜幕降临,他们仍在复盘总结、会商研讨,全力以赴确保每一份预报产品及时准确。

从预报方案制定到工作流程确立,从预报技术的引进应用到总指导和培训,从气象站选址到各赛区山地气候“小脾气”的把脉研究,每一步都有北京冬奥会气象服务首席专家、“十四冬”特聘专家、内蒙古自治区气象台挂职副台长时少英的身影。而在凉城赛区气象台,听到最多的一句话就是“时老师,您怎么又回来啦?”被预报员比作“定海神针”的她,依然坚持深入赛区一线,哪怕是 04 时。有时回去刚躺下,想起刚才的预报,她又起来回到会商室。赛事开始后,时少英在一个半月里来回奔波于呼伦贝尔、赤峰、乌兰察布,在雪场一线“跟风较劲”。在每一个赛区气象台,她亲切地向青年预报员倾囊相授预报技术理论和方法,对工作的认真和执着,感染着身边的每一个人。

面对采访,她总会说:“你们去拍这些年轻的预报员,他们更值得被发现、被大家熟知。我们做的都是一样的工作,就是希望通过大家的共同努力,能够在赛时提供精准的气象服务,保障赛事的顺利进行。”(来源:《中国气象报》,2024 年 3 月 1 日,作者:王祯晗、高菲、郭晓佳、郭浩峰)

黑冀两省“十四冬”气象保障团队预报员:以热爱为名续写冰雪情“援”

2024 年 2 月 26 日,随着第十四届全国冬季运动会越野滑雪和自由式滑雪 U 型场地技巧完赛,雪上项目气象保障“鸣金收兵”。气象保障团队中三名远道而来、专程驰援的预报员即将离开这里、返回自己原本的岗位,他们就是来自黑龙江省气象局的首席预报员徐玥、唐凯,河北省张家口市气象台台长郭宏。

2023 年 12 月开始,三位“外援”专家就离家千里,赶赴“十四冬”气象保障一线,全身心投入本次全国盛会,度过了一个不一样的春节。曾参与过北京冬奥气象保障的他们,接受内蒙古自治区气象局的邀请,带着山地预报的实战经验和满腔热血,再次出征“十四冬”气象保障一线。在此期间,他们见到了凌晨四五时的内蒙古扎兰屯和凉城,参与了一次又一次的精准预

领队会上有“社牛”

在扎兰屯赛区多个项目比赛前的领队会上，气象保障组这位预报员的发言吸引着所有人的目光，他总能用简洁明了的解释，让各个工作组快速理解次日的天气情况及影响。

这位预报员就是郭宏，他在“十四冬”中主要承担着赛事现场气象服务工作，负责代表预报团队与坡面障碍技巧等多个项目的技术团队、竞赛团队对接工作。

“预报是比较固定的，但各赛事工作组的关注点不同，怎么解读预报是需要技巧的，郭宏在这方面的能力非常强！”呼伦贝尔市气象台首席预报员姜凤友说。

郭宏在为全区预报团队培训时，专门分享了他对于赛事沟通服务方面的心得，“要随时沟通，要了解服务对象关注什么天气，用简单的词语来描述天气，合理地表述预报的不确定性。”四个赛区负责沟通协调的前方预报员都从中受益匪浅。

2月18日，扎兰屯赛区出现了降温、大风天气过程，对大跳台等腾空类的赛事有很大的安全隐患。“我把预报结论向竞赛委员会进行了汇报，竞赛团队对赛程进行了调整，最大程度上确保运动员的安全！”郭宏说。

3700余名运动员的参与，让“十四冬”成为历届全国冬运会中规模最大、项目最全的一届，而包括黑龙江、河北等在内的全国优秀气象同行也在本届盛大的冰雪赛事中共同撑起了坚强有力的气象保障服务。（来源：《中国气象报》，2024年3月4日，作者：王祯晗、高菲、付铭）

“十四冬”呼伦贝尔赛区气象科普宣传工作组副组长徐玉强：“内幕资料”的揭秘者

“2月20日66篇，截至今日（21日）77篇”。看着气象保障媒体报道统计表中节节攀升的数字，呼伦贝尔赛区气象科普宣传工作组副组长徐玉强不禁微笑起来，心里升起些许自豪。

“十四冬”期间，徐玉强已经保持高强度的特别工作状态一月有余。从新年前的滑雪登山比赛、火炬传递，到年后的开幕式及决赛赛事，他一直在前方和后场之间来回切换，不是在前方搜集素材、撰写稿件，就是在后方整理素材、完善成稿。用他自己的话说就是“每天都满满当当，十分充实”！

2月1日，“十四冬”滑雪登山项目混合接力比赛在扎兰屯市金龙山滑雪场进行。徐玉强和宣传组的同事准确挖掘到“天气预报结论使比赛推迟了1小时”这一宣传点，他们通过采访滑雪登山项目赛事管理者、起点裁判长和赛区气象台负责人得到第一手“内幕资料”，第一时间撰写出稿件《滑雪登山推迟1小时开赛？原因找到了！》，被多家媒体刊发，让更多人知道了冰雪赛事背后的气象保障故事。

“雪上项目靠天吃饭，空中腾空转体的项目都是高危项目，怕风！所以很依赖气象保障工作。”国家体育总局冬季运动管理中心副主任李扬在扎兰屯赛区对气象保障人员说。

为此，呼伦贝尔赛区气象科普宣传团队结合天气实况和气象预报工作，接连撰写出多篇稿件，为读者答疑解惑的同时也宣传了气象工作的重要性和必要性。

“滴滴滴……”工作群里信息接连闪烁，同事随手发的一张照片引起了他的注意，照片中是一个像手机一样的东西。在气象部门工作多年的他居然也不认识这东西，“这是一个很好的切入点，必须挖一挖。给大伙儿讲讲咱们的新技术、高科技！”经过了解，他得知了这个“小不点”原来叫“穿戴式多功能袖珍手持气象站”，能在空间狭小的地方监测多种气象数据。半天后，一篇短小精悍的气象设备科普小作文新鲜出炉了，因为贴合场馆需求、文笔欢快流畅，文稿很快被多家主流媒体刊发和转载。此外，"地基遥感垂直观测系统(方舱)"等多项气象"黑科技"在各大媒体上"露脸"。

"每当一个新的转发链接出现，就有更多的人关注气象保障工作，也意味着科普宣传人员要快速转向新的视角和宣传点，不能停步。"徐玉强介绍道。

"日行两万步的短视频末尾加个提示吧，就写'普通人每日走六千至一万步即可，要注意锻炼强度哦'。"2 月 20 日，宣传组视频制作团队新出了一期《日行两万步》的"探班日记"，内容新颖，以小见大，通过步数反映出气象工作人员的保障工作强度。"但我觉得不够完美，需要在个别语句表述、专业名词等方面严格把关。每当审核作品时，我的脑海里就会闪现'鸡蛋里挑骨头、吹毛求疵'等词语，不过，为了准确讲述故事、传递专业知识，我就得使劲儿挑毛病，不能贻笑大方。"徐玉强讲述着日常工作的有趣花絮。

而在此之前，他在 2019 年就参加了"十四冬"夏季比赛项目(滑轮+射击和滑轮比赛)的气象保障科普宣传工作，积累了大量工作经验。从编制气象综合保障方案中的气象科普宣传专项方案，到现场人员组织和具体工作落实，他都一一参与，不断将纸面上的文字变成现实中的工作。(来源:《中国气象报》,2024 年 3 月 4 日，作者:王祯晗)

5.2.5 气象科普类

冷得恰到好处——"十四冬"选在内蒙古的气象优势

承办重大的冬季运动赛事，对举办地天气气候的考量是关键之一，它既要满足冰雪运动所需气象条件，包括适宜的气温、降雪、积雪等，也要考虑其潜在的气候风险。

内蒙古漫长而寒冷的冬季为"十四冬"冰雪运动提供了较好的气候条件。内蒙古地处我国正北方，属温带大陆性季风气候，气候复杂多样，四季分明。春季干旱少雨，多大风天气；夏季短促温热，降水集中；秋季气温剧降，秋霜来得早；冬季漫长严寒，多寒潮天气，中西部最低气温低于−20 ℃，东北部最低气温低于−50 ℃，有利于积雪保存。

以"十四冬"开幕式所在地呼伦贝尔市为例，呼伦贝尔是我国最接近北极的地区之一，属中温带大陆性季风气候，以大兴安岭为分界线，以东地区为季风气候，以西地区为大陆性气候，年平均降水量 394.2 mm，极端最低气温−52.4 ℃(额尔古纳市乌玛自然保护区)，根河最低气温−30 ℃的连续日数为全国之最(69 d)。呼伦贝尔冬季积雪多、积雪期长，最长年降雪期达 7 个月之久，年平均积雪覆盖日数 132 d，最长积雪日数达 204 d，最大积雪深度为 55 cm(2013 年，牙克石市图里河镇)，冷资源非常丰富。"十四冬"雪上项目比赛的主要场地——扎兰屯赛区金龙山滑雪场的存雪期长达 5 个月以上，有效滑雪期达 130 d，是国内雪期长、雪质好的最佳雪场之一。

雪上项目对气象条件有着苛刻的要求，赛场既不能太冷也不能太暖。太冷会影响运动员的发挥，太暖会导致雪道表面松软，容易造成运动员失误，不同量级的降雪和积雪也会对比赛和场地产生影响，过大风速和过低能见度等也会影响运动员的技术发挥。那么，以极寒天气著称的呼伦贝尔是否太冷了呢?

呼伦贝尔雪上项目的赛区位于扎兰屯市，扎兰屯属于中温带大陆性季风气候，年平均气温 3.7 ℃，是呼伦贝尔市平均气温最高的地区，也被称为"塞外苏杭"。冬季内蒙古盛行西北风，影响内蒙古的冷空气主要有西路、西北路、北路和东北路。大兴安岭东北起自内蒙古东北部额尔古纳河，呈东北—西南走向，向南延伸至西拉木伦河上游谷地，扎兰屯市地处大兴安岭山脉中段东麓东南季风的迎风面，也是西北风的背风地带，一方面受到多暖湿气流影响，另一方面大兴安岭对冷空气也有一定的阻挡作用，同时背风地带气流下沉增温，使得冬季扎兰屯较大兴安岭以西同纬度其他地区气温偏高。此外，扎兰屯海拔较低，白天对长波辐射的吸收以及夜间大气的保温作用较海拔高的地区更强，也使得该地区气温相对较高。“十四冬”期间，扎兰屯常年平均气温为−14.7 ℃，平均气温≤−20 ℃出现的概率为 17.2%，未出现平均气温≥5 ℃的过暖融雪天气。因此，作为“十四冬”的举办地之一，扎兰屯的冷恰到好处。

此外，扎兰屯地区常年日照时数为 153.5 h，晴好天气较多，平均风速为 2.3 m/s，平均风速>4 m/s 出现的概率为 19.7%，平均风速>10 m/s 出现的日数仅为 2 d，平均最小能见度为 16.4 km，低能见度天气出现的概率为 2.6%，总体来看，影响运动员技术发挥的恶劣天气很少。

再来看看乌兰察布和赤峰两个雪上项目赛区的气候特点。乌兰察布市凉城赛区比赛项目包括冬季两项、越野滑雪、障碍追逐等，“十四冬”时段的常年平均气温为−10.3 ℃，平均气温≤−20 ℃出现的概率为 4.0%，平均风速为 1.8 m/s，平均风速>5 m/s 出现的概率为 4.7%，未出现平均风速>10 m/s 的天气，平均最小能见度为 21.1 km，低能见度天气出现的概率为 3.1%，同样具备适宜的温度和稳定的积雪等气候条件，影响运动员技术发挥的恶劣天气也较少。赤峰市喀喇沁赛区比赛项目为单板滑雪平行大回转。“十四冬”期间，当地常年平均气温为−8.9 ℃，平均气温≤−20 ℃出现的概率为 1.1%，平均风速为 1.9 m/s，平均风速>5 m/s 出现的概率为 2.2%，未出现平均风速>10 m/s 的天气，也具备适宜的温度和稳定的积雪等气候条件。

适宜的气象条件让“十四冬”选在了内蒙古，冬季的内蒙古具有独特的冰雪美景，山水林田湖草沙与冰雪完美融合，形成林海雪原、冰雪沙漠、百里雾凇、冰冻河湖等震撼人心的冰雪画卷。在内蒙古这片美丽的土地上，可以畅快地滑翔在雪地和冰面上，感受速度的激情，享受冰雪带来的自由与快乐。（来源：《中国气象报》，2024 年 2 月 2 日，作者：高菲、王祯晗）

冬季赛事背后的气象“敏感因子”

恶劣天气是冬季户外运动面临的重大挑战之一，高影响天气（如大风、暴雪、沙尘、低温等）往往会造成竞赛延误或延期，甚至取消。历史上，因天气原因而推迟或改期的情况并不鲜见。本届“十四冬”期间，有哪些高影响气象因素可能会影响到比赛呢？

最怕风突然“光顾”

众所周知，气象条件是“十四冬”能否成功举办的重要先决条件之一，雪上项目对于风力、风向、风速等气象要素更是有着严格要求，甚至会“左右”赛事能否顺利进行。以呼伦贝尔市扎兰屯赛区跳台滑雪项目为例，跳台滑雪对场地和气候条件都有严格限制。当平均风速大于 4 m/s，风向变化大于 90°，或上下坡风速差达到或超过 4 m/s 时，必须终止比赛。如果风力超过阈值，会影响运动员的空中飞行姿态、着陆动作和比赛成绩，甚至会威胁到其安全；以乌兰察布市凉城赛区越野滑雪项目为例，如遇到 5 min 平均风速大于 10 m/s 的恶劣天气时，为保障运动员安全和比赛的公平性，赛事组织者会推迟（甚至取消）比赛，或对赛程进行调整。在 2022

年北京冬奥会越野滑雪男子50 km集体出发(自由技术)比赛中,由于赛场风力太大的缘故,赛程由50 km缩减至30 km。

左顾“温度”右盼“湿度”

呼伦贝尔市海拉尔区的内蒙古自治区冰上运动训练中心主要进行冰壶、速度滑冰、短道速滑、花样滑冰等室内项目。天气对这些冰上项目的影响虽然没有雪上项目条件苛刻,但对冰面温度、室内空气温度、湿度等要素要求也十分严格。以冰壶为例,该项目进行时冰面温度与标准温度差一点或者弧度不够,都会影响运动员的发挥。首先,要保证冰面光滑寒冷,冰面厚度为5~6 cm、冰面温度在−6 ℃左右最好。冰面上还要撒一层微小的冰粒,以便通过刷冰改变赛道的摩擦力。其次,冰壶比赛场馆的湿度通常在50%以下,如果湿度过大,冰面会形成一层水汽,容易结霜,从而直接影响冰壶与冰的摩擦系数。最后,冰场区域温度为15 ℃±2 ℃,而馆内最佳温度则要在24 ℃以内。

受不了“太冷或太热”

“十四冬”赛事在寒冷的冬季举行,比赛项目与冰雪密切相关,但并不是气温越低越好。许多雪上项目对气温条件有着具体要求,在正常情况下,雪面温度需低于0 ℃,但过低的气温会冻伤运动员,对赛事服务人员和观赛者也是重大考验。以呼伦贝尔市扎兰屯赛区的滑雪登山为例,赛事组织者在开赛前40 min应测量起点、终点和最高点、最冷点的风寒温度。若风寒温度在−25~−10 ℃,应向运动员提供有关寒冷天气自我保护的建议;若有任何一个测量点的风寒温度低于−25 ℃,则不得开始比赛。

不仅是低温,高温也会带来过暖融雪的风险。以跳台滑雪为例,气温较高时,比赛场地积雪的湿度增大,变得松软,掌握不好也容易受伤,影响运动员正常发挥。再比如,自由式滑雪中,气温的高低也会导致雪质变化,直接影响自由式滑雪空中技巧运动员起跳前的助滑速度。

滑雪害怕“下雪天”

如果遇到下雪天气,“十四冬”雪上项目可能会临时中断比赛、调整赛程甚至取消比赛。明明是滑雪比赛,为什么反而害怕下雪呢?

首先,因为下雪会对赛道造成影响。下雪天会伴随升温影响赛道雪温和雪质,新增积雪会使赛道表面松软、摩擦力增大,不利于运动员发挥。其次,降雪天气能见度降低,会影响运动员和裁判的视线。以扎兰屯赛区自由式滑雪大跳台和坡面障碍技巧为例,它对场地和气候条件有着严格限制,裁判员的发令时机要根据气温、风向、风速、降雪和能见度等多个气象因素来判断。以凉城赛区越野滑雪为例,它是一项与大自然融合的比赛项目,一般不会轻易改期,但降水却能“左右”比赛,如遇到雨雪交加、低能见度以及5 min平均风速大于10 m/s等恶劣天气时,就不得不推迟或取消比赛。(来源:《中国气象报》,2024年2月2日,作者:李红梅)

“十四冬”为什么选择内蒙古?天时地利人和三个方面告诉你

第十四届全国冬季运动会将于2024年2月17—27日在内蒙古自治区举办。内蒙古适宜的气候条件、得天独厚的地理优势以及丰富的冰雪资源让它成为举办“十四冬”的绝佳选择!(来源:中国气象微信公众号,2024年1月18日,作者:李一凡、陈琳、叶虎)

VLOG[①]｜“十四冬”气象人的 24 小时

1 月 25 日，“十四冬”喀喇沁赛区正在进行本赛区的最后一项比赛：公开组男子平行大回转完美收官！在四天的赛事中，气象保障服务交出了一份完美答卷，让我们跟随喀喇沁赛区现场服务团队队长的脚步，回顾一下气象服务人员工作的 24 小时。（来源：中国气象微信公众号，2024 年 1 月 26 日，作者：汪晓梅、付铭、张新龙）

火炬之光 气象相伴——定点分钟级预报 助推“十四冬”火炬传递

为做好“十四冬”火炬传递保障工作，1 月 25 日，气象部门提前融入，全链条开展气象服务！（来源：中国气象微信公众号，2024 年 2 月 4 日，作者：徐玉强、杨雪峰、王路）

保障“十四冬”，咱们有“黑科技”！解析地基遥感垂直观测系统！

（来源：中国气象微信公众号，2024 年 2 月 17 日，作者：姚奕欣、刘伟）

---

① 通过扫描二维码可以直观感受“十四冬”选在内蒙古的气象优势、气象条件与冬季运动会的关系及影响等科普内容，生动展现“十四冬”气象科技支撑、赛事气象保障服务亮点成效与气象人辛勤付出的精彩瞬间。

"十四冬"开幕在即！气象人准备好了

（来源：中国气象微信公众号，2024 年 2 月 17 日，作者：于文超、赵天圆、杨雪峰、李健、刘伟、姚奕欣）

"十四冬"气象探班日记：冬季两项

（来源：中国气象微信公众号，2024 年 2 月 19 日，作者：白晓东、张兴源、李岩涛、高菲、李一凡）

"十四冬"气象探班日记：单板滑雪障碍追逐比赛

（来源：中国气象微信公众号，2024 年 2 月 19 日，作者：白晓东、张兴源、李岩涛、李一凡、高菲）

出发，去下一站

出发！带你看“十四冬”扎兰屯赛区的那些“气象小卫士”！“十四冬”扎兰屯赛区观测与网络保障组的工作记录。（来源：中国气象微信公众号，2024 年 2 月 19 日，作者：贾志飞、姚奕欣、刘伟、付铭）

“十四冬”的观天人｜日夜坚守只为赋能冰雪

预测风雪，赋能“十四冬”——气象人的日夜坚守，扎兰屯赛区气象台预报服务纪实。（来源：中国天气微信公众号，2024 年 1 月 18 日，作者：赵天圆、杨雪峰、刘乙萌）

对气象保障非常满意！自由式滑雪障碍追逐公开组男子冠军这样说

（来源：内蒙古天气快手号，2024 年 2 月 22 日，作者：白晓东、张兴源、李岩涛、高菲）

一份气象预报产品的“十四冬”之旅

（来源：内蒙古天气快手号，2024 年 2 月 22 日，作者：白晓东、张兴源、李一凡、高菲、郭晓佳）

“十四冬”探班日记：单板滑雪大跳台比赛为什么延期了？

（来源：内蒙古天气快手号，2024 年 2 月 22 日，作者：刘乙萌、刘伟、付铭）

第6章

党建引领篇

6.1 成立临时党支部

依托“十四冬”赛事，内蒙古气象部门在扎兰屯赛区、海拉尔赛区、喀喇沁赛区、凉城赛区及呼和浩特赛区成立临时党支部和“十四冬”气象保障服务突击队。各突击队受“十四冬”各赛区临时党支部统一指挥，队长、副队长由临时党支部委员担任，队员由现场服务团队的党员和业务骨干组成。气象保障服务突击队执行突击任务时，按照“统一行动、整体推进”的要求，逐一解决“十四冬”气象预报服务、观测与网络保障、突发事件以及科普宣传等工作中的重点难点问题。

6.2 主题党日

6.2.1 内蒙古自治区气象数据中心主题党日

内蒙古自治区气象数据中心坚持将“十四冬”气象保障服务工作作为加强党员教育管理、激发党员发挥先锋模范作用的重要抓手，通过早谋划、早部署、早行动，组织一系列内容丰富、仪式感强、成效显著的主题党日活动，及时引导广大党员同志了解“十四冬”的进展和赛事亮点，进一步激发爱国热情和奋斗精神，切实为“十四冬”气象保障服务这场硬仗营造良好的学习和交流氛围。

2024 年 2 月 27 日，内蒙古自治区气象数据中心党总支、内蒙古自治区气象局观测与网络处党支部、计划财务处党支部开展联合主题党日。本次主题活动在铿锵有力的宣誓中拉开帷幕。内蒙古自治区气象数据中心党总支书记领学习近平总书记关于加快发展新质生产力，扎实推进高质量发展的重要讲话精神，引导全体党员结合“十四冬”气象保障服务工作实践加强学思践悟、履职担当。

活动期间，支部充分发挥基层党组织“主心骨”作用，组织连线赛场、对接后方，及时表达对前线后方团队的情感支持与细致关怀。内蒙古自治区气象数据中心“十四冬”气象服务保障团队党员骨干徐亮亮自豪地说，“十四冬”实况观测产品制作和应用系统经团队日夜攻关，实现了赛场气象数据收集、处理、监控及产品研制、可视化服务等功能，精细化气象数据产品广泛应用、颇受好评；几位青年突击队成员线上分享个人工作日志，坦言通过“十四冬”气象服务见证了国—省—市—县四级气象部门的通力合作，真切感受到全区观测网络保障、预报服务等各个团队的无缝对接、相互支撑的强大力量。与会党员也积极分享心得体会，表示要将"十四冬"期间战严寒斗风雪、比担当做贡献的拼搏精神在各自岗位中大力弘扬。

内蒙古自治区气象数据中心主题党日

6.2.2 呼伦贝尔气象分中心主题党日

"十四冬"海拉尔赛区气象台、扎兰屯赛区气象台分别成立临时党支部，以强有力的组织保障，引领党员干部在"十四冬"筹备和各类赛事保障工作中发挥先锋模范作用。各党支部紧密结合保障工作实际，深入学习贯彻习近平总书记关于冰雪经济重要讲话精神，扎实开展第二批学习贯彻习近平新时代中国特色社会主义思想主题教育(以下简称主题教育)，充分发挥基层党组织战斗堡垒和党员先锋模范作用，开展以"深学细悟强信念 以学铸魂强党性""国省市县四级联动、党建引领气象服务护航'十四冬'"等主题党日，切实把"十四冬"气象保障服务作为锤炼党性、承诺践诺的练兵场，让党旗在服务保障一线高高飘扬。

(1)"四级三区"联动开展主题党日

2024 年 2 月 18 日，"十四冬"扎兰屯赛区、海拉尔赛区、凉城赛区气象保障临时党支部开展"国省市县四级联动、党建引领气象服务护航'十四冬'"联合主题党日。内蒙古自治区气象局党组成员、副局长刘海波与应急与减灾处处长牛宝亮以及党组纪检组常务副组长赵利云等参加本次活动。

活动期间，"十四冬"海拉尔赛区气象保障临时党支部书记领学了习近平总书记关于冰雪经济重要讲话精神，"十四冬"凉城赛区气象保障临时党支部书记带领大家重温入党誓词。相关人员分别介绍了各赛区预报服务情况、设备维护情况、宣传报道情况及赛事准备情况，针对业务系统应用和运维中的问题展开交流。

中央气象台首席预报员董全以《弘扬冬奥精神 续燃冰雪激情》为题作专题讲座。董全以张家口赛区为例，介绍山地地形变化对风速的影响和山地气温的非线性变化、山地降水预报的经验做法，对照扎兰屯赛区特点，细致讲解了北京冬奥会保障期间多种预报模式应用预报。

刘海波充分肯定了本次活动，指出本次活动是践行"三联促三动"，推进党建与业务深度融合发展的鲜活事例。针对下一步工作，刘海波要求：一是推进党建与业务的融合发展，各临时党支部要利用好平台，充分发挥党员先锋模范作用和党支部战斗堡垒作用，以党建引领“十四冬”气象服务；二是全力以赴为赛事提供精细化气象服务，开幕式之后进入了比赛的密集时期，充分利用好各种模式和业务系统，盯紧设备运行状态，发现问题及时处理；三是强化服务意识，加强与赛事部门沟通，对接服务需求并及时做好回应；四是合理安排、积极反馈，努力做好“十四冬”宣传工作，在赛事保障服务工作中再接再厉，圆满完成这一周期的重大活动保障任务。

“四级三区”联合主题党日

(2)“深学细悟强信念 以学铸魂强党性”主题党日

2024 年 1 月 2 日，扎兰屯赛区气象保障临时党支部开展“深学细悟强信念 以学铸魂强党性”主题党日。旨在深入贯彻落实“三联促三动”工作机制，切实推进党建与业务深度有效融合，推动主题教育学习成果转化。

扎兰屯赛区临时党支部主题党日（2024 年 1 月 2 日）

临时党支部书记带领全体党员重温入党誓词，全体党员一起高举右手，面对鲜红的党旗庄严宣誓，随后支部书记领学《关于印发第二批学习贯彻习近平新时代中国特色社会主义思想主题教育典型案例的通知》，其他来自“十四冬”预报服务组的首席专家党员们领学了内蒙古自治区气象局党组书记、局长赵黎明在冬运内蒙古气象中心主任会暨“十四冬”资格赛气象保障服务动员会上的讲话、在呼伦贝尔调研指导讲话精神和工作要求、国家体育总局冬季运动管理中心《关于进一步加强冰雪赛事和冰雪运动场地场所安全工作的通知》和《第十四届全国冬季运动会群众比赛赛风赛纪管理规定》等相关内容，同时观看了《榜样》专题节目并进行学习交流。

(3)扎兰屯赛区气象保障临时党支部开展主题党日

2024 年 1 月 28 日，扎兰屯赛区气象保障临时党支部开展主题党日，为进一步强化党建工作，发挥党建在“十四冬”扎兰屯赛区气象保障工作中的引领作用，支部党员及青年突击队成员共同参与。

活动首先由支部书记金森传达习近平总书记关于安全生产重要论述和重要指示批示精神，要求全体党员切实提高安全生产意识，针对单位内部薄弱环节，进行全面排查整治，确保用电、用水、用车等安全，以高水平的保障确保赛事顺利进行。活动还邀请喀喇沁赛区气象服务负责人洪潇宇进行在线交流，洪潇宇详细阐述了喀喇沁赛区在赛事服务、科普宣传、成员合作等多个方面赛区保障经验，为扎兰屯赛区提供了有益的参考和启示。活动最后，组织全体党员学习滑雪登山赛事工作方案与应急预案，交流赛事团队近期预报、网络设备保障及人员食宿工作情况。

本次主题党日紧密围绕气象保障工作的关键环节和重要领域进行深入的交流与研讨。与会者结合自身工作实际，分享近期工作经验，并对不足之处进一步优化和完善，为确保“十四冬”扎兰屯赛区气象保障工作的顺利进行提供了有力支持。

扎兰屯赛区临时党支部主题党日(2024 年 1 月 28 日)

6.2.3 赤峰气象分中心主题党日

为充分发挥基层党组织战斗堡垒作用和党员先锋模范作用，以党建引领“十四冬”气象保障服务工作，喀喇沁赛区气象保障临时党支部开展主题党日，让党旗在赛场上高高飘扬，让党徽在冰面上闪闪发光，以担当党员责任、践行青春使命的实际行动在“十四冬”赛场绘就一道亮丽风景线。

2023 年 12 月 20 日，赤峰市气象局行政党支部、业务党支部和“十四冬”喀喇沁气象保障临时党支部联合开展了“风雪美林谷 激情迎冬运”主题党日。

活动中，全体党员奏唱了国歌、重温了入党誓词、学习了《习近平总书记在北京冬奥会、冬残奥会总结表彰大会上的讲话》，并围绕做好“十四冬”气象保障服务工作进行了研讨交流。通过此次主题党日，提高了各工作组和现场气象服务团队的凝聚力、向心力，激发了气象保障服务人员的政治热情和工作积极性，大家纷纷表示将以高度的政治责任感和只争朝夕的紧迫感，全力以赴，为确保办成一届精彩、非凡、卓越的冬运盛会贡献气象力量。

喀喇沁赛区临时党支部主题党日

6.2.4　乌兰察布气象分中心主题党日

凉城赛区临时党支部将党建与业务相融合，积极开展“国省市县四级联动、党建引领气象服务护航”“气象力量践初心，助力精彩‘十四冬’”等主题党日；深入开展“立足岗位做贡献”“树立身边榜样”主题教育，以铸牢中华民族共同体意识为工作主线，以党建引领“十四冬”气象保障服务，不断巩固和拓展主题教育成果，助力“十四冬”圆满成功。

(1)“气象力量践初心，助力精彩‘十四冬’”主题党日

2023 年 12 月 28 日，凉城赛区“十四冬”气象服务临时党支部与乌兰察布市气象局第一党支部、商都县气象局党支部、化德县气象局党支部联合开展“气象力量践初心，助力精彩‘十四冬’”为主题的党日活动。

活动中，各支部党员前往“十四冬”凉城赛区实地参观越野滑雪赛场和障碍追逐赛场办公室，了解现场服务工作流程。随后，在凉城赛区气象台会议室，乌兰察布市气象局党组成员、纪检组长赵存富同志传达“十四冬”倒计时 100 d 誓师大会讲话精神；党组成员、副局长卢少东同志传达“十四冬”内蒙古自治区气象局党组书记、局长赵黎明实地考察呼伦贝尔“十四冬”气象保障工作提出的六点要求；党组成员、副局长张兴源同志传达内蒙古自治区气象局党组书记、局长赵黎明在冬运内蒙古气象中心主任会暨“十四冬”资格赛气象保障服务动员会上的讲话。参会人员与现场预报服务和运维保障团队就驻训以来的体会、感想与收获进行了座谈交流。会后，各支

部前往贺龙纪念馆参观，对标先进榜样汲取奋进力量，加强支部党员责任感和使命感。

此次主题党日，进一步发挥了党组织在“十四冬”气象保障服务中战斗堡垒作用，发挥党员先锋模范作用，助力“十四冬”资格赛圆满成功。

凉城赛区临时党支部主题党日（2023 年 12 月 28 日）

（2）“助力‘十四冬’决赛，气象人在行动”主题党日

2024 年 2 月 16 日，“十四冬”决赛开幕在即，凉城赛区临时党支部开展“助力‘十四冬’决赛，气象人在行动”主题党日活动，旨在发挥党组织在“十四冬”气象保障服务中战斗堡垒作用和党员先锋模范作用，助力“十四冬”决赛圆满成功。

凉城赛区临时党支部主题党日（2024 年 2 月 16 日）

活动中，支部党员前往“十四冬”乌兰察布凉城赛区越野滑雪赛场和障碍追逐赛场办公室，对办公室打印机、大屏幕等设备进行了检查，确保赛事期间设备正常运行，随后党员同志们冒着风雪攀登障碍、追逐赛道，抵达高达 2079.9 m 的山顶，对山顶的地面观测站进行扫雪铲冰等清理维护，确保赛事期间气象观测数据传输正常。大家一致认为“冰天雪地也是金山银山”，党员同志应冲在前线，点燃冰雪激情，让党旗在赛场上迎风飘扬。

6.2.5 呼和浩特气象分中心主题党日

为全面做好“十四冬”赛事气象保障服务，打造气象服务品牌，呼和浩特赛区成立“十四冬”气象保障临时党支部和党员突击队，召开专题部署会议 2 次，积极主动向上级汇报各项准备情况，邀请领导和专家现场指导气象保障服务工作，多次到现场开展调研对接工作并赴凉城赛区学习赛事气象服务工作经验，充分发挥临时党支部先锋模范作用。

2024 年 1 月 8 日，呼和浩特赛区气象保障临时党支部联合呼和浩特市气象局第四党支部开展“加强气象监测保障 助力‘十四冬’”主题党日活动，为“十四冬”现场建设便携式自动气象站 1 套，并且对周边区域自动气象站进行维护校准。

呼和浩特赛区临时党支部主题党日

6.3 工作日志

喀喇沁赛区：李博的工作日志

基本信息介绍：李博，内蒙古自治区气象数据中心，“十四冬”喀喇沁赛区现场观测与网络保障团队成员。

工作日志记录时间：2024 年 1 月 4 日

工作日志内容：我的工作职责是完成喀喇沁赛区现场观测设备保障任务，主要负责赤峰气象分中心所辖的自动气象观测设备日常维护及应急保障工作，其中包括赛场 6 个区域自动气象站、1 部激光测风雷达和赛道天气实况展示大屏的运行维护工作。

今天是到达赛场保障的第一天，2019 年就已参与本赛区现场保障任务的我，来到了较为熟悉的"战场"，心里感觉还是很亲切的。做了简单的准备工作后，带着工具来到了山脚下的第一个自动气象站观测场。熟悉的背景，熟悉的设备，唯一改变的是杂草丛生的沧桑感。经过测场除草、设备清洁、线缆检查等维护工作后，又变回了当年活力四射的"精神小伙"。

下午，乘坐缆车到达山顶出发大厅附近的两个自动气象站，通过对供电系统、通信系统、采集系统和传感器进行细致"体检"来掌握设备健康情况，发现由于山顶通信信号较差，经常出现数据传输滞后的情况，经过保障组研究决定更换运营商来提高传输效率，确保设备运行的稳定性。出发大厅的天气实况展示屏也升级为每分钟更新数据，更高效地展现我们气象服务。

晚饭后，保障组对室内气象信息展示屏进行了组装和数据调试。

关于"十四冬"的体会和感受：经过一天繁忙的维护工作，我感受到了团队的力量和合作的重要性，也深刻体会到技术保障的艰辛。不管来自工作环境恶劣方面，还是故障难度复杂方面或是涉及的多个单位的协调事宜方面，只要团队齐心协力，充分发挥每个人"小技保"的能量，一定会撑起"无限大"的任务。

凉城赛区：徐玥的工作日志

基本信息介绍：徐玥，黑龙江省气象局，2022 年北京冬奥会气象保障成员、"十四冬"乌兰察布赛区气象台越野滑雪和冬季两项前方预报员。

工作日志记录时间：2024 年 1 月 4 日

工作日志内容：今天是冬季两项开赛的第一天，05 时的闹铃还没响我就已经醒了。一天的工作从查看天气实况，对比预报开始。4—6 日的降温过程一直备受关注，虽然预报强度一直在减弱，但是对于竞赛首日来说，“打好第一枪”至关重要。

从 12 月 10 日驻训以来，“把稳”凉城赛区天气“脉搏”是我与年轻的预报员小伙伴们的主要工作。比赛能否如期顺利进行，天时、地利、人和缺一不可。大家一起“入乡随俗”从零开始，脚踏起伏的赛道，感受温度的跌宕，听风来风往，看云卷云舒。关注天气演变和地形特点，看红线（实况）和蓝线（预报）由远及近，“若即若离”，直至“牵手成功”，一路同行。现在，努力比选择更重要。

“批阅”服务产品、“提醒”预报关注点、“点评”会商发言是我关爱的方式；每一份预报的发送、每一张实况的张贴、每一次与竞赛组的沟通是我对冰雪运动的责任。通过越野资格赛的历练与磨合，团队预报水平稳步提升，可以说每天的会商复盘与经验总结既是成功的铺路石，又是里程碑。一个月的驻训让我对“十四冬”的预报服务充满信心。

07 时 30 分准时出发，08 时的实况和预报准时送到竞赛办公室，09 时比赛准时开始，一切都如期进行。今天预报中午前后会出现大风，我一直在观察赛场的天气变化。09 时 10 分左右，一阵大风吹过，彩旗张展，1 min 后风停了，分钟数据显示最大阵风风速为 10.1 m/s，这突如其来的短时大风超出了我们的预料。虽然午后的大风我们预报得很好，但是这种局地短时大风的出现让我深刻反思。风，空气的流动，非线性，短时风速大，局地特征强，预报难度高，超出现有预报能力，怎么办？如何在服务中弥补预报的不足？路阻且长，冰雪运动气象保障依然在路上。

关于“十四冬”的体会和感受：我生长在黑龙江，冰雪运动是故乡之魂。我保障过北京冬奥会，职责使命赓续、初心不变。来到内蒙古，服务“十四冬”，血还热、情仍切！气象保障是冰雪运动的重要组成部分，职业素养让我在这条赛道上不断加速，在不确定中努力寻找确定因素。相信天道酬勤，相信 2 月的天气。

凉城赛区:王驰的工作日志

基本信息介绍:王驰,内蒙古自治区气象数据中心,"十四冬"凉城赛区现场观测与网络保障团队成员。

工作日志记录时间:2024 年 1 月 4 日

工作日志内容:2023 年 12 月 19 日是我来到"十四冬"凉城赛区的第二天,位于凉城冬季两项高点的 C7175 站数据缺测。数据缺测原因:C7175 所使用的便携站厂家出厂配的是 20 A 的蓄电池和面积较小的太阳能板。由于那几天凉城赛区气温过低,导致蓄电池无法正常供电,最终气象观测数据无法正常上传。

为了解决数据缺测问题,凉城赛区现场保障团队成员冯志军、殷树旺和我于当天下午去现场对 C7175 站的蓄电池和太阳能板进行更换。

由于 C7175 站位于地势较陡的越野赛道旁边,还有运动员在赛道上训练,我们无法直接开车上去,只能冒着严寒带着蓄电池和太阳能板徒步上山。要换上的 100 A 蓄电池重达 30 kg,我们在地势较缓的地方先背着,到了地势较陡的地方则拉着往上走。

王驰(左一)

我们一路跋涉,最终到达了 C7175 站,开始进行蓄电池和太阳能板的更换。放在平时这点儿工作很快就能完成,但是那几天太冷了,采集器、传感器和蓄电池等的线缆都冻得硬邦邦,我们只能小心翼翼地更换,怕不小心把线缆弄断。

最后,我们更换了蓄电池和太阳能板,并对便携站进行了加固。当看到采集器和通信模块的指示灯正常工作,并且"传输宝"上查询数据正常上传时,我们心中的一块石头总算落地了。

关于"十四冬"的体会和感受:在"十四冬"的赛场上体育健儿冒着严寒争分夺秒、踔厉奋发;在“十四冬”的幕后赛场上我们气象保障人员也是争分夺秒、勇毅前行,确保气象观测数据万无一失。

扎兰屯赛区:贾志非的工作日志

基本信息介绍:贾志非,内蒙古自治区呼伦贝尔市气象综合保障中心,“十四冬”扎兰屯赛区网络保障组成员。

工作日志记录时间:2024年1月4日

工作日志内容:1月4日早间,我像往常一样起床后,打开手机微信小程序查看“十四冬”扎兰屯赛区站点实况,突然发现C7426扎兰屯雪上技巧起点站数据异常,风向、风速缺测。我立刻警觉起来,起床查看了天元系统、“十四冬”实况平台中的数据,经过核对,确定数据缺测并非迟报。

我立即与副班值班员集合,前往现场进行查看。为了确保通行安全、不影响赛场运动员的训练,扎兰屯市气象局局长金森第一时间为我们协调其他赛道的缆车。扎兰屯赛区气象台观测保障组张晨阳和杨树羿也火速驾车前来协助我们排查故障。

我们紧急集合乘坐缆车前往C7426站点排查故障,虽然气温只有−16.9 ℃,在北方也算不上真正的冷,但在前往山顶的短短几分钟内,还是能感受到寒风刺骨的冷。最终经过故障排查,确定因降雪和现场造雪导致超声风传感器被冻住。组长张晨阳立即爬上房顶,清理传感器上的冰碴,因为戴着手套不方便清理,但摘了手套几秒钟手就会被风吹得刺痛,只能摘一会儿、戴一会儿,一个清理的操作往往要比平时多花上几倍的时间。最终经过清理,数据恢复传输,大家悬着的心也放了下来。

贾志非(左一)

由于当天正在下雪,我们需要对所有自动气象站进行维护巡视,清理太阳能板积雪,并观察各自动气象站蓄电池电量。我们随后兵分两路,加速排查其余站点,确保不出现同样问题。经过2个多小时的巡检,最终将15个自动气象站的积雪全部清理完毕,数据传输正常。

在厂家工作人员巡视激光测风雷达、微波辐射计时，发现激光测风雷达周围被铁架子遮挡，并且设备用电出现问题。局长金森闻讯后第一时间前往现场协调沟通，解决设备探测环境和用电问题。经过多方协调，目前探测环境已恢复正常，但用电问题还需供电部门进行调整。最后大家巡检完集合并准备返回赛场办公楼时，耳朵都冻得通红，眼镜和眉毛都挂满冰霜，大家都会心地相视一笑……

关于“十四冬”的体会和感受：今天的维修工作只是日常保障工作中的一个缩影，我们还遇到过很多次的故障维修情况，要比这次的气象条件更加恶劣，维修经历更加艰难。在大家的通力配合下，我们每次都能在最短时间内完成故障维修，完成日常观测系统和网络巡检工作，保障网络环境和气象数据传输正常。在一次一次的保障工作中，我也愈发深刻地体会到了团队合作的重要性。在每一次应急维修过程中，都有领导的沟通协调、专家的远程指导以及同事的鼎力相助，我们共同克服了一个又一个困难。作为现场保障人员，我们肩负着区、盟（市）、旗（县）三级干部职工的支持与信任。这给了我们保障服务工作提供巨大的动力，促使我们不断提高服务质量，确保赛事的顺利进行。

扎兰屯赛区：王志达的工作日志

基本信息介绍：王志达，内蒙古自治区呼伦贝尔市扎兰屯市气象局，扎兰屯赛区气象台后方预报员。

工作日志记录时间：2024 年 1 月 5 日

工作日志内容：5 日 04 时，定的 04 时 30 分的闹钟还来不及响，自己就从昏昏沉沉的睡梦中醒来。

驱车从家来到扎兰屯赛区气象台后方预报平台，与今天当班的内蒙古自治区气象台首席预报员赵斐一起查看实况变化，结合最新的数值预报，在前一天晚上的主班首席会商基础上，将未来临近几个时次的风速调高 1～2 m/s，考虑全天风速都比较大，所以暂时不考虑晚上山顶与山底的逆温。

“志达，7 号白天下午的天气现象，咱们调整一下，考虑晴转多云。”我比较疑惑：“首席，昨天晚上咱们会商的结果考虑晴天，想问一下，这次调整是出于什么考虑呢?”赵斐耐心答道：“现在由于风力偏大，数值预报对未来的风速也调大了，综合最新廓线图上层湿度变化考虑有系统过境，会有云系覆盖。”像这样的交流，后方预报组每时每刻都在进行着。

这是我第一次参加大型冬季赛事气象保障服务，由于经验和专业知识还不过硬，对于预报上的压力，可以说是陡然增加，好在经验丰富的首席预报员对每一次的预报订正思路的讲解都通俗易懂，并悉心指导我们这些年轻预报员。

由于“十四冬”赛事的深入进行，后勤压力也随之增大。在 07 时准时将预报发出后，作为扎兰屯市气象局的成员，在 07 时准时将预报发出后，作为扎兰屯市气象局成员，除了要继续承担好自己的本职工作之外，由于“十四冬”赛事的深入进行，后勤压力也随之增大，更要做好团队的住用保障。

“二楼宿舍里面房间的暖气这两天半夜总是很凉、供不上气”“宿舍灯时好时坏”，在驻训队员反映情况后，立即对这些问题进行排查解决，对于平台的水电网以及办公用品使用更要保障到位，更好地为“十四冬”赛事气象保障服务贡献力量。

关于“十四冬”的体会和感受：作为一名年轻的气象工作者，能参与这个全国盛会，感到责

王志达(右一)

任重大。气象预报对于赛事的进行至关重要,需要精准的预报和及时精细的气象服务,以确保赛事的顺利进行。

在这样的大型活动中,能够有机会和来自国—省—市—县四级的气象专家骨干一起交流经验,学习新技术,感到收获颇丰。通过与他们的学习交流,我更深入地了解了气象服务的重要性和复杂性。

通过前方预报服务组的反馈交流,可以了解运动员、教练员对天气的需求和关注点,这种互动交流让我更深入地把握各类要素预报对于运动比赛的影响。

总体来说,这是一次宝贵的经历,面对每一次预报所带来的压力与挑战,都让我更加深刻地体会到了气象工作者的责任和使命。希望能够通过自己的不断努力,为之后赛事更加密集的正赛阶段做好十足准备。

喀喇沁赛区:晋亮亮的工作日志

基本信息介绍:晋亮亮,内蒙古自治区赤峰市气象局,2022 年北京冬奥会气象保障成员、“十四冬”喀喇沁赛区气象台前方团队副队长、首席预报员。

工作日志记录时间:2024 年 1 月 5 日

工作日志内容:05 时,闹钟响起,今天准备起个大早,先去几个气象站熟悉周围的环境,再去做预报。驻训已经快一个月了,每天都忙碌于各种数据、图表中,一直没有去参观赛区的气象站点。按照冬奥会驻训期间的惯例,每年驻训开始,队长总要带我们去赛场的每个站点实地踏查,查看每个气象站点周围的环境是否发生了变化,会有什么影响。

走在去往出发大厅站点的路上,思绪把我拉回到 4 年前。2019 年第一次走上这条山路,心潮澎湃,一口气从山底爬到了山腰,经过 3 个自动气象站。今天重走这条路,心里多了很多问题,赛道终点站的风向为什么以偏东风居多,风速为什么都在 2 m/s 以下。出发大厅站与印象中的环境没有太大变化,而赛道终点站位于两条赛道的交汇处,南侧是树林,是一个背风区,

晋亮亮(左一)

风从南面和西面吹来,受到树林和山的阻挡,可能在背风区形成了小的涡旋,我似乎找到了答案。短短 500 m 的雪道,整整用了一个半小时,回来时已是气喘吁吁。

06 时 30 分与同事完成了交接班,沟通了未来几天的天气趋势,便开始了一天工作。通过近一个月的驻训,业务流程已经大体确定下来:检验昨天的预报结论;评估各种数值模式和算法的产品;掌握未来十天的天气形势,形成初步预报结论;与预报主班和服务首席讨论,形成最终结论;与主班共同检查站点预报和预报结论的一致性;发布赛区四个站点预报。上午、下午各两个半小时的时间,紧张而又充实。

关于“十四冬”的体会和感受:作为一名参加过北京冬奥会服务保障的气象人来说,再次面对“十四冬”其实心情很复杂,毕竟北京冬奥会气象服务历经 5 年的准备,得到了全国气象部门的支持。“十四冬”再燃战火,我们的准备期很短。但随着时间的推移,“十四冬”气象服务各项工作有条不紊地推进,我也逐渐放松下来。我将全身心投入到接下来的赛事服务中,与每位现场气象服务团队队员通力合作,为喀喇沁赛区赛事提供优质的气象服务!

海拉尔赛区:刘娜的工作日志

基本信息介绍:刘娜,内蒙古自治区呼伦贝尔市海拉尔区气象局,“十四冬”海拉尔赛区气象台预报员。

工作日志记录时间:2024 年 1 月 9 日

工作日志内容:海拉尔赛区是“十四冬”的主场馆及开(闭)幕式举办地,机场、火车站、保供酒店、冬运场馆等地点分散、交通复杂,入冬以来降雪频繁,路面积雪结冰严重,对交通运力造成较大影响。为此,需要对场馆、各保供酒店街道进行精准预报,并及时转发执委办各部各组,环境卫生管理部门按照气象降雪预测及时安排道路清雪除冰。

虽然冰上项目全部都安排在室内,对气象条件的要求没有雪上项目苛刻,但同样离不开气象服务,需要针对室内气温、湿度等气象要素提供监测和预报。根据相关冬季运动竞赛组织的规定，环境温度要记录在比赛成绩的报表内，成绩才能被视为有效。

“明早咱们 06 时出发去赛场。”随着局长车延超的微信消息，1 月 9—19 日陆续开赛的冰壶（青年组）、速度滑冰（公开组）、短道速滑（青年组）、花样滑冰（青年组）四项赛事气象保障服务拉开了帷幕，也迎来了对我们 6 个月以来工作成果的正式检验。

9 日早上，闹钟 05 时准时响起，安排好腰部受伤骨折休息在家的老公，安排好无人接送孩子的网课，做好了他们爷俩的午饭，迎着晨光熹微的冬早出发前往赛场。

在赛场，我和呼伦贝尔市气象局预报专家开始研究未来几天影响海拉尔区的天气系统，受高空槽影响，10 日夜间会出现降雪，那么降雪从几时开始？几时能结束？量级能达到多少？预报的准确率能达到多少？这让我想到了台长杨雪峰在给我培训时候，“你们怎样能做出一份准确的预报，预报的依据除了数值模式，还有什么可以支撑你的预报结论？”是呀，面对重大赛事的气象保障，我们面临的预报精细会更加难，因为我们需要做场馆 24 h 逐小时预报，数值模式又没有逐小时数据，这就需要我们总结之前经验，建立自己的检验数据集，提升精细化预报的准确率。

分析、讨论、研判、定论，经过一番紧张的研究，终于给出了明确的答案，之后的温度、风向、风速等也都在我们严谨而又坚定的分析中落槌定音。

刘娜（右一）

关于“十四冬”的体会和感受：今天的预报发布工作只是场馆预报日常工作中的一个缩影，进入一个值班周期就是忙碌生活的开始，每天都要将过去几天的天气过程和未来的预报结论烂熟于心。我的“十四冬”生活法宝：值班表、手机、闹钟。虽然，承载工作压力大，但我感觉能在这个岗位上工作，很自豪、很光荣！能为“十四冬”贡献气象人的力量，我将肩负使命、不断前行！

凉城赛区：邢蕾的工作日志

基本信息介绍：邢蕾，内蒙古自治区乌兰察布市气象局，“十四冬”凉城赛区气象台预报服务团队后方预报员。

工作日志记录时间：2024 年 1 月 10 日

工作日志内容：2024 年新年之际，“十四冬”气象驻训工作已接近尾声，资格赛也已圆满闭幕。回首过去的一个月，我们收获满满，共同书写了一段不平凡的篇章。

回想来到凉城县驻训的第一天，恰逢全县普降中雪、局地大雪的天气过程，我们迎难而上，不畏严寒，徒步登山，亲身感受赛道上不同区域的温、压、湿、风等不同气象要素的差异。从山脚到山顶，我们一步一个脚印、历经三个多小时，终于走到了海拔 2079.9 m 的山顶站，我深刻体会到了山地气象要素分布的复杂多样。这些宝贵的实地经验，为我们后续的预报服务打下了坚实的基础。

在资格赛前短短十几天的紧张时刻，我们预报服务团队展现出了高效协作的精神。我们迅速制定了值班流程，安装并调试好气象信息综合分析处理系统（MICAPS）等相关业务软件，集体学习研究实况查询、模式调用、预报制作等“十四冬”相关业务平台，对使用中发现的问题进行讨论并不断反馈，同时从 12 月 13 日起每天模拟制作五个站点未来 10 d 的不同预报时效的天气预报。我们在模拟预报服务期间，不断优化工作流程，调整团队分工，提高团队之间的配合。

在过去的 30 d 里，预报团队日复一日地整理各个站点、各种数值模式、各种气象要素的不同起报时间、不同预报时效的数据，并每日更新、保存天气实况。通过分析对比不同气象要素的日变化及不同站点间的数值差异，研究不同模式在不同天气背景下与实况的差距，我们对不同的预报点位总结了对应的技术方法，力求在决赛期间提供更加精准的服务。

关于“十四冬”的体会和感受：作为一名青年气象工作者，于我而言，“十四冬”气象服务工作既是一次挑战，也是一次成长的机遇。我将继续努力，充分利用决赛前剩余的时间，进一步深入分析实况特征，积累更多的预报经验。回顾“十四冬”气象保障服务工作，我认为我们初步取得了一定的成绩，但仍有提升空间。今后，应对突发气象事件时，我们还需要进一步提高反应速度，为“十四冬”决赛以及未来的大型赛事提供更加优质的气象服务。

冬运办：武艳娟的工作日志

基本信息介绍：武艳娟，内蒙古自治区气象局应急与减灾处副处长，“十四冬”气象保障部联络员、冬运内蒙古气象中心办公室执行副主任。

工作日志记录时间：2024 年 1 月 10 日

工作日志内容：我是“十四冬”气象保障部的联络员，也是冬运内蒙古气象中心办公室的执行副主任。主要负责协调“十四冬”筹委会各工作部，落实中国气象局、筹委办、冬运内蒙古气象中心相关的工作部署，组织指导各单位推进“十四冬”气象保障服务各项工作。

今天是我此次出差的第 15 d，主要任务是协助完成中央媒体“新春走基层”采访任务、实地指导喀喇沁赛区开展单板滑雪平行大回转决赛气象保障服务、陪同内蒙古自治区气象局领导参加“十四冬”座谈会和实地指导扎兰屯赛区开展滑雪登山决赛气象保障服务等。

出差的这 15 d，我感觉每天都过得充实又飞快。协助完成中央媒体“新春走基层”采访任务期间，主要是在扎兰屯市代表内蒙古自治区气象局做好采访工作的配合，包括提供素材、协调安排拍摄场景、行程对接等事宜。1 月 19 日，筹委会领导到扎兰屯气象工作室调研，我抓住机会汇报了气象保障部的工作进展成效，以及高影响天气下赛事气象保障服务工作，气象保障服务工作得到了筹委会领导的高度评价。

喀喇沁赛区比赛是雪上项目第一个决赛，也是我们检验雪上项目气象保障服务的重要时机。赛前我们还在扎兰屯赛区开展工作，但 1 月 20 日，从扎兰屯到赤峰航班因降雪天气取消，为了在比赛前赶到喀喇沁赛区，与赛区现场团队共同开展工作，我和“十四冬”气象服务特聘专家、内蒙古自治区气象台副台长、北京冬奥会首席预报员时少英只能乘坐 17 h 的普通列车赶往赤峰。疲惫的身体随着火车悠悠地哐当，焦急的心却早已飞到了赛场。在火车上电话与同事沟通，协调处理了赛事前服务准备、微信小程序、服务网站优化等工作，让焦躁的心稍稍有了一点踏实的感觉。终于我们在比赛前一天赶到了现场，与现场团队会合。喀喇沁赛区比赛气象保障服务期间，我对接筹委办联系人、跟踪实况和预报产品对外发布情况、参加专题会商、现场检验预报结论、接待有关部门的参观、组织召开日调度会议、编写调度日志、协调解决当天发现的问题……在我们的共同努力下，顺利完成了气象保障服务的各项任务，最终喀喇沁赛区的气象保障服务获得了技术代表、竞赛长等多方面的好评，我心中感到无比的满足与欣慰。

作为执行副主任的我，深感责任重大、使命光荣，同时也感受到了信任带来的强大压力、工作动力。我把筹委会领导的肯定和要求及时转达给冬运办的每位同志，大家的士气受到极大鼓舞，也鼓足了干劲儿。同时，也及时将相关情况向上级单位进行了汇报。应该说，出差过程中的工作都在有序有效地开展，也取得了比较理想的阶段性成效。

唯一遗憾的就是不能照看放假在家的儿子，有时候忙得都顾不上给家里打电话，儿子偶尔问作业问题，我也只能匆匆回答，儿子还体贴地说：“妈妈忙工作吧，照顾好自己，早点回家”，说实话作为妈妈，内心很愧疚，但是儿子的理解和支持也成为我全身心投入工作的强大动力。

现在，我即将再次奔赴扎兰屯组织开展滑雪登山决赛气象保障服务，想到冬运办的所有同志为了推进工作，昨晚 22 时不惜牺牲周末时间进行深入讨论，想到每天和我们一起奔波又特别用心指导的内蒙古自治区气象局领导，想到喀喇沁赛区气象保障服务的精彩开幕，想到我们每位为“十四冬”付出辛勤努力的同志……我对未来需要气象保障的 102 个小项比赛十分期待、充满信心，累并快乐着。

凉城赛区：宋彦妮的工作日志

基本信息介绍：宋彦妮，内蒙古自治区乌兰察布市气象局，“十四冬”凉城赛区气象台预报服务团队前方预报员。

工作日志记录时间：2024 年 1 月 10 日

工作日志内容：1 月 10 日，2023—2024 年赛季全国越野滑雪冬季两项锦标赛暨“十四冬”资格赛在凉城滑雪场圆满收官。作为凉城赛区现场预报服务团队中的一员，我也圆满完成了“十四冬”资格赛气象保障任务。一个月的驻训工作漫长而又短暂，点点滴滴在我脑海里汇成美好难忘的记忆。

实况是预报的基础。驻训第一天，我们选择徒步登山，一步一个脚印地实地了解雪道上的 7 套自动气象站。恰好赶上下雪、降温天气，一路上我们摔了好几次，笑着搀扶着走完了整个赛道，亲身感受赛道不同区域温、压、湿、风等气象要素的差异，切实体会到了山地气象要素分布的复杂与多样。

每天清晨，伴随着太阳缓缓升起，我的工作早已开始，日出而作，日落而归。资格赛开始前期，我们每天熟悉相关业务平台及系统的使用，针对赛场 5 个预报点位，前方与后方团队分工合作，按照正赛要求全流程不断模拟训练；针对不同模式预报进行分析总结，定期召开复盘会议，交流模式预报效果与自己主观预报经验。资格赛期间，我作为前方服务团队的一员，天还不亮就出现在赛场，提前打开设备，了解当天预报，将第一份实况与预报送至竞赛办公室，并按照竞委会要求逐半小时打印张贴实况。我们的办公室仅是一个板房，因温度太低，打印机不能运行，每天打印机也随我们来来回回，即使冰冷的温度也阻挡不了我们的热情。资格赛结束后，我们立即前往扎兰屯参加“十四冬”第 2 期气象预报服务专题培训班，现场分享汇报了《障碍追逐山顶站风特征及窗口期分析》，并与其他赛区的预报服务团队交流学习，进一步提升赛

宋彦妮(左三)

场预报准确率,提升现场服务效果。

关于"十四冬"的体会和感受:作为一名青年气象工作者,服务"十四冬"赛事有压力,更有挑战,有机遇,更有发展,我很荣幸可以参与赛事服务保障工作。资格赛结束这一个月的空档期,对我而言,不是休整,而是集中时间去提升自己的预报能力,进一步分析实况数据、检验模式预报、研究山地气候,积累预报经验,为"十四冬"正式比赛气象保障服务奠定扎实的基础,确保高质量、高标准完成"十四冬"气象预报服务任务。

扎兰屯赛区:张新禹的工作日志

基本信息介绍:张新禹,内蒙古自治区气象数据中心,扎兰屯赛区现场保障团队网络保障成员。

工作日志记录时间:2024 年 1 月 11 日

工作日志内容:身处"十四冬"扎兰屯赛区,我主要负责扎兰屯市气象局和赛场气象中心小微型气象信息中心专线的网络运维及应急保障工作,赛场 15 个区域自动气象站观测数据的传输监控、赛场激光测风雷达和微波辐射计的数据传输保障以及赛场"十四冬"实况展示大屏的运行维护工作。这份工作极具挑战性的同时又带给我满满的成就感。

每天早晨开始,我迅速投入资格赛网络保障的重要环节,细致梳理网络设备状态,进行机柜设备状态巡检,确保每台设备都处于最佳运行状态。需要特别关注的是内外网连接方式,在虚拟专用网络软件的支持下,我们要第一时间保障扎兰屯市气象局后方预报团队的网络正常运行,保障预报员终端在网络断开时的应急连通,确保预报服务的连续性。与此同时,还要专注于赛场各处的网络环境,通过将内网与赛场大屏主机连接,确保比赛期间大屏能够在安全环境下正常运行、无障碍地展示实况数据。

在赛区较有成就感的是，经过与厂家技术人员反复沟通确认，我和小伙伴们成功地优化了激光雷达设备的数据传输环节，将数据传输速度和时效性提升至一个全新的水平，较好地支撑了赛场预报员的工作。然而，在日常紧张的保障工作中也总会遇到了不小的挑战。一次，扎兰屯市气象局出现互联网故障，需要我们迅速定位并解决。通过对网络监控和设备的检查，我们初步判定是终端路由器长时间运行导致故障，重启设备后成功地恢复了互联网正常运行。这次问题排查过程也让我更深入地了解了互联网上网的拓扑结构，为今后的网络应急处置提供了宝贵经验。赛区工作虽然繁忙，但也充实而有意义。我深感荣幸能参与到这样一项具有挑战性和重大意义的工作中，并期待在接下来的日子里，继续与团队一同努力，确保比赛期间网络运行的稳定和安全。

张新禹（左一）

关于“十四冬”的体会和感受：在工作的点点滴滴中，我感受到了团队的力量和合作的重要性。网络的运行情况时刻关系到前方预报员的预报及时性和准确性，在保障任务紧张的状态下，更不能出现一点问题，每个成员都是在战斗状态下执行任务，并且紧密合作、快速响应，这个经历不仅让我更深刻地理解网络保障工作的重要性，也让我更加坚信在团队协作和努力下，我们能够应对任何挑战，任务艰巨、使命光荣。

喀喇沁赛区：刘健的工作日志

基本信息介绍：刘健，内蒙古自治区赤峰市气象局，喀喇沁赛区现场观测与网络保障团队成员。

工作日志记录时间：2024 年 1 月 22 日

工作日志内容：1 月 22 日是“十四冬”喀喇沁赛区开赛日，是整个气象保障团队盼望已久的一刻，也是开始“成果”检验的一刻。观测与网络保障组的兄弟们“摩拳擦掌”，全体成员驻场守候。自昨天下午开始，整个赛区仿佛从激情洋溢、热烈匆忙的情绪中一下进入了一种难以言状的静谧状态，这种静谧状态一直延续到今早。天还没亮，但随着住在“职工宿舍”的安防、医疗、药监、气象等多个宿舍陆续亮起灯，走廊的兄弟们渐渐喧嚣，预示着，它来了。

风静静地吹着，伴着赛道细细的雪尘，冬日的阳光，它冷峻但不失温柔，阳光下的人们看似行色匆匆实则秩序井然。观测与网络保障组的一天从站点巡视开始，沉静的力量抵抗着徐徐的寒风，例行的锤炼建立了基本的秩序。激光测风雷达、出发大厅自动站、山顶备赛区的移动应急站、七要素站、紫外辐射站以及赛区四个大屏幕，一圈巡视下来，已临近开赛。

刘健（左一）

19—20 日 21 时赛区降雪，21 日中午开始赛道封场压雪，这些因素对赛道中间几个自动气象站的保障提出了要求。果不其然，21 日下午开始终点站雪面温度数据偏低过多，虽已提前协调，但是由于赛道封场已经无法进入雪场处理，通过视频监控发现问题结点，可能是红外雪温传感器倾角异常。今天中午，趁着赛事中场休整期保障组一行进入赛场，发现站点旁边 A 网部分倾倒碰到传感器，致使传感器倾角抬高红外射向了 A 柱，造成雪面温度测值偏低，调整传感器倾角后数据恢复正常。处理完该问题后，我们发现虽然雪地摩托车不能上山，但赛事起点站在这段时间可以从两道安全隔离网间爬上去。赛道起点站太阳能板积雪我们已经从数据端预测到，我与内蒙古自治区气象数据中心李博决定徒步上山为太阳能板清雪，雪道很滑，摔几个跟头虽属学艺不精，但在所难免，半腿瘀青踉踉跄跄，爬到起点站并翻越 A 网，清理了太阳能板的积雪后，回到赛道，所幸，近距离观看了“十四冬”首金决赛，是对辛苦爬山的慰藉，也是属于现场保障人员的专属福利！

16 时，在赛区保障现场总结会后，一天的保障工作告一段落，各组梳理、安排着后续工作，没有平静的夜晚,各司其职就是最好的安排。明天又是晴朗的一天,青年男子组的决赛即将打响,我们为运动员喝彩,也为身在其中庆幸!

关于"十四冬"的体会和感受:自 2019 年赛事现场负责装备网络保障,这是有幸第二次感受现场,物是人非、激情仍在,皑皑白雪、巍巍雪山掩不住心中澎湃,为内蒙古喝彩,也为我们团队骄傲!

呼伦贝尔气象分中心:于文超的工作日志

基本信息介绍:于文超,内蒙古自治区呼伦贝尔市气象局办公室主任、"十四冬"呼伦贝尔气象分中心科普宣传组组长、后勤保障组组长。

工作日志记录时间:2024 年 2 月 15 日

工作日志内容:"十四冬"气象保障服务工作是我参加工作以来参与的赛事规模最大、筹备时间最长、投入精力最多的一次重大活动,也是感受和收获最多的一次工作经历。

这是气象部门的体制优势充分发挥。从赛事气象保障工作筹备开始,国—省—市—县四级气象部门高效联动,在观测、预报、服务、宣传等各方面由上至下统一部署、统一行动,中国气象局和内蒙古自治区气象局各直属单位的鼎力支持,内蒙古、北京、河北、黑龙江等气象专家驻场支援,四级气象部门进入特别工作状态,各岗位工作人员全部到位,"上下一致、多方协同",我们系统的垂直管理优势在此次重大活动保障过程中真正发挥了的作用。这是气象部门的科技优势充分显现。赛区 17 种气象要素自动气象站观测,满足赛事"分钟级"地面气象要素实况监测服务;传承升级冬奥气象服务核心科技,自主研发了 5 项预报技术和 2 个预报服务系统,成为预报员手中的利器,为比赛提供强大的气象保障服务;风廓线雷达、地基遥感垂直观测系统等新设备空降赛场,赛事气象保障服务科技支撑更加强大。

于文超(一排左三)

这是气象部门的服务理念充分体现。纵观整个赛事气象保障工作,气象部门提前准备,主动对接需求,无论是实战演练,还是各项比赛,无论是运动员、教练员、领队,还是观众、游客,无论是各赛区、赛场,还是各接待宾馆、交通干线,精细的气象服务在赛事各时段、各环节、各部门、各场所实时更新、跟踪服务、无微不至。气象职工的精神风貌充分展现。从上至下、从领导到职工，无不履职尽责、任劳任怨、积极奉献。有的舍小家、为大家，几十天坚守一线；有的克服重重困难、辗转旅程赶赴赛场；有的身兼数职、统筹兼顾，工作至凌晨成为常态，特别甲辰龙年春节对于“十四冬”气象保障人员来说，是一个意义非凡的春节，内蒙古自治区气象局、呼伦贝尔市气象局两级领导驻守赛区，“大年初二”各岗位人员从不同的位置、以不同的方式，向着同一个目标出发，但是大家的口中谈论的都是如何针对需求提升服务水平，如何密切协作提高服务效率，没有一句怨言，脸上洋溢着昂扬向上的喜悦和对胜利的憧憬。距离开幕式倒计时还有 3 d，回顾整个赛事气象保障历程，我们充分的准备，我们高效的服务，各级党政领导、赛事组委会和执委会、运动员和教练员等对气象保障的多次充分肯定，“两个现代化”的成果在“十四冬”气象保障全过程完美体现，同时这也是我们推动气象高质量发展的又一次生动实践。

呼伦贝尔气象分中心：王洪丽的工作日志

基本信息介绍：王洪丽，内蒙古自治区呼伦贝尔市气象局气象台台长、“十四冬”呼伦贝尔气象分中心预报预测组、信息发布组组长。

工作日志记录时间：2024 年 2 月 15 日

工作日志内容：从 2016 年参加编写气象保障可研报告拉开了我的“十四冬”气象服务序幕，到 2024 年 2 月 17 日“十四冬”即将开幕。八年来，“十四冬”气象保障服务一直伴随着我的工作与生活。提笔写这篇工作感受，无数个与“十四冬”气象服务相关的镜头纷至沓来涌入脑中，令我心绪起伏，感慨万千。

王洪丽（右二）

镜头一：2017 年 10 月，我有幸参加了北京市气象局举办的为期 7 d 的冬奥预报技术培训班。通过培训首次了解冰雪运动与气象密切关系，了解山地气象预报方法等。通过培训学习，开阔了视野，增长了见识，真切感受了气象科技的力量，国家层面气象专家精湛的预报技术，我为自己有机会参与国家级体育赛事气象保障而庆幸，同时更深感自身知识储备、技术水平有限，需要学习提升的东西太多。

镜头二：2019 年，是上一周期“十四冬”气象保障筹备最为紧锣密鼓的一年。一年里，组织团队完成寒潮、暴雪、大风、雾等高影响天气分析研究工作，完成了预报服务流程与《“十四冬”气象服务手册》编制，开展多次驻训、资格赛技术交流，赴吉林省气象局调研冰雪运动赛事等诸多工作。那一年是我工作以来最为繁忙的一年，没有白付出的努力与汗水，如今应对繁杂事务呈现的淡定与从容，或许就是曾经的磨砺给予的馈赠吧。

镜头三：2023 年，迎来了 2024 年“十四冬”气象筹备工作。这一年，在内蒙古自治区气象局、呼伦贝尔市气象局坚强有力组织领导下，“十四冬”气象保障工作有序推进。似乎是 2019 年筹备工作的复制，但又不尽相同。牙克石赛区比赛取消了，扎兰屯赛区雪上项目增多了。流程更为细致，节奏更为有序，气象服务细节要求标准更高。气象台大部分人员不仅承担赛事预报工作，还承担着宣传视频创作工作，同时还要完成日常业务工作。虽然人员紧张，但是可爱可亲的团队成员舍小家为大家，不喊苦，不叫累，圆满完成了资格赛、火炬传递、滑雪登山、专题会商等各项工作。2023 年，我深切的感受是组织力量的强大、团队成员的密切合作、创新努力给予的精彩呈现！

镜头四：2024 年 2 月 9 日（除夕）08 时，天气会商开始了。2 月 6—27 日“十四冬”专题会商持续进行中。我与值班预报员、值班首席研判分析制作海拉尔、扎兰屯 9—27 日的逐日预报，滚动更新至赛事结束。为了确保三级预报结论一致性及准确性，不断斟酌、讨论、分析……这就是预报员工作的日常，看似一份平常预报产品，融入了预报科技成果、工作经验积累以及细致严谨、求真务实的科学态度。

岁月匆匆，明天终于迎来了迟到四年的“十四冬”开幕式。八年来，太多“十四冬”气象服务工作镜头成为我生命中不可磨灭的记忆，它温暖着我、感动着我、激励着我“余额”不多的工作生涯……

扎兰屯赛区：郭宏的工作日志

基本信息介绍：郭宏，河北省张家口市气象台台长、2022 年北京冬奥会气象保障成员、“十四冬”扎兰屯赛区气象服务专家。

工作日志记录时间：2024 年 2 月 15 日

工作日志内容：时光如白驹过隙，转眼“十四冬”就要迎来盛大的开幕式，这是自北京冬奥会后国内第一场大型冰雪赛事，赛事汇聚了来自全国各地的冰雪运动健将，见证着我国冰雪运动的高速发展，同时也展现了“三亿人上冰雪”带来的丰厚成果。

为了做好“十四冬”气象保障服务工作，内蒙古自治区气象局在中国气象局党组的坚强领导下，集中国—省—市—县四级气象力量，组成了经验丰富、作风过硬、水平一流的气象保障团队，而我作为北京冬奥会现场气象预报服务团队的一员非常荣幸加入了这支队伍。相比于北京冬奥会，由于场地情况、气候背景和国内运动员经验水平等多重因素的影响，“十四冬”雪上赛事对气象服务要求更高，U 型场地、大跳台、坡面障碍技巧、空中技巧、雪上技巧等赛事竞赛团队都对气象预报有迫切的需求，国家体育总局冬季运动管理中心副主任李扬在每次赛风赛纪会上一再强调天气情况可能对比赛的影响。

欲戴王冠必承其重，外界的需求转化为团队的压力和动力，经过资格赛的磨合，“十四冬”

郭宏(左一)

扎兰屯赛区预报团队展现了团结、坚韧、拼搏、刻苦的精神面貌,用准确的预报、细致的服务得到了各方的高度认可,为“十四冬”的圆满举办奠定了坚实基础。

扎兰屯赛区:王颖的工作日志

基本信息介绍:王颖,内蒙古自治区呼伦贝尔市气象台副台长、2022 年北京冬奥会气象保障成员、“十四冬”扎兰屯赛区气象台负责人。

工作日志记录时间:2024 年 2 月 15 日

工作日志内容:今天是 2 月 15 日,正月初六,扎兰屯赛区年后首项比赛——单板滑雪 U 型场地技巧正式开赛了!

王颖(左一)

2023 年 12 月 10 日以来，扎兰屯赛区预报服务团队圆满保障了“十四冬”多项资格赛和滑雪登山比赛，在提前、准确的预报及精细服务下，支撑赛程因天气原因调整 6 次。2024 年 2 月 12 日，团队 16 人再次入驻现场，全员投入紧锣密鼓的工作中，目前为 U 型场地技巧、大跳台竞赛团队提供各类预报服务产品累计 30 余期，气象的技术支撑、团队力量和预报服务获得多方好评。

怀揣着做到一流的气象服务、圆满且顺利完成“十四冬”气象保障任务的愿望，赛时每一天都是令人兴奋的，累并快乐着，经历一次次的高影响天气过程中检验技术、方法和经验，消灭一个个问题，这些于我都很宝贵，最重要的是再次遇见或新结识了更多优秀的、有趣的、可爱的人。

距离北京 2022 年冬奥会气象保障时隔两年时间，岁月见证成长，磨炼燃成希冀。还有 12 d 赛程，仍面临诸多挑战，待到春暖花开时，想和团队每一位说，“看吧，轻舟已过万重山”。

凉城赛区：陈海英的工作日志

基本信息介绍：陈海英，内蒙古自治区乌兰察布市凉城县气象局，“十四冬”凉城赛区气象台预报服务团队后方预报员。

工作日志记录时间：2024 年 2 月 15 日

工作日志内容：今天是值得记录的一天，自“十四冬”凉城赛区决赛以来，我首次负责障碍追逐站点未来十天的预报。障碍追逐共有山顶站、起点站和终点站 3 个站点，最高的山顶站海拔高达 2079.9 m，山地气象要素垂直分布复杂多变，自己以前对山地气象学的知识接触较少，心里顿时觉得压力很大。目前预报制作系统中山顶站和起点站引入的赛事站点要素客观预报技术(STNF)和赛事站点智能预报技术(MMIC)，检验效果稳定可靠，但是终点站由于历史数据少，无法实现数据模拟，暂时还没有很合适的模式，这让我对该站点的预报准确率比较担忧。

04 时 30 分,“十四冬”冬气象服务特聘专家、内蒙古自治区气象台副台长、北京冬奥会首席预报员时少英也早早地来到了气象台,根据时老师的指导,我先做山顶站和起点站的预报,然后根据三个站的特点和规律,再去整体订正终点站的预报。预报做出来以后,时老师又对各个气象要素趋势做了整体把关,做了很多调整。时老师每做一次调整,她都对我详细讲解调整原因。因 18—19 日强冷空气过境,凉城赛区有一次降温、大风天气过程,她结合凉城滑雪场的地形特点,具体讲解了风场由偏南风转为偏北风时,风速如何调整,以及风场为偏北风或偏南风时障碍追逐三个站点风速之间的相关性特点。

听了老师的一席话,我茅塞顿开,同时感到信心倍增,干劲十足。接下来的几天,我一定要多学多问多练,珍惜这次学习的机会,提高自己的预报技术水平,高质量、高标准完成“十四冬”气象预报服务任务。

海拉尔赛区:金刚的工作日志

基本信息介绍:金刚,内蒙古自治区呼伦贝尔市海拉尔区气象台台长、海拉尔赛区气象台保障团队成员。

工作日志记录时间:2024 年 2 月 17 日

工作日志内容:大年除夕,“十四冬”已经进入倒计时,我们作为“十四冬”气象保障服务人员也进入了备战状态。“爸爸,我会照顾好妈妈和弟弟的,我们在姥姥家过年,你就放心去值班吧”,伴随着火车的开动,9 岁儿子这懂事的话语,一直回荡在我的耳边。

虽然不能像预报员一样服务一线,但是默默无闻的气象设备保障工作也需要我们时刻提高警惕,要实时查看数据的准确和仪器的运行是否正常。

“我值完单位的探空班,明早正好可以接场馆的保障班”,我这样回复着局长车延超的消息，看着手机值班提醒，我知道我的"十四冬"场馆保障工作正式拉开帷幕了。由于家住河西新区，距离单位比较远，而我们需要06时到达场馆，新区不容易找出租车，提前一天预约了网约车。夜里睡不踏实，担心约的车不能按时到达，一早05时起床，第一眼看了手机小程序里内蒙古冰上运动训练中心自动气象站气象要素数据，查看有没有出现降水野值等情况。因为年前这个站出现小时大量级降水量，我们实地查看没有降雪，确认为野值，之后及时联系厂家更换称重雨量传感器的分采集器，问题得到解决。但现在还是未彻底放心，因为内蒙古冰上运动训练中心自动气象站气象要素数据，是对预报准确性的有力支撑，也是预报检验的标准。看到数据正常，我放心了。车如约到达，我映着微亮的晨曦前往会场，马路边"安达"和"赛努"的微笑，仿佛在说"早安朋友"。

到达会场，立即查看值班室供电和内外网运行情况，巡视短道速滑馆便携式自动站，马道穿戴式多功能袖珍手持气象站，查看数据是否正常、电量是否充足。忙完这些工作，眼看过了10时，心想还是去现场看一下内蒙古冰上运动训练中心自动气象站，巡视一圈比较放心。穿好衣服，徒步到达现场，清理太阳能板，对每个仪器进行详细检查，确保每个仪器运行正常，悬着的心终于放下了。

一整天的工作，紧张、忙碌，有些疲惫，但是想起儿子的那句暖心的话，我心中那份工作的热情又被点燃，我将以最饱满的热情、最严谨的工作、最细心的服务保障"十四冬"。

扎兰屯赛区:金森的工作日志

基本信息介绍:金森，内蒙古自治区呼伦贝尔市扎兰屯市气象局局长，"十四冬"扎兰屯赛区气象台主要负责人。

工作日志记录时间:2024年2月17日

工作日志内容:2024年2月17日，今天是一个重要意义的日子，"十四冬"今天开幕了。"十四冬"是北京冬奥会后第一个全国性冬季盛会，也是内蒙古自治区成立以来第一次举办全国大型运动会，其中的重要意义不言而喻。回首一年来，参与"十四冬"扎兰屯赛区气象保障的筹备工作，有太多难忘的事情。

监测精密为气象服务提供了有力支撑，雪场气象监测数据实现全覆盖，全面对标冬奥。扎兰屯赛区承担空中技巧、U型场地技巧、大跳台和坡面障碍技巧等7项雪上项目的比赛，对风、气温这些气象要素依赖较大。为实现赛场气象监测设备对标冬奥实现监测全覆盖，我们第一时间主动与赛事执委会对接建设需求，组织内蒙古自治区气象局和呼伦贝尔市气象局专家联合金龙山滑雪场、竞赛组、场地组开展气象站选址工作，经过数次现场踏勘确定9套气象站、激光测风雷达、微波辐射计等设备的建设位置。然而11月雪场已经被积雪覆盖，如何保质保量完成气象站的施工建设成了最大的问题。首先需要考虑的是如何将每一套站的200多个组件设备完好无损运送到建设点位。一块电池就可以有近50 kg，仅一个站就要安装三块这样电池来供电，运送难度很大。由于建设时间紧迫，扎兰屯市冬日白天时间很短，16时左右天就黑了，低温、大风叠加山地的局地气候，建设难度随之加大。山顶站建设时，车辆无法爬至山顶，为了抢抓时间，大家分成两个建设小队，轮班交替上山建设，冻得无法忍受，再下山进入车辆保暖。一天日落，所有人都已经大汗淋漓，霜已挂满脸部周围，两层羽绒服都已浸透。经过十几个人近一周的努力，终于按时完成9套气象站等设备建设任务，全部气象监测数据正常上传至内蒙古自治区气象数据中心，通过赛事气象服务系统实时显示，为赛事预报服务奠定数据基础，同时也为参赛人员提供风向、风速、气温、雪面温度等关键气象要素分钟级实况显示。实现了在雪场监测设备布局全面对标冬奥，也实现了雪场监测数据全覆盖。在中国气象局气象探测中心的协调下，在雪场布设一部“地基遥感方舱”，其中的毫米波云雷达等先进气象监测技术为气象服务提供了有力支撑。

金淼（右一）

这些气象“黑科技”使我们能够更精准地预测赛场天气，为执委会、竞赛组、运动员提供更加科学、可靠的气象服务。这使我深刻感受到，技术的发展对于提升服务质量和效率的重要性。我也将与团队共同努力确保所有监测设备正常运行并发挥最大作用，让“十四冬”扎兰屯赛区的气象保障服务工作做得更好！

乌兰察布气象分中心：马强的工作日志

基本信息介绍：马强，内蒙古自治区乌兰察布市气象局，“十四冬”凉城赛区现场观测与网络保障团队组长。

工作日志记录时间：2024 年 2 月 17 日

工作日志内容：“十四冬”凉城赛区正式决赛于正月初五拉开帷幕，为了保证赛时气象数据监测精密，我与气象保障成员于正月初二在凉城县集合，大家满怀热情、争分夺秒，全力以赴落实各项任务，以最佳状态迎接这场体育盛会！

此次气象保障服务工作全面参照冬奥会标准，以雪面温度观测为例，冬奥会时需要人工在雪道边实时测量雪面温度并发给赛事组。由于长时间独自在野外，我们的工作较为艰苦。当凉城赛区组委会提出需求时，我作为凉城赛区临时党支部党员和突击队队员，积极参与该项工作。同时，我们还思考怎样能提供更为精密、及时的雪面温度数据。经过气象保障成员反复实验测试，结合华云公司和新气象公司提供的技术支持，成功实现了三个气象观测站新增自动雪面温度观测，传感器可以测量距站最远 20 m 处的雪面温度，与红外雪温仪和手持雪温仪数次对比观测后确定探测精度在±0.1 ℃以内，数据时效间隔缩短至 1 min，还可以通过 5G 高速网络将雪面温度数据实时发送至每位裁判长。

“十四冬”凉城赛区现场观测与网络保障团队将始终坚持守正创新，切实做到监测精密，全心全意为人民群众提供准确的气象信息和优质的气象服务，为盛会的成功举办提供坚强有力的气象保障服务。

凉城赛区：陈杰的工作日志

基本信息介绍：陈杰，乌兰察布市气象局，“十四冬”凉城赛区预报服务团队负责人、凉城赛区临时党支部书记。

工作日志记录时间：2024 年 2 月 17 日

工作日志内容：12 月 10 日以来，我作为凉城赛区预报服务团队的负责人、赛区临时党支部的支部书记、赛区气象保障服务“突击队”的一员，在各级领导的关心支持下，在所有队员的辛苦工作、团结合作下，圆满完成了“十四冬”越野滑雪和冬季两项资格赛保障任务。

陈杰（右一）

2 月 11 日，大年初二，新的征程再次开启，“十四冬”气象预报服务团队 17 人再次入驻凉城赛区。我又有了新的身份——后方预报团队的首席预报员，负责凉城赛区两个赛道 5 个站点预报产品的审核、签发，以及两个赛道《冬运气象服务专报》的撰写、发布，并根据天气变化随时给竞委会提供影响赛事比赛的天气解读，保证赛事顺利、安全完成。

今天是 2024 年 2 月 17 日，正月初八，凉城赛区障碍追逐首场比赛正式开始了！针对今天障碍追逐比赛我共编写了两份场馆专报，不要小看这份场馆专报，每一份“工艺品”，被不断打磨、精雕细琢，让其成为一份无与伦比的“工艺品”。最后通过这份“工艺品”让竞委会主任和技术代表“简洁、清楚、确定”地了解比赛时段各种天气细节，并根据天气状况合理安排比赛日程，确保比赛顺利进行。

距离凉城赛区全部比赛结束还剩 9 d，后面还将面临寒潮、大雪等诸多高影响天气的挑战，我将和赛区所有气象保障服务人员以饱满的热情、昂扬的斗志、扎实的作风，全力以赴护航“十四冬”。

冬运办：周昕南的工作日志

基本信息介绍：周昕南，内蒙古自治区呼和浩特市气象局，冬运内蒙古气象中心办公室专职工作人员。

工作日志记录时间：2024 年 2 月 18 日

工作日志内容：今天是 2 月 18 日，“十四冬”开幕式后的第一天，昨晚开幕式的璀璨烟花还在脑中绽放，身体已经走在今天工作的路上。

喀喇沁赛区气象保障服务圆满结束后，在扎兰屯赛区我投入了又一场“战斗”。虽然不是预报服务首席、不是观测网络保障专家，但作为冬运办工作人员，我也早已融入这个团队成为其中一员。及时开展部门内外沟通协调、落实领导相关工作部署是我们的职责，同时我也要参与到赛区工作中，掌握赛区气象台各方面工作进展。参加专题天气会商、扎兰屯赛区竞赛工作对接会、各赛事领队会、气象保障服务日调度会、与竞赛部深入对接应急联动机制、参加“十四冬”主题党日活动、向内蒙古自治区体育局和扎兰屯赛区前指专班报送《气象服务专报》、编制每日工作情况通报……每一天都忙碌而充实，每一天都在感叹为什么一天没有 25 h，为什么人不能有分身术……

17 日夜间起，扎兰屯赛区出现降雪天气，后几日风力也较大。今天上午单板滑雪大跳台训练受浮雪和逆风影响，下滑起跳速度不足，训练工作开展缓慢，现场服务团队始终保持与竞赛团队密切对接天气情况，根据现场情况，竞委会决定取消大跳台训练。12 时 44 分，接到“十四冬”筹委会扎兰屯赛区联络员、内蒙古自治区体育局于辉主任通知：“根据目前的情况，竞赛、气象、医疗我们三个部门要启动应急联动机制，保障赛事顺利运行。”脑中的弦马上绷紧。按照冬运办副主任和执行副主任指导部署，现场团队人员随即到运行指挥中心与竞赛部门开展对接，赛区气象台进行加密天气会商，我也马上准备与竞赛部门对接所需材料，随时向领导汇报最新情况。15 时到达雪场参加工作对接会，预报团队负责人详细汇报天气情况，冬运办副主任与竞赛部门详细对接协调应急联动机制启动工作。竞赛主任周瑾提出：“根据气象预报信息，19 日午后风力较大，将大跳台和坡面障碍技巧训练提前半小时。”进入赛事密集期，加之此轮天气过程影响，后续训练及比赛日程可能会有调整，气象部门全体严阵以待，将全力以赴发挥气象“消息树”作用，为赛事提供更精准的预报，更精细的服务。

此刻是 21 时 40 分，听着楼上预报团队激烈分析研判天气形势的讨论声，只觉得安心，这便是我们的底气，有这样的团队，这样的工作状态，这样的奉献精神，“十四冬”气象保障服务必定取得圆满成功！

关于“十四冬”的体会和感受：有幸参与到“十四冬”气象保障服务这一重大活动中来，切身体会到冬季运动特别是雪上运动与气象条件密切相关，气象是影响赛事举办、运动员比赛成绩和比赛安全的非常重要因素。今日扎兰屯赛区竞赛工作对接会议的关键词就是“气象”，比赛能不能顺利进行，什么时间适宜开展训练，什么时间能够清雪等都要依靠气象部门的预报信息，气象人重任在肩、使命光荣。另外，在一场重大活动的气象保障服务中，组织管理是根本，观测预报服务是核心，后勤保障是基础，每个环节都至关重要，每个人都是不可或缺的一分子，幕后仍有更多默默奉献的人，大家都超级优秀！

海拉尔赛区：王涵的工作日志

基本信息介绍：王涵，内蒙古自治区呼伦贝尔市气象综合保障中心主任、“十四冬”海拉尔赛区气象台综合保障组组长。

工作日志记录时间：2024 年 2 月 18 日

工作日志内容：昨天“十四冬”开幕式盛况空前，全国瞩目。作为此次盛会的气象保障人员，深感责任重大、使命光荣。

在“十四冬”气象保障各项工作中，我们团队克服了种种困难，确保了赛事期间气象观测设施、气象信息系统的安全稳定运行，运用辩证思维，处理好气象信息服务和网络安全的矛盾。天气雷达、测风雷达、微波辐射计、区域自动气象站、便携式气象站、手持式气象站、会商系统、气象应急指挥车、气象信息显示屏、“十四冬”微信小程序、气象专线、微型气象信息中心等软件平台和硬件设备，都在保障范围内。我们团队的各项保障工作有条不紊，及时处理各类故障异常，确保了业务稳定安全、网络畅通安全、数据准确安全。我想我必须这样做，要在岗位中积极彰显责任意识。

在海拉尔赛区场馆保障工作中，积极对接气象服务需求，研究制定解决方案，投入 3 套应急气象观测设施，在呼伦贝尔气象数据服务层的基础上完成信息系统的开发，为赛事和场馆运行提供精密监测数据支撑。利用人工智能等先进技术，对大型场馆室内环境气象监测预警开展研究，充分发挥科技创新力量。这些技术的应用，为我们快速积累了专业气象保障工作经验，同时得到了“十四冬”速度滑冰决赛计分裁判员杨草儿和“十四冬”短道速滑馆指挥长史菊花的肯定及表扬。我想我必须这样做，要在服务中高度展现气象智慧。

此外，我还在“十四冬”呼伦贝尔执委会综合保障部担任了两个重点保供酒店的应急保障组组长和其他保供酒店的气象服务负责人，负责协调酒店供水、供电、供热、环境卫生综合治理以及气象服务的外围保障工作。我与团队定期检查和维护供水、供电和供热系统，确保设施正常运行，及时向酒店工作组发布气象信息。虽然工作繁杂且涉及行业超出了自身的知识水平，但我仍然虚心请教，每日赶赴保障点位巡查确认。在向综合保障部副部长敖东明汇报工作时，他表示我保障的两个酒店他最为放心。我想我必须这样做，要在工作中充分体现气象担当。

回顾开幕式当天的气象保障工作，我们团队凭借精湛的业务能力、应急处置能力和高度的责任心，坚守岗位，以高质量气象保障交上了一份完美答卷。在接下来的赛事中，我们将继续发扬拼搏精神，以更高的标准、更优质的服务，为“十四冬”提供全方位的气象保障。

海拉尔赛区：车延超的工作日志

基本信息介绍：车延超，内蒙古自治区呼伦贝尔市海拉尔区气象局局长，“十四冬”海拉尔赛区气象台主要负责人。

工作日志记录时间：2024 年 2 月 18 日

工作日志内容：截至 2 月 17 日 22 时 36 分，连续 18 h 的工作，超高强度的一天结束了，海拉尔赛区气象台圆满完成了“十四冬”开幕式气象保障服务任务，紧绷的神经瞬间放松……

车延超（右一）

心里一直在想：真棒，个个都是好样的！开幕式前夕，逐一和前方带班、预报、保障人员通了电话，再次确认了工作事宜，告知“开幕式”当天需要05时30分前进驻场馆，22时后离场。当听到“没问题，能坚持”“家里没事，安排好了”“领导放心，保证完成工作任务”等一声声回答，我也如同吃了定心丸一样，静待“开幕式”检阅。

其实何止是今天，筹备“开幕式”气象保障服务任务以来，海拉尔赛区气象台的全体成员放弃春节休息、放弃和父母亲人团聚、放弃好不容易等到的“休假”，大年初一全体成员上岗，按照各自职责分工开始工作。同时，海拉尔区气象局后方剩余的6人，克服重重困难，连日来也出现了连续值班守班等情况。面对进入特别工作状态、启动重大气象灾害应急响应、落实加密高空气象探测指令等一系列前所未有的工作状态，大家迎难而上，没有松懈退缩，只因为每个人心里都清楚，要全力以赴、一鼓作气、充分展现气象人风采，全力做好各项气象保障服务。我想，这正是传承和发扬“蒙古马精神”和“三北精神”的生动体现。

距离闭幕式和赛程结束还有10 d，越到紧要关头越不能有丝毫大意，海拉尔赛区气象台将继续落实好职责使命，将各项工作抓紧、抓实、抓具体，想全、想细、想万一，全力以赴交上满意的气象答卷。再次感谢海拉尔赛区气象台每一位辛勤付出的气象人。

扎兰屯赛区：唐凯的工作日志

基本信息介绍：唐凯，黑龙江省气象台首席预报员，2022年北京冬奥会气象保障成员、“十四冬”扎兰屯赛区气象台首席预报员。

工作日志记录时间：2024年2月18日

工作日志内容：参与“十四冬”的气象保障工作，对我而言是一次极为难忘的经历，为这样的大型赛事提供服务既是挑战也是荣誉。

唐凯(左一)

准确的气象预报能够为运动员的训练和比赛提供有力的安全保障和气象条件参考，作为气象工作者，我深感责任重大。冬季的气象条件复杂多变，降雪、降温、大风等天气现象频繁出现，这为气象预报和服务带来了很大的挑战。对我而言，初次来到扎兰屯，对当地天气特点一无所知，每次做预报时心情忐忑不安，工作压力也随之而来。但正是这种压力，促使我更加努力地学习，不断提高自己的业务水平。通过两个月紧张充实的驻训，加之与内蒙古气象同仁们的交流，我迅速了解了当地天气特点，对赛场快速熟悉，夯实了做准预报的基础，增强了做准预报的自信。从驻训开始到现在，看着预报制作平台日臻完善，看着新装备在赛场的部署完善，不断增强了我对完成这次保障任务的信心。

“十四冬”气象保障工作是一次心灵的洗礼，通过参与此次保障工作，看到气象预报服务和大型体育赛事的完美结合，内心的那份自豪感和满足感油然而生。

扎兰屯赛区:江靖的工作日志

基本信息介绍:江靖，内蒙古自治区气象台首席预报员，“十四冬”扎兰屯赛区气象台预报专家。

工作日志记录时间:2024 年 2 月 18 日

工作日志内容:2024 年 2 月 17—27 日，“十四冬”在内蒙古自治区举办，作为内蒙古自治区气象台首席预报员，我有幸来到呼伦贝尔扎兰屯赛区，全力保障“十四冬”。

年前，为“十四冬”气象保障的顺利进行，内蒙古自治区气象局举办了为期一个月的驻训工作。来到扎兰屯的第一天，就感觉到了工作的困难，作为内蒙古自治区气象台的预报员，平时工作的重点是面向全自治区的各盟(市)面上的预报，而来到扎兰屯市，我将面临的是各个雪场

赛道的定点、定时、定量的精细化预报，从大尺度环流下的天气诊断到中小尺度环流下的精细预报，让以往的工作习惯和预报经验遇到了瓶颈，加之扎兰屯特殊的地形和雪场复杂的特征对预报都提出了不小的挑战，在对空中技巧点位的模拟预报后，发现"打点"的预报难度非常大。通过驻训期间对赛场赛道气象要素特征的总结分析、模拟训练预报、交流和检验，使我对雪场精细化预报有了信心。

大年初三，告别了家人，在晨辉中登上了飞机，飞机准点到达扎兰屯，看到扎兰屯接机人熟悉的面孔，此时此刻，我感受到真正的气象保障工作终于来了。未来的二十多天，我将在扎兰屯金龙山滑雪场驻扎，尽管在过年的喜庆中离开了家人，但是为"十四冬"保驾护航仍然让我激动和荣幸。

2 月 17 日，我以气象预报服务首席的身份参加了自由式滑雪空中技巧的第一次领队会，并作为气象代表为参赛裁判和领队介绍了未来空中技巧训练日和比赛日的气象条件，经过前期的细心准备，对未来复杂的天气我信心满满，当我详细介绍完天气后，也迎来了领队会上参会人员的鼓掌和认可，这时候我是兴奋的，也是欣慰的，在我的职业生涯中能够为目前我国举办的最大全国综合性冰雪赛事现场保障感到骄傲。

在比赛余下的时间里，我将继续坚守在扎兰屯赛区，坚守气象，服务空中技巧赛事，以饱满的热情、精准的预报展现智慧气象，发扬气象人精神，展现"十四冬"风采。

凉城赛区：郭浩峰的工作日志

基本信息介绍：郭浩峰，内蒙古自治区乌兰察布市气象局，"十四冬"凉城赛区气象台预报服务团队后方预报员。

工作日志记录时间：2024 年 2 月 18 日

工作日志内容："十四冬"气象保障服务是气象部门的重要任务，能够作为气象服务团队的一员为凉城赛区提供服务保障，我深感荣幸。

"持久战"是我对"十四冬"工作的最初感受。2023 年 11 月，在内蒙古自治区气象局的统一部署下，我们参加了专题培训班，学习山地天气预报理论及赛事服务经验；12 月，我们驻扎赛场，多次踏勘赛道，将理论与实践结合。2024 年 1 月，资格赛结束后我们带着经验与其他赛区的同事互相交流。走过这三个月，我们最终迎来了“十四冬”的最后一战——决赛。

“闪电战”是我对“十四冬”工作的直观感受。凉城赛场预报需求的时次相当密集，“6、7、10、11、12、14、17”这组数字，是印在脑海里的发布预报的时间。往往做完上一份预报，又要开始下一份预报的制作，所以就要求我们既要头脑风暴，又要“拼手速”，不论是思考还是制作，都要十分迅速。

郭浩峰(左一)

“阻击战”是我对“十四冬”工作的最大感受。相较于日常对逐日国家站的预报，“十四冬”的预报在时间、空间上都提出了更高要求，时间上要求精准到小时，空间上则要求精准到 0.001°的经纬度的赛场站点预报。这就要求我们把压力转化成动力，多复盘、多总结，最终为“十四冬”决赛气象服务交出一份圆满答卷。

呼伦贝尔气象分中心：徐玉强的工作日志

基本信息介绍：徐玉强，内蒙古自治区呼伦贝尔市气象局，“十四冬”呼伦贝尔气象分中心科普宣传组副组长。

工作日志记录时间：2024 年 2 月 20 日

工作日志内容：“2 月 20 日 66 篇，截至今日(21 日)77 篇”。看着气象保障媒体报道统计表中节节攀升的数字，我心里升起了些许自豪。

“最近大家都辛苦了，宣传效果也是特别好，过去五六年都没有见过这种声势、这种场面，咱们再坚持战斗一周！”内蒙古自治区气象局办公室负责宣传工作的同事王祯晗在工作群里激励大家继续奋斗。彼时，“十四冬”激战正酣，这也正是各类气象保障服务稿件大量产出的关键节点。

作为“十四冬”呼伦贝尔气象分中心科普宣传组副组长，已经保持高强度的特别工作状态一月有余。从甲辰龙年之前的“十四冬”滑雪登山比赛、火炬传递，到年后的开幕式及决赛赛事，一直在前方和后方之间来回切换工作状态，不是在前方搜集素材、撰写稿件，就是在后方整理素材、完善成稿的路上，不断把现实中的事例转换成纸上的文字和大家爱听的故事。

总结起来就是“每天都满满当当，十分充实！”

2 月 1 日，“十四冬”滑雪登山项目混合接力比赛在扎兰屯金龙山滑雪场进行。我和科普宣传组的同事准确挖掘到“天气预报结论使比赛被推迟了 1 小时”这一宣传点，他们通过采访滑雪登山项目赛事管理、起点裁判长和扎兰屯赛区气象台负责人，得到第一手“内幕资料”，第一时间撰写出的《滑雪登山推迟 1 小时开赛？ 原因找到了！》的稿件被多家媒体刊发，让更多人知道了冰雪赛事背后的气象保障故事。

“雪上项目靠天吃饭，空中腾空转体的项目都是高危项目，怕风！ 所以很依赖气象保障工作。”国家体育总局冬季运动管理中心副主任李扬在扎兰屯赛区对气象保障人员说。

徐玉强（右一）

为此，气象科普宣传团队结合天气实况和预报工作，接连撰写出《大风之后给竞委会送上定心丸——扎兰屯赛区气象台精细服务单板滑雪 U 型场地技巧比赛》《单板滑雪大跳台比赛为什么延期了》等稿件，在为读者答疑解惑的同时也宣传了气象工作的重要性和必要性。

除了撰写各类稿件，我的工作还包括确定海拉尔赛区、扎兰屯赛区的每日宣传重点、某项赛事整体气象宣传策划、及时发布宣传工作提示、汇总素材整理成文、传达媒体采编需求、联系接待媒体采访等。

“滴滴滴……”工作群里信息接连闪烁，同事随手发的一张照片引起了我的注意，照片中是一个长得像手机一样的东西。在气象部门工作多年，居然也不认识这东西，感觉这是一个很好的切入点，必须挖一挖！ 给大伙儿讲讲咱们的新技术、高科技！

经过了解，这个“小不点”原来叫“穿戴式多功能袖珍手持气象站”，它能在狭小的地方监测多种气象数据，多方探查下，熟知了它的“脾气和秉性”。半天后，一篇短小精悍的气象设备科普小作文新鲜出炉了，因为贴合场馆需求、文笔欢快易懂，文稿很快被多家主流媒体刊发和转载。此外，地基遥感垂直观测系统、激光测风雷达等“气象黑科技”持续受到媒体记者的青睐，并得以在各个媒体上一一“露脸”。

每当一个新的转发链接出现，就意味着更多的人关注到气象保障工作，同时也意味着科普宣传人员需要快速转向新的视角和宣传点，不能停步。

"日行两万步的短视频后面加个提示吧，就写'普通人每日走六千至一万步即可，要注意锻炼强度哦。'"2 月 20 日，科普宣传组视频制作团队新出了一期《日行两万步》的"探班日记"，内容新颖，以小见大，通过步数反映出气象工作人员的保障工作强度。但我觉得不够完美，需要在个别语句表述、职务标注、专业名词等方面严格把关。每当审核同事们写的初稿、新剪辑出的短视频时，我的脑海里就会闪现"鸡蛋里挑骨头、吹毛求疵"等词语，不过，为了准确讲述故事、传递专业知识，我就得使劲儿挑毛病，不能贻笑大方。

关于"十四冬"的体会和感受：工作忙碌之余，作为独生子，也时常想念远在超过 2000 km 外的父母，他们年前皆因病住院治疗，目前居家由护工照顾生活起居，每日通话时，和父母都是互相"报喜不报忧"，以免更多挂念，而体弱的儿子皆由妻子和岳母照顾。

但"十四冬"比赛不停，气象保障宣传不止。我们科普宣传组的同事们将继续保持昂扬的工作劲头，不断发挥团队的聪明才智，通过别样且专业的视角讲好气象保障故事，让更多人了解"十四冬"赛事背后的气象"秘密"。

海拉尔赛区：张煦明的工作日志

基本信息介绍：张煦明，内蒙古自治区呼伦贝尔市陈巴尔虎旗气象台台长，"十四冬"海拉尔赛区宣传工作组工作人员。

工作日志记录时间：2024 年 2 月 20 日

工作日志内容：目前，我的家乡呼伦贝尔正在举办全国性大型体育赛事——第十四届全国冬季运动会。非常荣幸，这一次我被抽调到"十四冬"海拉尔赛区气象台科普宣传组，参与"十四冬"气象保障。

其实早在 2019 年，我就有幸参加了"十四冬"的气象保障工作，并在当时多次参与了驻训、赛事交流等工作，这让我对"十四冬"工作充满了自豪感与使命感。2024 年"十四冬"如期而至，我也有幸重新回到了开始的工作，不同的是，这一次我参与的是科普宣传工作。

通过这些天的工作，我深刻体会到了前线伙伴们的辛苦与不易，每天看见工作群中反馈的图片和视频我都深知赛事保障事宜的琐碎与忙碌，而我的任务就是将这群"最可爱的人"的工作内容记录下来，让大家了解气象保障服务工作，也让更多的人知道重大赛事背后，我们这群气象保障服务群体的工作内容。

"炕头上练不出千里马，花盆里长不出万年松"，在宣传期间我感触颇深、受益匪浅，从研判会商再到赛事保障，我见证了伙伴们的忙碌，也见证了我自己的成长。通过新媒体、传统媒体等平台多角度、立体式宣传"十四冬"，保障赛事期间积极协助新闻媒体撰写通讯稿件、沟通协调制作、维护宣传平台等工作，我愿用我的工作热情全力助力"十四冬"工作。

每一天单位办公大楼、"十四冬"场馆内外灯火明亮而温暖，在春节岗位上坚守的气象工作者必将带着新春的气息圆满完成"十四冬"气象保障任务，一路走进繁花盛开的春天。

扎兰屯赛区：赵斐的工作日志

基本信息介绍：赵斐，内蒙古自治区气象台首席预报员，2022 年北京冬奥会气象保障成员、"十四冬"扎兰屯赛区气象台预报组气象专家。

工作日志记录时间：2024 年 2 月 20 日

工作日志内容："十四冬"是内蒙古自治区首次举办的全国冬季运动会。作为内蒙古自治区气象台首席预报员，我非常幸运能够成为"十四冬"现场气象服务团队的一员。2022 年，本人曾有幸参与北京冬奥会延庆赛区的现场气象服务工作，积累了丰富的冬季运动会现场服务经验和山地天气预报知识。

赵斐（左一）

自 2023 年 12 月 10 日驻训以来，扎兰屯金龙山滑雪场的天气多变，尤其是大风、降温等天气频繁出现，给气象预报带来了极大的挑战。我们需要时刻关注天气变化，准确预报扎兰屯赛区 6 条赛道赛时的天气状况，为运动员和赛事组提供及时、有效的气象信息。目前滑雪登山赛事的现场保障工作已经圆满完成，U 型槽、雪上技巧、空中技巧、大跳台、坡面障碍技巧等赛事服务工作正在如火如荼地开展中。

这次经历也让我成长了许多，同时也收获了很多感动。面对复杂多变的气象条件，我学会了如何保持冷静和理性分析，并在实践中不断提升自己的专业技能。而与团队成员的并肩作战，也让我更加珍惜这份团结协作的工作氛围。每当看到我们的气象服务能够为运动员的训练和比赛提供有力的帮助，我都深感自豪和满足。

最后，我想说，参与“十四冬”的气象保障服务工作是一次难得的经历。它不仅让我更加热爱这份工作，也让我更加坚定了为气象事业奋斗终生的信念。未来的日子里，我会继续努力学习，不断提升自己的专业水平，希望能够为更多的重大活动提供更加优质、精准的气象服务。

扎兰屯赛区：隋沆锐的工作日志

基本信息介绍：隋沆锐，内蒙古自治区呼伦贝尔市气象台，2022 年北京冬奥会气象保障成员、“十四冬”扎兰屯赛区预报组成员。

工作日志记录时间：2024 年 2 月 20 日

工作日志内容：在测试赛后的短暂休息后，在大年初三，我再度离家，奔赴 300 km 以外的“十四冬”扎兰屯赛区。

隋沆锐（右一）

作为一名前方服务人员，我主要承担与赛事竞赛长对接、发布气象信息、领队会气象信息通报、在裁判房实时提供气象信息等工作。抵达扎兰屯赛区后，我迅速投入工作中，每日密切关注与赛事相关气象要素的变化，自 17 日单板坡面障碍的报到日开始，发布相关气象信息，并及时提醒可能出现的高影响天气，以便竞赛运行团队和运动员做好应对措施。

在赛事期间，我深刻体会到了团队合作的力量。每一次与后方团队的会商，都深感服务信心得到了进一步增强。接下来的日子，我将继续与我的同事们并肩作战，为本届冬运会不断贡献气象力量。

凉城赛区：赵楠的工作日志

基本信息介绍：赵楠，内蒙古自治区乌兰察布市气象局，“十四冬”凉城赛区气象台预报服务团队前方预报员。

工作日志记录时间：2024 年 2 月 20 日

工作日志内容：“十四冬”在内蒙古举办，我作为一个入职 3 年的年轻预报员，非常幸运地作为气象现场服务组的一员参与了这一盛事。目前，我们已经圆满完成了越野滑雪和冬季两项资格赛的气象保障服务任务。虽然过程很辛苦，但成功之后的喜悦和荣耀更加难以言喻。

相比于作为资格赛“主演”的静稳天气，决赛的天气就显得有些“任性”了，大风、降雪、大幅度升温、寒潮等天气过程接踵而至，我作为现场预报团队一员，瞬间觉得“压力山大”。每天天还未亮，我们团队后方的预报组战友就已经聚在电脑前认真讨论，“斤斤计较”着每次过程的预报结论，句句斟酌着每一份决策材料。服务过北京冬奥会的专家徐玥和我拿着这一份份精准的预报结论紧跟赛程，实时为竞赛团队提供气象支持。

2 月 17 日，赛区的最高气温达到了 10 ℃以上，升温融雪成为我们担忧影响赛事的主要因素。谁能想到仅仅是在第二天，寒潮来袭，气温大幅度下降，风力加大，赛区还出现了飘雪天气。我们前方现场服务团队的其中一项工作是在气象保障用房和裁判计时房门前每小时张贴天气实况公报，18 日开始张贴时明显感觉双手冻得麻木。挑战像是约好了一样，大家一起结伴而来。“预计 20 日凌晨将出现降雪天气，22 日降雪结束，主要降雪时段在 20 日夜间至 21 日白天，21 日越野滑雪比赛前降雪量较大，积雪深度较深，对赛道前期准备和维护会产生一定影响；比赛期间降雪仍以小雪为主，气温偏低、风力较大，体感温度偏低……”2 月 18 日，我在越野滑雪的领队会上汇报。2 月 20 日，“十四冬”凉城赛区决赛的第 7 d 凌晨，降雪如约而至，在充分准备的应对预案实施下，赛区各项工作顺利进行，我们精准的预报得到了各方的高度评价。当看到降雪量实况分布与预报基本一致，当获知比赛顺利进行时，我觉得一切的努力都得到了最好的结果。

最后我想说：关关难过关关过，前路漫漫亦灿灿！作为一名青年气象工作者，有压力，更有挑战，有机遇，更有发展。机遇“生”于赛事，经验不止于赛事，服务于“十四冬”的我们，同样不止于“十四冬”，将续写气象事业的新篇章！

冬运内蒙古气象中心预报预测组：仲夏的工作日志

基本信息介绍：仲夏，内蒙古自治区气象台，冬运内蒙古气象中心预报预测组成员、“十四冬”赛场雪务精细化客观预报以及“十四冬”多源智能预报系统（MIFS）负责人。

工作日志记录时间：2024 年 2 月 21 日

工作日志内容：2024 年 2 月 21 日 04 时 30 分，闹钟准时响起，今天就像往常一样，我的首要任务是查看 MIFS 客观预报产品是否已经生成产品内容、格式是否正常，业务平台上产品是否能够正常显示和调用。特别是在“十四冬”开（闭）幕式和决赛气象保障服务的关键时期，保障 MIFS 的预报产品每日 2 次的稳定是我每天的必做工作之一。

当前“十四冬”各项赛事已经进行过半，回想起产品研发的情景依然历历在目。“十四冬”资格赛、正式赛期间，恰逢秋冬、冬春季节转换时期，赛区分布在内蒙古中部、东部和东南部地区，不仅天气多变，气候背景也各有不同，地形更是复杂，预报方法研发的难度很大。凭借雪务精细化客观预报方法研发的经验，通过历史数据和实况数据对比分析，预报订正策略和方法的选取、系统运行方式、检验评估等一系列的工作，终于在 11 月初，取得了初步的进展。

随着“十四冬”资格赛的临近，拿到最新站点信息后的我也迎来了更大的挑战，新增了 14 个赛道站点，站点涉及滑雪登山等比赛项目，天气预报精细化程度需求极高。但是这些站点的观测资料时间序列不足一个月，没有长时间的历史观测资料，传统的订正方法预报效果难以达到服务需求。为确保高精度、全覆盖的精细化预报产品及时上线，我和团队成员一起连续多日加班到深夜，通过不断尝试新的算法，终于确定了最优的预报方案，实现了基于任意位置的站点常规要素预报，其效果远远优于基于智能网格预报产品、多模式的插值预报结果。

全覆盖、高质量的精细化预报产品上线，“十四冬”资格赛拉开序幕，悬着的心也渐渐放下。

但是我仍然不敢放松，持续对预报产品的预报效果进行检验分析，逐站进行优化和升级，不断改进预报效果。为了满足驻场服务首席的服务需求，多次对产品进行了有针对性的优化，这包括增加预报要素、提前起报时间、提高产品时间分辨率等。

关于“十四冬”的体会和感受：作为一名气象工作者，能够参与如此重要的赛事保障工作，我深感荣幸与自豪。当我看到 MIFS 预报产品成功运用到各项比赛的预报服务、支撑开幕式服务保障，并有着良好的表现，听到从赛场服务回来的同事们对我说“MIFS 的效果很好！”时，我觉得所有的努力都是值得的。

这段时间的工作经历，不仅是我职业生涯中的一次宝贵经历，更是一个专业成长和自我超越的过程。在接下来的赛事保障工作中，我将继续坚守岗位，全力以赴，继续致力于优化和提升预报产品的精度与稳定性，为“十四冬”的成功举办、气象保障服务工作的顺利进行贡献自己的力量。

“十四冬”刚刚开赛，承担哈尔滨亚洲冬季运动会、第十五届全国冬季运动会的兄弟省份气象同仁已抵赛区，这一刻，气象先导性作用浓缩进了匆匆忙忙的脚步中……

海拉尔赛区：李玲的工作日志

基本信息介绍：李玲，内蒙古自治区呼伦贝尔市海拉尔区气象局，“十四冬”海拉尔赛区气象台预报员。

工作日志记录时间：2024 年 2 月 22 日

工作日志内容：开幕式后的第三个比赛日，我和同事们早早地到达了工作岗位，开始了一天紧张而有序的工作。

自从赛事开始，我们在小小的气象工作室里，一项又一项严谨的工作有序进行着，从测试赛、预选赛到决赛，已经在这里完成了无数份预报服务产品制作，每一份产品中每一个气象结论都是经过检验、对比和分析，通过不断反复推敲和确认才得出的。

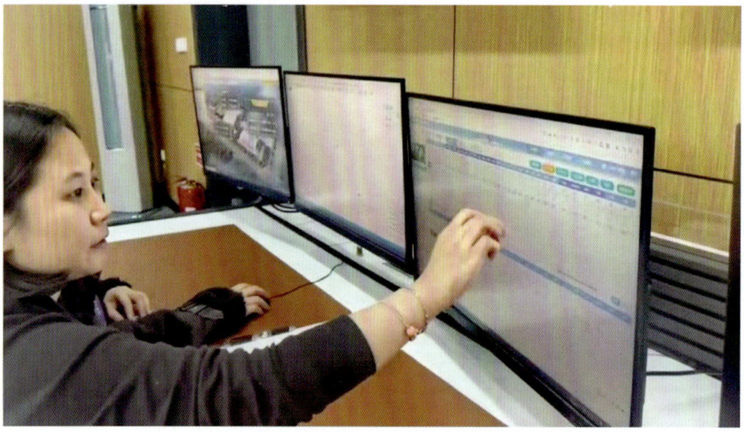

在“十四冬”气象服务工作中，每天下午将精细化预报产品提供给执委会各部门的时刻，是最轻松和愉快的。因为这不仅仅是一份产品，这是我们的努力和付出得到的实际成果。每当在工作群中看到有人对我们提供的服务有迫切需求和给予高度评价时，我会感到无比的自豪和满足，这也让我们更加坚定了继续做好“十四冬”气象保障工作的信心。

关于“十四冬”的体会和感受：“十四冬”气象预报服务既为赛事的顺利进行提供保障，更为参赛人员和观众提供安全、舒适的环境。我会继续努力，为接下来的比赛提供更好的服务，继续保持严谨的态度，充分发挥专业技能，以精细化、精准化的预报服务为赛事、为广大人民群众保驾护航。

扎兰屯赛区：刘伟的工作日志

基本信息介绍：刘伟，内蒙古自治区呼伦贝尔市气象台，“十四冬”扎兰屯赛区气象台预报员、科普宣传组通讯员。

工作日志记录时间：2024 年 2 月 22 日

工作日志内容：在扎兰屯赛区的预报平台，我有两个身份——“预报组阿伟”和“宣传组小刘”，因此，在这场赛事服务中，我是一名亲历者，也是一名记录者。

第一次服务全国性赛事、第一次接触山地气象、第一次以小编的身份出现在取景框中……两个月的时间里，我不断接受着新的挑战。每当看着空白的策划毫无头绪时，我总会躺坐在椅子上，一边掰着手指头数，一边开玩笑地说：“压力很大，我的发文量还能不能坚持到比赛结束啊……”但是当我们的预报得到多方好评时、当我们的故事被更多人看到时……我的内心：“这也是让自己成长和蜕变的一段过程呐。”

后冬奥时代，我站在巨人的肩膀上看到了更广阔的世界，我发现“精密监测”真的可以充当预报员的眼睛，实时了解赛场的每一丝变化；我发现“精准预报”真的可以做到“百米级、分钟级”；我发现“精细服务”真的可以对标需求、服务到人。

关于“十四冬”的体会和感受：“十四冬”对于我的成长是全方位的，作为一名预报员，它让我的预报落地，12.9 m/s 不再是躺在白纸上的一个数字，而是能让“风飘”飞扬，吹得脸生疼的大风天气；作为一名气象小编，我不再只盯着冷冰冰的预报准确率，渐渐开始观察每一份报文背后的纠结与汗水，尝试用自己的方式讲述预报背后的故事。

上山的路漫长且累，每一滴汗水都将雕刻我的人生，作为一名气象工作者，如何让预报更有温度，如何讲好气象故事，这是"十四冬"留给我的重要课题。

扎兰屯赛区：姚奕欣的工作日志

基本信息介绍：姚奕欣，内蒙古自治区呼伦贝尔市气象台，"十四冬"扎兰屯赛区气象台科普宣传组通讯员。

工作日志记录时间：2024 年 2 月 22 日

工作日志内容：大年初三踏上启程的列车，顶着压力来到"十四冬"扎兰屯赛区，而讲好"十四冬"气象人的故事成为我此行的工作任务。

每天大家全力以赴的工作态度，让我迅速融入紧张而忙碌的工作氛围中，严谨认真的预报员、日行几万步的网络保障组、和时间赛跑的气象小编、电话打不停的后勤保障组等，故事的灵感一个个往脑子里钻。

昼无为，夜难寐。常常到凌晨，还在反复播放着审核过的视频，回想着白天有没有遗漏的内容，构思着第二天的拍摄方案，也时常因为工作的难度而焦虑、否定自己，又总是在深夜工作结束后，用一碗泡面的时间与自己和解，为第二天加油打气。

值得欣慰的是，我们策划出品的多个视频得到了大家的认可，更多的人看到了发生在"十四冬"扎兰屯赛区的故事。努力优秀的人走在更优秀努力的路上，我怎么能停下追赶的脚步？

少年何妨梦摘星，敢挽桑弓射玉衡，与君共勉。

呼伦贝尔气象分中心：崔玉阳的工作日志

基本信息介绍：崔玉阳，内蒙古自治区呼伦贝尔市气象综合保障中心，"十四冬"呼伦贝尔气象分中心综合保障组成员。

工作日志记录时间：2024 年 2 月 24 日

工作日志内容：从 2019 年的准备到 2024 年的开幕，被“疫情”暂停四年的“十四冬”如约而至。

四年前我还是旗（县）气象局的一名普通综合观测员，当时正值“十四冬”气象保障服务工作筹备阶段，我有幸被借调市气象台参与了部分工作。而如今，我已经是一名“熟练工”，赛事的成功举办也让我成为“十四冬”气象保障服务小组的一名正式成员。

作为技术保障组唯一的女生，本届冬运会上，我负责气象观测设备的维护和气象专线网络保障工作，在团队其他同事的帮助下，我参与维护过自动气象站，也拆卸、安装过便携式自动气象站。在所有工作当中，让我压力最大的是场馆室内气象监测任务。根据场馆工作人员的需要，比赛期间我们需要逐小时上报场馆内实时监测的气象信息，为防止忘记，我的手机里便设置了“满满当当”闹钟，闹铃一响工作便也就开始了。如果说预报组的同事们是冲在一线奋斗的战士，那我们保障组的同事就是后方默默付出的“眼睛”。

关于“十四冬”的体会和感受：说起“十四冬”最大的感受，这可能是我工作以来参与过级别最高、周期最长、人员最多的全国大型体育赛事活动气象保障工作，能参与到这样一场盛会当中，心中的荣誉感和自豪感油然而生。

闭幕式的脚步越来越近，我们气象人身上的担子却没有松懈，未来的日子里，我将继续与同事们并肩作战，我将用最饱满的热血，不断在气象保障工作岗位上发光发热。

海拉尔赛区：李庭轩的工作日志

基本信息介绍：李庭轩，内蒙古自治区呼伦贝尔市新巴尔虎左旗气象局，“十四冬”海拉尔赛区气象台科普宣传组成员。

工作日志记录时间：2024 年 2 月 24 日

工作日志内容：还有 3 d 时间，“十四冬”将在海拉尔赛区闭幕。参与服务保障的工作人员都在忙碌而有序地推进工作，预报、观测、服务，考虑每个细节，备战每个环节。而我，是他们故事的记录者。

大年初三，我刚值完春节期间的业务班，就被抽调到市气象局"十四冬"科普宣传组，为了能胜任这项重要的工作，我"恶补"宣传工作要点，大量阅读近几年国内重大体育赛事宣传信息，不断拓展自己的思路，提高思想站位。到工作岗位以后，我提前了解气候变化趋势、整体工作进度、赛事筹备要求，参与天气会商，有如临大敌的感觉，生怕工作出现任何纰漏。然而，市气象局科普宣传组的副组长告诉我说，体育赛事宣传，不仅要及时、真实，还要生动活泼，让读者具有轻松感。

2 月 20 日，《小不点，加入赛事保障》被《中国气象报》采用发表，讲述了手持气象站与便携式气象站对赛事气象服务的相互补充作用，作为这篇稿子的最初撰稿者，我是一改再改，到正式刊登时，已面目全非。那一刻，我意识到一篇好的稿件，不仅要有好的素材，更重要的是要有好的表现方式。

为了对"十四冬"赛事有更深入的了解，我不断从执委会、观众的角度去认识气象服务宣传工作，通过多次去"十四冬"场馆观看比赛，对现场比赛氛围以及气象服务需求有了更直观感受。

简篇《我的"十四冬"感受》是"十四冬"气象服务对外宣传的一个重要方式，作为编辑人员，我认真校对稿件，整理图片，精心排版，至今已发布 9 期，让很多默默无闻的一线气象服务人员被大众了解，既宣传了"十四冬"，也宣传了气象工作。

关于"十四冬"的体会和感受：通过"十四冬"气象保障宣传工作，我收获颇丰，对气象宣传体系认识更深，对执委会需求更加了解。在这个过程中，也挖掘了有一定深度的素材，逐渐变成了为科普宣传组提供思路的人，对新媒体的应用也有了更深的感受。

如今，气象服务宣传进入冲刺阶段，每天都会收到几十条工作信息，需要我们进行认真核实，反复推敲修改，有时内心压力和烦躁感就像滚雪球一样，但一想到家人的支持、参与盛会的荣誉感与责任感、同事间的相互关心，这些"雪球"就融化得一干二净。正如"十四冬"口号"燃情冰雪 筑梦北疆"一样，我也将尽自己努力做好"十四冬"气象保障服务，努力完成我的"十四冬"梦，更是我的气象梦。

扎兰屯赛区：张晨阳的工作日志

基本信息介绍：张晨阳，内蒙古自治区气象数据中心，"十四冬"扎兰屯赛区气象台观测与网络保障组成员。

工作日志记录时间：2024 年 2 月 24 日

工作日志内容：连续几天的大风天气终于在今天迎来了短暂的好转，空中技巧、U 型场地技巧、坡面障碍技巧、滑雪大跳台全有比赛安排。随着各项赛事进入决赛，我们的保障工作也进入关键时期。我作为扎兰屯赛区观测与网络保障组驻场值班员，每天在雪场陪同当日值班员工作。今天没有降雪和大风的干扰，成为我在"十四冬"正赛气象保障期间中最轻松的一天。

由于睡前看了预报，发现今天风力转弱，天气好转。早起第一件事就是打开"冬运气象"小程序，看到山顶上极大风速只有 6.9 m/s，安心地又多躺一会，准备 08 时吃完早饭，再去巡检。穿戴好出门之后，阳光洒在身上让人心旷神怡，连续几天恶劣天气后突然好转的天空所带来的喜悦难以用语言形容，早上多睡一会儿，也把前几天巡检带来的疲惫一扫而光。

由于风力减弱，1 号缆车也恢复了运行，这是离我们最近的一条上山缆车，到达山顶后依次检查山顶各站，由于天气转暖，山顶各站的雪面温度下垫面成为我们重点检查对象，确认没有异常后从滑雪登山赛道下山，顺路把"滑坡跳"赛道的自动气象站全部巡查一遍。随着比赛进行，封路情况有所改善，我们在每天的巡检中不断优化路线，尽可能少绕路、缩短时间，提升保障效率。走回缆车起点后再乘坐魔毯去“空 U 雪”赛道巡查剩下的站点。一个多小时后完成了全天的自动气象站巡检工作。

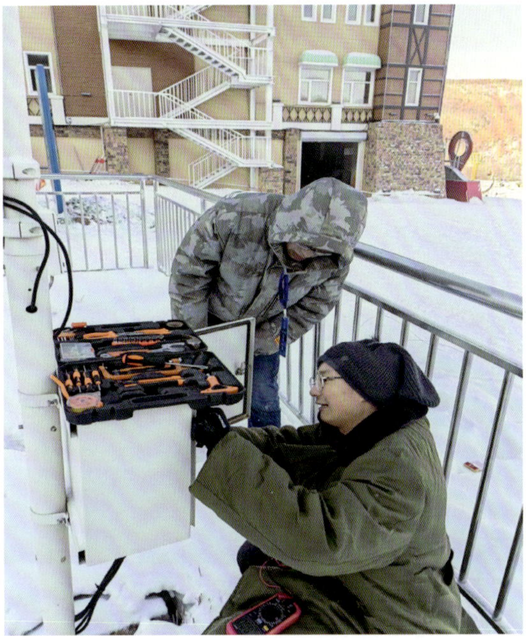

张晨阳(右一)

巡检结束后，需要返回赛区气象台，一整天紧盯大屏幕上的实时数据。14 时，实时数据大屏显示障碍技巧终点站雪面温度已升到了－1.6 ℃，为防止融雪较多地面裸露造成雪面温度异常，我们再次前往站点仔细检查下垫面，检查无异常，确认数据无误后再次返回赛区气象台直至比赛结束。今天没有恶劣天气不需要除雪除冰，没有突发故障紧急维修任务，也没有来自裁判组的额外观测需求，平平淡淡、开开心心地圆满完成本次观测保障任务。

关于“十四冬”的体会和感受：受前几天的天气影响，比赛日程不断调整，预报显示 24 日是最适合比赛的一天，所以各项赛事都集中到了今天。巡检路上看着各个赛道站满了前来准备的运动员，看着他们不断从身边飞速滑过，感觉我们预报团队预报得真准啊，一股自豪感油然而生。虽然我也在气象局工作，但是由于工作分工不同，面对预报可谓是一窍不通，总感觉预报离自己很远，也没有工作交集。但是经过“十四冬”集中办公的日夜相处，看着预报员们每天盯着我们的观测数据不断订正预报，越发觉得自己观测保障工作意义重大，不能有一丝懈怠。

呼伦贝尔气象分中心：张小东的工作日志

基本信息介绍：张小东，内蒙古自治区呼伦贝尔市气象局党组成员、副局长，“十四冬”呼伦贝尔气象分中心副主任。

工作日志记录时间：2024 年 2 月 26 日

工作日志内容：“十四冬”筹办历时 8 年，因工作原因我错过了气象保障准备期间的各项工作，幸运的是赶上了最关键、最精彩的时刻。从北京回来将近一个月的时间，在同事们的帮助下，我“恶补”“十四冬”气象保障有关规定和要求，尽快熟悉岗位职责任务的同时，也被大家认真负责、甘于奉献的精神所感动，兵法有云“上下同欲者胜，同舟共济者赢”，我觉得用来形容大家此刻的精气神最合适不过。

张小东（二排中间）

所谓“上下同欲者”，是气象集部门之力、行业之力的全力以赴，中国气象局将“十四冬”气象保障作为2024年气象服务的“开年大戏”，有来自十几个国家级业务单位的业务指导和技术支持，内蒙古自治区气象局提出“2133”气象保障体系支撑，兄弟省（市）气象局大力支持，十几名冬奥气象保障专家坐镇一线，市—县两级气象部门主动对接服务需求，让伴随式气象服务“无所不在”，大家用实际行动落实了“主动、互动、联动”的工作机制，在一个个赛场上集中展现了气象高质量发展成果，让“报得准”“服务得细”成为赛事各方和气象工作者交谈的高频词汇，“没想到小县城的山区保障也这么好”是源于中国特色气象体制优势给大家最大的惊喜。

所谓“同舟共济者赢”，是来自国—省—市—县各级保障人员的默契配合，是来自设备方、应用端、服务对象之间的通力协作。腊月二十七，“十四冬”气象保障团队下沉各赛区办公，正月初三，气象保障专家和设备生产厂家技术人员抵达赛区，正月初五，中国气象局宣布进入“十四冬”气象服务特别工作状态，吹响了攻克气象保障任务的“集结号”，只为圆满完成气象保障任务。与此同时，还有一批默默付出的人也在“舟”上，每位前方服务队员背后的家庭、单位、同事都毫不犹豫地承担起了后方工作，正在上演着一出出“共济”的生动故事。2月18日深夜，会商室依然人头攒动，争论声不绝于耳，只为给赛事整理赛道和清雪留出宽裕时间，凡此种种，不胜枚举。

第7章

成效成果篇

7.1 精密监测类

(1)"十四冬"气象观测站网
(2)"十四冬"气象信息网络支撑技术
(3)"十四冬"赛场观测数据实时处理技术
(4)"十四冬"赛场局地百米级精细化实况分析系统
(5)"十四冬"赛场及周边区域千米级精细化实况产品制作系统
(6)"十四冬"赛事气象实况数据和产品可视化服务系统
(7)"十四冬"赛场气象观测运行监控系统

7.2 精准预报类

(1)"十四冬"赛事站点要素客观预报技术
(2)"十四冬"赛事站点智能预报技术
(3)"十四冬"内蒙古睿图数值预报模式
(4)"十四冬"赛场雪务精细化客观预报技术
(5)"十四冬"多源智能预报技术
(6)"十四冬"气象灾害风险预估技术
(7)"十四冬"中尺度天气数值预报专项支撑系统
(8)"十四冬"气象预报制作系统
(9)"十四冬"气象现场服务系统
(10)"十四冬"内蒙古次百米级数值预报系统
(11)"十四冬"赛事高影响天气集合预报系统
(12)"十四冬"气候预测系统
(13)"十四冬"精细化气象预报检验评估系统
(14)"十四冬"示范计划——基于卡尔曼滤波的要素订正技术
(15)呼伦贝尔市灾害性天气预报指标凝练表—大雪、暴雪
(16)呼伦贝尔市灾害性天气预报指标凝练表—大雾

(17)呼伦贝尔市灾害性天气预报指标凝练表—大风

(18)呼伦贝尔市灾害性天气预报指标凝练表—寒潮

(19)专著——《"第十四届全国冬季运动会"扎兰屯赛区风精细化分析》

(20)呼伦贝尔市冬运会赛区风精细化分析

(21)"十四冬"赛场预报实况产品制作发布系统

(22)"十四冬"赛场定点气温和风客观预报方法

(23)"十四冬"呼伦贝尔赛区高影响天气预报预警技术

(24)"十四冬"赤峰喀喇沁赛区高影响天气个例复盘分析总结手册

(25)两篇预报经验总结论文——《"十四冬"喀喇沁赛区一次降雪雪水比特征分析》《美林谷赛场2024年冬运会赛场山谷风现象研究》

(26)中国气象局数值预报模式在赤峰喀喇沁地区山区释用方法

(27)赤峰市冬季大型体育赛事或群众活动精细化递进式预报服务方法

(28)精细化气象预报服务经验和预报资料

(29)赤峰地区冬季高山滑雪项目气象预报服务保障阈值指标

(30)"十四冬"凉城赛区高影响天气个例手册

(31)"十四冬"凉城赛区气象要素日变化特征和高影响天气发生时赛场气象要素演变特征

(32)"十四冬"示范计划——基于位置和多源数据的精细化预报订正技术

(33)三篇预报经验总结论文——《"十四冬"凉城赛区一次降雪过程及雪水比变化特征分析》《"十四冬"凉城赛区降雪与低层偏东风的关系》《"十四冬"凉城赛区障碍追逐赛场冬季气温特征分析》

(34)凉城赛区精细化气象预报服务经验总结

(35)乌兰察布市冬季越野滑雪、冬季两项和障碍追逐滑雪项目气象预报服务保障阈值指标

7.3 精细服务类

(1)"十四冬""2133"气象保障服务体系

(2)重大活动"九必做"工作法

(3)"十四冬"赛事交通气象预报服务系统

(4)"十四冬"专题气象服务网站

(5)"十四冬"融媒体气象服务平台

(6)"十四冬"赛场气象服务小程序

(7)第十四届全国冬季运动会气象保障工作方案

(8)第十四届全国冬季运动会气象服务专项方案

(9)第十四届全国冬季运动会呼伦贝尔气象分中心服务方案

(10)第十四届全国冬季运动会赤峰气象分中心服务方案

(11)第十四届全国冬季运动会乌兰察布气象分中心服务方案

(12)第十四届全国冬季运动会呼和浩特气象分中心服务方案

(13)第十四届全国冬季运动会气象服务应急预案

(14)第十四届全国冬季运动会气象服务专项应急预案
(15)第十四届全国冬季运动会呼伦贝尔气象分中心气象服务应急预案
(16)第十四届全国冬季运动会赤峰气象分中心气象服务应急预案
(17)第十四届全国冬季运动会乌兰察布气象分中心气象服务应急预案
(18)第十四届全国冬季运动会呼和浩特气象分中心气象服务应急预案
(19)“十四冬”气象保障服务工作机制

第8章 经验启示篇

“十四冬”气象保障服务创造了许多生动实践，留下了很多宝贵经验。

各级领导的高度重视是做好“十四冬”气象保障服务的根本保证。“十四冬”是北京冬奥会后我国首次举办的全国冬季重大体育赛事，在历届冬运会中规模最大、项目最全、标准最高，也是内蒙古首次承办全国综合性运动会，更是内蒙古气象部门首次保障的全国性体育赛事。中国气象局党组高度重视，局长陈振林、副局长张祖强、副局长熊绍员多次针对“十四冬”气象保障服务作出指示要求。副局长曹晓钟亲临海拉尔赛区指导“十四冬”气象保障服务工作。

党中央、国务院高度重视“十四冬”筹办工作，对气象工作提出要求。国务委员谌贻琴、国务院副秘书长刘宇辉都对气象保障服务工作提出要求。

内蒙古自治区党委、自治区人民政府高度重视气象保障服务工作，单独设立气象保障部。内蒙古自治区党委书记孙绍骋到扎兰屯赛区气象工作室视察指导。内蒙古自治区党委副书记、自治区主席王莉霞多次对气象服务提出要求，自治区副主席么永波多次赴现场考察指导。各级领导的高度重视，为做好“十四冬”气象保障服务工作提供了遵循、指明了方向，也为内蒙古自治区气象局做好“十四冬”气象保障服务提供根本保证。

系统完备的保障体系是做好“十四冬”气象保障服务的重要基础。“2133”冬运气象保障体系和顺畅高效的赛时组织运行机制发挥了重大作用。横向协同“一办六组”，纵向联动各气象分中心和赛区气象台，应用“九必做”工作法，建立“日记录、周调度、月通报”等工作机制。赛时开展扁平化管理，积极参加各赛区执委会调度会、领队会，实行气象保障服务每日例会制度，高效部署落实各项工作，从前期筹备、赛前演练、资格赛服务，到最终赢得了“十四冬”气象保障服务的圆满成功，都体现了各级气象部门通力配合、相互协作的工作局面。

互动协作的四级合力是做好“十四冬”气象保障服务的坚强保障。内蒙古自治区气象局三次向中国气象局专题汇报，积极争取人员、技术、装备支持，在筹备和赛事气象保障服务全过程中，始终得到中国气象局、各职能司、各直属事业单位的指导和帮助。北京市、黑龙江省、河北省选派北京冬奥专家全程参与保障任务。区—市两级组建 6 个专项支撑团队，全力支持和保障前方一线预报服务团队开展工作。各赛区气象台主动担当作为，压实责任，充分发挥一线服务作用，积极有效开展气象保障服务。气象部门始终坚持全国一盘棋，发挥集中力量办大事的体制优势，国—省—市—县四级强化主动、互动、联动，举全国气象部门之力，是做好“十四冬”气象保障工作的坚强保障。

主动高效的部门联动是做好“十四冬”气象保障服务的必要措施。建立跨地区、跨部门、分级协调联动工作机制，加强与筹委会、各专项工作部、单项竞委会协调对接，畅通沟通渠道，联合开展实地勘察，与竞赛部、大型活动部等确认服务需求数十次，与赛区执委会、单项竞委会开展工作对接 40 余次。与竞赛部门建立联动工作机制并及时启动，为赛事优化调整提供气象支撑。筹委办及财务审计部统筹落实气象保障经费，各赛区执委会协助开展观测站选址、供电、通信等相关工作。各气象分中心与执委会、各赛区气象台与赛区有关部门协同合作，推动各项决策部署落实落地落细。与各地方各部门形成畅通高效的联动机制，是做好“十四冬”气象保障服务的必要措施。

创新先进的气象科技是做好“十四冬”气象保障服务的核心支撑。气象观测是预报和服务的基础，布设自动气象站、辐射站、激光测风雷达、微波辐射计结合天气雷达和风云气象卫星，实现“地基-空基-天基”全时空、立体化监测，以更加精密的多源综合观测资料，有力支撑精准天气预报，其中地基遥感垂直观测系统首次投入冬运气象保障，“黑科技”发挥大作用。

聚焦“十四冬”，内蒙古气象部门接续传承，北京冬奥会“百米级、分钟级”精准预报能力在保障赛事顺利进行中立下功劳。引进北京冬奥先进技术平台，用活“冬奥遗产”，还组织实施“十四冬”精细化气象预报示范计划，自主研发了 5 项气象预报技术，成为预报员手中的利器，不仅实现“报得快”，也致力于“报得准”，为比赛提供强大的气象保障服务，和林格尔新一代国家气象超算也率先为“十四冬”气象保障提供算力支持，彰显“十四冬”赛事气象技术支撑的现代化水平。可以说，正是因为有了气象科技创新和长期努力打下的气象现代化建设成果的加持，才能够取得“十四冬”气象保障服务的胜利。

奋勇争先的冬运气象精神是做好“十四冬”气象保障服务的关键所在。坚持党建引领气象保障各项工作，各赛区成立气象保障临时党支部和气象保障服务突击队，充分发挥基层党组织主动性、创造性，有力推动主题教育见行见效。在“十四冬”保障的全过程中，面对严峻复杂的天气形势，顶着时间紧、任务重的巨大压力，气象工作者为了共同的目标，放弃春节与家人团聚的时间，奔赴一线，顶风冒雪巡护仪器，披星戴月分析研判天气演变，全力以赴开展气象保障服务，真正用党性自觉、用使命责任、用科学技术和专业技能，以高度的责任感和使命感，以高水平、高质量、高标准气象服务为“十四冬”保驾护航。

附录A

各级领导和部门对赛事气象服务的评价

中国气象局、国家体育总局、内蒙古自治区人民政府等有关领导均对“十四冬”气象保障服务给予高度肯定。

中国气象局局长陈振林表示：“要做好复盘总结工作，不断提高技术水平和完善保障机制。”

中国气象局副局长张祖强表示：“很好，热烈祝贺！大家辛苦了，接下来做好成果凝练总结和传承。”

中国气象局副局长熊绍员表示：“向内蒙古自治区气象局和专班的同志表示感谢和敬意！请慎终如始，认真复盘，深入总结，适时表彰，为后续亚洲冬季运动会等重大活动保障提前准备。”

内蒙古自治区人民政府主席王莉霞、副主席么永波高度肯定“十四冬”气象保障服务。

内蒙古自治区人民政府副主席代钦对气象保障服务工作作出批示：“气象系统的保障工作有力有效。”

国家体育总局冬季运动管理中心李扬副主任高度评价气象保障工作，他指出：“本次赛会气象服务对于本赛区赛事科学筹划起到了关键性作用，得到各方高度认可。”

有关部门领导以及裁判长、教练员、运动员等均对气象部门的监测预报服务给予高度肯定。

第十四届全国冬季运动会呼伦贝尔执行委员会

感 谢 信

内蒙古自治区气象局:

相约呼伦贝尔，点燃冰雪激情，绽放中国梦想。2024 年 2 月 27 日，举世瞩目的第十四届全国冬季运动会在内蒙古呼伦贝尔胜利闭幕。赛事举办前后，贵单位立足高定位、聚焦高质量、坚持高标准，同呼伦贝尔执委会凝聚起万众一心、奉献冬运的强大合力，圆满完成“十四冬”工作任务，得到了社会各界的高度评价和广泛赞誉，为全国人民呈现了一届精彩纷呈、简约安全、绿色惠民的冰雪盛会。

“十四冬”是继北京冬奥会后首次举办的全国冬季项目重大体育赛事，也是内蒙古自治区首次承办的全国综合性运动会，更是历届全国冬季运动会中规模最大、项目最多、标准最高的一届，更是内蒙古首次承办的全国大型综合性运动会。其圆满落幕，是习近平总书记亲切关怀和党中央、国务院高度重视的结果，是国家体育总局精心指导的结果，是全国人民大力支持的结果，也是贵单位积极配合、全力保障的结果。特别是以高度社会责任感积极助力体育事业发展，充分彰显了举国体制、集中力量办大事的制度优势，充分诠释了中华民族同心同德、团结奋斗的优良传统。贵单位为办好冬运会这件国家大事作出的贡献，必将永载史册，呼伦贝尔人民将永远铭记。在此，“十四冬”呼伦贝尔执委会向关心支持冬运会筹备工作的贵单位表示衷心感谢！致以崇高敬意！

办好一个会，提升一座城。让我们以习近平新时代中国特色社会主义思想为指导，深入贯彻习近平总书记对内蒙古重要讲话重要批示指示精神，聚焦努力完成好习近平总书记交给内蒙古“五大任务”和全方位建设模范自治区两件大事，奋力谱写呼伦贝尔中国式现代化新篇章，携手共奋进，一起向未来！

第十四届全国冬季运动会呼伦贝尔执行委员会

2024 年 2 月 29 日

第十四届全国冬季运动会呼伦贝尔执行委员会

感 谢 信

北京市气象局:

相约呼伦贝尔，点燃冰雪激情，绽放中国梦想。2024 年 2 月 27 日，举世瞩目的第十四届全国冬季运动会在内蒙古呼伦贝尔胜利闭幕。赛事举办前后，贵单位立足高定位、聚焦高质量、坚持高标准，同呼伦贝尔执委会凝聚起万众一心、奉献冬运的强大合力，圆满完成“十四冬”工作任务，得到了社会各界的高度评价和广泛赞誉，为全国人民呈现了一届精彩纷呈、简约安全、绿色惠民的冰雪盛会。

“十四冬”是继北京冬奥会后首次举办的全国冬季项目重大体育赛事，也是内蒙古自治区首次承办的全国综合性运动会，更是历届全国冬季运动会中规模最大、项目最多、标准最高的一届，更是内蒙古首次承办的全国大型综合性运动会。其圆满落幕，是习近平总书记亲切关怀和党中央、国务院高度重视的结果，是国家体育总局精心指导的结果，是全国人民大力支持的结果，也是贵单位积极配合、全力保障的结果。特别是以高度社会责任感积极助力体育事业发展，充分彰显了举国体制、集中力量办大事的制度优势，充分诠释了中华民族同心同德、团结奋斗的优良传统。贵单位为办好冬运会这件国家大事作出的贡献，必将永载史册，呼伦贝尔人民将永远铭记。在此，“十四冬”呼伦贝尔执委会向关心支持冬运会筹备工作的贵单位表示衷心感谢！致以崇高敬意！

办好一个会，提升一座城。让我们以习近平新时代中国特色社会主义思想为指导，深入贯彻习近平总书记对内蒙古重要讲话重要批示指示精神，聚焦努力完成好习近平总书记交给内蒙古“五大任务”和全方位建设模范自治区两件大事，奋力谱写呼伦贝尔中国式现代化新篇章，携手共奋进，一起向未来！

第十四届全国冬季运动会呼伦贝尔执行委员会

2024 年 2 月 29 日

第十四届全国冬季运动会呼伦贝尔执行委员会

感谢信

河北省气象局：

相约呼伦贝尔，点燃冰雪激情，绽放中国梦想。2024 年 2 月 27 日，举世瞩目的第十四届全国冬季运动会在内蒙古呼伦贝尔胜利闭幕。赛事举办前后，贵单位立足高定位、聚焦高质量、坚持高标准，同呼伦贝尔执委会凝聚起万众一心、奉献冬运的强大合力，圆满完成“十四冬”工作任务，得到了社会各界的高度评价和广泛赞誉，为全国人民呈现了一届精彩纷呈、简约安全、绿色惠民的冰雪盛会。

“十四冬”是继北京冬奥会后首次举办的全国冬季项目重大体育赛事，也是内蒙古自治区首次承办的全国综合性运动会，更是历届全国冬季运动会中规模最大、项目最多、标准最高的一届，更是内蒙古首次承办的全国大型综合性运动会。其圆满落幕，是习近平总书记亲切关怀和党中央、国务院高度重视的结果，是国家体育总局精心指导的结果，是全国人民大力支持的结果，也是贵单位积极配合、全力保障的结果。特别是以高度社会责任感积极助力体育事业发展，充分彰显了举国体制、集中力量办大事的制度优势，充分诠释了中华民族同心同德、团结奋斗的优良传统。贵单位为办好冬运会这件国家大事作出的贡献，必将永载史册，呼伦贝尔人民将永远铭记。在此，“十四冬”呼伦贝尔执委会向关心支持冬运会筹备工作的贵单位表示衷心感谢！致以崇高敬意！

办好一个会，提升一座城。让我们以习近平新时代中国特色社会主义思想为指导，深入贯彻习近平总书记对内蒙古重要讲话重要批示指示精神，聚焦努力完成好习近平总书记交给内蒙古“五大任务”和全方位建设模范自治区两件大事，奋力谱写呼伦贝尔中国式现代化新篇章，携手共奋进，一起向未来！

第十四届全国冬季运动会呼伦贝尔执行委员会
2024 年 2 月 29 日

第十四届全国冬季运动会呼伦贝尔执行委员会

感谢信

黑龙江省气象局：

相约呼伦贝尔，点燃冰雪激情，绽放中国梦想。2024 年 2 月 27 日，举世瞩目的第十四届全国冬季运动会在内蒙古呼伦贝尔胜利闭幕。赛事举办前后，贵单位立足高定位、聚焦高质量、坚持高标准，同呼伦贝尔执委会凝聚起万众一心、奉献冬运的强大合力，圆满完成“十四冬”工作任务，得到了社会各界的高度评价和广泛赞誉，为全国人民呈现了一届精彩纷呈、简约安全、绿色惠民的冰雪盛会。

“十四冬”是继北京冬奥会后首次举办的全国冬季项目重大体育赛事，也是内蒙古自治区首次承办的全国综合性运动会，更是历届全国冬季运动会中规模最大、项目最多、标准最高的一届，更是内蒙古首次承办的全国大型综合性运动会。其圆满落幕，是习近平总书记亲切关怀和党中央、国务院高度重视的结果，是国家体育总局精心指导的结果，是全国人民大力支持的结果，也是贵单位积极配合、全力保障的结果。特别是以高度社会责任感积极助力体育事业发展，充分彰显了举国体制、集中力量办大事的制度优势，充分诠释了中华民族同心同德、团结奋斗的优良传统。贵单位为办好冬运会这件国家大事作出的贡献，必将永载史册，呼伦贝尔人民将永远铭记。在此，“十四冬”呼伦贝尔执委会向关心支持冬运会筹备工作的贵单位表示衷心感谢！致以崇高敬意！

办好一个会，提升一座城。让我们以习近平新时代中国特色社会主义思想为指导，深入贯彻习近平总书记对内蒙古重要讲话重要批示指示精神，聚焦努力完成好习近平总书记交给内蒙古“五大任务”和全方位建设模范自治区两件大事，奋力谱写呼伦贝尔中国式现代化新篇章，携手共奋进，一起向未来！

第十四届全国冬季运动会呼伦贝尔执行委员会
2024 年 2 月 29 日

第十四届全国冬季运动会扎兰屯赛区执行委员会办公室

感谢信

内蒙古自治区气象局:

中华人民共和国第十四届全国冬季运动会(以下简称“十四冬”)自由式滑雪空中技巧、自由式滑雪雪上技巧、单板滑雪U型场地技巧、自由式滑雪U型场地技巧、单板滑雪大跳台和坡面障碍、自由式滑雪大跳台和坡面障碍、滑雪登山赛事,于2024年1月30日—2月26日在内蒙古呼伦贝尔扎兰屯赛区成功举办。在“十四冬”赛事成功举办的背后,有贵单位的**赵黎明、刘海波、牛宝亮、武艳娟、周昕南、赵斐、江靖、张新禹、张晨阳**九位同志辛勤的付出和贵单位的全力的支持,扎兰屯赛区执委会向你们致以最诚挚的感谢和敬意!

全国冬季运动会是我国最高级别的冬季竞技体育赛事,扎兰屯赛区所承担的竞赛项目难度大、标准高、规范性强,你们主动放弃与家人春节假期团聚的机会,加班加点,不畏严寒,始终站在冰冷刺骨的寒风中,为赛事的顺利进行付出了辛勤的努力和无私的奉献。你们的专业素养和敬业精神为赛事的顺利进行提供了坚实保障,你们的付出和努力是十四冬成功的重要组成部分,正是因为有了你们的支持,这场赛事才能如此精彩纷呈,留下了无数难忘的瞬间,给前来报道赛事的媒体记者留下了深刻而美好的印象。

你们的敬职敬业、谦虚谨慎、踏实细致的工作态度深深让人折服,希望我们在未来的工作中继续保持联系,衷心祝愿你们工作顺利,身体健康!

第十四届全国冬季运动会
扎兰屯赛区执行委员会
2024年2月27日

第十四届全国冬季运动会扎兰屯赛区执行委员会办公室

感谢信

呼伦贝尔市气象局:

中华人民共和国第十四届全国冬季运动会(以下简称“十四冬”)自由式滑雪空中技巧、自由式滑雪雪上技巧、单板滑雪U型场地技巧、自由式滑雪U型场地技巧、单板滑雪大跳台和坡面障碍、自由式滑雪大跳台和坡面障碍、滑雪登山赛事,于2024年1月30日—2月26日在内蒙古呼伦贝尔扎兰屯赛区成功举办。在“十四冬”赛事成功举办的背后,有贵单位的**张平安、张昉、张小东、国永伟、于文超、王洪丽、王颖、常煜、姜凤友、白子恒、白明、高绍鑫、隋沆锐、刘伟、贾志非、杨树弃、包晗、彭彬、徐玉强、姚奕欣、萨娜、刘乙萌、张波、包兴华、刘长立、董越**以及其他未列名同志辛勤的付出和贵单位的全力的支持,扎兰屯赛区执委会向你们致以最诚挚的感谢和敬意!

全国冬季运动会是我国最高级别的冬季竞技体育赛事,扎兰屯赛区所承担的竞赛项目难度大、标准高、规范性强,你们主动放弃与家人春节假期团聚的机会,加班加点,不畏严寒,始终站在冰冷刺骨的寒风中,为赛事的顺利进行付出了辛勤的努力和无私的奉献。你们的专业素养和敬业精神为赛事的顺利进行提供了坚实保障,你们的付出和努力是十四冬成功的重要组成部分,正是因为有了你们的支持,这场赛事才能如此精彩纷呈,留下了无数难忘的瞬间,给前来报道赛事的媒体记者留下了深刻而美好的印象。

你们的敬职敬业、谦虚谨慎、踏实细致的工作态度深深让人折服,希望我们在未来的工作中继续保持联系,衷心祝愿你们工作顺利,身体健康!

第十四届全国冬季运动会
扎兰屯赛区执行委员会
2024年2月27日

第十四届全国冬季运动会呼伦贝尔执行委员会信息网络技术工作部

感 谢 信

呼伦贝尔市海拉尔区气象局:

第十四届全国冬季运动会(以下简称"十四冬")是北京冬奥会后首次举办的全国冬季项目综合性体育赛事,是历届冬运会中标准最高、规模最大、项目最全的一届,也是内蒙古首次承办全国大型综合性运动会。"十四冬"已于2024年2月27日圆满闭幕,"盛会"成功举办的背后,离不开气象保障服务团队的辛勤奉献和默默付出。

在服务保障这场"盛会"中,针对信息网络工作部各项需求,贵单位高度重视,积极响应,克服重重困难,以精益求精的态度、严谨细致的作风、团队协作的精神,高质量完成工作任务,为我部工作顺利开展及信息网络工作正常运行提供了坚强有力的支撑。你们精湛的技术、高超的能力、优质的服务令我们十分感动、深为钦佩。在此,谨向贵单位的鼎力相助致以崇高的敬意,对贵单位做出的积极贡献表示衷心感谢!

行而不辍,履践致远。"十四冬"闪耀着团结精神和奋进力

- 1 -

量,将化为我们前行的动力。祝贵单位各位领导及同志们工作顺利、生活愉快、家庭幸福、身体健康!

第十四届全国冬季运动会
呼伦贝尔执委会信息网络技术工作部
2024年2月28日

- 2 -

第十四届全国冬季运动会扎兰屯赛区执行委员会办公室

感谢信

中国气象局气象探测中心:

中华人民共和国第十四届全国冬季运动会(以下简称"十四冬")自由式滑雪空中技巧、自由式滑雪雪上技巧、单板滑雪U型场地技巧、自由式滑雪U型场地技巧、单板滑雪大跳台和坡面障碍、自由式滑雪大跳台和坡面障碍、滑雪登山赛事,于2024年1月30日—2月26日在内蒙古呼伦贝尔扎兰屯赛区成功举办。在"十四冬"赛事成功举办的背后,有贵单位的辛勤付出和全力支持,扎兰屯赛区执委会向贵单位致以最诚挚的感谢和敬意!

全国冬季运动会是我国最高级别的冬季竞技体育赛事,扎兰屯赛区所承担的竞赛项目难度大、标准高、规范性强,你们主动放弃与家人春节假期团聚的机会,加班加点,不畏严寒,始终站在冰冷刺骨的寒风中,为赛事的顺利进行付出了辛勤的努力和无私的奉献。你们的专业素养和敬业精神为赛事的顺利进行提供了坚实保障,你们的付出和努力是十四冬成功的重要组成部分,正是因为有了你们的支持,这场赛事才能如此精彩纷呈,留下了无数难忘的瞬间,给前来报道赛事的媒体记者留下了深刻而美好的印象。

你们的敬职敬业、谦虚谨慎、踏实细致的工作态度深深让人折服,希望我们在未来的工作中继续保持联系,衷心祝愿你们工作顺利,身体健康!

第十四届全国冬季运动会
扎兰屯赛区执行委员会
2024年2月27日

第十四届全国冬季运动会扎兰屯赛区执行委员会办公室

感谢信

河北省气象局:

中华人民共和国第十四届全国冬季运动会(以下简称“十四冬”)自由式滑雪空中技巧、自由式滑雪雪上技巧、单板滑雪U型场地技巧、自由式滑雪U型场地技巧、单板滑雪大跳台和坡面障碍、自由式滑雪大跳台和坡面障碍、滑雪登山赛事，于2024年1月30日—2月26日在内蒙古呼伦贝尔扎兰屯赛区成功举办。在“十四冬”赛事成功举办的背后，有贵单位的**郭宏**同志辛勤的付出和贵单位的全力的支持，扎兰屯赛区执委会向你致以最诚挚的感谢和敬意!

全国冬季运动会是我国最高级别的冬季竞技体育赛事，扎兰屯赛区所承担的竞赛项目难度大、标准高、规范性强，你们主动放弃与家人春节假期团聚的机会，加班加点，不畏严寒，始终站在冰冷刺骨的寒风中，为赛事的顺利进行付出了辛勤的努力和无私的奉献。你们的专业素养和敬业精神为赛事的顺利进行提供了坚实保障，你们的付出和努力是十四冬成功的重要组成部分，正是因为有了你们的支持，这场赛事才能如此精彩纷呈，留下了无数难忘的瞬间，给前来报道赛事的媒体记者留下了深刻而美好的印象。

你们的敬职敬业、谦虚谨慎、踏实细致的工作态度深深让人折服，希望我们在未来的工作中继续保持联系，衷心祝愿你们工作顺利，身体健康!

第十四届全国冬季运动会
扎兰屯赛区执行委员会
2024年2月27日

第十四届全国冬季运动会扎兰屯赛区执行委员会办公室

感谢信

辽宁省气象局:

中华人民共和国第十四届全国冬季运动会(以下简称“十四冬”)自由式滑雪空中技巧、自由式滑雪雪上技巧、单板滑雪U型场地技巧、自由式滑雪U型场地技巧、单板滑雪大跳台和坡面障碍、自由式滑雪大跳台和坡面障碍、滑雪登山赛事，于2024年1月30日—2月26日在内蒙古呼伦贝尔扎兰屯赛区成功举办。在“十四冬”赛事成功举办的背后，有贵单位的**滕方达、王帅、王一、刘多文**四位同志辛勤的付出和贵单位的全力的支持，扎兰屯赛区执委会向你们致以最诚挚的感谢和敬意!

全国冬季运动会是我国最高级别的冬季竞技体育赛事，扎兰屯赛区所承担的竞赛项目难度大、标准高、规范性强，你们主动放弃与家人春节假期团聚的机会，加班加点，不畏严寒，始终站在冰冷刺骨的寒风中，为赛事的顺利进行付出了辛勤的努力和无私的奉献。你们的专业素养和敬业精神为赛事的顺利进行提供了坚实保障，你们的付出和努力是十四冬成功的重要组成部分，正是因为有了你们的支持，这场赛事才能如此精彩纷呈，留下了无数难忘的瞬间，给前来报道赛事的媒体记者留下了深刻而美好的印象。

你们的敬职敬业、谦虚谨慎、踏实细致的工作态度深深让人折服，希望我们在未来的工作中继续保持联系，衷心祝愿你们工作顺利，身体健康!

第十四届全国冬季运动会
扎兰屯赛区执行委员会
2024年2月27日

第十四届全国冬季运动会扎兰屯赛区执行委员会办公室

感谢信

黑龙江省气象局：

中华人民共和国第十四届全国冬季运动会（以下简称“十四冬”）自由式滑雪空中技巧、自由式滑雪雪上技巧、单板滑雪U型场地技巧、自由式滑雪U型场地技巧、单板滑雪大跳台和坡面障碍、自由式滑雪大跳台和坡面障碍、滑雪登山赛事，于2024年1月30日—2月26日在内蒙古呼伦贝尔扎兰屯赛区成功举办。在“十四冬”赛事成功举办的背后，有贵单位的**唐凯**同志辛勤的付出和贵单位的全力的支持，扎兰屯赛区执委会向你们致以最诚挚的感谢和敬意！

全国冬季运动会是我国最高级别的冬季竞技体育赛事，扎兰屯赛区所承担的竞赛项目难度大、标准高、规范性强，你们主动放弃与家人春节假期团聚的机会，加班加点，不畏严寒，始终站在冰冷刺骨的寒风中，为赛事的顺利进行付出了辛勤的努力和无私的奉献。你们的专业素养和敬业精神为赛事的顺利进行提供了坚实保障，你们的付出和努力是十四冬成功的重要组成部分，正是因为有了你们的支持，这场赛事才能如此精彩纷呈，留下了无数难忘的瞬间，给前来报道赛事的媒体记者留下了深刻而美好的印象。

你们的敬职敬业、谦虚谨慎、踏实细致的工作态度深深让人折服，希望我们在未来的工作中继续保持联系，衷心祝愿你们工作顺利，身体健康！

第十四届全国冬季运动会
扎兰屯赛区执行委员会
2024年2月27日

第十四届全国冬季运动会扎兰屯赛区执行委员会办公室

感谢信

张家口市气象局：

中华人民共和国第十四届全国冬季运动会（以下简称“十四冬”）自由式滑雪空中技巧、自由式滑雪雪上技巧、单板滑雪U型场地技巧、自由式滑雪U型场地技巧、单板滑雪大跳台和坡面障碍、自由式滑雪大跳台和坡面障碍、滑雪登山赛事，于2024年1月30日—2月26日在内蒙古呼伦贝尔扎兰屯赛区成功举办。在“十四冬”赛事成功举办的背后，有贵单位的**郭宏**同志辛勤的付出和贵单位的全力的支持，扎兰屯赛区执委会向你们致以最诚挚的感谢和敬意！

全国冬季运动会是我国最高级别的冬季竞技体育赛事，扎兰屯赛区所承担的竞赛项目难度大、标准高、规范性强，你们主动放弃与家人春节假期团聚的机会，加班加点，不畏严寒，始终站在冰冷刺骨的寒风中，为赛事的顺利进行付出了辛勤的努力和无私的奉献。你们的专业素养和敬业精神为赛事的顺利进行提供了坚实保障，你们的付出和努力是十四冬成功的重要组成部分，正是因为有了你们的支持，这场赛事才能如此精彩纷呈，留下了无数难忘的瞬间，给前来报道赛事的媒体记者留下了深刻而美好的印象。

你们的敬职敬业、谦虚谨慎、踏实细致的工作态度深深让人折服，希望我们在未来的工作中继续保持联系，衷心祝愿你们工作顺利，身体健康！

第十四届全国冬季运动会
扎兰屯赛区执行委员会
2024年2月27日

第十四届全国冬季运动会扎兰屯赛区执行委员会办公室

感谢信

阿荣旗气象局:

中华人民共和国第十四届全国冬季运动会(以下简称“十四冬”)自由式滑雪空中技巧、自由式滑雪雪上技巧、单板滑雪U型场地技巧、自由式滑雪U型场地技巧、单板滑雪大跳台和坡面障碍、自由式滑雪大跳台和坡面障碍、滑雪登山赛事,于2024年1月30日—2月26日在内蒙古呼伦贝尔扎兰屯赛区成功举办。在“十四冬”赛事成功举办的背后,有贵单位的**张胜利、孙晓慧、田野**三位同志辛勤的付出和贵单位的全力的支持,扎兰屯赛区执委会向你们致以最诚挚的感谢和敬意!

全国冬季运动会是我国最高级别的冬季竞技体育赛事,扎兰屯赛区所承担的竞赛项目难度大、标准高、规范性强,你们主动放弃与家人春节假期团聚的机会,加班加点,不畏严寒,始终站在冰冷刺骨的寒风中,为赛事的顺利进行付出了辛勤的努力和无私的奉献。你们的专业素养和敬业精神为赛事的顺利进行提供了坚实保障,你们的付出和努力是十四冬成功的重要组成部分,正是因为有了你们的支持,这场赛事才能如此精彩纷呈,留下了无数难忘的瞬间,给前来报道赛事的媒体记者留下了深刻而美好的印象。

你们的敬职敬业、谦虚谨慎、踏实细致的工作态度深深让人折服,希望我们在未来的工作中继续保持联系,衷心祝愿你们工作顺利,身体健康!

第十四届全国冬季运动会
扎兰屯赛区执行委员会
2024年2月27日

第十四届全国冬季运动会扎兰屯赛区执行委员会办公室

感谢信

莫力达瓦达斡尔族自治旗气象局:

中华人民共和国第十四届全国冬季运动会(以下简称“十四冬”)自由式滑雪空中技巧、自由式滑雪雪上技巧、单板滑雪U型场地技巧、自由式滑雪U型场地技巧、单板滑雪大跳台和坡面障碍、自由式滑雪大跳台和坡面障碍、滑雪登山赛事,于2024年1月30日—2月26日在内蒙古呼伦贝尔扎兰屯赛区成功举办。在“十四冬”赛事成功举办的背后,有贵单位的**王成利**同志辛勤的付出和贵单位的全力的支持,扎兰屯赛区执委会向你们致以最诚挚的感谢和敬意!

全国冬季运动会是我国最高级别的冬季竞技体育赛事,扎兰屯赛区所承担的竞赛项目难度大、标准高、规范性强,你们主动放弃与家人春节假期团聚的机会,加班加点,不畏严寒,始终站在冰冷刺骨的寒风中,为赛事的顺利进行付出了辛勤的努力和无私的奉献。你们的专业素养和敬业精神为赛事的顺利进行提供了坚实保障,你们的付出和努力是十四冬成功的重要组成部分,正是因为有了你们的支持,这场赛事才能如此精彩纷呈,留下了无数难忘的瞬间,给前来报道赛事的媒体记者留下了深刻而美好的印象。

你们的敬职敬业、谦虚谨慎、踏实细致的工作态度深深让人折服,希望我们在未来的工作中继续保持联系,衷心祝愿你们工作顺利,身体健康!

第十四届全国冬季运动会
扎兰屯赛区执行委员会
2024年2月27日

重要会议材料

会议时间	2023 年 4 月 23 日
会议名称	第十四届全国冬季运动会筹委会气象保障部工作会议

➢会议议程

气象保障部工作会议议程

会议时间:2023 年 4 月 23 日(周日)15 时

会议地点:通过视频方式召开

主会场:内蒙古自治区气象局预警大楼 A708 会议室

分会场:呼伦贝尔市气象局、赤峰市气象局、乌兰察布市气象局以及各赛事举办地气象局

会议主持:气象保障部副部长刘海波

会议议程:

(一)冬运内蒙古气象中心办公室汇报前期工作进展和下一步工作安排。

(二)冬运内蒙古气象中心办公室汇报“十四冬”内蒙古气象中心组建情况和《“十四冬”气象保障工作方案》。

(三)北京冬奥气象服务专家介绍冬奥气象保障工作经验。

(四)气象保障部副部长李志友讲话。

(五)气象保障部部长党志成讲话。

➢会议照片

➢会议材料

在“十四冬”筹委会气象保障部工作会议上的讲话

气象保障部 部长 党志成

（2023年4月23日）

同志们：

大家下午好！

这次“十四冬”筹委会气象保障部工作会议，是在“十四冬”已经正式进入“倒计时”，且各项筹办任务更加繁重、筹办工作更加紧张、筹办要求更加严格的大背景下召开的，是全区气象部门各项筹办工作进入提速发力阶段的重要节点。

首先，非常感谢李志友副局长、李雪梅三级调研员、时少英副院长能够莅临指导，以及长期以来对内蒙古气象部门工作的支持与帮助。

2022年4月，内蒙古自治区气象局与自治区体育局（简称体育局）签署了战略合作协议，一年来，针对体育局提供的赛事活动清单和气象服务需求，内蒙古自治区气象局积极开展气候评估、中短期和短时临近预报预警等服务，与体育局共同保障自治区各项重大赛事活动顺利举办。同时面向重点突破项目和优势项目，两部门开展了气象要素对运动成绩、运动员健康等相关领域的影响研究，为全面推进健康内蒙古和体育强区建设提供了坚实的支撑。下一步我们与体育局还将继续深化合作，完善合作机制，拓展合作领域，丰富合作内容，共同推动体育和气象事业“十四五”规划实施和高质量发展。

刚才，“十四冬”气象中心办公室汇报了筹办工作进展情况和下一步工作计划，时少英副院长分享了冬奥气象保障服务工作经验，李志友副局长对“十四冬”气象保障服务工作提出了明确的要求，为下一步筹办工作奠定了良好的基础。下面，我就做好“十四冬”气象保障服务工作讲三点要求。

一、提高政治站位，充分认识做好“十四冬”气象保障服务工作的重大意义

“十四冬”是北京冬奥会后首次举办的冬季项目全国重大体育赛事，也是内蒙古自治区首次承办全国综合性运动会，承担着后冬奥时代巩固和扩大“三亿人参与冰雪运动”成果，进一步提高我国竞技体育国际竞争力，促进冰雪运动可持续发展、展现内蒙古自治区新时代经济社会发展新成就的光荣使命和重要任务。本届冬运会赛事设置全面对标2026年米兰冬奥会，层次高、规模大、项目全，各参赛代表团运动员、裁判员、工作人员、新闻记者和来宾预计1万人左右，将是历届全国冬运会中规模最大、项目最多、标准最高的一届。

冰雪项目与气象条件关系密切，风速、风向、气温、降水量、雪面温度等气象要素对户外赛事的开展影响重大，气象是冬运会成功举办的最关键因素之一，做好“十四冬”的气象保障服务工作是推进自治区体育与气象事业高质量发展的难得机遇，也是助力自治区冰雪经济发展的重大挑战。全区各级气象部门要进一步提高政治站位，把思想和行动统一到习近平总书记重要指示精神和党中央、国务院决策部署上来，将做好“十四冬”气象保障服务工作，作为学习贯彻党的二十大精神，增强“四个意识”、坚定“四个自信”、做到“两个维护”的重要体现，也是对广大气象干部职工政治站位、大局意识和责任担当的重大考验。

二、扛起使命担当，认真落实自治区党委、自治区人民政府、"十四冬"筹委会和中国气象局对筹办工作的部署要求

3月2日，自治区王莉霞主席主持召开第十四届全国冬季运动会筹备委员会会议，指出"十四冬"是北京冬奥会后首次举办的全国冬季运动会，是内蒙古承担的重要使命、重大任务。要当好东道主，对标北京冬奥会，举全区之力把"十四冬"办成一流、办出特色、办得圆满。3月6日，内蒙古自治区气象局向中国气象局专题汇报"十四冬"气象保障服务进展情况、存在问题及下一步工作计划，张祖强副局长要求用好"百米级、分钟级"精细化气象预报技术等北京冬奥会遗产，因地制宜、创新求变。中国气象局将成立专项工作协调组，在观测应用、预报预警、人才支撑等多方面加强对内蒙古气象部门的指导和支持，举部门之力做好"十四冬"气象保障服务。4月3日，第十四届全国冬季运动会筹委办召开"十四冬"筹委会专项工作部联络员会议，进一步落实"十四冬"筹委会全体会议有关指示要求，对下一步工作任务做出了安排部署。

各级领导对做好"十四冬"筹备工作高度重视，也是我们做好"十四冬"气象保障服务工作的底气。全区各级气象部门要全面贯彻落实王莉霞主席、张祖强副局长以及筹委会的部署要求，引进、消化、应用好冬奥会先进预报技术和成果，做好"十四冬""百米级、分钟级"精细化监测预报预警服务，把气象工作、气象精神和服务效益发挥好、展示好。"十四冬"气象中心要精准对标气象保障部各项职责任务，切实增强做好"十四冬"筹办工作的责任感和使命感，按照"十四冬"气象保障服务工作方案，倒排工期，挂图作战，做到知责于心、担责于身、履责于行，认真抓好各项工作的落实、落地、落细。

三、加强组织领导，举全区气象部门之力做好"十四冬"气象保障服务工作

（一）加强组织领导，层层压实责任。各单位要牢固树立"一盘棋"思想，将"十四冬"气象保障服务作为当前和今后一段时间重点工作来推进，主要负责人要靠前指挥，充分借鉴北京冬奥会的成功经验，强化主体责任，投入必要的人力、物力、精力。冬运办要发挥上传下达、内外沟通的枢纽作用，及时对接自治区筹委办气象服务需求，进一步梳理"十四冬"重点工作清单，明确各项任务时间节点，任务落实到单位、到岗位，责任分工细化到人，强化任务推进督导。各工作组要切实扛起主体责任，做好工作衔接，严格对照工作方案，逐项抓好落实，及时组建现场保障团队，强化业务培训与科普宣传工作。各气象分中心要切实压实主场责任，充分对接当地执委会，深入了解气象保障服务需求，积极争取各地气象保障服务经费，高质量开展观测系统等项目建设，严格按照财务相关规定合理支出经费，切实做好赛区监测预报预警服务。相关职能处室要发挥综合协调作用，强化上下联动、左右协同，积极主动发现和帮助各工作组、各气象分中心解决问题和困难。相关直属单位要主动靠前一步，加强对下技术指导，及时开展业务培训和岗位练兵，不断增强技术支撑能力，全力支持各赛区气象保障服务任务。

（二）把握职能定位，克服各种挑战。对标北京冬奥"一场一策、一项一策"的精细化气象保障服务以及我们气象部门的职责定位，做好气象保障服务仍然面临不少挑战。一是赛场气象服务要求高。冬运各项赛事将全面对标北京冬奥会，米兰2026年冬奥会项目在"十四冬"全部设项，滑雪登山首次纳入赛事项目，筹委会考虑气象条件对赛事的影响，单独设立了气象保障部，对气象服务提出了更高要求。二是气象观测基础还较为薄弱。现有观测站需要标定检定、更换电池以及升级观测要素，扎兰屯、凉城等新增赛道暂无观测站，无法提供实况数据，灾害性天气监测的精准程度有所影响。三是"百米级、分钟级"气象预报技术水平还需提高。山地气象要素预报技术尚不具备，针对大风、降水、雾等高影响天气预警准确率和提前量还需提升，“百米级、分钟级”的精细化智能化预报能力略显不足。四是精细化气象服务能力还需提升。精细化气象保障服务手段较少，与北京冬奥会“百米级、分钟级”的先进气象服务水平仍有较大差距。

当前“十四冬”筹备工作已经进入提速发力阶段，气象保障服务工作挑战多、压力大。各级气象部门要认真总结分析上一周期的工作基础和经验，找准气象部门职能定位，对各赛区气象保障服务中新增加的或者是将要出现的新情况、新问题早分析、早研判，提前制定应对措施，做到未雨绸缪，也要把“十四冬”气象保障服务作为检验主题教育成效的主战场，充分发挥党组织的战斗堡垒作用和党员的先锋模范作用，让党旗在气象服务一线高高飘扬。

（三）加强统筹谋划，落实任务分工。各工作组和各赛区气象中心要认真学习《第十四届全国冬季运动会筹备工作总体方案》，在了解筹委会运行机制的基础上，要主动对接、主动思考、主动请教，结合最终确定的赛事安排以及《第十四届全国冬季运动会筹备委员会重要任务》安排，进一步完善《第十四届全国冬季运动会气象保障工作方案》，制定专项工作方案和应急预案，确保气象保障工作井然有序、不出纰漏。冬运办要加强同自治区筹委会的沟通对接，落实气象保障服务项目建设经费，组织各级加快推进气象观测站网建设，对标冬奥引进国内领先预报技术方法、业务系统，提升“百米级，分钟级”预报能力建设，以及其他相关建设任务。要采取“走出去”与“请进来”相结合方式，组织深入学习北京冬奥会以及其他兄弟省（市）大型体育赛事活动气象保障服务先进技术、成果和成功经验，尽快组建现场服务团队，邀请中国气象局、北京市气象局等的专家，开展现场服务团队实地业务训练，提早积累各赛区预报服务经验，为顺利开展各项比赛提供优质高效的气象保障服务。

同志们，“十四冬”气象保障服务即将进入实战演练阶段，时间紧、任务重，是我们难得的机遇和挑战。我坚信，在自治区党委、自治区人民政府、中国气象局、自治区筹委办的领导下，在筹委办各工作部的大力支持下，在全区各级气象部门广大干部职工辛勤努力与付出下，一定能将“十四冬”气象保障服务做得出色、办得一流。

谢谢大家！

会议时间	2023 年 10 月 27 日
会议名称	冬运内蒙古气象中心主任会议

➤会议议程

冬运内蒙古气象中心主任会议议程

会议时间：2023 年 10 月 27 日（周五）15 时

会议地点：内蒙古自治区气象局机关第二会议室（312 房间）

会议主持：冬运内蒙古气象中心副主任杨志捷

会议议程：

（一）冬运办汇报工作进展。

（二）会议审定相关事宜。

1. 应急与宣传组汇报总体应急预案。

2. 气象服务组、预报预测组、观测与网络组、应急与宣传组分别汇报专项方案。

3. 冬运办汇报团队组建方案和培训事宜。

（三）冬运内蒙古气象中心副主任杨志捷讲话。

➤会议照片

➢会议材料

冬运内蒙古气象中心主任会议讲话提纲

冬运内蒙古气象中心　副主任　杨志捷

（2023年10月27日）

同志们：

今天我们召开冬运内蒙古气象中心主任会议，主要是听取冬运办工作进展情况汇报，审议“十四冬”气象保障应急预案，气象服务、预报预测、观测与网络、气象宣传科普4个专项方案，气象服务团队组建方案以及培训方案，并对下一步工作进行安排部署。

从前期工作来看，大家在最近的一个多月又开展了大量工作，取得了明显进展。各项预案方案进一步完善，组建了服务团队，制定了培训方案，会议原则通过。

针对下一步工作，我再讲三点意见。

一、务必高度重视，切实增强做好“十四冬”气象保障服务的责任感、紧迫感

“十四冬”是我国冬运会历史上规模最大、专业性最强的一届冬季体育盛会，也是北京冬奥后内蒙古首次承办的全国性体育赛事。自治区党委、自治区人民政府高度重视，多次会议强调要举全区之力把“十四冬”办成一流、办出特色、办得圆满。“十四冬”筹委办为进一步加强工作落实，自9月19日开始，安排了自治区15个工作部与呼伦贝尔执委会合署办公，到9月28日完成了第一阶段合署办公。当前，距离“十四冬”开幕式仅有112 d，第二阶段合署办公也将接近尾声，么永波副主席多次强调加快推进各项工作，倒排工期、挂图作战，紧盯任务、加强配合，确保在倒计时100 d时各项筹备工作基本准备就绪。但是，目前我们工作距离基本准备就绪的目标还存在一定差距，比如气象观测站尚未全部建设完成，北京冬奥的预报技术成果尚未完全引进应用，实况、预报、服务系统建设尚未完成，技术培训尚未开展等。因此，我们要进一步提高站位、深化认识，切实增强做好“十四冬”气象保障服务的责任感、紧迫感，把做好“十四冬”气象保障服务作为重大政治任务抓紧、抓实、抓好。

二、务必全力以赴，认真推进“十四冬”气象保障服务各项工作

当前，时间更紧、任务更显艰巨，我们重点需要做好以下五方面工作。

一是尽快印发各项方案预案办法。各牵头单位要按照刚才会议审定的意见，尽快修改完善总体应急预案，气象服务、预报预测、观测与网络、气象宣传科普等专项方案，气象服务团队组建方案，及时印发。财务审计组加快完善印发资金使用管理办法。

二是加快推进气象保障项目建设。冬运办要进一步加强组织协调和工作调度，财务审计组加强对招标采购以及合同签订等工作的指导，同时，要加强与财审部的沟通协调，推动加快经费落实，推进招标采购以及合同签订等各项工作。各实施单位要切实发挥主体作用，加快推进承担的建设任务，特别是观测与网络组做好观测站建设的指导，力争在冻土前完成建设任务；预报预测组加快系统技术的引进和建设，为现场服务人员驻场驻训做好充分准备。

三是积极开展培训和驻训工作。冬运办会同有关单位在前期培训方案的基础上，尽快确定培训时间和课程安排，推动培训开展。要结合预报系统建设情况和测试赛时间安排，加强与各赛区气象中心对接沟通，及时开展驻场驻训。财务审计组要加强与财审部、招标代理公司的对接沟通，组织指导做好培训及采购工作，推动培训顺利开展和按照规定报销。

四是加强项目管理系统维护。冬运办要继续做好项目管理系统的维护，根据筹委办针对项目管理系统监控预警的有关要求，及时开展调度，严格按照时间节点，组织相关单位上传佐证材料，确保项目管理系统任务按时保质完成。

五是强化任务落实调度督办。冬运办要根据项目管理系统任务和倒排期表任务，组织有关单位及时开展自查督查工作。进一步完善调度督查机制，适时开展周例会调度以及现场督查，想方设法推进各项工作的落实、落地。

三、务必密切配合，协同联动形成“十四冬”气象保障服务强大合力

各单位一定要牢固树立讲政治顾大局的观念，切实履职尽责，按照服务方案的工作内容，对标对表项目管理系统任务节点和倒排期表，一把手带头抓，分管领导亲自抓，工作人员具体抓，将任务层层压实，落实到岗、落实到人，以更加昂扬的姿态、更加坚定的信心、更加务实的作风，同心协力，密切配合，形成“十四冬”气象保障服务强大合力，切实推动各项工作取得进展、取得实效。

会议时间	2023 年 12 月 14 日
会议名称	冬运内蒙古气象中心主任会暨“十四冬”资格赛气象保障服务动员会

➢会议议程

冬运内蒙古气象中心主任会暨“十四冬”资格赛气象保障服务动员会议程

会议时间：2023 年 12 月 14 日（周四）15 时

会议地点：

主会场：内蒙古自治区气象局机关第二会议室（312 房间）

分会场：呼伦贝尔市气象局、赤峰市气象局、乌兰察布市气象局以及扎兰屯市气象局、凉城县气象局

会议主持：内蒙古自治区气象局党组成员、副局长刘海波

会议议程：

（一）工作进展汇报。发言顺序为冬运办汇报“十四冬”气象保障服务筹备工作总体情况；自治区气象台、气候中心、气象数据中心、气象服务中心分别汇报“十四冬”项目建设进展情况；呼伦贝尔、赤峰、乌兰察布赛区气象中心汇报“十四冬”气象保障工作进展。

（二）研究“十四冬”办赛资金（气象保障部）支出事宜。

（三）研讨交流。

（四）内蒙古自治区气象局党组书记、局长赵黎明讲话。

➢会议照片

➢会议材料

在冬运内蒙古气象中心主任会暨“十四冬”资格赛气象保障服务动员会上的讲话

内蒙古自治区气象局党组书记、局长　赵黎明

（2023 年 12 月 14 日）

同志们：

今天我们在这里召开冬运内蒙古气象中心主任会暨“十四冬”资格赛气象保障服务动员会，目的是落实国务院、内蒙古自治区党委、自治区人民政府、中国气象局相关工作要求，对“十四冬”有关临战工作进行安排部署，进一步压紧压实气象保障服务责任，着力推进“十四冬”气象保障服务各项工作。刚才听取了冬运办、4 个业务单位和 3 个赛区气象中心的汇报，各单位汇报内容系统、完整。总体来看，前期大家开展了大量的工作，我代表自治区气象局党组对于前期辛勤付出的各位同志表示感谢，对北京市、河北省、黑龙江省气象局给予的大力支持表示感谢。在大家的共同努力下，前期的工作是有序有效的，为“十四冬”气象保障服务做了充足的准备，但是，后续的任务仍然艰巨。刚才，大家对下一步工作提出的意见都很重要，特别是几位领导的建议很有针对性、指导性，大家要认真研究，抓好贯彻落实。下面，我再讲三点意见。

一、切实增强责任感、使命感，坚决贯彻落实“十四冬”各项工作部署

“十四冬”比赛项目对标 2026 年米兰冬奥会，这是历届全国冬运会中规模最大、项目最全、标准最高的一届体育盛会。国务院、中国气象局党组、内蒙古自治区党委、自治区人民政府的各级领导都高度关注。12 月 10 日，国务院召开专题协调会，国务委员谌贻琴对下一步工作提出了明确要求。内蒙古自治区党委、自治区人民政府多次开会进行调度，中国气象局 3 月也开会进行了调度。近期，熊绍员副局长也对“十四冬”气象保障工作提出要求。

“十四冬”组委会执行主任王莉霞在倒计时 100 d 誓师动员大会上指出，承办“十四冬”是党中央、国务院交给内蒙古的一项重要政治任务，要打起十二分精神、付出百分百的努力，要倒计时抓调度、抓落实、抓细节，以匠心精神盯紧落实，以拳拳之心向党中央、国务院、全国各族人民交上一份满意的答卷。会议强调，气象在“十四冬”比赛中占据重要地位，要求气象部门全力做好赛事气象保障服务工作。

12 月 5—6 日，王莉霞深入呼伦贝尔督导调度“十四冬”筹备工作，强调要进一步提高站位，强化战时状态，要卡住时间节点，倒排工期，说到做到。要抓好细节提升，各环节都往精细、精致、精准上抓。要守好安全底线，压实各方责任，按周梳理问题，落实到人、迅速解决，不能层层转包责任、一交了之。王莉霞最后要求，12 月 8 日前，所有赛前筹备工作都要做完，12 月 18 日进入赛时状态。

昨天，王莉霞又召开了常务会，听取了“十四冬”筹备情况汇报。强调要把站位提上来，赛事必须办出国家水平。要把工作力量沉下去，各专项工作部 12 月 17 日前全部到一线办公，梳理清单、解决难题、制定方案、加强演练。呼伦贝尔市要查遗补漏、兜好底。要把安全底线守

住，从零开始进行安全隐患排查整治，确保滴水不漏、万无一失。

现在，距离“十四冬”开幕仅剩65 d，距离扎兰屯赛区资格赛仅有8 d，距离凉城赛区资格赛仅有9天，气象保障服务工作时间紧、任务重。各级气象部门要进一步提高政治站位，始终坚持“一刻也不能停、一步也不能错、一天也误不起”的要求，以高度的政治责任感和只争朝夕的紧迫感，全力以赴，高质量地完成好自治区党委、自治区人民政府交给我们的“十四冬”气象保障服务任务。

二、毫不松懈地抓好气象保障服务各项工作

一要积极凝聚工作合力。冬运内蒙古气象中心各单位要牢固树立“一盘棋”思想，不断完善工作机制，充分调动各方资源，切实凝聚部门合力。冬运办要在方案预案落实、项目建设管理、驻场实训交流等方面持续跟进，发挥好组织协调作用。要聚焦重点，特别是对关键时段、关键环节的气象保障，按照“一项一策、一场一策”的服务策略，特别是对火炬传递、开(闭)幕式重要活动、重要赛事、公众出行等环节，做好全面精细的谋划实施。各工作组要积极配合冬运办，要按照职责分工，做好各工作方案的落实。气象服务组要加快系统研发，强化高影响天气应对，明确“四级”对接机制，形成工作流程，打磨细节、反复推演。预报预测组做好“十四冬”预报系统的调试和应用，加快推进新旧系统的衔接，做好会商流程设计。观测与网络组要加强设备巡检和调试，确保在比赛过程中设备运行稳定，加强与上级单位沟通对接，做好新设备的应用。人影服务组要做好准备工作，宁可备而不用、不能用而不备。应急与宣传组要对应急预案进行再梳理、再推演，提前策划宣传方案，进一步营造氛围。各赛区气象中心要压实属地责任，抓好服务工作的落实，同时也要做好现场服务团队的后勤保障工作。财务审计组要加强与“十四冬”财务审计部门沟通协调，落实好“周报告、月审查”有关要求，要进一步加强资金管理使用的日常监督，严把审核关。各单位要进一步落实资金管理有关制度，做到专款专用、合规使用，严格按照规定程序报销。纪检组要加强监督，确保资金使用安全、高效。

二要全面检验建设成果。各项目建设单位要加快推进“十四冬”气象保障项目建设，进一步细化工作任务，明确职责分工，挂图作战，强化进度导向，及时开展联调联试及系统完善，确保在12月20日前实现系统试运行。冬运办和各工作组要及时了解项目建设进度，密切跟进并督促项目执行，高效研究解决相关问题，对重点工作进展情况进行调度。入驻赛场的现场团队人员要严格按照工作计划进行驻场实训，全面了解“十四冬”气象服务任务、当地冬季气候特征、赛道地形特征，积累赛场、赛事天气预报经验，提高实战能力。同时，要及时反馈系统平台试用中发现的问题，支撑系统平台的功能完善，确保万无一失。

三要继续强化应急演练。目前，呼伦贝尔和乌兰察布已经初步编制了资格赛专项工作方案，要抓紧向各工作组征求意见，及时修改完善印发，在资格赛前尽快开展全链条应急演练，提升应急处突能力和服务保障能力。应急办要加强指导，冬运办要组织做好和各级竞赛组织管理方的工作对接。要及时做好每一次应急演练的复盘总结，通过演练中发现的问题调整预案，为实战保障打下坚实基础。

四要切实做好保障服务。资格赛保障服务是当前的头等大事，各单位务必要高度重视，齐心协力，做好服务。冬运办的同志要及时赶赴赛区实地指导，统筹协调，组织建立气象保障服务运行指挥机制，确保赛时气象保障服务统一指挥、有序运行。现场服务人员要熟练掌握气象阈值指标，以及高影响天气应急处置流程，反复推演。时少英首席也要融入现场服务，强化实地指导。各位冬奥气象保障服务专家要充分发挥传帮带作用，带动提升服务团队能力。要及时开展资格赛服务的复盘总结，全面分析工作不足、有效经验做法，及时完善运行机制，提升服务质量，以资格赛服务作为决赛服务的实战演练，为后续正赛气象保障服务打好基础。

五要始终绷紧安全之弦。安全是气象保障服务的前提和基础。一方面，要为"十四冬"安全办赛做好气象保障服务，另一方面，也要保障"十四冬"气象服务团队的人身安全。各赛区气象中心要充分考虑赛事期间服务团队现场保障、交通出行、食品安全、用电用气等方面，加强隐患排查，做好相关应急预案，压紧压实安全生产责任。现场服务团队也要加强安全培训教育，切实提高安全意识，确保安全和服务两手抓、两不误、两促进。

三、弘扬优良作风，敢于攻坚克难，在"十四冬"保障中全方位展示气象风采

"十四冬"气象保障服务工作涉及气象观测、预测、预报、预警、宣传、管理等各个方面，现在我们正在大力推进气象高质量发展，通过"十四冬"气象保障服务的筹备工作，相关业务能力的建设得到了进一步加强，"十四冬"也为充分展示内蒙古气象现代化成果提供了重要机遇。"十四冬"气象保障工作，我们既要做成做完、更要做好做精。通过"十四冬"气象保障服务，要形成一套工作流程、积攒一批成果、建成一支队伍；要树立一些典型，发现一批人才，锻炼一批干部。目前，第二批习近平新时代中国特色社会主义思想主题教育正在有序开展，冬运内蒙古气象中心要在"十四冬"气象保障服务中充分展示主题教育活动的丰硕成果。冬运办和党办要加强沟通协调，要进一步发挥"十四冬"各赛区临时党支部重要作用，组建现场服务"突击队"，充分发挥各党支部宣传党的主张、贯彻党的决定、团结动员群众的战斗堡垒作用和党员先锋模范作用，党员干部要始终将"高质量、高标准、高效率"摆在工作首要位置，不畏艰险、积极主动、奋勇当先、勇挑重担，以精准的预报、一流的保障、卓越的服务，确保"十四冬"气象保障服务顺利开展。

当前，正值岁末年初的关键时间节点，近期降雪、寒潮、大风天气比较频繁，各单位在抓好当前"十四冬"气象保障服务的基础上，继续加强对灾害性天气的监测预报预警，强化会商研判和部门联动，及时开展叫应服务，适时启动应急响应，快速发布预警信息，特别是要强化面向行业面向群众的精细化的服务，通过精细服务为经济社会发展、民生福祉安康保驾护航。各单位要持续增强风险意识和底线思维，统筹好发展和安全，认真落实好"三管三必须"，始终把安全摆在突出位置来抓，认真查摆本单位的各类风险点，抓好安全风险整改整治，推进安全隐患排查整治的常态化，切实抓好全区气象部门各项安全生产工作。

同志们，当前"十四冬"气象保障服务工作已经到了实战演练阶段，服务保障好资格赛责任重大、使命光荣。各单位要认真贯彻自治区党委、自治区人民政府和中国气象局相关部署要求，以昂扬的工作姿态、饱满的工作热情、严谨的工作作风，全力冲刺，切实以资格赛服务保障带动"十四冬"服务的全面开展，全力以赴做好"十四冬"各项气象保障服务工作，用实际行动落实主题教育重实践、建新功的要求，交出一份满意的"十四冬"气象服务答卷！

谢谢大家！

会议时间	2024 年 1 月 12 日
会议名称	第十四届全国冬季运动会气象保障服务专题调度会

➢会议议程

第十四届全国冬季运动会气象保障服务专题调度会会议议程

一、会议时间

2024 年 1 月 12 日(周五)09 时

二、会议地点

国家气象信息中心四层多功能厅

三、出席领导

中国气象局党组成员、副局长熊绍员

四、参会人员

“十四冬”气象服务工作协调指导小组成员，内蒙古自治区气象局、北京市气象局、河北省气象局有关负责同志和业务管理人员。

五、会议议程

1. 减灾司传达国务院领导同志关于做好第十四届全国冬季运动会筹备工作的指示精神。

2. 内蒙古自治区气象局汇报第十四届全国冬季运动会气象保障服务有关情况(15 分钟)。

3. 北京市气象局补充汇报(5 分钟)。

4. 河北省气象局补充汇报(5 分钟)。

5. 会议讨论。

6. 中国气象局党组成员、副局长熊绍员做工作部署。

➢会议照片

➤会议材料

在第十四届全国冬季运动会气象保障服务专题调度会上的讲话

中国气象局党组成员、副局长　熊绍员

（2024 年 1 月 12 日）

同志们：

今天我们在这里召开“十四冬”气象保障服务专题调度会，目的是安排部署“十四冬”临战工作，进一步压紧压实气象保障服务责任。刚才减灾司传达了国务委员谌贻琴对“十四冬”筹备工作的指示精神，内蒙古自治区、北京市、河北省气象局汇报了“十四冬”气象保障服务工作进展情况。总体来看，各项气象保障服务工作均已准备就绪，大家正以饱满的精神状态投入赛时气象保障服务，各职能司和直属单位按照职责分工，在经费、人员、技术、装备等方面提供了强有力的支持，在此对大家的辛苦付出表示衷心的感谢！为了进一步做好“十四冬”气象保障服务工作，我再讲三点意见。

一、提高政治站位，切实增强做好“十四冬”气象保障服务工作的责任感、紧迫感

“十四冬”历经 2 次筹办、时间长达 8 年，将于 2 月 17 日开幕，这是我国冬运会历史上规模最大、项目最全的一届体育盛会，将对后冬奥时代巩固和扩大“三亿人参与冰雪运动”成果，进一步提高竞技体育竞争力，促进冰雪运动可持续发展起到重要作用，“十四冬”气象保障也是对后冬奥时代气象保障服务能力的检验。优质高效的气象保障服务是成功举办“十四冬”的关键。内蒙古自治区、北京市、河北省气象部门要讲政治、顾大局，牢固树立“一盘棋”思想，全面贯彻落实习近平总书记提出的“绿色、共享、开放、廉洁”办赛理念和“简约、安全、精彩”办赛要求，严格按照国务院和“十四冬”组委会的部署要求，提高站位、集智聚力、尽心尽责、密切协作，全力以赴组织做好“十四冬”气象保障服务工作。北京市和河北省气象局要发挥冬奥会、冬残奥会组织管理、服务团队、服务经验优势，做好“十四冬”气象保障服务；内蒙古自治区作为“十四冬”的主赛场，又是首次承办全国综合性运动会，更要打起十二分精神、付出百分百的努力，学习借鉴北京、河北冬奥会气象服务组织管理经验和先进预报服务技术，切实完成好党中央、国务院交给内蒙古自治区的这项重要政治任务，向党中央、国务院和全国各族人民交上一份满意的答卷。各职能司和相关直属单位也要提高政治站位，从全国气象工作层面统筹调度，指导“十四冬”气象保障服务。

二、坚持抓实抓细，毫不松懈做好“十四冬”气象保障服务各项工作

办好冬运会，做好气象保障服务工作非常关键。成功举办的北京冬奥会、冬残奥会为我们积累了宝贵的冬季冰雪运动气象保障服务经验，各单位也要积极借鉴成都大学生夏季运动会、杭州亚运会、广西学生（青年）运动会等大型体育赛事气象保障的优秀做法，统筹好各方力量，全面攻坚迎接此次大考。

（一）组织管理要高效有序。各省（区、市）气象局要切实履行主体责任，全面承担职能任务，加强整体谋划，发挥组织领导作用。强化主动、互动、联动，尽最大努力不断提升监测预报服务能力。要挂图作战，实行严督实考、清单管理，任务落实到人、落实到时间节点。内蒙古自治区气象局要坚决压实属地责任，要把思想和行动统一到党中央、国务院与内蒙古自治区人民政府对“十四冬”筹办工作的决策部署上，积极向北京市、河北省气象局学习赛事服务经验，同时要结合内蒙古地域文化特点，让“十四冬”气象服务突出特色、展现水平。北京市和河北省气象局也要高度重视，发挥经验优势，全力做好雪车、雪橇、北欧两项3大项6分项赛事气象保障服务。中国气象局各职能司和业务科研单位要充分发挥协调指导小组成员单位作用，整合资源力量，凝聚部门合力，协同高效推进“十四冬”各项工作。相关技术专家要赴赛区开展实地调研，进行针对性的指导。

（二）科技支撑要有力到位。“十四冬”从北京冬奥会的测试赛变成备战米兰冬奥会的练兵赛，全面对标对表冬奥会也对气象服务提出了更高的标准和要求。“精准预报”是整个“十四冬”气象保障服务的核心，气象部门要以高科技达到精准预测，为“十四冬”精彩办赛提供气象科技支撑。要在“十四冬”气象保障服务全过程充分体现气象科技能力现代化和气象社会服务现代化，“内功”“外功”相辅相成，以气象现代化书写中国式现代化新篇章。内蒙古自治区气象局要扎实做好“气象预报示范计划”项目的实施，集中各种领先的数值天气模式和人工智能等客观预报技术、方法、系统，要抓实抓好冬奥科技成果的应用，开展山区复杂地形下精准预报技术研究，全力进行气象保障核心技术攻关。北京市气象局要持续做好赛事站点智能预报技术（MMIC）算法应用，组织力量加快“十四冬”气象预报服务系统建设，优化完善系统功能。河北省气象局要继续加强极端天气与灾害发生影响研究，强化冬奥“百米级、分钟级”精准气象预报技术应用。国家气象中心要做好赛事站点要素客观预报技术（STNF）支持，优化产品传输方式，确保安全、稳定、高效。国家气候中心要给予气象灾害风险预估、延伸期重大天气过程预测等方面技术指导。国家卫星气象中心要提供风云地球“十四冬”专业版支持，同时对风云卫星快扫技术支持给予指导。中国气象局地球系统数值预报中心要提供赛区高分辨率数值预报产品。中国气象局气象探测中心要对各赛区周边雷达产品应用给予支持，指导内蒙古做好激光测风雷达和微波辐射计等新仪器观测数据应用。国家气象信息中心要做好“十四冬”精细化数值模式预报系统在超算中心的部署运行，保证核心系统在赛时的稳定高效。中国气象局人工影响天气中心要对人工影响天气方案、作业条件会商研判以及作业实施提供技术支持和业务指导。中国气象局公共气象服务中心要对交通旅游气象预报提供技术支持和业务指导。中国气象局气象宣传与科普中心（中国气象报社）要组织、指导做好“十四冬”气象保障服务和冰雪运动科普宣传工作。中国气象局相关职能司要做好组织协调工作，各单位各司其职，举部门之力，集气象之智为“十四冬”气象保障服务注入科技动能。

（三）团队建设要凝心聚力。“十四冬”气象保障服务是一项团队任务，团队中的每个单位、每个人都要发挥重要作用。各职能司和直属单位在组织协调、经费保障、技术方法、指导产品等方面为现场服务团队提供了有力支持。现场服务团队经历了长时间的驻训和资格赛服务，舍小家顾大家，克服种种困难，无私奉献。到现在这个阶段，他们更是作为排头兵冲在前。“十四冬”气象保障服务，既是一次严峻的挑战，也带来了提升个人综合能力的重大机遇，希望大家团结一致，坚定信心，立足本职，发扬拼搏奉献、迎难而上的优良作风，发挥团队的凝聚力和战斗力，以精心优质的气象服务诠释“准确、及时、创新、奉献”的气象精神。

（四）气象服务要精致贴心。“十四冬”气象保障服务时间紧、任务重、要求高，内蒙古、北京和河北三省（区）气象局要坚持需求导向，积极主动对接筹委会、执委会、竞委会及相关工作部，充分调研服务需求。在赛事、开（闭）幕式和火炬传递等重大活动、城市运行保障等多方面开展精细化的气象服务，针对公众观赛、交通出行、供电供气、扫雪铲冰等赛会相关事项的气象保障服务也至关重要。要统筹考虑服务对象使用场景，匹配适宜的发布渠道和发布机制，要让我们的气象服务产品不仅种类多、覆盖广，还要更贴心、更好用。三省（区）气象局要围绕"十四冬"气象保障服务各个环节，梳理可能存在的风险隐患，形成风险隐患清单，提出应对措施，形成应急预案并组织开展应急演练，确保各类风险隐患出现时可以有序有效应对处置。

（五）安全生产要同抓共管。做好"十四冬"气象保障服务，抓好安全生产是前提。各单位要坚持底线思维，始终将安全生产与气象保障服务两手抓、两促进。深入贯彻落实习近平总书记要求，"要以时时放心不下的责任感抓好安全生产，把制度完善起来，把责任落实下去，尽最大努力防范各类重大安全事故的发生"。一是进一步加强内部管理，确保消防、交通、用电用气等安全，进一步加强人工影响天气作业装备和弹药动态安全管理，及时消除安全隐患。二是进一步加强网络安全和应急工作，全面排查消除风险隐患，提高网络安全防御能力。各核心业务系统要做好备份，确保"十四冬"气象服务业务系统稳定运行。三是毫不放松做好赛事安全气象保障，要特别关注可能影响赛事安全举办的大风、强降雪、低能见度等以及对赛事组织、公众观赛影响较大的大风、寒潮、道路结冰等气象及衍生灾害，密切监视天气变化，加强联合会商研判，为赛事组织方提供及时准确的预报服务。四是三省（区、市）气象局要加强赛事期间服务团队现场保障、交通出行、食品安全、用电用气等方面的安全管理，加强隐患排查，压紧压实安全生产责任。现场服务团队也要加强安全意识教育，切实提高安全意识，确保安全和服务两手抓、两不误、两促进。

（六）宣传引导要贯穿始终。要全面贯彻落实"团结稳定鼓劲、正面宣传为主"的新闻舆论工作方针，发挥好部门内外各级新闻媒体力量，加强"十四冬"氛围营造，以开（闭）幕式、火炬传递等重大活动时间节点为契机，广泛普及冰雪运动气象服务知识。中国气象报社预计15—18日赴内蒙古扎兰屯赛区和喀喇沁赛区开展新春走基层活动，对"十四冬"赛事保障和冰雪经济气象服务进行宣传。各省（区、市）气象局也要加强宣传策划，及时收集前后方工作亮点信息，挖掘一线气象服务人员和技术专家的先进事迹，加大宣传力度，中国气象局宣传与科普中心（中国气象报社）要同步发力，上下联动共同展现气象工作风采和气象人精神。要高度重视新媒体，加强舆论跟踪研判，适度发声、正面引导，努力营造良好的舆论氛围。

三、坚持党建引领，积极作为全方位展现气象风采

三地气象部门要把做好"十四冬"气象保障服务作为贯彻落实党的二十大精神的重要举措，作为学习贯彻习近平新时代中国特色社会主义思想主题教育开展成效的重要检验，根据工作需要，组建"十四冬"现场气象服务临时党支部和党员突击队，将党建和业务融合体现在"十四冬"气象保障服务的各个环节，充分发挥基层党组织战斗堡垒作用和党员干部先锋模范作用，让党旗在服务保障第一线高高飘扬。纪检监督部门也要参与到"十四冬"工作中来，通过参加调度会、工作例会、应急演练、值班值守、关键时间节点专项检查等，全程跟进了解"十四冬"气象保障服务，对相关工作机构开展专项监督，督促落实工作部署，严格纪律要求。

同志们，今天距离"十四冬"开幕仅36 d，"十四冬"气象保障服务全面进入"临战实战"状态。前期我们的工作已经历了多次全要素演练和系列资格赛的考验，大家要再接再厉，发扬连续作战精神，有效运用气象部门科技能力现代化建设成果，坚持精密监测、精准预报、精细服务。要心怀"国之大者"，聚焦"十四冬"开（闭）幕式、火炬传递、赛事项目等重要节点，以更加昂扬的精神、更加务实的态度、更加扎实的举措，全力以赴做好气象保障服务，为冬运盛会精彩纷呈、圆满成功提供坚实保障。

2024 年冬季全国多地出现强寒潮、强雨雪天气，各单位要全力做好低温、雨雪、冰冻灾害防范应对工作和重大突发灾害气象保障服务。坚持人民至上、生命至上，压实政治责任，紧盯“十四冬”和春节、春运的服务节点，强化气象监测预报预警，提前做好应对高影响天气的准备。深化应急联动，深度融入地方防灾减灾工作，开展更加高效、更具针对性的气象服务。

最后，预祝“十四冬”气象保障服务取得圆满成功！谢谢大家！

会议时间	2024 年 2 月 4 日
会议名称	“十四冬”开(闭)幕式和决赛气象保障服务动员部署会

➢会议议程

“十四冬”开(闭)幕式和决赛气象保障服务动员部署会会议议程

一、会议时间

2024 年 2 月 4 日(周日) 16 时

二、会议地点

主会场:内蒙古自治区气象局机关第二会议室(312 房间)

分会场:在呼伦贝尔、乌兰察布市气象局和海拉尔、扎兰屯、凉城县气象局设立分会场

三、会议主持

内蒙古自治区气象局党组书记、局长赵黎明

四、参会人员

冬运内蒙古气象中心成员、冬运办全体人员、呼伦贝尔市、乌兰察布市气象局分管领导和相关人员;海拉尔、扎兰屯、凉城县气象局主要负责人、分管领导和相关人员。

五、会议议程

(一)刘海波副局长传达有关会议精神。

(二)冬运办通报工作进展。

(三)呼伦贝尔、乌兰察布市气象局作表态发言。

(四)参会人员发言。

(五)内蒙古自治区气象局党组书记、局长赵黎明作动员讲话。

➢会议照片

➤会议材料

在“十四冬”开(闭)幕式和决赛气象保障服务动员部署会上的讲话

内蒙古自治区气象局党组书记、局长 赵黎明

(2024年2月4日)

同志们:

我们今天召开“十四冬”开(闭)幕式和决赛气象保障服务动员部署会,主要任务是传达有关会议精神,通报前期进展情况,安排部署“十四冬”开(闭)幕式,下一阶段气象保障服务工作,统一思想,提振精神,一鼓作气完成好最后冲刺阶段各项工作。

刚才,副局长刘海波传达了“十四冬”有关会议精神,冬运办通报了进展情况,呼伦贝尔、乌兰察布气象分中心都做了表态发言,各单位也进行了相应的交流。总体来看,冬运办、各工作组、各气象分中心和赛区气象台付出了巨大的努力,开展了大量扎实有效的工作,也取得了很好的成效。无论是监测预报服务,还是综合协调管理以及科普宣传,可以说都是可圈可点。各赛区资格赛、部分正式比赛、火炬传递等保障服务圆满完成,在近期的比赛中因为气象预报和建议,执委会启动了应急,还有些赛事调整了赛程,我们的科学有效服务得到了运动员、教练员、有关领导认可和肯定,为后期开(闭)幕式和决赛的保障服务积累了经验,开了个好头。在此,我代表内蒙古自治区气象局党组对于前期辛勤付出的各位同志,表示诚挚的慰问和衷心的感谢。

当前,开(闭)幕式和“十四冬”决赛的气象保障服务即将拉开帷幕,可以说重头戏才刚刚开始。因此,我们今天进行专题的动员部署,确保全力以赴做好开(闭)幕式和决赛的保障服务工作。下面,我讲三点意见。

一、加强组织领导,提高政治站位,充分认识做好“十四冬”气象保障服务的重要性和紧迫性

“十四冬”是历届全国冬运会中规模最大、项目最全的一届体育盛会,是北京冬奥会后首次举办的全国冬季项目大型体育赛事,是内蒙古首次承办的全国综合性运动会,是国家对于发展冰雪经济、推动三亿人上冰雪的战略部署,也是内蒙古想方设法激活消费潜力、发展文旅产业的重要契机。内蒙古自治区主席王莉霞在自治区人民政府工作报告里专门提到,要举全区之力办好赛事,奉献一届简约、安全、精彩的体育盛会,届时大力推动自治区冰雪产业发展,让游客尽情享受冰雪带来的快乐,为冬日旅游注入源源不断的暖流。从国家战略部署,以及所赋予内蒙古的这样一个重大责任,办好“十四冬”意义非凡。国家、内蒙古高度重视,国务院进行了专门的调度,内蒙古自治区主席王莉霞和副主席么永波多次召开专题会议推进相关工作。中国气象局的多位领导对做好“十四冬”气象保障服务提出了要求,为我们做好“十四冬”气象保障服务提供了遵循,也提出了殷切希望。

现在,距离“十四冬”开幕仅剩13 d,距离春节后的决赛只剩10 d,可以说决战在即,检验我们气象保障服务的关键时刻到了。因此,各单位务必要高度重视,加强组织领导,提高思想认识,切实提高做好“十四冬”气象保障服务的紧迫感、责任感、使命感,用好用足节前几天,合理

安排值班值守，认真查漏补缺，做好充分准备，为"十四冬"气象保障服务决战决胜奠定良好基础。

二、坚定信心，保持定力，全力以赴做好气象保障服务各项工作

一是加强协调配合，确保气象保障服务有力有序。开(闭)幕式和赛事气象服务任务繁重、涉及面广，需要各单位通力合作。冬运办要持续加强部门内外对接协调，及时了解自治区筹委办的需求，及时通报，做好与气象部门四级对接。要加强战时指挥调度，严格组织管理，完善赛时气象服务运行和指挥机制，确保气象保障服务各项工作步调协调、口径一致。也要协调我们各有关单位做好前线服务团队的后勤保障工作，确保现场服务团队安全，穿得暖、吃得饱。各工作组要严格落实冬运办的工作安排，认真履职尽责，密切配合，加强指导，推进分管领域工作，确保赛事期间各环节协同一致，各流程衔接顺畅。呼伦贝尔和乌兰察布要强化主体责任，加强与当地执委会、竞委会、裁判员的需求对接，狠抓气象服务运行管理，对每个岗位、每个细节再检查、再完善，组织现场服务团队按时返岗，按照服务方案组织做好气象保障工作。

二是认真汲取经验，积极提升赛事气象服务水平。气象条件直接影响比赛的顺利进行，也是安全办赛和运动员水平发挥的重要因素。各气象分中心、赛区气象台要根据冬运办梳理的前期赛事经验，加强组织学习分析和研究，及时开展复盘，精益求精开展预报服务，做好随时迎接极端天气风险挑战的充分准备和应对举措。现场服务团队要熟练掌握气象阈值指标，以及高影响天气应急处置流程，充分应用好前期经验，聚焦赛事服务需求，紧盯赛事高影响天气，提高预报精细化程度和服务质量。针对系统平台试用中发现的问题也要及时反馈，各建设单位及时调整完善系统功能。自治区气象台要做好后方支撑，及时会商指导赛区预报服务。

三是突出关键环节，做好开(闭)幕式以及赛会气象服务。及时开展开(闭)幕式跟进式伴随式全程精细化、递进式预报预警服务，持续做好气候预测、中短期天气滚动跟踪预报，充分发挥卫星、雷达的作用，临近赛会活动，要根据需求提前加密监测分析，动态跟踪需求，强化会商分析，及时提出防范高影响天气风险的建议，同时做好人工影响天气作业的准备工作，以及环境、交通、扫雪铲冰等赛会专项气象服务，强化服务信息的快速发布，切实提升气象服务针对性和时效性。

四是坚持底线思维，做好安全生产工作。安全是气象保障服务的前提和基础，我们要始终绷紧安全这根线，把安全生产工作抓实抓好。我们要进一步加强观测设备和网络设备的巡检维护，全面排查消除风险隐患，细化网络和观测设备风险隐患的应急处置预案，确保"十四冬"观测和网络系统安全。核心业务软件做好备份，人工影响天气作业装备和弹药也要实行动态安全管理。赛事期间现场服务团队交通出行、食品安全等方方面面也要做好保障，强化气象服务应急处置突发事件能力。财务审计组要对相关工作开展专项监督，加强资金安全规范使用管理，严明工作纪律，督促工作落实。

五是强化宣传报道，有效提升服务影响力。应急与宣传组要继续加强策划组织，密切联系各气象分中心、各赛区气象台以及后方支撑团队，加强与筹委办宣传组的沟通对接，加大宣传力度，广泛宣传"十四冬"气象服务典型和成效。同时，加强舆论跟踪和研判管控，努力营造良好舆论氛围。各气象分中心、各赛区气象台以及后方支撑团队也要及时收集工作亮点，充分挖掘一线气象服务人员和技术专家的先进事迹，配合做好宣传报道工作。

三、勇挑重担，冲锋在前，在党建和业务融合中展现气象风采

各单位要抓住"十四冬"气象保障服务这一重要契机，继续强化党建和业务融合，在"十四冬"气象保障服务的各个环节，充分体现党支部战斗堡垒作用和党员干部先锋模范作用，充分展示气象部门担当作为、务实高效的工作作风，以及吃苦耐劳、甘于奉献的精神风貌。要始终将"高质量、高标准、高效率"摆在工作首要位置，适时从服务意识、服务方式、服务成效等方面，开展党建业务融合活动，充分体现内蒙古一流的精准预报水平和一流的气象服务水准，以"十四冬"气象保障服务的实际行动检验主题教育成效，积极促进党建和业务融合提质增效。

当前，新一轮降雪已经开始，后面的天气过程会贯穿整个"十四冬"。各单位要统筹考虑灾害性天气应对和"十四冬"气象保障服务，坚持两手抓、两不误、两促进。要加强监测预报预警，及时准确发布预警信息，适时开展叫应服务，果断启动应急响应。要强化与应急、交通、农牧、能源等部门会商研判、联防联动，做好春运专项气象服务道路交通气象服务，针对城市运行安全线，开展精细的保障服务，为经济社会发展、民生福祉安康保驾护航。

同志们，当前"十四冬"气象保障服务工作已经到了决战决胜的关键阶段，我们要以更严的标准、更高的要求、更大的力度，切实做好实战的各项准备工作。要以坚定的信心、必胜的决心，全力以赴完成好自治区党委、自治区人民政府交给我们的"十四冬"气象保障服务任务，努力向党中央、国务院以及全国各族人民交上一份满意的答卷。

最后，在新春佳节来临之际，提前给大家拜年，祝全力奋战在"十四冬"气象保障服务战线上的每一位同志及家人春节愉快、龙年四季温暖、福顺安康！

谢谢！

会议时间	2024 年 3 月 21 日
会议名称	第十四届全国冬季运动会气象保障服务总结大会

➤会议议程

第十四届全国冬季运动会气象保障服务
总结大会会议议程

一、会议时间

2024 年 3 月 21 日(周四)09 时

二、会议地点

主会场:内蒙古自治区气象局预警大楼 C 区一楼报告厅

分会场:国家气象中心(中央气象台)、北京市气象局、河北省气象局、黑龙江省气象局、呼和浩特市气象局、呼伦贝尔市气象局、赤峰市气象局、乌兰察布市气象局、扎兰屯市气象局、喀喇沁旗气象局、凉城县气象局

三、会议主持

内蒙古自治区气象局党组成员、副局长刘海波

四、参会人员

主会场:

“十四冬”内蒙古气象中心全体人员;“十四冬”内蒙古气象中心办公室全体人员;各专项工作组组长、副组长以及联络员;自治区级气象保障支撑团队组长、副组长、发言代表及有关人员;自治区气象局有关单位派驻各赛场专家

分会场:

国家气象中心(中央气象台)、黑龙江省气象局发言代表,北京市气象局、河北省气象局有关领导及人员,各气象分中心主任、副主任及相关人员,各赛区气象台有关人员

五、会议议程

(一)观看《“十四冬”气象保障服务专题宣传片》

(二)交流发言(每单位 8 分钟)

1. 冬运办汇报“十四冬”气象保障服务总体工作情况

2. 北京市气象局、河北省气象局发言

3. 国家气象中心首席专家董全发言

4. 内蒙古自治区气象台汇报“十四冬”气象预报预测技术支撑情况;内蒙古自治区气象数据中心汇报“十四冬”观测与网络技术支撑情况;内蒙古自治区气象服务中心汇报“十四冬”气象服务情况

5. 呼和浩特、呼伦贝尔、赤峰、乌兰察布气象分中心分别汇报“十四冬”气象保障服务情况

(三)气象服务团队交流发言(每人 5 分钟)

1. 外省专家代表黑龙江省气象局徐玥发言

2. 扎兰屯赛区气象台代表金淼发言
3. 现场预报服务团队代表呼伦贝尔市气象局王颖发言
4. 现场观测与网络保障团队代表赤峰市气象局刘健发言
5. 后方支撑团队代表内蒙古自治区气象数据中心徐亮亮发言
（四）“十四冬”总体技术牵头人时少英对“十四冬”气象保障服务总体情况进行点评发言
（五）内蒙古自治区气象局领导讲话

➢会议照片

➢会议材料

在第十四届全国冬季运动会气象保障服务工作总结大会上的讲话

内蒙古自治区气象局党组书记、局长　赵黎明

（2024 年 3 月 21 日）

同志们：

今天，我们召开第十四届全国冬季运动会气象保障服务工作总结会，主要目的是深入贯彻习近平总书记关于气象工作重要指示精神，切实落实国务委员谌贻琴关于办好“十四冬”重要指示，以及中国气象局党组和内蒙古自治区党委、自治区人民政府关于“十四冬”工作的部署安排，回顾“十四冬”气象保障服务工作，总结成绩，凝练成果，传承精神，接续奋斗，不断推进气象事业高质量发展。昨天，中国气象局副局长熊绍员要求要从预报、服务技术和组织协调、宣传科普等方面全面总结复盘，形成报告以资推广。

刚才，北京市气象局、河北省气象局、国家气象中心、内蒙古自治区气象局冬运办与气象台、气象数据中心、气象服务中心及各气象分中心分别进行了交流发言，5 位参与“十四冬”气象保障服务的代表作了生动、精彩的经验分享，副台长时少英对“十四冬”气象保障服务总体情况进行了点评。

听了大家的回顾总结，我仿佛又回到了“十四冬”现场，心绪难平，内蒙古、北京、河北三地的“十四冬”气象保障各有各的努力，各有各的故事，都很精彩，所有的回忆都值得珍藏。每个代表、每个单位的发言，也都让我们深深地感受到气象部门在“十四冬”举办过程中迎接了艰巨挑战，顶住了巨大压力，付出了很多艰辛，发挥了重要作用，取得了显著成效，彰显了使命担当。正如刚才副台长时少英讲的“日拱一卒无有尽，功不唐捐终入海”，正是大家的不懈努力，让我们取得了“十四冬”气象保障服务的圆满成功，这也让我们倍感振奋，倍感骄傲和自豪。在这里，我谨代表“十四冬”气象中心向大家表示衷心的感谢！

借此机会，我谈几点意见。

一、充分认识和准确把握“十四冬”气象保障服务取得的成绩，坚定气象事业发展的信心和决心

参与“十四冬”气象保障服务的各有关单位深入贯彻落实中国气象局和内蒙古自治区党委、自治区人民政府各项决策部署，将做好“十四冬”气象保障服务作为一项重大政治任务，主动作为、积极融入，克服重重困难，以高效精准、优质精细的气象保障服务赛事、赛会、开(闭)幕式等取得圆满成功，获得了各级领导、筹委会、竞委会、赛区执委会、裁判团、运动员以及社会各界的广泛好评和高度赞誉。我想用三个词来总结我们取得的成果。

第一个词是可圈可点。我们实现了“六个一”既定目标，为防灾减灾及重大活动气象服务积累了丰富的经验成果。一是形成了一套流程。对标冬奥气象服务，对重大活动气象服务流程进行优化完善，形成了“2133”冬运气象保障体系，凝练重大活动“九必做”工作法，高质量开展气象保障服务。二是积攒了一批成果。根据“一场一策 、一项一策、分类施策”的服务策略，高标准制定各类方案预案，建成三大业务系统，提供三类精细气象服务，引进和研发先进预报技术方法，完善了重大活动气象保障服务工作机制，为今后重大活动气象服务奠定了基础。三是建成了一支队伍。高规格建立冬运内蒙古气象中心，高水平组建技术服务专班，区—盟—旗三级管理和技术专家尽锐出战，内蒙古自治区气象局协同北京、河北、黑龙江等兄弟省份冬奥专家共458人团队，为“十四冬”气象保障服务保驾护航。四是树立了一些典型。在“十四冬”气象服务过程中，涌现出一批冲锋在前、默默坚守的榜样人物，我们通过刊发工作日志、开展宣传报道等方式树典型、立榜样，发挥先进典型的示范引领作用，凝聚奋斗力量。最近我们在和减灾司密切沟通，要对这些典型和榜样进行通报表扬。五是发现了一批人才。“十四冬”培养了一批国内顶级冰雪运动气象保障服务人才，我们不仅要发现人才，更要培育人才、管理人才、善用人才，构建强大气象人才体系。六是锻炼了一批干部。“十四冬”气象保障服务中，各相关单位的各级干部职工精诚团结、齐心协力、克服困难、勇担重任，在急难险重中摸爬摔打、加压磨炼、积累工作经验，进一步提高工作能力，强化干部队伍建设。

第二个词是可喜可贺。我们充分落实监测精密、预报精准、服务精细要求，用好冬奥遗产，强化科技创新，实现“百米级、分钟级”精准预报的承诺。一是建成了全时空、立体化的气象观测系统，在承继冬奥气象观测系统建设思路的基础上，“十四冬”投入了新装备、新观测技术，气象观测能力进一步提升。二是建成了无缝隙、精细化的气象预报系统，研发赛场次百米级(60 m)精细数值模拟、赛事高影响天气集合预报等预报技术5项，引进赛事站点智能预报技术、赛事站点要素客观预报技术等多项北京冬奥先进预报技术平台并本地化应用，着力提升预报准确率，以高水平科技支撑“百米级、分钟级”精准预报。三是建成了广覆盖、专业化的气象服务系统，研发气象服务网站和微信小程序，实现了分钟级实况数据显示，赛场天气通报和多点位预报实时提供，以及交通、环境等气象服务信息的及时发布。专题气象服务网站对接“十四冬”官网、官微，累计浏览量达10万人次，微信小程序累计访问近2万人次。

第三个词是可赞可颂。我们以实际行动实现了“对标冬奥”，以气象人的担当和行动为兑现"为全国人民奉献一届精彩纷呈的体育盛会"的庄严承诺提供气象保障。一是精准研判、防控风险，提供大型活动专题气象服务。针对开(闭)幕式及火炬传递，提前1个月提供气候趋势预测，提前10 d分析研判，提前7 d滚动预报，提前5 d发布专报，定时、定点、定量精准预报助力开(闭)幕式及火炬传递顺利完成。二是精致分析、支撑决策，提供赛事保障专业气象服务。各赛区紧盯高影响天气，为官方训练、赛道运维和赛事优化调整提供决策支撑，仅内蒙古赛区就根据气象预报调整训练、赛程17次。三是精细服务、主动融入，提供赛会保障专项气象服务。提供交通、旅游、环境、生活指数、行业保障专业气象服务产品。制定"十四冬"人工影响天气保障方案和应急预案，开展桌面推演和实战演练，圆满完成了赛事、大型活动和赛会三类气象保障任务。

中国气象局、国家体育总局、内蒙古自治区人民政府等有关领导均对"十四冬"气象保障服务给予高度肯定。中国气象局局长陈振林指示："要做好复盘总结工作，不断提高技术水平和完善保障机制"；副局长张祖强指出："很好，热烈祝贺！大家辛苦了，接下来做好成果凝练总结和传承"；副局长熊绍员表示："向内蒙古自治区气象局和专班的同志表示感谢和敬意！请慎终如始，认真复盘，深入总结，适时表彰，为后续亚洲冬季运动会等重大活动保障提前准备"。内蒙古自治区人民政府主席王莉霞、副主席么永波高度肯定"十四冬"气象保障服务，副主席代钦对气象保障服务工作作出批示："气象系统的保障工作有力有效。"国家体育总局冬季运动管理中心副主任李扬高度评价气象保障工作，他指出："本次赛会气象服务对于本赛区赛事科学筹划起到了关键性作用，得到各方高度认可。"有关部门领导以及裁判长、教练员、运动员等均对气象部门的监测预报服务给予高度肯定。

历经八年，两次备战，"十四冬"硕果累累，交出了令党和人民满意的答卷，广大气象人用自己的实际行动践行了服务国家、服务人民的根本宗旨，我们有理由感到骄傲和自豪，也更加坚定了我们气象事业高质量发展的信心和决心。

二、认真深入总结"十四冬"气象保障服务成功经验，凝聚砥砺奋进的共识

"十四冬"气象保障服务创造了许多生动实践，留下了很多宝贵经验。

(一)各级领导的高度重视是做好"十四冬"气象保障服务的根本保证。"十四冬"是北京冬奥会后我国首次举办的全国冬季重大体育赛事，在历届冬运会中规模最大、项目最全、标准最高。党中央、国务院高度重视"十四冬"筹办工作，对气象工作提出要求。国务委员谌贻琴、副秘书长刘宇辉都对气象保障服务工作提出要求。

中国气象局党组高度重视，局长陈振林、副局长张祖强、副局长熊绍员、副局长曹晓钟多次针对"十四冬"气象保障服务作出指示要求。

内蒙古自治区党委、自治区人民政府高度重视气象保障服务工作，单独设立气象保障部。书记孙绍骋到扎兰屯赛区气象工作室视察指导，主席王莉霞多次对气象服务提出要求，副主席么永波多次赴现场考察指导。各级领导的高度重视，为做好"十四冬"气象保障服务工作提供了遵循、指明了方向，也是我们做好"十四冬"气象保障服务的根本保证。

(二)系统完备的保障体系是做好"十四冬"气象保障服务的重要基础。"2133"冬运气象保障体系和顺畅高效的赛时组织运行机制发挥了重大作用。横向协同"一办六组"，纵向联动各气象分中心和赛区气象台，应用"九必做"工作法，建立"日记录、周调度、月通报"等工作机制。赛时开展扁平化管理，积极参加各赛区执委会调度会、领队会，实行气象保障服务每日例会制度，高效部署落实各项工作，从前期筹备、赛前演练、资格赛服务，到最终赢得了"十四冬"气象保障服务的圆满成功，都体现了各级气象部门通力配合、相互协作的工作局面。

（三）互动协作的四级合力是做好"十四冬"气象保障服务的坚强保障。我们三次向中国气象局专题汇报，在筹备和赛事气象保障服务全过程中，始终得到中国气象局及其各职能司、各直属事业单位的指导和帮助。北京市、河北省、黑龙江省选派冬奥专家全程参与保障任务。区—市两级组建6个专项支撑团队，全力支持和保障前方一线预报服务团队开展工作。各赛区气象台主动担当作为，压实责任，充分发挥一线服务作用，积极有效开展气象保障服务。气象部门始终坚持全国一盘棋，发挥集中力量办大事的体制优势，国—省—市—县四级强化主动、互动、联动，举全国气象部门之力，是做好"十四冬"气象保障工作的坚强保障。

（四）主动高效的部门联动是做好"十四冬"气象保障服务的必要措施。建立跨地区、跨部门、分级协调联动工作机制，加强与筹委会、各专项工作部、单项竞委会协调对接，畅通沟通渠道，联合开展实地勘察，与竞赛部、大型活动部等反复确认服务需求，与赛区执委会、单项竞委会开展积极的工作对接，与竞赛部门建立紧密的联动工作机制并及时启动，为赛事优化调整提供气象支撑。筹委办及财审部统筹落实气象保障经费，各赛区执委会协助开展观测站选址、供电、通信等相关工作。各气象分中心与执委会、各赛区气象台与赛区有关部门协同合作，推动各项决策部署落实、落地、落细。与各地方各部门形成畅通高效的联动机制，是做好"十四冬"气象保障服务的必要措施。

（五）创新加持的气象科技是做好"十四冬"气象保障服务的核心支撑。气象观测是预报和服务的基础，我们构建了地基、空基、天基的全时空、立体化监测系统，以更加精密的多源综合观测资料，有力支撑精准天气预报，其中地基遥感垂直观测系统首次投入冬运气象保障，"新科技"发挥大作用。

北京冬奥会期间，"百米级、分钟级"精准预报能力在保障赛事顺利进行中立下功劳，"十四冬"期间，我们接续传承，北京冬奥会先进技术有了升级版。我们组织实施了"十四冬"精细化气象预报示范计划，自主研发了5项气象预报技术，成为预报员手中的利器，不仅实现"报得快"，也致力于"报得准"，为比赛提供强大的气象保障服务，和林格尔新一代国家气象超算也率先为"十四冬"气象保障提供算力支持，彰显"十四冬"赛事气象技术支撑的现代化水平。可以说，正是因为有了国家级业务单位和兄弟省（市）的技术支持，有了气象科技创新和长期努力打下的气象现代化建设成果的加持，才能够取得"十四冬"气象保障服务的胜利。

（六）奋勇争先的冬运气象精神是做好"十四冬"气象保障服务的关键所在。坚持党建引领气象保障各项工作，各赛区成立气象保障临时党支部和气象保障服务突击队，充分发挥基层党组织主动性、创造性。在"十四冬"保障的全过程中，气象工作者为了共同的目标，放弃春节与家人团聚的时间，奔赴一线，顶风冒雪巡护仪器，披星戴月研判天气，全力以赴开展气象保障服务，真正用党性自觉、用使命责任、用科学技术和专业技能，以高度的责任感和使命感，以高水平、高质量、高标准气象服务为"十四冬"保驾护航。

三、巩固拓展"十四冬"气象保障服务成果，全面推进气象高质量发展

"十四冬"气象保障筹备工作历经八年，我们以优质的保障服务完美收官，积累了冬季体育赛事气象保障服务经验。我们要认真总结好取得的成果，强化拓展成果应用。

一要系统开展复盘总结。做好复盘总结是中国气象局各位领导一致的要求。按照分层级、分领域的要求，各单位要对"十四冬"气象保障服务的组织管理和运行指挥等方面进行全方位复盘总结，留存好、保管好、利用好珍贵的"'十四冬'记忆"。要认真总结好"十四冬"业务建设、科技创新、成果转化方面的宝贵经验，要认真总结好信息安全、应急备份方面的宝贵经验，要认真总结好“十四冬”气象科普宣传方面的宝贵经验，要认真总结好一线气象服务人员团结协作、攻坚克难的宝贵经验。

二要强化成果推广应用。加强推动各项成果转化、固化、深化和推广应用，高质量续写“十四冬”气象保障服务后半篇文章，为重大活动开展、冰雪资源利用、区域防灾减灾救灾、生态文明建设等提供更有力、更有效的气象保障服务。要继续发挥好“十四冬”气象保障服务团队的作用，大力推广复杂地形下精细化气象预报预测技术、冰雪运动气象保障技术，为冰雪经济产业发展提供更好支撑。继续推进冬季体育运动和气象领域的合作，为后续第九届亚洲冬季运动会、第十五届全国冬季运动会气象保障服务提供内蒙古经验和智慧。

三要继续做好气象服务。昨天局长陈振林就当前春季森林草原防火、春季农业生产气象保障服务工作提出要求。我们要按照上级的部署，密切监视天气变化，加强滚动会商研判，强化部门合作联动，高质量做好春季农业生产、森林草原防(灭)火等重点领域气象服务和汛期气象服务，充分发挥好气象防灾减灾第一道防线作用，最大限度减轻气象灾害造成的损失和影响，赋能经济社会高质量发展。

四要弘扬传承冬运气象精神。各单位要充分运用“十四冬”气象保障服务成果，凝心聚力，不断加快推进气象科技能力现代化和气象社会服务现代化，推动气象高质量发展。广大气象工作者要继续发扬科学严谨、精益求精、团结拼搏、无私奉献、奋勇争先的“十四冬”气象精神，心怀“国之大者”，敢于担当作为，勇于攻坚克难，甘于无私奉献，立足本职岗位，书写无愧于新时代的气象风采新篇章。

同志们，百舸争流千帆竞，攻坚克难奋者先。“十四冬”气象精神也正是“吃苦耐劳、一往无前、不达目的决不罢休”的蒙古马精神和“准确、及时、创新、奉献”的气象优良传统的集中体现。站在新的起点上，我们要踔厉奋发，赓续前行，以更加昂扬的姿态，奋进新征程，建功新时代，一起向未来，助力冰雪产业发展，为推动气象高质量发展做出新的更大的贡献。

谢谢大家！

➢总结大会代表发言

“十四冬”气象保障服务总结大会交流发言

外省专家代表 黑龙江省气象局 徐玥

尊敬的各位领导，各位同事：

很荣幸能作为“十四冬”气象服务团队代表在此交流发言。

首先祝贺内蒙古自治区气象局圆满完成了“十四冬”的气象保障服务工作。多种多样的气象服务产品为赛事赛会的组织、筹备和运行起到巨大技术支撑作用，精准的预报服务获得了组委会、执委会、竞委会和内蒙古自治区党委及自治区人民政府的高度评价。作为气象服务团队的一员我深感荣耀。

“十四冬”是北京冬奥会后首次举办的冬季项目全国重大体育赛事，比赛项目设置对标米兰冬奥会，对气象保障服务要求也以冬奥会为标准，要求高、任务重、挑战大。

2023年“十四冬”赛程进一步优化调整，内蒙古自治区气象部门与其他各部门紧密联系，对接最新要求，即使在准备工作有较大变动的情况下，仍能集中人力、物力，圆满达成内蒙古自治区人民政府和国家体育总局等相关部门提出的各项需求，通过扁平化办公，快速高效地协调内部事务，保证气象保障服务有条不紊地开展，在时间紧、任务重的情况下出色地完成了“十四冬”的组织协调工作，为“十四冬”气象保障服务相关工作的顺利开展打下了坚实的基础。

“十四冬”气象保障服务团队于2023年11月成立，并开始前期技术培训，12月正式驻场训练并为“十四冬”资格赛提供气象保障服务，2024年2月正式为“十四冬”提供系统、全面的精细化气象保障服务，整个过程历时仅4个月。能在这么短的时间内圆满地完成山区特殊地形下的预报服务工作靠的是前期扎实的业务基础和技术储备，各赛区均选派业务能力强的骨干预报员投入预报服务中去，既熟悉本地天气特点，又具有较强的学习能力。能在较短的时间内快速熟悉预报制作平台，及时分析总结每个站点的天气特点，综合利用不同尺度预报模式产品为赛事、赛会提供精准、精细的预报服务产品。

“十四冬”精细化的预报产品在冬奥的基础上不断发展提升。STNF、MMIC、Rmaps等模式不仅在冬奥会发挥巨大作用，更是继续在“十四冬”发光发热，成为预报服务主流支撑产品。内蒙古自治区气象台自主研发的60 m分辨率的预报产品不仅在冬奥会模式基础上大大提升了精确度，在准确率上也保持较高的水平，在现场预报服务中发挥了重要作用。

完美的赛事保障更离不开观测网络赛前不畏严寒布站建网，赛时时刻保障各类数据的完整和网络的安全畅通。比赛期间，每当数据出现异常，即使对赛事没有影响，现场保障人员第一时间发现并及时查找问题，维护设备，风雪无阻。高度的责任感和高效的执行力让预报服务人员充满了安全感。

各赛区的后勤保障也十分到位，让我们外乡人深深体会到了宾至如归的感觉。大年夜、情人节、元宵节，每一个重要的节日在工作之余都有暖暖的情谊包围着我们。形状各异的饺子里包裹着不确定的苦辣酸甜，圆圆的生日蛋糕上歪七扭八写着的“宇宙最强技术指导”，令人艳羡的特等奖竟然是承包今天的活动新闻稿。“十四冬”的工作生活不一定是完美无缺的，却是让人念念不忘的。

作为一名普通的预报员，能与一群志同道合的人闯过冬奥会、拼过“十四冬”，让我荣幸备至。感受温暖，承担风雪，冬奥精神在“十四冬”热情绽放。

2025年第九届亚洲冬季运动会正在紧锣密鼓地筹备中。我们将继续传承和发扬“冬奥”和“十四冬”的精神和遗产，秉持高度负责的工作状态、求真务实的工作作风、严谨细致的工作态度，为圆满完成第九届亚洲冬季运动会气象保障工作努力奋斗。也衷心希望气象部门同心同力，共同努力推动气象事业高质量发展更上新台阶！

在“十四冬”气象保障服务总结大会上的发言

扎兰屯赛区气象台代表　金森

尊敬的各位领导、各位同事：

很荣幸能够代表赛区气象台发言。扎兰屯作为“十四冬”主赛区之一，赛区气象台承担着

2个大项3个分项和33个小项比赛的气象保障任务。面对雪上赛事对气象条件的多样化需求，赛区气象台锚定“对标冬奥、一流服务”的服务目标，圆满完成“十四冬”气象保障服务。现将工作情况交流如下。

一、全面谋划部署，各级领导高度重视支持

在各方的大力帮助和支持下，“十四冬”扎兰屯赛区气象台成立。组建包括预报服务组、设备网络综合保障组、信息宣传组、后勤保障组、人影服务组共43人的服务团队；建成全时空、立体化的观测系统；构建无缝隙、精细化的气象预报系统和广覆盖、专业化的服务系统。

内蒙古自治区气象局党组多位领导先后调研指导，对赛区气象服务予以高度肯定。在这里，我衷心地感谢各位领导对赛区气象台的深切关怀与支持，感谢各省内外专家和服务保障人员的辛勤付出和无私奉献。

二、党建引领服务，发挥先锋模范作用

率先成立“十四冬”扎兰屯气象保障临时党支部，扎实开展“十四冬”主题党日活动3次。与喀喇沁赛区开展业务研讨，交流赛区优秀服务保障经验。邀请中央气象台首席董全举办专题讲座。深入践行“三联促三动”，推进党建与“十四冬”气象保障服务融合发展。

三、强化监测精密，建立强大数据支撑

在雪场6条赛道关键位置建设多种监测设备，建成15个自动气象站、激光测风雷达、微波辐射计、地基遥感垂直观测系统等观测设备，实现赛场周边0～10 km分钟级温、湿、风等要素全覆盖。

四、精准预报，高效精细服务赛事

引进北京冬奥预报系统，参加四级联动会商，制作《冬运气象服务专报》等8类产品共460期。在资格赛、决赛的过程中，为赛区执委会15次优化赛事时间提供科学依据。

五、全面保障到位，助力服务质量提升

主动争取扎兰屯市人民政府、执委会支持，合理安排用餐、住宿、车辆安排，圆满保障中国气象局、内蒙古自治区气象局、黑龙江省气象局、辽宁省气象局等调研集训150余人次。组织开展除夕包饺子、十五闹元宵等活动，增强了服务团队凝聚力和战斗力。

六、拓宽发布渠道，科普宣传成效显著

主动对接各级各类媒体，在新华社、央视、《中国日报》等各类主流媒体累计刊载稿件51篇，创作短视频14部，撰写新闻稿件10余篇，让更多人了解了“十四冬”赛事背后的气象“故事”。

“十四冬”保障任务已经结束，但服务保障的丰富经验和奉献精神将不断延续，我们将总结好、应用好经验成果，扎实推动气象高质量发展，为地方经济社会发展做出更大的贡献。

“十四冬”气象保障全区交流材料

现场预报服务团队代表　呼伦贝尔市气象局　王颖

尊敬的赵局长、各位领导、同事：

大家好！我是呼伦贝尔市气象局王颖，在“十四冬”气象保障期间负责扎兰屯赛区现场预报服务团队总体工作。能够代表现场团队进行交流发言，感到非常荣幸。我将从见证、实现、收获三个方面谈体会。

一、现场服务团队2023年12月10日集结赛区一线，到12月22日首项资格赛保障，不到两周时间，老中青、省—市—县团队人员如何配合？前方服务与后方预报如何衔接？谁来"拍板"？……这些都成了工作推进中的问题。不到两周时间，面临熟悉赛场地形、熟悉本地天气特点、熟悉新增系统平台、新组团队磨合配合，找问题、磨细节、优化工作流程，一系列工作紧迫而艰巨，我们必须要倒排工期。面临山地天气的复杂多变和超出预料，一遍遍复盘总结，寻找失败的原因，为了1℃、1 m/s大家锱铢必较争个面红耳赤，前后现场两个月，全员不敢松懈，在摸索和实践中，各赛区给出了赛时精准的高影响天气预报结论。

在一线，我们见证了肩背人扛布设的多要素自动气象站强有力支撑，高精尖设备驻场应用，见证了引进的预报制作平台高效发挥作用，以及举部门之合力，在小县城中组建一支经得起考验的团队！

二、扎兰屯赛区是户外雪上项目主赛区，面临更多气象风险，竞赛期间13次竞赛工作对接会，27场赛前领队会，数不清的现场对接，每一次天气汇报、通报、交谈和服务，都凝练了气象预报服务团队无数头脑风暴。最终依据及时、准确的预报和主动、精细的服务，扎兰屯赛区保障中，科学支撑训练和比赛赛程优化15次。

更为重要的是，从赤峰喀喇沁赛区平行大回转项目到年后各赛区正式比赛，建立了气象与竞赛部门间高效的应急联动机制，在对接与服务中，初次获取了滑雪登山赛事的气象阈值，进一步丰富了多项冰雪赛事阈值，一流的气象服务，获得了地方人民政府、执委会、竞委会对气象预报服务的高度认可！

三、重大活动保障下沉基层，锻炼队伍。通过为期两个月的三级业务人员现场驻训保障，收获了山地气象预报技能，收获了重大赛事服务保障经验，收获了坚实的革命友谊。"十四冬"从此是一个"有温度"的名词，它是有些同事8年经历中的精彩部分，是部分同事参与保障过最具荣光的全国性盛会，是少数同事续写冰雪运动气象服务新的篇章，是年轻同事业务加速成长的助燃剂，是老同事退休前珍贵的回忆录。收获和成长属于每一位亲身亲历、倾注心血的现场预报服务团队成员。

在此，我代表现场预报服务团队，感谢各级领导给予我们参与一线气象保障服务的机会，感谢副台长时少英倾力指导，感谢国家气象中心首席董全以及黑龙江省、河北省气象局派驻的唐凯、徐玥、郭宏三位专家强有力的支撑，所有成绩的取得，离不开上级领导组织有力，离不开大后方各级单位强大的技术支撑，离不开团队每一位的默契配合以及背后家庭的默默支持！在这里表示诚挚感谢和敬意。

回首"十四冬"经历，依旧炙热，克服的诸多困难和挑战，成为历练并转化为新的活力和力量，回归到工作岗位，我们仍将以竭力而往的干劲儿和闯劲儿，开拓创新、拼搏奉献，继续在气象事业各自的领域发光、发热！

以上就是我的汇报交流，感谢大家！

“十四冬”现场与网络团队交流发言材料

现场观测与网络保障团队代表 赤峰市气象局 刘健

尊敬的各位领导、专家、同事们：

大家上午好，我是赤峰市气象局刘健，“十四冬”观测与网络保障团队成员。很荣幸代表现场观测与网络保障团队交流发言。作为2019年、2024年两度参加“十四冬”赛事保障的老队员，我深知各赛区观测与网络保障工作的不易，这是一支39人组成，来自省—市—县三级的保障团队，被分别安排于四个赛区的五个赛场。他们登山、冒雪、负重却不曾喊苦喊累，是技术过硬的业务骨干，也是赛场的“气象运动员”。作为其中一员，我用三个关键字、一个关键词讲述团队工作。

首先是“寒”，寒冷的寒。参与过“十四冬”现场保障的人，无不对赛场严苛的气候环境记忆深刻。赛区普遍上午回温慢，下午日落早、降温快，白茫茫风一卷，着手处即冰寒。而建站、迁站、改造、维修、核查校准以及赛事期间每天的现场巡检，无不需要在这种环境下进行。

其次是“山”，爬山的山。滑雪场的山，坡度保持极好，以至于无论上山下山，中间不便驻足难以歇脚。爬这样的山，不说累不累，爬一次新奇，爬两次骄傲，爬三次感慨，那么爬上十回、二十回恐怕就只有深刻的肌肉记忆。

最后是“重”，重量的重。它一方面来自观测装备，寒风中的爬山是要负重的，每个赛区都有着最冷的天、干最重的活的经历。扎兰屯为按时完成大量建站任务被汗水浸透的双层羽绒服，凉城在海拔2079.9 m的山顶耗时6 d建成的“C7171”，无不彰显着气象人不畏困难的精神；对观测数据的责任是另一层面的“重”，多少个睡不踏实的夜晚、多少次寒风中的驻守。犹记得2018年赛道尚未正式规划，但为提前获得美林谷山顶完整周期观测数据，赤峰一行8人分担装备，在寒冬的原始密林中一路剐蹭，边爬边找路，用了4个多小时终于爬上山顶，建成最初一套便携站。

风寒心仍暖，山高景尤壮。团队作为赛场观测数据的守护者，按时完成迁（建）站与维保任务、确保会商与网络系统通畅是我们的职责。各赛区共建成赛场自动气象站29套，辐射站4套，激光测风雷达2部，垂直观测方舱1部。为赛事服务定制的冬运实况小程序与大屏展示系统通过19块自建大屏服务于各个赛场。还有各赛场会商系统，以及我们看不见、摸不到却时时刻刻服务于每个业务环节的安全可靠的业务专线。所有设备都离不开保障团队的日夜维护，从“十四冬”驻训到资格赛、正赛，从火炬传递到开幕式、闭幕式，每一场赛事、每一项活动，保障从未缺席。

“孤木难成林”，团队工作的开展，纵向离不开国—省—市—县四级部门联动，横向离不开各气象服务团队的协作与支撑。那么，关键词正是协作。

国家级有关部门在现场需求对接、备件供给、地基遥感垂直观测移动方舱部署、新型观测产品、实况分析应用平台、超算资源、网络安全等方面给予充分指导与支撑；兄弟省（市）的业务专家深入赛场，在各方面的细节工作中经验相授、大力支持；各团队在需求、数据、宣传、生活等各方面无缝融入、互相配合。这一纵一横的支撑网络，有力保障了观测与网络保障工作的顺利开展。

核查校准、科学质控为预报实况提供准确观测数据；前期多重模拟演练、现场装备与网络实时维保确保观测数据及时送达；全时空、立体化气象观测系统及定制化“云＋端”数据展示与分析平台、大型场馆室内环境气象监测预警信息化解决方案等创新赛事数据服务手段；坚持经验共享、坚守现场岗位，处处是气象人的奉献精神。准确、及时、创新、奉献，团队在业务层面践行了这一基本气象精神，严格按照上级指示完成了前期建设与现场保障任务。感谢各级领导对团队的关照，感谢各部门的支撑，感谢兄弟团队的支持，感谢每位团队成员的无私奉献。经过这场重大赛事的历练，让我们凝聚了士气、发扬了风格、找到了不足。忘不了山坡雪道的踏雪而行、忘不了大后方驻守团队殷殷关注。不忘初心、探测强国，“十四冬”观测与网络保障团队成员也将在今后的工作中不负领导重托、不负团队荣誉、不负个人的青春与热血！谢谢。

“十四冬”气象保障服务总结大会

后方支撑团队代表　内蒙古自治区气象数据中心　徐亮亮

尊敬的领导、同事们：

大家好！今天，我很荣幸能在这里，作为“十四冬”气象保障服务后方支撑团队代表，分享我们在这次保障工作中的感想和体会。

首先，我想表达 3 个感谢。

感谢领导和同事们在“十四冬”气象保障（观测与网络系统）项目建设过程中给予的指导和帮助。内蒙古自治区气象局领导、冬运办、各专项工作组对我们的工作高度重视并多次给予针对性指导，各赛区气象中心一线用户及时准确对我们提出了数据、产品应用服务需求，让我们设计开发的系统更加好用。宣传报道团队对我们的成果给予了充分关注和展示，让社会公众看到了我们的成果与努力。

感谢中国气象局给予的大力支持。国家气象信息中心从信息网络和业务系统安全防护、实况产品与平台研发、超算资源支撑等诸多方面，国—省联动保驾护航“十四冬”；中国气象局气象探测中心从观测系统、平台产品、装备保障等方面全方位支撑，比如协调部署 1 套地基遥感垂直观测方舱，定制研发天气雷达、遥感观测数据产品等，这些都是我们能够圆满完成保障任务的坚实后盾。

感谢内蒙古自治区气象数据中心“十四冬”气象保障服务团队每位领导同事的团结协作、默契配合与无私奉献。同志们始终以最饱满的状态、最热情的态度，积极投入努力和行动，保障观测系统稳定运行、数据采集传输高效、平台数据服务及时，切实为赛场预报预警、现场服务提供高效支撑，精彩的“十四冬”是团队共同为之奋斗的目标。

接下来，我再表达两点工作体会。

首先，“十四冬”气象保障服务的成功充分展现了气象高质量发展科技成果，体现了国—省—市—县四级联动、高效协作的中国特色气象体制优势，彰显了“准确、及时、创新、奉献”的气象精神。我们在气象高质量发展新征程中，应常态化保持“十四冬”气象保障服务期间“肯吃苦、敢担当”的奋斗精神。

其次，我认为“十四冬”气象保障服务中，我们的数据服务、平台支撑、系统应用获得部门内外用户广泛认可的重要原因是，我们真正做到了以用户为中心，基于用户需求去设计开发系统平台，提供好用的数据与平台服务。比如，项目建设初期，我们广泛征求了副台长时少英、预报员专家、赛区气象中心一线用户的需求建议，充分吸纳并融入了系统研发建设过程中；在项目成果试运行期间，面对赛场服务场景变化而新增的业务需求，我们能够从用户角度，切身融入实际业务场景，举一反三，快速高效响应用户需求。正如，气象信息网络没有华丽的外表，也没有惊人的声势，却是气象高质量发展必须夯实的“四根支柱”之一，始终为气象事业发展提供坚实的“后方支撑”。作为气象信息部门业务骨干，我们应继续加强与用户联动、强化业务沟通交流，只有真正理解、尊重用户需求，才能切实做到以用户为中心，提供优质好用数据和平台服务，发挥气象事业高质量发展支柱作用。

今后，我们团队将继续保持良好的工作状态和团队协作精神，相信在未来的工作中一定会创造更多辉煌成果。

智慧气象之花开遍内蒙古大地
——“十四冬”气象保障服务总结发言

“十四冬”总体技术牵头人　时少英

尊敬的各位领导、各位同事：

大家上午好！首先，非常荣幸能够站在这里，诚挚感谢内蒙古自治区气象局、北京市气象局给予我这样一个参与“十四冬”气象服务的机会。回首 2023 年 6 月刚来到内蒙古，星移斗转间，此刻，迎来“十四冬”圆满完成的总结大会。这一路，与大家同行，携手并进、经历风雨、见证彩虹，内心感慨万千。和大家的心情一样，是发自肺腑的开心、高兴。今天在这里，与其说是点评，不如说是我的心里话，那我就敞开心扉说说我的所见所闻所得。

2024 年 2 月，

17 日 15 时，障碍追逐起点，海拔高度 2079.9 m，气温 8.5 ℃。

20 日 11 时，障碍追逐起点，新增积雪深度 1.5 cm。

21 日 08 时，越野滑雪起终点，海拔高度 1436 m，气温−14.6 ℃。

21 日 10 时，空中技巧中点，海拔高度 451.2 m，阵风 11 m/s。

25 日 11 时，U 型槽起点，海拔高度 463 m，阵风 11.9 m/s。

……

是的，这就是在中等强度厄尔尼诺事件气候背景下，内蒙古 2 月复杂多变的天气；各赛场经历了天气回暖、强寒潮、大风、强降雪等赛事高影响天气。

赛场现场，世界冠军在扎兰屯云集，竞赛方和气象保障都面临非常大的压力；根据预报，25 日有大风，赛事提前两天进行了调整，当所有人都在观望时，大风如约而至。18 日早晨障碍追逐起点风力较大，竞赛长说，听气象的，他们说风小，就正常比赛；听了马学峰的汇报，比赛照常进行。20 日夜间凉城降雪持续，负责赛道除雪的滑雪场经理询问降雪能下多久，第二天能不能正常比赛；答曰，夜间降雪明显，明天可以比赛。

因天气原因，17次官方训练和正式比赛日程进行了调整，“百米级、分钟级”天气信息助力竞赛方，抓住了比赛的“窗口期”，确保了所有赛事顺利完成。

之所以能够取得这样的服务效果，关键在于有各级领导强有力的指挥，关键在于有国—省—市—县四级从观测、预报、会商、服务、信息的联动，“中国气象”四个大字在赛场格外醒目，闪耀着国字号的光辉；关键在于有一支特别能吃苦、特别能战斗、特别能奉献的团队；前后方协同作战，前方专家贴身服务，后方技术、系统支撑和会商保障。关键在于有“百米级、分钟级”的有力科技支撑，引进的冬奥预报技术和自主研发产品各放异彩。

日拱一卒无有尽，功不唐捐终入海。可以看到，赛事期间的高影响天气过程，无一漏报。而且，始终聚焦影响赛事的气象要素阈值，精雕细琢，仔细打磨。赛道站点12 h预报时效的气温预报准确率达85%，大于或等于11 m/s的阵风风速预报准确率，扎兰屯雪上技巧场地达70%，障碍追逐山顶达77%；在MMIC、STNF和MIFS整体预报准确率较高的情况下，预报员的预报水平又有明显提升。

能够交上这样一份完善的答卷，并不是说“十四冬”的考题不难。

扎兰屯滑雪场位于岭东，赛道位于近地面层，海拔高度差130 m；这样的海拔高度范围内，是不是各点的气温预报相对简单？大多数天气条件下，估计相差不到1 ℃，但有的时候相差达13 ℃。系统气流越过大兴安岭后，是加强还是减弱，有可能形成的山地背风波的下沉区正好叠在赛场上空，加上地面梯度风，配合地形，既要分析空中技巧赛道的风速最大能够达到多大，又要考虑地形阻挡，障碍技巧赛道风速要略降低多少。

凉城滑雪场，两条赛道，风格迥异。障碍追逐起点海拔1990 m，接近800 hPa，但位于两山间的垭口处，赛道位于阴坡；越野滑雪和冬季两项赛道海拔1436 m，接近数值模式的地面场，但位于峡谷的出口区，赛道位于阳坡。所以你会看到，不同来向的系统性气流带给赛道的影响情况完全不一样，叠加上沿赛道的下坡风，预报员需仔细分析障碍追逐赛道所在山顶、起点、终点的风速情况；在判断有冷空气涌入山谷，需要考虑位于出口区的冬季两项靶场所在的风速，可能会是模式预报地面风速的2倍之多。

大家肯定不会忘记开幕式当天焦急等待降雪的心情，肯定不会忘记22日扎兰屯赛场大风持续的焦虑，肯定不会忘记越野滑雪场18日早晨大风出现的懊恼，肯定不会忘记山区突然出现飘雪的心焦。

山里的天气，小孩的脸，说变就变。要精确把握山区天气变化，不能做到百分之百。但在分钟级的精密观测和现场人员双重加持下，预报员结合山地气象理论、结合预报训练积累的经验，克服了新建赛道资料短缺、驻训时间不足等困难，难中求成，变中求胜，为赛事服务提供了最有价值的决策依据。

如果您看到，邢蕾看到自己的预报和实况如此接近时，她脸庞上洋溢的笑容，相信您也会被深深地感染。如果您听到洪潇宇现场汇报天气时的自信，相信您也会不由自主地喝彩。如果您参与了王颖带领的团队严肃而又热烈的天气讨论，相信您也会不由自主地被吸引、赞叹！

尼采曾说：每一个不曾起舞的日子，都是对生命的辜负。这就是这群年轻人的青春舞动。

人才自古要养成，放使干霄战风雨。于是，我们拥有了一支队伍，一支拥有山地气象服务经验的队伍。从山地观测到信息网络，从技术研发到预报服务，从需求分析到经验传承。

“十四冬”气象服务花开蒂落。这支经风雨、见世面的队伍里的每位同志就如同一粒粒种子，深深扎根在广沃的内蒙古气象高质量发展的大地上。

当前，新质生产力已成为推动高质量发展的重要着力点，以前所未有的速度和力度改变着世界。人工智能已成为推动气象科技发展的重要力量，"十四冬"预报示范计划已经小试牛刀。乘两会春风之势，用智慧拥抱新质生产力，以智提质，赋能新质生产力发展，让智慧气象之花开遍内蒙古高原。

重要文件

(1)中国气象局应急减灾与公共服务司关于印发《第十四届全国冬季运动会气象保障工作方案的通知》(气减函〔2023〕76 号)

(2)内蒙古自治区人民政府办公厅关于《调整第十四届全国冬季运动会筹备委员会组成人员和机构设置的通知》(内政办字〔2023〕31 号)

(3)第十四届全国冬季运动会筹备委员会办公室关于印发《第十四届全国冬季运动会环境治理部工作方案》的通知

(4)第十四届全国冬季运动会筹备委员会办公室关于《调整第十四届全国冬季运动会筹备委员会组成人员和成员单位的通知》(十四冬筹办字〔2023〕23 号)

(5)第十四届全国冬季运动会筹备委员会办公室印发《关于调整第十四届全国冬季运动会筹备委员会组成人员的通知》

(6)第十四届全国冬季运动会筹备委员会办公室关于印发《第十四届全国冬季运动会竞赛组织与气象保障服务联动工作机制的通知》(十四冬筹办字〔2024〕1 号)

(7)内蒙古自治区气象局关于《成立第十四届全国冬季运动会内蒙古气象中心的通知》(内气发〔2023〕39 号)

(8)内蒙古自治区气象局关于印发《第十四届全国冬季运动会气象服务应急预案及专项方案的通知》(内气发〔2023〕120 号)

(9)第十四届全国冬季运动会内蒙古气象中心办公室关于《调整第十四届全国冬季运动会内蒙古气象中心组成人员的通知》(冬运气办函〔2023〕7 号)

(10)内蒙古自治区气象局关于《组建第十四届全国冬季运动会气象服务团队的通知》(内气发〔2023〕126 号)

(11)第十四届全国冬季运动会内蒙古气象中心办公室关于《建立“十四冬”气象保障服务工作机制的通知》(冬运气办函〔2023〕8 号)

(12)第十四届全国冬季运动会内蒙古气象中心办公室关于《做好“十四冬”气象保障部档案归档工作的通知》(冬运气办函〔2023〕9 号)

(13)第十四届全国冬季运动会内蒙古气象中心办公室关于《开展“十四冬”现场预报服务团队驻场实训工作的通知》(冬运气办函〔2023〕11 号)

(14)第十四届全国冬季运动会内蒙古气象中心办公室关于《做好“十四冬”气象保障专项项目建设管理工作的通知》(冬运气办函〔2023〕14 号)

(15)第十四届全国冬季运动会内蒙古气象中心办公室关于《做好“十四冬”气象保障服务全流程演练的通知》(冬运气办函〔2023〕17号)

(16)第十四届全国冬季运动会内蒙古气象中心办公室关于《做好“十四冬”气象保障服务工作的通知》(冬运气办函〔2023〕20号)

(17)内蒙古自治区气象局关于《调整第十四届全国冬季运动会内蒙古气象中心组成人员的通知》(内气发〔2023〕143号)

(18)第十四届全国冬季运动会内蒙古气象中心办公室关于印发《呼伦贝尔、乌兰察布气象分中心资格赛和决赛专项方案的通知》(冬运气办函〔2023〕19号)

(19)第十四届全国冬季运动会内蒙古气象中心办公室关于《做好“十四冬”气象保障服务工作的通知》(冬运气办函〔2023〕20号)

(20)第十四届全国冬季运动会内蒙古气象中心办公室关于《进一步加强“十四冬”气象宣传科普工作的通知》(冬运气办函〔2023〕21号)

(21)第十四届全国冬季运动会内蒙古气象中心关于《第十四届全国冬季运动会气象保障服务进入特别工作状态的通知》(内气函〔2024〕7号)

(22)第十四届全国冬季运动会内蒙古气象中心办公室关于《“十四冬”气象保障服务第二次全流程演练的通知》(冬运气办函〔2024〕1号)

(23)第十四届全国冬季运动会内蒙古气象中心办公室关于印发《赤峰气象分中心决赛气象服务专项方案的通知》(冬运气办函〔2024〕2号)

(24)第十四届全国冬季运动会内蒙古气象中心办公室关于《做好“十四冬”气象保障专项项目验收相关工作的通知》(冬运气办函〔2024〕3号)

(25)内蒙古自治区气象局办公室关于《做好第十四届全国冬季运动会气象保障服务重大活动档案资料归档工作的通知》(内气办函〔2024〕5号)

(26)第十四届全国冬季运动会内蒙古气象中心办公室关于《解除“十四冬”气象保障服务特别工作状态的通知》(冬运气办函〔2024〕6号)

➢联动工作机制

第十四届全国冬季运动会筹备委员会办公室

十四冬筹办字〔2024〕1号

关于印发第十四届全国冬季运动会竞赛组织与气象服务保障联动工作机制的通知

各有关部门、各赛区执委会：

为认真贯彻落实习近平对低温雨雪冰冻灾害防范应对工作作出重要指示精神。按照国家体育总局《关于进一步加强体育赛事活动安全监管服务的意见》（体规字〔2021〕3号）要求，进一步提升第十四届全国冬季运动会（以下简称“十四冬”）赛事监管水平，提高应急处置能力，强化安全保障，确保体育赛事活动平稳安全有序开展，制定《第十四届全国冬季运动会竞赛组织与气象服务保障联动工作机制》，现印发给你们，请遵照执行。

第十四届全国冬季运动会筹备委员会办公室

2024年1月11日

第十四届全国冬季运动会竞赛组织与气象服务保障联动工作机制

一、气象保障工作需求

根据比赛相关要求，气象保障组提供预报气象数据以及比赛期间各时段天气变化情况，随时更新最新气象信息，为所有比赛场馆提供预报信息。并根据项目特点，由技术代表、竞赛长提出对气象具体需求向竞委会、裁判组及各参赛代表队通报天气整体情况，为是否调整比赛计划提供支撑。

二、气象保障主要内容

1. 建立气象监测网络：通过气象仪器和设备实时收集气温、温度、风力风向、降水等数据，并传输到运行指挥中心。

2. 信息共享与传播：将气象数据和预报信息及时传达给赛事组织者、参赛运动员和观众。同时，通过电视、广播、互联网等多种渠道广泛传播气象信息，提醒观众和运动员关注天气变化，做好相应的准备工作。

3. 发布气象预警和预报：根据气象数据和模型分析信息及时发布气象预警和预报，特别是针对可能影响比赛进行的恶劣天气等条件，如大风、灾害等，预警和预报的信息包括天气状况变化及可能带来的影响。同时，提供相应的建议和措施，以保障运动员和观众的安全。

4. 给比赛场馆提供气象支持：根据比赛项目的特点对各个比

赛场馆的气象条件进行细致的研究和分析，并提供相应的气象监测数据支持。

5. 为观众提供气象服务：为了提高观众的体验，利用电视、广播、互联网、现场展示向观众提供赛前、赛时气象状况和实时数据。

6. 根据项目特点及各赛区对气象的监测，将气象服务内容、服务频次及建议发布方式等提出具体需求（详见附件1）；气象预报时效、关注要素与赛事情况紧密结合，根据技术代表、竞赛长对赛事的需要提出具体气象要素需求（详见附件2）；不同比赛单项所关注的气象条件略有不同，各项目对气象要素阈值的要求也不完全相同（详见附件3）。

三、监测点位及人员安排

四个赛区共设气象监测点位22个，其中海拉尔赛区1个、扎兰屯赛区12个、喀喇沁赛区4个、凉城赛区5个；根据赛区实际需求，现场服务团队71人，其中内蒙古冰上运动训练中心10人，扎兰屯滑雪场28人，美林谷滑雪场16人，凉城滑雪场17人，承担四个赛区一线气象服务任务。目前，服务团队中北京冬奥气象专家共10人：邀请北京冬奥气象首席作为“十四冬”气象服务特聘专家，从河北省气象局、黑龙江省气象局及自治区气象局选派9名北京冬奥气象专家参加“十四冬”气象服务保障。同时建立四级对外沟通机制，明确组委办、执委会、赛区、赛场四级对接人，确保气象保障服务信息及时高效传递（详见附件4、

附件5）。

四、处置

（一）处置原则

1. 统一领导，分工负责。因气象条件引发的赛事推迟或中断、延期或提前、取消情况，经单项竞委会科学研判后，交通、安保、接待、医务保障等相关部门应统一按照赛区指挥部的决策部署，第一时间做好因气象原因产生突发问题的各项处置工作。在具体实施过程中实行各层级领导负责制，协调配合、上下联动、左右衔接完成好应急处置工作。

2. 区分性质，分级处置。准确把握事态发展的缓急程度，以解决问题为导向，对事件进行分级管理管控，确保赛时出现的问题及时解决。

3. 及时报告，快速响应。竞赛组组长是各单项竞赛组织运行和指挥的主体，团队内各业务领域发现的问题或可能发生的安全隐患需第一时间向竞赛组组长进行汇报；同时与赛区指挥部沟通，及时做好赛时综合保障和应急指挥。

4. 内外联动，无缝衔接。充分发挥场馆场地属地优势，强化属地管理，建立场馆属地运行团队与外围保障团队的日常运行协调机制，实现内外联动、无缝衔接的协同联动工作。

（二）处置流程

如遇大风、暴雪、极端低温、大雾或寒潮等高影响天气，可能对比赛产生不利影响的，经研判取消、延期或提前、推迟或中

断比赛的决定，由运行中心将最终通过官方渠道通报相关部门。处置流程通常包括以下内容：

1. 监测和评估：气象团队要实时提供监测信息，包括风速、气温、降雪、能见度等关键因素，经评估这些条件是否会对比赛造成影响，是否会威胁到运动员的人身安全或影响比赛的公平性。

2. 信息沟通：气象团队需将最新的气象信息和预测报告及时报告给竞赛组组长，经技术代表、竞赛长（裁判长）技术决策后，到竞赛组长，由单项竞委会主任、执行主任、竞赛组组长、技术代表、裁判长（竞赛长）、转播代表共同协商后做出取消、延期或提前、推迟或中断比赛后，由运行中心将最终通过官方渠道通报相关保障部门。

3. 决策要素：在竞赛日程发生变更时，竞委会必须审慎考虑竞赛日程变更对比赛的总体影响和各比赛项目规定的运动员训练要求，同时报赛区指挥部；原则上比赛时间不应提前，除非存在对运动员安全、正常比赛产生影响的因素；若竞赛日程变更，优先考虑非比赛日（视天气预报及比赛优先级确定）；在极端情况下可考虑重新安排竞赛日程。

4. 决策：基于气象团队的报告和建议，依据气象预测，决定是否需要调整比赛计划。具体采取的措施如下：

场景一：因天气原因，比赛推迟或中断

（1）根据气象预报信息及实际气象条件，由单项竞委会主任、执行主任、竞赛组组长、技术代表、裁判长（竞赛长）、转

播代表共同协商后做出比赛推迟的决定，并由执行主任上报运行指挥中心。

（2）运行指挥中心确定新的比赛时间并通知相关工作部门。

（3）竞赛组组长拟定竞赛推迟通知，必要时请执行主任牵头召开专门会议，向各工作组发送比赛推迟通知和应对方案。

（4）各组启动应急预案结合实际情况向外围城市保障部门汇报比赛推迟情况。

（5）请场地广播比赛推迟通知，各客户群主责部门及时通知客户群比赛推迟的消息。对涉及影响贵宾赛后活动的，应及时调整并进行通知。

（6）加强比赛推迟期间安保工作。

（7）与外围交通保障部门等密切配合，调整交通运行计划。

（8）一般不在赛事推迟情况提供退票服务，可通过场地广播告知现场观众。

（9）涉及直转播的由直转播机构按应急预案进行。

（10）关注并应对媒体舆情防止事件进一步发酵。

场景二：因天气原因，比赛延期或提前

（1）根据气象预报信息或实际气象条件，由单项竞委会主任、执行主任、竞赛组组长、技术代表、裁判长（竞赛长）、转播代表共同协商后做出比赛延期或提前的决定，并由执行主任上报运行指挥中心。

（2）执行主任召开专项会议，研讨比赛延期或提前方案。

- 6 -

听取主任、竞赛组组长、技术代表、裁判长（竞赛长）、转播代表意见，向运行中心汇报延期或提前方案。同时，通知各部门做好竞赛日程变更准备。

（3）向各工作部通报比赛延期或提前决定和相关工作方案，各业务领域启动相应应急预案。

（4）如在比赛期间宣布延期，应立即启动退场预案。相关业务部门组织观众、运动员、技术官员、媒体、贵宾、赞助商等有序退场，应安排专人安抚客户情绪，请安保部门协助退场工作，打开所有退场通道，请广播退场通知。

（5）组织、监控退场工作，请外围安保力量做好支援准备。

（6）立即与交通指挥中心、外围交通保障部门等协同调整交通运行计划，调整并视情况增加交通运力，保障退场和后续交通需求。

（7）票务部门将延期票务计划告知现场观众，同时组织所有工作人员和志愿者在场馆票务处理点和场馆出入口解答观众票务疑问，视情况请安保部门协助维持现场秩序。

（8）各部门及时调整工作安排。

（9）涉及直转播的由直转播机构按应急预案进行。

（10）关注并应对媒体舆情防止事件进一步发酵。

场景三：因天气等原因，比赛被迫取消

（1）根据气象预报信息及实际气象条件，由单项竞委会主任、执行主任、竞赛组组长、技术代表、裁判长（竞赛长）、转

- 7 -

播代表共同协商后做出比赛取消的决定，并由执行主任上报运行指挥中心。

（2）执行主任召开专题会议，研讨比赛取消方案，听取主任、竞赛组组长、技术代表、裁判长（竞赛长）、转播代表意见，向运行中心汇报取消方案，同时，通知各部门做好竞赛取消准备。

（3）立即召开由组委会竞赛、安保、交通、票务、转播、新宣相关负责人参加的会议，研究完善取消方案，报国家体育总局领导审批，由其做出决定。由组委会竞赛部发出赛事取消的通知。

（4）向各部门通报比赛取消通知和工作方案，各部门启动应急措施，如人员疏散、秩序维护等措施。

（5）如在比赛期间宣布取消，应立即启动退场预案，相关部门组织观众、运动员、技术官员、媒体、贵宾、赞助商等有序退场，安排工作人员安抚客户情绪，请安保部门协助退场工作，打开所有退场通道，请场地广播退场通知。

（6）组织、监控退场工作，请外围安保力量做好支援准备。

（7）交通指挥中心、外围交通保障部门等协同调整交通运行计划，增加交通运力，保障退场和后续交通需求。

（8）票务部门将取消票务计划告知现场观众，同时组织所有工作人员和志愿者在场馆票务处理点和场馆出入口解答观众票务疑问，视情况请安保部门协助维持现场秩序。

（9）向竞赛、颁奖部门通报信息；做好奖牌证书等处置。

- 8 -

（10）各部门及时调整工作安排。

（11）涉及直转播的由直转播机构按应急预案进行。

（12）处置结束后，各部门应持续关注后续情况，防止事件进一步发酵。

附件：“十四冬”竞赛气象服务详情表
“十四冬”气象要素需求
“十四冬”雪山竞赛气象要素阈值指标
“十四冬”各赛区预报点位信息表
“十四冬”各赛区四级对接人信息
通报模板

- 9 -

“十四冬”竞赛气象服务详情表

赛区	服务内容	服务频次	联系人	联系电话	建议发布方式
扎兰屯赛区	监测气象信息	实时	王颖	17614700522	赛场显示屏幕、气象服务网站、微信小程序、微信公众号
	各比赛赛道0-24小时逐小时、24-72小时逐3小时、4-10天逐12小时天气预报产品	每天4次（07时、11时、16时、19时）	王颖	17614700522	赛场显示屏幕、微信群、气象服务网站、微信小程序、微信公众号
	天气咨询服务	不定时	王颖	17614700522	口头汇报、电话
	天气预警	不定时	王颖	17614700522	赛场显示屏幕、微信群、气象服务网站、微信小程序、微信公众号
	天气通报	每天2次（07时、17时）	王颖	17614700522	发言、微信
海拉尔赛区	监测气象信息	实时	杨雪峰	13240859081	气象服务网站、微信小程序、微信公众号
	天气预报产品	每天16时发布	杨雪峰	13240859081	赛场显示屏幕、微信群、气象服务网站、微信小程序、微信公众号
	天气咨询服务	不定时	杨雪峰	13240859081	口头汇报、电话
	天气预警	不定时	杨雪峰	13240859081	赛场显示屏幕、微信群、气象服务网站、微信小程序、微信公众号
喀喇沁赛区	监测气象信息	实时	洪潇宇	18704762216	领队会张贴、发言；微信；新媒体
	未来7天常规天气预报	1月18日开始每天上、下午各1期	洪潇宇	18704762216	领队会张贴、发言；微信
	次日逐小时天气预报	1月21日开始每天15时	洪潇宇	18704762216	领队会张贴、发言；微信
	天气咨询服务	不定时	洪潇宇	18704762216	微信；汇报
	天气预警	不定时	洪潇宇	18704762216	领队会张贴、发言；微信；汇报；新媒体
	天气通报	1月18日开始每天2次（07时、17时）	洪潇宇	18704762216	领队会张贴、发言；微信
凉城赛区	监测气象信息	实时	陈　杰	15184728724	微信群、场馆显示屏、微信公众号、第十四届全国冬季运动会气象服务官网 http://14dong.nmgqxfw.com.cn/traffic.html
	障碍追逐赛道0-24小时逐小时、24-72小时逐3小时、4-10天逐12小时天气预报产品	每天4次（07时、11时、16时、19时）	陈　杰	15184728724	微信群、场馆显示屏、微信公众号、第十四届全国冬季运动会气象服务官网 http://14dong.nmgqxfw.com.cn/traffic.html
	越野滑雪（冬季两项）赛道0-24小时逐小时、24-72小时逐3小时、4-10天逐12小时天气预报产品	每天4次（06时、10时、12时和14时）	陈　杰	15184728724	微信群、场馆显示屏、微信公众号、第十四届全国冬季运动会气象服务官网 http://14dong.nmgqxfw.com.cn/traffic.html
	天气咨询服务	不定时	陈　杰	15184728724	微信群
	天气预警	不定时	陈　杰	15184728724	微信群、场馆显示屏、微信公众号、第十四届全国冬季运动会气象服务官网 http://14dong.nmgqxfw.com.cn/traffic.html
	天气通报	每天2次（07时、17时）	陈　杰	15184728724	微信群
呼和浩特赛区	重大社会活动专项天气预报	每天1次	杨彩云	15047882982	微信群

“十四冬”气象要素需求

预报时效	赛事情况	关注要素
0-24小时逐小时预报	有比赛	雪上项目：天空状况、气温、相对湿度、能见度、风向、风速、阵风、降水量、积雪深度、雪面温度、体感温度。
	无比赛	不提供逐小时预报
2-3天逐3小时预报	有比赛	雪上项目：天空状况、气温、相对湿度、能见度、风向、风速、阵风、降水量、积雪深度、雪面温度、体感温度。
	无比赛	天空状况、气温、相对湿度、风向、风速、能见度、降水量。
4-10天逐12小时预报		天空状况、气温（最高和最低）、风向、风速预报。

“十四冬”雪上竞赛气象要素阈值指标

越野滑雪		
气象要素	**重要影响决策点**	**考虑因素**
新增积雪深度		
风		
赛道上水平能见度		
降水		
气温、相对湿度	气温＜-20℃	气温＞5℃
冬季两项		
气象要素	**重要影响决策点**	**考虑因素**
新增积雪深度		
风		平均风速＞5m/s
赛道上水平能见度		＜100m
气温、相对湿度	气温＜-20℃或体感温度＜-20	气温＜-15℃，再考虑体感温度
自由式/单板滑雪		
气象要素	**重要影响决策点**	**考虑因素**
新增积雪深度	每小时降雪＞2cm（比赛期间）	自由式滑雪＞0cm（是否下雪）
	或6小时降雪＞10cm	
风	平均风速＞5m/s	平均风速＞3～5m/s
赛道上水平能见度	单板追逐、自由式追逐及单板平行大回转的视程 ＜200m	
	自由式雪上技巧裁判视程＜300m	
	自由式裁判视程＜30m	
气温、相对湿度		气温＞5℃或气温＜-25℃

“十四冬”各赛区预报点位信息表

赛区	赛道名称	预报点位
扎兰屯赛区	空中技巧	空中技巧中点
	U型槽	U型槽起点
		U型槽中间点
		U型槽终点
	雪上技巧	雪上技巧起点
	大跳台	大跳台出发区
		大跳台起跳点
		大跳台结束区
	障碍技巧	障碍技巧起点
		障碍技巧终点
	滑雪登山	滑雪登山山顶
		滑雪登山起点
海拉尔赛区	内蒙古冰上运动训练中心	内蒙古冰上运动训练中心
喀喇沁赛区	美林谷滑雪场比赛用道	山顶备赛区
		赛道起点
		赛道终点
		出发大厅
凉城赛区	障碍追逐	山顶
		起点
		终点
	越野滑雪	越野滑雪起终点
	冬季两项	冬季两项靶场
呼和浩特赛区	群众越野滑雪和速度滑冰	市区内东河广场

“十四冬”各赛区四级对接人信息

赛区	对接方	联系电话	气象联系人	联系电话
扎兰屯赛区	于辉	18604881777	牛宝亮	13614712837
			武艳娟	15184702251
	尹晓辉	13604741863	张　昉	13088553699
			唐　凯	13804573751
	连永平	13904704494	金　淼	13488505805
			赵　斐	13674854085
	张影 (金龙山滑雪场)	18347067585	王　颖	17614700522
海拉尔赛区	朝鲁	13327112008	牛宝亮	13614712837
			董志鹏	15148417565
	张海军	18604702468	张平安	13304703470
			王洪丽	13614800975
	史菊花	18647008899	车延超	13354709185
	张宏国	15804709731	王　莹	18347017917
	李志明	18604702606	杨雷峰	13240859081
喀喇沁赛区	张莹君	15332953851	武艳娟	15184702251
			周昕南	18247300623
	白大鹫	13674870909	季　飏	13404877005
			洪潇宇	18704762216
	刘来力	15804768997	张治楠	15849992391
			洪潇宇	18704762216
	安永琳 （美林谷滑雪场）	13801093112	吕明芯	15148182236
凉城赛区	王金锁	13947185236	武艳娟	15184702251
			司　阳	18747977437
	樊跃峰	13734742221	张兴源	15804826195
			徐　玥	15804608719
	赵润扣	13154744884	王瑞峰	13624743666
			马学峰	13150830960
	刘洋 (凉城滑雪场)	15811199517	陈　杰	15184728724
呼和浩特赛区	秦瑛	15904718989	武艳娟	15184702251
			周昕南	18247300623
	盛海平	15034980098	樊　斌	13664881753
	腾格尔	13604713548	赵东凯	15148070789
	薛金龙	15124718570	杨彩云	15047882982
			张金硕	15847120254
			红　英	18647374656

通报模板

各参赛代表队：

接决策气象服务专报(_月_日_时发布)发送的气象信息，_日时至_日，__________范围天气过程，其中_日_时至_日_时为时段。气象台已发布________预警（预报天气预警）；目前处于_________预警中。（视气象预报情况内容会有所调整）

在安全办赛的大原则下，经xxx组委会/xxx竞委会对气象情况、交通风险等问题的综合研判，决定（推迟、中断、延期、提前、取消）_日_时官方训练/竞赛日程。

特此通知。

xxx组委会/xxx竞委会

年　月　日

重要简报[①]

第十四届全国冬季运动会内蒙古气象中心
工作简报

2024年第10期

第十四届全国冬季运动会内蒙古气象中心办公室　　2024年2月1日

"十四冬"滑雪登山赛事气象保障工作圆满完成

2024年1月30日至2月1日"十四冬"滑雪登山比赛在呼伦贝尔扎兰屯赛区金龙山滑雪场举行，共有16支代表队的49名运动员报名参赛。

本次滑雪登山比赛是首次在全国冬季运动会设项，并将出现在2026年米兰冬奥会上，也是气象部门首次参与到滑雪登山赛事保障中，因此滑雪登山项目的气象阈值并不明晰。1月26日是滑雪登山比赛裁判员报到日，扎兰屯赛区现场预报服务团队积极与滑雪登山竞赛团队对接，初次了解到该项目气象阈值，"大风降雪会有影响，但主要影响在于温度，因为滑雪登山运动员穿的极薄，白天气温低于零下25度的话，会强制要求停止比赛，或者说要强制运动员增加装备。"滑雪登山项目赛事管理、起点

— 1 —

裁判长李冉说。

预报团队开始加强对气温的研判，预计比赛时段没有达到低温阈值的风险，但28日起预判2月1日比赛日有大风天气，并在预报产品中进行提示。29日赛前技术会议召开前，现场服务团队与滑雪登山裁判长康华对接时，对方交流确认了1日早晨的大风天气，安全监督张耀华说："10m/s是六级风吗？那就很大了！"赛前技术会议上，技术代表在会上介绍，根据预报1日早上有大风天气原因，开赛时间向后推迟一小时，11:30开赛，将两轮比赛调整为一轮比赛。

天气预报支撑了本次赛程调整。2月1日清晨到上午风力逐渐减小，符合预期，早晨最大阵风14m/s左右，开赛时减小到10m/s以下，比赛顺利进行。气象部门全力落实习近平总书记"监测精密、预报精准、服务精细"的指示要求，竞赛期间累计为竞赛团队累计提供50期各类精细化预报服务产品，并为竞赛团队赛后返程提供返程地专项天气预报。

"气象保障工作非常细致，在滑雪登山起点、山顶不同时段均有不同的风力、温度数据，使我们的工作得到很多便利！"国家体育总局登山运动管理中心技术代表李振龙接受采访时说。

斩获两金一银的西藏队教练朗加多吉表示："我们特别关注预报，特别准确，感谢你们！"

— 2 —

第十四届全国冬季运动会内蒙古气象中心
工作简报

2024年第12期

第十四届全国冬季运动会内蒙古气象中心办公室　　2024年2月3日

"十四冬"火炬传递气象保障工作圆满完成

"十四冬"火炬传递仪式在2024年2月3日上午在满洲里市启动，途经陈巴尔虎旗、呼伦贝尔市中心城区海拉尔，终点为内蒙古冰上运动训练中心，全长约230公里，总用时约6小时。共有65名火炬手，采用跑步、汽车、雪地摩托、骑马的方式参与火炬传递。

本次火炬传递持续时间长、途径地点多、传递方式多元，气象保障服务难度大。为此海拉尔赛区气象台提前10天开始制作火炬传递3个途经点及线路天气预报，多途径对外发布，让执委会提前掌控途经地点、途经时段的天气情况，为火炬传递安排部署提供有效保障。

气象保障组加强观测保障，多普勒天气雷达24小时不关机，

— 1 —

便携式移动气象站，气象应急保障车逐5分钟加密观测传递线路上温度、相对湿度、风向、风速、降水等气象要素数据。

随着火炬传递的临近，海拉尔赛区气象台预报服务团队在精准预报和精细服务中不断突破，从小时预报到分钟级预报，范围预报到定点定量预报。中央气象台、自治区气象台、海拉尔赛区气象台三级联合会商不定时开展，重点讨论易影响火炬传递的能见度、天气现象，伴随着丰富经验的指导，本地指标的融入，得出预报结论：预计3日火炬传递线路上晴天为主，早间气温较低，需注意防寒保暖，陈巴尔虎旗早间能见度略低，中午将有明显改善，对火炬传递影响不大。3日传递路线的天气现象和气温、陈巴尔虎旗能见度的变化与预报高度一致，火炬传递顺利进行。

本次火炬传递保障活动，气象保障组按照精密监测、精准预报、精细服务理念，以准确、及时、高效气象预报服务圆满完成"十四冬"火炬传递保障任务。

筹委会大型活动部李轩对火炬传递气象保障服务工作给予充分肯定，李轩表示："特别好，特别专业，感谢火炬传递期间提供的气象保障。"

— 2 —

① 工作简报均为原件，未作改动。

第十四届全国冬季运动会内蒙古气象中心
工作简报

2024年第28期

第十四届全国冬季运动会内蒙古气象中心办公室　　2024年2月18日

"十四冬"开幕式气象保障工作圆满完成

2月17日20时，第十四届全国冬季运动会（以下简称"十四冬"）在内蒙古自治区呼伦贝尔市开幕。开幕式以"燃情冰雪 筑梦北疆"为主题，现场座无虚席、热闹非凡，富含民族文化特色的展演节目让人意犹未尽，"数实交融"的点火仪式让人印象深刻，主题烟花秀璀璨夺目，现场成为一片欢腾的冰原。

"十四冬"是内蒙古自治区成立70多年来首次承办全国综合性运动会，也是北京冬奥会后举办的首次全国冬季项目大型体育赛事，"十四冬"开幕式对气象保障服务提出了更高的要求。为此，气象部门提前1个月提供开幕式所在地气候趋势预测，提前10天分析研判，提前7天开始制作内蒙古冰上运动中心预报，

— 1 —

提前5天开始制作开幕式气象服务专报，并多途径对外发布，让执委会提前掌握开幕式的天气情况，为开幕式安排部署提供有效保障。气象保障组加强观测保障，多普勒天气雷达24小时开机，赛场自动气象站与气象应急保障车逐分钟加密观测温度、相对湿度、风向、风速、降水等气象要素。

随着开幕式的临近，自治区气象局党组书记、局长赵黎明，党组成员、副局长刘海波等领导亲自坐镇指挥，中央气象台首席预报员董全亲临一线指导，与中央气象台、自治区气象台针对开幕式期间的温度、风向、风速、降雪情况天气进行专题会商3次。准确的预报结论助力"十四冬"开幕式盛大开启。

本次开幕式保障活动中，气象部门以时不我待、只争朝夕的进取姿态提供全方位、精细化的气象服务，充分展示气象人恪尽职守、无私奉献的精神，获得执委会各方领导一致好评。

— 2 —

第十四届全国冬季运动会内蒙古气象中心
工作简报

2024年第32期

第十四届全国冬季运动会内蒙古气象中心办公室　　2024年2月20日

雪上技巧赛事气象保障工作圆满完成

2024年2月18日至2月19日"十四冬"自由式滑雪雪上技巧比赛在呼伦贝尔市扎兰屯赛区金龙山滑雪场举行，雪上技巧裁判员37人，共有10支代表队的37名运动员参赛，共产生4枚金牌。

2024年2月14日和15日分别是自由式滑雪雪上技巧比赛裁判员和运动员报到日，在此之前，即2024年2月12日，"十四冬"气象保障服务人员全员返岗就位，汇集在扎兰屯赛区气象台，进入工作状态并启动天气会商、产品制作与部分产品的发布工作；2月13日，自由式滑雪雪上技巧前方预报服务团队成员与天气主管对接，了解服务需求。自由式滑雪雪上技巧前方预报服务成员与后方服务团队每天早6时、10时、16时、20时与后

— 1 —

方服务团队开展会商，每天上午7时、11时，下午17时为自由式滑雪雪上技巧天气主管提供气象专报服务产品。

自由式滑雪雪上技巧项目关键影响决策点包括，新增积雪>2cm，平均风>5m/s，水平能见度<200m。2月16日和17日是自由式滑雪雪上技巧训练日，2月18日和19日是自由式滑雪雪上技巧比赛日，在2月15日自由式滑雪雪上技巧前方预报服务成员常煜与天气主管沟通，将训练日和比赛日重点关注天气和可能带来的影响进行解读，指出，训练日期间天气晴好、气温回升、风力较小，但17日夜间后半夜出现的降雪会带来新增积雪，会覆盖前一天赛道表面出现的薄冰层，会对18日正式比赛带来影响；比赛日期间会有小雪、降温、大风天气，能见度较低，体感温度冷，风力加大，会对运动员空中技巧、滑行和回转带来考验。期间，2月15日17:00在鑫港酒店五楼会议室，自由式滑雪雪上技巧前方预报服务成员常煜在领队会上将训练日和比赛日天气向组委会和裁判长进行汇报；2月17日19:00在金百灵酒店B座二楼会议室，扎兰屯市气象局局长金淼、扎兰屯赛区预报服务团队负责人王颖与自由式滑雪雪上技巧竞赛长张云峰进一步对接气象服务需求，共同探讨18日降雪对雪上技巧赛事的影响，并向扎兰屯市市委副书记、市长王波汇报，领队会上，雪上技巧竞赛长张云峰部署赛区服务人员及时进行清雪工作。

气象部门全力落实习总书记"监测精密、预报精准、服务精细"的指示要求，竞赛期间为天气主管累计提供19期气象专报

— 2 —

服务产品，由“十四冬”官方网站和官方微信公众号气象专栏、“十四冬”气象服务专题网站、中国天气网“十四冬”专栏等向公众发布。天气预报支撑了自由式滑雪雪上技巧训练日和比赛日各项赛事的顺利进行，天气预报结论接近实况，降雪、大风带来的影响也符合预期。

自由式滑雪雪上技巧竞赛长张云峰对气象保障服务高度认可，过程中和结束后分别表示：“你们非常专业！”“感谢气象保障团队的大力支持与帮助！气象服务到位，精准！感谢！”

— 3 —

第十四届全国冬季运动会内蒙古气象中心
工 作 简 报

2024 年第 35 期

第十四届全国冬季运动会内蒙古气象中心办公室　　　　2024 年 2 月 22 日

“十四冬”单板和自由式滑雪障碍追逐比赛现场预报服务保障工作圆满完成

2024 年 2 月 17 日至 2 月 21 日“十四冬”障碍追逐比赛在乌兰察布凉城滑雪场举行，共有 28 支代表队的 97 名运动员报名参赛，产生 9 枚金牌。

凉城赛区现场预报服务团队积极与障碍追逐竞赛团队对接气象服务需求，“特别要关注降雪时赛道的能见度变化，当低于 200 米时，比赛难以进行。”障碍追逐技术代表王制说。为做好赛事保障工作，自 12 日开始前方预报团队与竞赛团队开展合署办公，现场汇报天气情况，每日提供 3 个时次 2 个点位的天气预报、2 个时次的场馆通报和逐小时或逐半小时的实况产品，做到

— 1 —

精细化预报与贴身式服务。

气象服务保障工作非常重要，短短 5 天赛事，2 次高影响天气导致赛事调整时间。

16 日，预报首席领队会上介绍赛事期间天气情况及后期影响，提示 17 日赛道最高气温将升至 8℃，有融雪风险，会导致赛道含水率增加、雪质湿化甚至泥化。竞委会根据天气信息将 17 日 10 时的单板滑雪障碍追逐比赛提前 30 分钟举行。期间预报员向竞赛组提供精细化赛时天气预报及升温趋势，竞赛长根据预报意见加快赛道修整，压缩比赛准备时间，最终安全、顺利地完成了比赛。

21 日，受到大风天气影响，运动员、裁判员上山索道临时关闭，将影响赛程。竞委会根据预报信息于 10 时 30 分召开仲裁委员会，首席马学峰介绍天气实况，提示“风力逐渐减弱，能见度较好”，竞赛长决定立刻进行公开训练，将赛事推迟 1 小时 50 分进行，最终比赛如期完成，未影响整体赛程。期间，技术代表现场坐镇向预报员实时了解天气情况，气象部门加密提供天气实况产品。早晨最大阵风 14m/s 左右，开赛时减小到 10m/s 左右，符合预期，顺利完赛。

气象部门全力落实习近平总书记“监测精密、预报精准、服务精细”的指示要求，发挥基层党支部战斗堡垒作用和党员先锋模范作用，全力以赴做好“十四冬”气象服务保障工作，竞赛期间累计向竞赛团队提供各类预报服务产品 85 期，并在赛后提供

— 2 —

返程地专项天气预报 1 期。

气象服务坚持需求引领，赢得竞委会及保障人员对气象服务一致赞誉。障碍追逐项目竞赛长王楠高度肯定气象服务工作："感谢气象部门对竞赛工作的全力配合，你们的精准预报和精细服务为赛事的顺利举办提供了有力支持！"赛后，自由式滑雪障碍追逐公开组男子冠军哈斯提尔•阿德力江说"气象预报挺准的，挺准的！"

第十四届全国冬季运动会内蒙古气象中心
工 作 简 报

2024 年第 37 期

第十四届全国冬季运动会内蒙古气象中心办公室　　2024 年 2 月 24 日

"十四冬"冬季两项比赛现场预报服务保障工作圆满完成

2024 年 2 月 15 日至 2 月 23 日"十四冬"冬季两项比赛在乌兰察布市凉城滑雪场举行，共有 12 支代表队的 174 名运动员报名参赛，产生 11 枚金牌。

为做好赛事保障工作，自 11 日开始前方预报团队紧跟赛事，实时与竞赛团队沟通，提供最新天气预报，每日提供 5 个时次靶场站的天气预报、2 个时次的天气通报和逐小时的实况产品，并向竞赛团队多次推广"冬运气象"小程序，全程提供精细化预报服务。气象部门全力落实习近平总书记"监测精密、预报精准、服务精细"的指示要求，发挥基层党支部战斗堡垒作用和党员先锋模范作用，

全力以赴做好"十四冬"气象服务保障工作，竞赛期间累计向竞赛团队提供各类预报服务产品 105 期，接受现场咨询 4 次，并在赛后提供返程地专项天气预报 1 期。

赛前预报服务团队与竞赛团队对接气象服务需求，竞赛团队临时提出需要气象部门提供冬季两项赛道三个点位的雪温实况。由于赛区志愿者人数不足，无法对标冬奥由志愿者完成，同时比赛开始后保障人员无法进入赛道进行测量，最终通过埋入地温传感器的方式作为雪温实况数据，与红外雪温仪和手持雪温仪数次对比观测后确定探测精度在 ±0.1℃以内，数据时效间隔缩短至 1 分钟，使用 5G 高速网络将雪温数据实时发送至竞委会，受到了竞委会高度认可。

正式决赛阶段，过暖融雪、寒潮、大风天气接踵而至，气象服务保障工作也显得尤为重要。

16 日，预报首席及时通过赛前领队会、微信等多次与竞赛长沟通，提示 17 日赛道最高气温将升至 10℃，有融雪风险，会导致赛道含水率增加、雪质湿化甚至泥化。竞赛组根据天气信息在 17 日下午越野滑雪比赛结束后及时赴赛场查看雪质情况，并制定应急方案，储备盐等物品以便应对特殊情况，及时对赛道进行修整，最终 18 日女子和男子个人赛顺利完赛。

20 日，受寒潮天气影响，凌晨 4 时左右赛区出现飘雪天气，与前期预报降雪开始时段一致，前方预报首席徐玥根据天气情况微信提示竞赛长"冷空气提前达到，风力加大"，竞赛长根据天气信

息及时通知裁判员和各代表队，提前到达赛场加固赛道围板等，比赛顺利结束。

气象服务坚持需求引领，赢得竞委会对气象服务一致赞誉。冬季两项竞赛长史明高度肯定气象服务工作，并对气象部门表示感谢。

— 3 —

第十四届全国冬季运动会内蒙古气象中心

工作简报

2024 年第 40 期

第十四届全国冬季运动会内蒙古气象中心办公室　　2024 年 2 月 26 日

自由式滑雪空中技巧赛事气象保障工作圆满完成

2024 年 2 月 17 日至 2 月 24 日“十四冬”自由式滑雪空中技巧比赛在呼伦贝尔扎兰屯赛区金龙山滑雪场举行，该项目比赛分为自由式滑雪空中技巧公开组个人赛（男子和女子）、自由式滑雪空中技巧青年组（男子、女子）、自由式滑雪空中技巧公开组混合团体和自由式滑雪空中技巧青年组混合团体，赛事分为三天的训练日和四天预、决赛。

2 月 18 日-21 日，一次风雪寒潮天气影响扎兰屯赛区，根据现场服务团队预判，将对比赛有较大影响。在 2 月 17 日晚 20: 00 左右召开第一次领队会上，现场预报服务团队空中技巧赛事负责

— 1 —

人江靖向赛事竞赛长和各领队通报了未来七天的天气情况，着重表明 2 月 18 日到 21 日气温偏低，风力较大。竞赛长王明强表示如果出现大风天气，根据当天现场天气实时研判，视情况应对。

2 月 20 日公开训练日期间，早上由于场地风力太大，裁判团医疗气象负责人孟兵林联系江靖，气象部门为竞赛团队定制化制作 10: 00 至 15: 00 精细化预报 1 期，随后跟进实况产品 4 期。同时，根据需求，自治区气象数据中心为空中技巧裁判组紧急开发实况数据展示网页，并布设在空中技巧裁判房，优化“冬运会赛场气象实况”微信小程序，增加“空中技巧”站点实况数据专项服务。现场服务团队江靖向孟兵林推介小程序，孟兵林认为非常方便，在裁判微信群中向大家推广。天气实况信息同时显示在央视直播画面中。

20 日 13: 30 竞赛工作对接会，竞赛与气象联动，交流天气情况。竞赛体育总局冬管中心竞赛部副部长韩晓鹏指出，“根据扎兰屯赛区预报情况，2 月 21 日上午将出现大风天气，为确保运动员比赛安全，2 月 21 日的公开组比赛，关于赛程和赛制做了两个预案”。21 日比赛中采取预案 1，比赛中风力较大，气象加密制作 1 期 10: 00 至 15: 00 的精细化预报。

22 日比赛按计划执行，中午时段，由于增温快，湍流活动加强，瞬时风速超过 12m/s，比赛紧急叫停，江靖迅速对接竞赛长王明强介绍天气情况，预判一小时左右风速会降低，14: 50 比赛正常进行，并顺利完赛。23-24 日比赛时段风力较小，非常适

— 2 —

宜比赛，当日比赛均按赛事计划顺利完成。

自由式滑雪空中技巧比赛在风雪寒潮天气中开始，在风和日丽中落下帷幕，整个赛事气象保障服务中，针对自由式滑雪空中技巧比赛，共发布关键点位精细化预报20期，定制化加急提供精细化预报2期，提供整点实况产品36期。气象预报保障服务团队以准确、及时、高效的气象预报服务圆满完成“十四冬”自由式滑雪空中技巧赛事气象保障工作任务。

— 3 —

第十四届全国冬季运动会内蒙古气象中心
工作简报

2024年第41期

第十四届全国冬季运动会内蒙古气象中心办公室　　2024年2月26日

“十四冬”自由式和单板滑雪大跳台赛事气象保障工作圆满完成

2024年2月15日至2月24日“十四冬”自由式和单板滑雪大跳台赛事在呼伦贝尔扎兰屯赛区金龙山滑雪场举行，青年组和公开组共计94名运动员报名参赛。

该项比赛原定比赛日期为2024年2月15日至2月21日，期间2月18日至21日举行的单板滑雪大跳台公开训练和比赛受大风、低温和降雪天气影响延期举办。

扎兰屯赛区气象条件复杂，大跳台场地对风力较为敏感，独特的气候背景和场地地形对赛事的开展影响较大，“十四冬”比赛有青年组和公开组，参赛人员年龄、水平差距大，对气象服务

— 1 —

提出了更为严苛的要求。

扎兰屯赛区现场预报服务团队大跳台赛事前方负责人紧密关注场地与气象条件的关系，梳理风速、风向对比赛的影响，并把本地气象条件和天气预报及时告诉竞赛主任、竞赛长和技术代表。赛事期间现场预报服务团队累计发布冬运气象专报20期、精细化预报产品30期，提供天气实况信息2次，参加领队会5次，现场临时领队会6次，精准预报了18日降雪、20-21日大风和降温天气过程。根据气象预报，竞赛委员会、执委会办公室19日对20-21日赛程做出延期通知，21日再次根据天气情况及赛前训练实际情况，对赛程提前进行了调整，气象服务为赛事的顺利举办提供了有力支撑，展现了气象服务的高水平、高素养。

针对大跳台气象服务，各参赛队领队对气象服务的准确性、针对性给予了高度肯定，该项赛事明星运动员苏翊鸣多次在领队会上针对气象条件对赛事的影响提出问题，并得到了现场服务团队郭宏的准确回答，苏翊鸣对赛事气象服务给予高度评价，认为气象服务对本次大跳台比赛的安全、顺利举行具有关键作用。竞赛委员会和技术代表、竞赛长等均对气象服务给予了高度评价，竞赛主任周瑾表示：“气象预报非常准确，为赛事的举办提供了有效支持，感谢气象团队的付出”；技术代表孟述多次对气象服务进行表扬，并在多场临时领队会上肯定了气象预报的准确性；竞赛长关哈福特表示：“感谢气象团队的辛苦付出，气象团队展现了国内一流的气象服务能力”。

— 2 —

第十四届全国冬季运动会内蒙古气象中心

工 作 简 报

2024 年第 44 期

第十四届全国冬季运动会内蒙古气象中心办公室　　2024 年 2 月 27 日

“十四冬”越野滑雪比赛现场预报服务保障工作圆满完成

2024 年 2 月 14 日至 2 月 26 日“十四冬”越野滑雪比赛在乌兰察布凉城赛区凉城滑雪场举行，共有 25 支代表队的 383 名运动员报名参赛，产生 18 枚金牌。

为做好赛事保障工作，自 2 月 11 日开始前方预报团队紧跟赛事，实时与竞赛团队沟通，提供最新天气预报，每日提供 5 个时次靶场站的天气预报、2 个时次的场馆通报和逐小时的实况产品，并向竞赛团队多次推广“冬运气象”小程序，全程提供精细化预报服务。气象部门全力落实习近平总书记“监测精密、预报精准、服务精细”的指示要求，发挥基层党支部战斗堡垒作用和党员先锋模范

— 1 —

作用，全力以赴做好“十四冬”气象服务保障工作，竞赛期间累计向竞赛团队提供各类预报服务产品 122 期，并在赛后提供返程地专项天气预报 1 期。

赛前预报服务团队与竞赛团队对接气象服务需求，竞赛团队临时提出需要气象部门提供冬季两项赛道三个点位的雪温实况。由于赛区志愿者人数不足，无法对标冬奥由志愿者完成，同时比赛开始后保障人员无法进入赛道进行测量，最终通过埋入地温传感器的方式作为雪温实况数据，与红外雪温仪和手持雪温仪数次对比观测后确定探测精度在 ± 0.1℃以内，数据时效间隔缩短至 1 分钟，使用 5G 高速网络将雪温数据实时发送至竞委会，受到了竞委会高度认可。

正式决赛阶段，过暖融雪、寒潮、大风天气接踵而至，气象服务保障工作也显得尤为重要。

14 日，越野滑雪进行第一场比赛，赛前预报比赛当日上午有弱冷空气经过，赛场可能有零星降雪，风速不大，现场预报首席徐玥调阅了最新的模式产品，发现此次大风与冷空气过境密切相关，冷空气移出后风速会下降。得出结论后，她及时向竞赛组汇报“1 个小时后风速会下降”。事实证明，10 点以后风速明显减小，比赛顺利进行。

16 日，预报首席及时通过微信等与竞赛长沟通，提示 17 日赛道最高气温将升至 10℃，有融雪风险，会导致赛道含水率增加、雪质湿化甚至泥化，但比赛时段最高气温为 7℃，与 16 日比赛时

— 2 —

段最高气温相差不大，整体来说对比赛影响不大。竞赛团队根据天气信息决定按计划完成赛事，最终 17 日公开组女子团体短距离和公开组男子团体短距离顺利进行。

气象服务坚持需求引领，赢得竞委会对气象服务一致赞誉。越野滑雪竞赛长张学春高度肯定气象服务工作，并对气象服务表示肯定。

— 3 —

第十四届全国冬季运动会内蒙古气象中心

工作简报

2024年第45期

第十四届全国冬季运动会内蒙古气象中心办公室　　2024年2月27日

“十四冬”坡面障碍技巧赛事气象保障工作圆满完成

2024年2月18日至2月24日“十四冬”坡面障碍技巧比赛在呼伦贝尔扎兰屯赛区金龙山滑雪场举行，其中自由式坡面障碍技巧共有12支代表队的34名运动员参赛，单板坡面障碍技巧共有17支代表队的65名运动员参赛。

坡面障碍技巧主要考验运动员过障碍的水平、难度、质量、跳台上空翻转体的高度、难度及着陆。由于比赛过程中运动员会有腾空动作，因此较大的横风将对比赛有影响。同时，部分运动员在坡面障碍技巧和大跳台项目上有兼项，如遇到天气原因需要进行赛程的调整时，则变得更为复杂，对天气及时、准确的预报提出了更大考验。

— 1 —

该项比赛原定于2024年2月18日至2月26日进行，因为大风天气，在赛程上经历了取消、延期和提前，赛制也有调整，对此，在下沉工作组积极、正确指导下，扎兰屯赛区预报服务团队为赛程赛制优化提供了有力支撑。

17日下午竞赛工作对接会中，预报服务团队负责人重点提示了20日高影响天气。18日中午，竞赛部门通知要启动应急联动机制以保障赛事顺利运行，冬运办执行副主任指导赛区预报服务加密事宜。下午，竞赛工作对接会议上，预报服务团队负责人详细介绍未来几天高影响天气，会后，筹委会竞赛部门与下沉工作组冬运办副主任深入对接应急联动机制启动工作，经深入沟通后，针对未来三天高影响天气，气象向竞赛部门提供冬运气象专报和精细化预报即可，气象和竞赛部门应急联动高效运行，为筹委会下一步赛程优化调整等工作的推进提供有力支撑。

19日为训练日，在裁判房内领队们普遍反应赛道上的风力和风向对于腾空动作的影响很大，竞委会立即召开了临时领队会，坡面障碍技巧赛事现场预报服务负责人隋沆锐在现场说明了20-21日风的情况，并给出相应提示，17时领队会上，竞赛长表示根据天气情况、出于安全考虑，决定将20-21日的自由式滑雪坡面障碍技巧项目公开组男、女预赛决赛延期，调整为22日进行公开组女子决赛、23日进行公开组男子决赛。

21日竞赛团队与气象对接过程中，隋沆锐对25-26日的大风天气进行了提醒，赛程赛事面临再次调整。当日领队会上，竞

— 2 —

赛团队表示，根据预报，22日上午比赛推迟进行，24-25日取消预赛，26日青年组和公开组决赛提前至23日、24日进行。另外由于场地情况和比赛时间有限，为保障男子、女子两个组别能够安全顺利的完赛，赛制由“三跳”改为“两跳取一跳最好成绩”。

这一系列赛程和赛制科学、合理的优化离不开及时、准确的气象预报及贴身式的气象服务。期间，扎兰屯赛区现场预报服务团队为执委会和本项赛事的竞赛团队累计提供84期各类精细化预报服务产品，圆满完成“十四冬”坡面障碍技巧赛事保障任务。

INNER MONGOLIA 2024

第十四届全国冬季运动会

— 3 —

第十四届全国冬季运动会内蒙古气象中心
工 作 简 报

2024 年第 46 期

第十四届全国冬季运动会内蒙古气象中心办公室　　2024 年 2 月 27 日

"十四冬"扎兰屯赛区 U 型场地技巧赛事气象保障工作圆满完成

呼伦贝尔扎兰屯赛区金龙山滑雪场 U 型场地技巧比赛分为两个阶段，2024 年 2 月 13 日至 2 月 17 日举办单板滑雪 U 型场地技巧比赛，2 月 22 日至 2 月 26 日举办自由式滑雪 U 型场地技巧比赛，是扎兰屯赛区农历新年之后开赛最早且结束最晚的比赛项目。

2 月 12 日（正月初三），扎兰屯赛区现场服务团队 24 人进驻扎兰屯市气象局。上午，下沉工作组冬运办执行副主任一行参加竞赛工作对接会，全面进入"十四冬"扎兰屯赛区赛事保障工作状态。下午，扎兰屯赛区预报服务团队负责人参加单板滑雪 U 型场地技巧第一次领队会，现场介绍未来三天天气情况及风的影

— 1 —

响。

单板滑雪 U 型场地技巧比赛期间共参加三次领队会并进行现场天气介绍，整体比赛期间，天气条件较为适宜，比赛按计划进行。

自由式滑雪 U 型场地技巧比赛日程较满，2 月 22-23 日为训练日，2 月 24-25 日为预赛，2 月 26 日为决赛，决赛日为扎兰屯赛区全部赛事的最后一天，因此该项比赛没有任何因为天气原因延期的可能。

期间，早在 21 日预报服务团队就注意到了 25 日的大风天气很可能对比赛造成影响，下午在自由式滑雪 U 型场地技巧首场领队会上，便特别指出了 24 日天气最为适宜以及 25 日大风的具体预计情况。

根据扎兰屯赛区气象台提前预报本次大风天气过程，执委会和竞委会将 25 日公开组预赛提前到 24 日与青年组预赛相继进行，25 日作为竞赛休息日。天气实况数据表明，25 日山顶阵风达到 8 级以上，U 型槽起点阵风 7 级，26 日上午风力明显减小，符合预期，26 日决赛如期完赛！

气象部门全力落实习总书记"监测精密、预报精准、服务精细"的指示要求，本次过程中精准的预报和精细化的服务为赛程优化提供了科学支撑！

U 型场地技巧比赛期间为竞赛团队和执委会累计提供 70 期各类精细化预报服务产品。扎兰屯赛区最后一项赛事——自由式

— 2 —

滑雪 U 型场地技巧比赛结束后，扎兰屯赛区气象台贴心为技术官员和各领队提供返程天气预报，发送至场地竞赛保障微信群和十四冬双 U 代表队联络群，国家体育总局冬运管理中心副主任李扬随即表示："本次赛会气象服务对于本赛区赛事科学筹划起到了关键性作用，得到各方高度认可，辛苦了"。

— 3 —

第十四届全国冬季运动会内蒙古气象中心
工作简报

2024年第47期

第十四届全国冬季运动会内蒙古气象中心办公室　　2024年2月29日

“十四冬”冰上项目赛事气象保障工作圆满完成

2024年2月14日至2月27日“十四冬”冰壶（公开组）、短道速滑（公开组）、冰球（青年组）、花样滑冰（公开组）、速度滑冰（青年组）五项赛事在呼伦贝尔海拉尔赛区内蒙古冰上运动训练中心举行，共计740名运动员报名参赛。

“十四冬”冰上项目赛程长、项目多、关注度高，对气象保障服务提出了更高的要求。为此，气象部门提前1个月提供海拉尔赛区气候趋势预测，提前10天分析研判，提前7天制作未来七天预报、环境气象预报、交通影响预报，提前3天开始制作赛场精细化预报和赛事人员驻地预报，并多途径对外发布，让执委会、教练员、运动员提前掌握天气情况，为赛事的顺利举办提供了有力支撑。气象保障组加强观测保障，赛前3天起多普勒天气

— 1 —

雷达24小时开机，赛场自动气象站逐分钟加密观测温度、相对湿度、风向、风速、降水等气象要素数据；赛时按照场馆需求，在短道速滑馆裁判席布设便携自动站，在场馆马道上布设手持气象站，开发短道速滑馆室内外逐小时温度湿度监控页面，为短道速滑馆室内温度控制提供精准依据。

此次冰上项目气象服务赢得教练、领队、工作人员等多方认可肯定。“十四冬”执委会综合保障工作部副部长敖东明表示：“气象部门是进入状态最早的，服务最靠前的、最有针对性的，也是最让人放心的！希望再接再厉，做好监测预报，为赛事提供高标准气象服务。”竞赛工作部副部长史菊花指出：“针对短道馆各赛事，气象保障组发挥了重要作用，服务很到位！特别是近几天来为场馆提供的室内气象数据监测，及时准确高效，为场馆运行及赛事顺利举行提供了重要参考依据，谢谢你们”。

INNER MONGOLIA 2024
第十四届全国冬季运动会

— 2 —

第十四届全国冬季运动会内蒙古气象中心
工作简报

2024年第48期

第十四届全国冬季运动会内蒙古气象中心办公室　　2024年2月29日

“十四冬”闭幕式气象保障工作圆满完成

2月27日20时，第十四届全国冬季运动会（以下简称“十四冬”）在内蒙古自治区呼伦贝尔市闭幕。闭幕式以《我和草原有个约定》为主题，现场座无虚席、热闹非凡，富含民族文化特色的展演节目让人意犹未尽，徐徐熄灭的圣火让人感到恋恋不舍，主题烟花秀璀璨夺目，大家依依惜别、互致祝福，期待着下次冬运会再见。

“十四冬”是内蒙古自治区成立70多年来首次承办全国综合性运动会，也是北京冬奥会后举办的首次全国冬季项目大型体育赛事，“十四冬”闭幕式对气象保障服务提出了更高的要求。为此，气象部门提前1个月提供闭幕式所在地气候趋势预测，提前7天分析研判，提前5天开始制作闭幕式气象服务专报，并多

— 1 —

途径对外发布，让执委会提前掌握闭幕式的天气情况，为闭幕式安排部署提供有效保障。气象保障组加强观测保障，多普勒天气雷达24小时开机，赛场自动气象站与气象应急保障车逐分钟加密观测温度、相对湿度、风向、风速、降水等气象要素数据。

随着闭幕式的临近，自治区气象局党组成员、副局长刘海波等领导亲自坐镇指挥，与中央气象台、自治区气象台针对闭幕式期间的温度、风向、风速、降雪情况进行专题会商3次。准确的预报结论助力“十四冬”圆满闭幕。

本次闭幕式保障活动中，气象部门以时不我待、只争朝夕的进取姿态提供全方位、精细化的气象服务，充分展示气象人恪尽职守、无私奉献的精神，获得执委会各方领导一致好评。

INNER MONGOLIA 2024
第十四届全国冬季运动会

— 2 —

“十四冬”气象保障服务大事记

日期	活动/事件
2023 年 3 月 2 日	内蒙古自治区气象局参加“十四冬”筹备委员会会议
2023 年 3 月 6 日	内蒙古自治区气象局党组书记、局长党志成在中国气象局向张祖强副局长汇报“十四冬”气象保障服务有关情况
2023 年 4 月 19 日	内蒙古自治区气象局印发《关于成立第十四届全国冬季运动会内蒙古气象中心的通知》
2023 年 4 月 23 日	内蒙古自治区气象局组织召开气象保障部工作会议
2023 年 5 月 8 日	参加“十四冬”筹委办专项工作部集中办公调度会，研究气象保障部筹备全过程重要节点工作
2023 年 5 月 29 日	内蒙古自治区人民政府办公厅印发《关于调整第十四届全国冬季运动会筹备委员会组成人员和机构设置的通知》，内蒙古自治区气象局局长党志成任筹委会委员，筹委会下设 15 个专项工作部，单独设立气象保障部，内蒙古自治区气象局局长党志成任部长，作为专项工作部之一，承担“十四冬”气象保障服务工作
2023 年 6 月 10 日	“十四冬”项目管理系统正式启动，内蒙古自治区气象局负责气象保障部模块运维
2023 年 6 月 14 日	“十四冬”组委会全体会议在呼伦贝尔召开，内蒙古自治区气象局局长党志成参加会议
2023 年 7 月 24 日	内蒙古自治区气象局副局长刘海波带领相关处室负责人赴中国气象局对接工作
2023 年 8 月 11 日	“十四冬”筹委办印发《关于调整第十四届全国冬季运动会筹备委员会组成人员和成员单位的通知》，筹委会成员、气象保障部部长由内蒙古自治区气象局局长党志成调整为内蒙古自治区气象局党组成员、副局长杨志捷
2023 年 9 月 19—28 日	气象保障部副部长刘海波带队在呼伦贝尔市海拉尔参加“十四冬”筹委会各专项工作部第一阶段合署办公
2023 年 9 月 21—24 日	海拉尔赛区气象台开展中国杯短道速滑精英联赛（呼伦贝尔站）暨“十四冬”资格赛气象保障服务
2023 年 10 月 9—11 日	内蒙古自治区气象局副局长杨志捷带队在呼伦贝尔市海拉尔参加“十四冬”筹委会各专项工作部第二阶段合署办公
2023 年 10 月 20 日	第十四届全国冬季运动会筹备委员会印发《关于印发环境治理部组成人员和机构设置的通知》，内蒙古自治区气象局副局长刘海波任环境治理部副部长之一，兼任监测预警组副组长之一

续表

日期	活动/事件
2023 年 10 月 31 日—11 月 3 日	海拉尔赛区气象台开展 2023—2024 年赛季中国杯短道速滑精英联赛(呼伦贝尔站)暨"十四冬"资格赛气象保障服务
2023 年 11 月 1 日	内蒙古自治区气象局印发《第十四届全国冬季运动会气象服务应急预案》
2023 年 11 月 1 日	内蒙古自治区气象局印发《第十四届全国冬季运动会气象服务专项方案》《第十四届全国冬季运动会观测与网络专项方案》《第十四届全国冬季运动会预报预测专项方案》《第十四届全国冬季运动会宣传科普专项方案》
2023 年 11 月 2 日	内蒙古自治区气象局印发《内蒙古自治区气象局关于组建第十四届全国冬季运动会气象服务团队的通知》
2023 年 11 月 3 日	第十四届全国冬季运动会内蒙古气象中心办公室印发《关于建立"十四冬"气象保障服务工作机制的通知》
2023 年 11 月 9 日	"十四冬"倒计时 100 天誓师动员大会在内蒙古自治区呼和浩特市举行,副局长杨志捷、副局长李春筱及相关单位负责同志参会
2023 年 11 月 10—16 日	海拉尔赛区气象台开展 2023 年全国青年女子冰球锦标赛(U18)气象保障服务
2023 年 11 月 16—23 日	"十四冬"气象预报服务专题培训班在呼和浩特开班
2023 年 11 月 28—29 日	"十四冬"气象人工智能专题培训班在呼和浩特开班
2023 年 11 月 30 日	中国气象局应急减灾与公共服务司印发《第十四届全国冬季运动会气象保障工作方案》
2023 年 11 月 30—12 月 1 日	"十四冬"气象观测与网络专题培训班在呼和浩特开班
2023 年 12 月 10 日—2024 年 1 月 14 日	"十四冬"气象预报服务团队赴扎兰屯赛区、喀喇沁赛区、凉城赛区开展驻场实训
2023 年 12 月 11 日	为《第十四届全国冬季运动会代表团通用政策》提供"十四冬"期间气候特征、气象信息获取方式等
2023 年 12 月 12 日	"十四冬"筹委办印发《关于执行第十四届全国冬季运动会办赛资金和基础设施及大型设备购置资金预算的通知》
2023 年 12 月 12 日	"十四冬"各赛区气象台成立临时党支部
2023 年 12 月 15—17 日	内蒙古自治区气象局局长赵黎明赴呼伦贝尔市下沉办公,深入内蒙古冰上运动训练中心、扎兰屯金龙山滑雪场实地指导"十四冬"气象保障工作
2023 年 12 月 20 日	组织开展"十四冬"气象保障服务全流程演练
2023 年 12 月 21—22 日	内蒙古自治区气象局局长赵黎明带队到中国气象局相关直属单位和北京市气象局对接"十四冬"气象保障服务工作
2023 年 12 月 22 日	第十四届全国冬季运动会内蒙古气象中心办公室印发《关于印发呼伦贝尔、乌兰察布赛区气象中心资格赛和决赛专项方案的通知》
2023 年 12 月 22 日—2024 年 1 月 10 日	扎兰屯赛区气象台开展 2023—2024 年赛季全国自由式滑雪空中技巧、自由式滑雪大跳台和坡面障碍技巧、单板滑雪大跳台和坡面障碍技巧锦标赛暨"十四冬"资格赛气象保障服务
2023 年 12 月 23 日—2024 年 1 月 10 日	凉城赛区气象台开展 2023—2024 年赛季全国越野滑雪锦标赛暨"十四冬"资格赛气象保障服务
2023 年 12 月 23 日	"十四冬"气象观测与网络、气象服务项目完成全部建设任务

续表

日期	活动/事件
2023 年 12 月 24 日	内蒙古自治区气象局“十四冬”气象服务网站正式上线“十四冬”官网
2023 年 12 月 25 日	“十四冬”筹委办印发《关于调整第十四届全国冬季运动会筹备委员会组成人员的通知》，筹委会成员、气象保障部部长由内蒙古自治区气象局党组成员、副局长杨志捷调整为内蒙古自治区气象局局长赵黎明
2023 年 12 月 25 日	内蒙古自治区气象局印发《关于调整第十四届全国冬季运动会内蒙古气象中心组成人员的通知》
2024 年 1 月 3 日	内蒙古自治区气象局局长赵黎明到凉城赛区调研指导工作
2024 年 1 月 6—17 日	海拉尔赛区气象台开展冰壶(青年组)赛事气象保障服务
2024 年 1 月 8 日	“十四冬”气象保障服务进入特别工作状态
2024 年 1 月 8—10 日	中国气象局气象探测中心副主任张雪芬一行先后深入内蒙古自治区气象局、扎兰屯赛区调研考察“十四冬”气象观测与网络保障工作
2024 年 1 月 9 日	组织开展“十四冬”气象保障服务第二次全流程演练
2024 年 1 月 11 日	“十四冬”筹委办印发《第十四届全国冬季运动会竞赛组织与气象保障服务联动工作机制》
2024 年 1 月 11—12 日	“十四冬”气象预报服务专题培训班在呼伦贝尔扎兰屯市开班
2024 年 1 月 11—14 日	海拉尔赛区气象台开展短道速滑(青年组)、速度滑冰(公开组)赛事气象保障服务
2024 年 1 月 12 日	中国气象局组织召开“十四冬”气象保障服务专题调度会
2024 年 1 月 13—14 日	呼和浩特赛区气象台开展“十四冬”群众速度滑冰、越野滑雪气象保障服务
2024 年 1 月 14 日	“十四冬”气象预报预测项目完成全部建设任务
2024 年 1 月 15—16 日	中央媒体“新春走基层”到扎兰屯赛区、海拉尔赛区采访
2024 年 1 月 17—19 日	海拉尔赛区气象台开展花样滑冰(青年组)赛事气象保障服务
2024 年 1 月 21 日	内蒙古自治区气象局局长赵黎明、中国气象局地球系统数值预报中心主任龚建东一行到喀喇沁赛区指导“十四冬”单板滑雪平行大回转赛事气象保障服务
2024 年 1 月 22—25 日	喀喇沁赛区气象台开展“十四冬”单板滑雪平行大回转赛事气象保障服务
2024 年 1 月 26 日	内蒙古自治区气象局副局长刘海波参加“十四冬”筹备工作座谈会
2024 年 1 月 29 日	国家气象信息中心副主任邓鑫一行到内蒙古自治区气象局实地指导对接“十四冬”数值预报模式在和林格尔超算中心的部署运行情况、网络带宽资源支撑情况以及“十四冬”网络安全保障情况
2024 年 1 月 30 日—2 月 1 日	扎兰屯赛区气象台开展“十四冬”滑雪登山气象保障服务
2024 年 2 月 1 日	内蒙古自治区气象局副局长刘海波参加“十四冬”筹办工作动员部署会
2024 年 2 月 3 日	呼伦贝尔气象分中心开展“十四冬”火炬传递仪式气象保障服务
2024 年 2 月 4 日	内蒙古自治区气象局组织召开“十四冬”开(闭)幕式和决赛气象保障服务动员部署会
2024 年 2 月 5 日	内蒙古自治区气象部门参与“十四冬”筹委办赛区工作专班下沉办公
2024 年 2 月 14 日	内蒙古自治区副主席么永波主持召开扎兰屯赛区、凉城赛区下沉工作专班视频调度会议，内蒙古自治区气象局参加会议
2024 年 2 月 14 日	内蒙古自治区气象局副局长刘海波到扎兰屯金龙山滑雪场现场检查指导，与国家体育总局冬季运动管理中心副主任李扬以及扎兰屯赛区下沉工作专班负责人王武对接交流

续表

日期	活动/事件
2024年2月15日	内蒙古自治区党委书记、人大常委会主任孙绍骋到扎兰屯金龙山滑雪场气象办公室调研
2024年2月14—27日	海拉尔赛区气象台开展“十四冬”开(闭)幕式以及短道速滑(公开组)、花样滑冰(公开组)、速度滑冰(青年组)、冰壶(公开组)、冰球(青年组)赛事气象保障服务
2024年2月14—27日	凉城赛区气象台开展单板滑雪障碍追逐、自由式滑雪障碍追逐、越野滑雪、冬季两项赛事气象保障服务
2024年2月15—27日	扎兰屯赛区气象台开展自由式滑雪空中技巧、自由式滑雪雪上技巧、单板滑雪U型场地技巧、自由式滑雪U型场地技巧、单板滑雪大跳台和坡面障碍技巧、自由式滑雪大跳台和坡面障碍技巧赛事气象保障服务
2024年2月16日	国—省—市—县四级气象部门联合召开的“十四冬”开幕式专题会商
2024年2月16日	内蒙古自治区党委书记、人大常委会主任孙绍骋主持召开“十四冬”座谈会,内蒙古自治区气象局局长赵黎明参加会议
2024年2月17日	内蒙古自治区气象局局长赵黎明参加“十四冬”组委会全体会议暨代表团团长会议
2024年2月17日	“十四冬”开幕式在呼伦贝尔市海拉尔区内蒙古冰上运动训练中心举行,内蒙古自治区气象局局长赵黎明、副局长刘海波参加开幕式活动
2024年2月23日	内蒙古自治区气象局局长赵黎明一行到凉城赛区实地检查指导赛事气象保障工作
2024年2月23日	内蒙古自治区气象局副局长刘海波到扎兰屯金龙山滑雪场气象办公室指导工作
2024年2月23日	国家体育总局副局长王瑞连到凉城滑雪场检查指导合署办公工作,内蒙古自治区气象局汇报气象保障工作及近期天气情况
2024年2月24日	国—省—市—县四级气象部门联合召开的“十四冬”闭幕式专题会商
2024年2月26日	内蒙古自治区气象局召开“十四冬”闭幕式专题会商
2024年2月27日	“十四冬”闭幕式在呼伦贝尔市海拉尔区呼伦贝尔大剧院举行,内蒙古自治区气象局副局长刘海波参加闭幕式活动
2024年3月1日	内蒙古自治区气象局解除“十四冬”气象保障服务特别工作状态
2024年3月11日	内蒙古自治区气象局向“十四冬”筹委办移交气象保障部工作档案
2024年3月21日	内蒙古自治区气象局组织召开“十四冬”气象保障服务总结大会
2024年5月7日	内蒙古自治区气象局组织召开“十四冬”气象保障服务技术交流会

“十四冬”气象服务产品

➢大型活动产品模板

第十四届全国冬季运动会
气象服务专报

冬运内蒙古气象中心　　第10期　　2024年2月2日17:00发布

2月3日火炬传递专项气象服务

一、火炬传递线路预报

地　点	时　间	天空状况	风向风速	气　温(℃)	能见度
火炬传递启动仪式现场（国门）	08:30-09:20	晴	偏西风3-4级	-29.6～-28.0	29km
满洲里国门	09:20-09:27	晴	偏西风3-4级	-28.0～-27.8	29km
满洲里至陈旗G10高速段	09:27-11:56	晴	西南风3-4级	-27.8～-26.3	23km
陈巴尔虎旗	11:56-12:00	晴	西南风3-4级	-26.3～-26.2	23km
陈旗至海拉尔段	12:00-13:00	多云	西南风3-4级	-26.2～-23.5	26km
海拉尔区（哈萨尔大桥、大剧院、党政综合楼、民族博物馆、冰雪运动学校）	13:00-14:28	多云	西南风3-4级	-23.5～-22.5	30km
收火仪式现场（冰上运动训练中心）	14:28-15:00	多云	西南风3-4级	-23.0～-22.5	30km

二、关注与建议

满洲里：早间气温较低，请注意防寒保暖。**陈巴尔虎旗：**早间能见度略低，中午有所好转，风力不大。**海拉尔区：**体感温度低，注意防寒保暖。

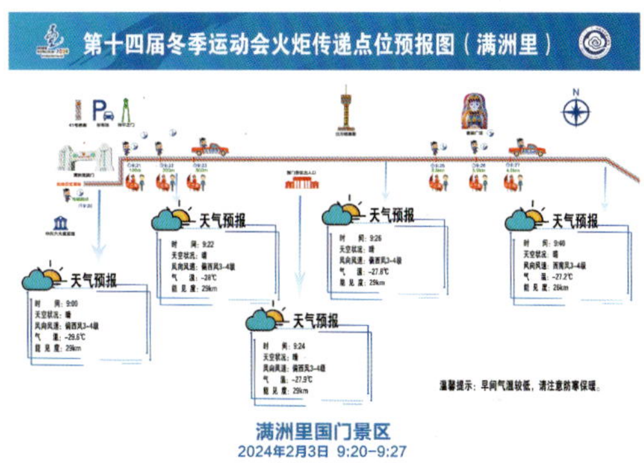

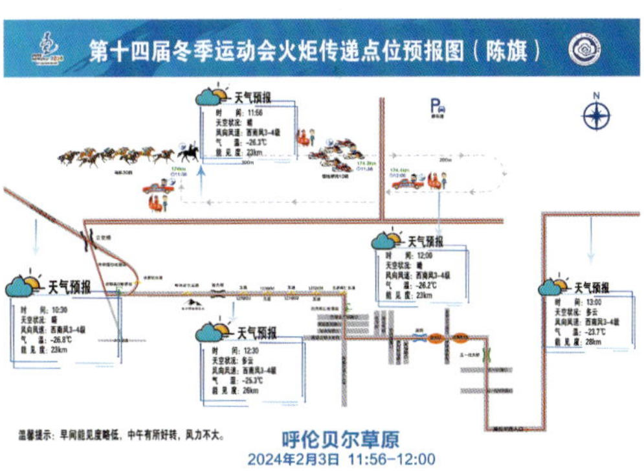

第十四届全国冬季运动会
气象服务专报

中央气象台 冬运内蒙古气象中心　　2024 年 2 月 16 日 10:00 发布

第十四届全国冬季运动会开幕式天气预报

一、天气预报

受冷空气影响，17 至 20 日海拉尔将迎来降雪、强降温天气。本次过程以小雪为主，降雪主要时段为 17 日下午至 18 日白天，18 至 19 日降温剧烈，过程降温 12 至 14℃，最低气温预计出现在 19 日夜间至 20 日。

冰上运动训练中心开幕式当天（17 日）阴有小雪，降雪主要出现在 14 时-22 时，总体降雪量小于 1 毫米。

集结进场期间（17-20 时）：阴有小雪，降雪量 0.1～0.3 毫米，降雪概率 90%，西北风 3～4 级，气温零下 12～零下 11℃，相对湿度 84%～86%。

仪式活动期间（20-22 时）：阴有小雪，西北风转偏北风 3～4 级，气温零下 14～零下 12℃，相对湿度 83%～85%。

撤场期间（22-23 时）：阴有零星飘雪，偏北风 3～4 级，气温零下 15～零下 14℃，相对湿度 82%～83%。

17 日 23 时-18 日白天：仍有分散性小雪，气温下降 8℃左右。

二、关注与建议

开幕式期间有小雪，建议防范降雪对候场准备、人员车辆出行的影响。

附表　内蒙古冰上运动训练中心天气预报（17 日 08 时至 17 日 23 时）

时间	天气现象	气温（℃）	风向风力（级）	降雪概率（%）	降雪量（毫米）	相对湿度（%）
17 日 08 时	零星飘雪	-11	西南风 2～3 级	20	微量	83
17 日 09 时	阴	-11	偏西风 2～3 级	5	/	82
17 日 10 时	阴	-12	西北风 3～4 级	5	/	83
17 日 11 时	阴	-11	西北风 3～4 级	5	/	84
17 日 12 时	阴	-11	西北风 3～4 级	5	/	85
17 日 13 时	阴	-10	西北风 3～4 级	5	/	86
17 日 14 时	零星飘雪	-9	西北风 3～4 级	20	微量	86
17 日 15 时	小雪	-9	西北风 3～4 级	60	0.1	85
17 日 16 时	小雪	-10	西北风 3～4 级	80	0.1	85
17 日 17 时	小雪	-11	西北风 3～4 级	90	0.1	86
17 日 18 时	小雪	-11	西北风 3～4 级	90	0.1	85
17 日 19 时	小雪	-12	西北风 3～4 级	90	0.1	86
17 日 20 时	小雪	-12	西北风 3～4 级	80	0.1	84
17 日 21 时	小雪	-13	西北风 3～4 级	60	微量	85
17 日 22 时	零星飘雪	-14	偏北风 3～4 级	20	微量	83
17 日 23 时	阴	-15	偏北风 3～4 级	5	/	82

制作：云静波、杨雪峰、斯琴　审核：宋桂英　签发：刘海波

➤赛事气象服务产品模板

扎兰屯滑雪场气象专报
（U 型槽起点 463.0 米）

冬运内蒙古气象中心　　2024 年 02 月 17 日 07:00 发布

24 小时预报

日期	第 1 日（17 日/星期六）																	第 2 日（18 日/星期日）					
时次	07	08	09	10	11	12	13	14	15	16	17	18	19	20	21	22	23	00	01	02	03	04	05
天气现象																							
气温(℃)	-15	-14	-12	-9	-7	-5	-3	-1	-1	-2	-2	-3	-3	-4	-4	-4	-5	-5	-6	-6	-6	-7	-7
相对湿度(%)	83	80	76	74	71	67	64	63	59	64	68	69	72	78	80	83	81	82	83	84	84	84	84
平均风(m/s)	1	1	1	1	1	1	1	1	1	2	2	2	3	3	3	3	3	3	4	4	4	4	4
阵风风速(m/s)	4	4	4	4	4	3	3	3	3	3	4	5	5	5	6	6	6	6	7	7	7	7	7
新增雪深(cm)	0	0	0	0	0	0	0	0	0	0	0	0	0	0	0	0	0	0	0	0.1	0.2	0.2	0.2
累积雪深(cm)	0	0	0	0	0	0	0	0	0	0	0	0	0	0	0	0	0	0	0	0.1	0.3	0.5	0.7
降水量(mm)	0	0	0	0	0	0	0	0	0	0	0	0	0	0	0	0	0	微量	微量	0.1	0.1	0.1	0.1
累积降水量(mm)	0	0	0	0	0	0	0	0	0	0	0	0	0	0	0	0	0	0	0	0.1	0.2	0.3	0.4
能见度(km)	11	12	12	12	12	12	12	12	12	12	12	12	12	12	12	12	12	10	5	2	2	2	1
体感温度(℃)	-15	-14	-12	-9	-7	-5	-3	-1	-1	-2	-2	-3	-4	-5	-5	-5	-6	-6	-8	-8	-8	-9	-9

72 小时预报

日期	第 2 日（18 日/星期日）						第 3 日（19 日/星期一）								20 日		
时次	08	11	14	17	20	23	02	05	08	11	14	17	20	23	02	05	08
天气现象																	
气温(℃)	-8	-8	-8	-9	-11	-13	-16	-17	-16	-14	-11	-15	-18	-20	-22	-21	-20
相对湿度(%)	82	80	80	80	80	78	78	70	67	58	42	50	59	62	65	65	63
平均风(m/s)	5	5	4	4	4	4	4	5	5	5	5	5	6	6	6	6	5
阵风风速(m/s)	8	8	8	8	8	9	9	7	7	8	9	10	10	11	11	10	10
新增雪深(cm)	0.8	0.8	0.3	0.1	0.1	0	0	0	0	0	0	0	0	0	0	0	0
累积雪深(cm)	1.5	2.3	2.6	2.7	2.8	2.8	2.8	2.8	2.8	2.8	2.8	2.8	2.8	2.8	2.8	2.8	2.8
降水量(mm)	0.6	0.6	0.2	0.1	0.1	微量	微量	微量	0	0	0	0	0	0	0	0	0
累积降水量(mm)	1	1.6	1.8	1.9	2	2	2	2	2	2	2	2	2	2	2	2	2
能见度(km)	1	1	2	5	5	10	20	20	20	30	30	30	30	30	30	30	30
体感温度(℃)	-11	-11	-10	-11	-14	-16	-19	-21	-20	-18	-14	-19	-23	-25	-28	-26	-25

4-10 天预报

日期	20 日（星期二）		21 日（星期三）		22 日（星期四）		23 日（星期五）		24 日（星期六）		25 日（星期日）		26 日（星期一）	
白天/夜间	白天	夜间	白天	夜间	白天	夜间	白天	夜间	白天	夜间	白天	夜间	白天	夜间
天气现象														
气温(℃)	-16	-21	-13	-20	-12	-18	-8	-16	-6	-15	-6	-14	-6	-15

预报员：姚晔　　下次制作时间：2024-02-17 11:00

美林谷滑雪场气象专报
（赛道终点 1178.0 米）

冬运内蒙古气象中心　　2024 年 01 月 23 日 17:00 发布

24 小时预报

日期	第 1 日（23 日/星期二）							第 2 日（24 日/星期三）																	
时次	17	18	19	20	21	22	23	00	01	02	03	04	05	06	07	08	09	10	11	12	13	14	15	16	17
天气现象																									
气温(℃)	-14	-15	-16	-16	-16	-15	-15	-15	-15	-15	-15	-16	-16	-16	-15	-15	-13	-11	-9	-8	-6	-5	-6	-6	-7
相对湿度(%)	62	63	64	65	55	55	55	57	58	50	51	52	52	52	53	53	50	47	46	46	46	45	45	43	53
平均风(m/s)	3	3	3	3	3	3	3	2	2	2	2	2	2	2	1	1	1	1	1	1	1	2	2	2	2
阵风风速(m/s)	6	6	7	7	7	7	6	5	4	4	3	3	3	3	3	3	4	4	3	3	4	4	4	4	4
新增雪深(cm)	0	0	0	0	0	0	0	0	0	0	0	0	0	0	0	0	0	0	0	0	0	0	0	0	0
累积雪深(cm)	0	0	0	0	0	0	0	0	0	0	0	0	0	0	0	0	0	0	0	0	0	0	0	0	0
降水量(mm)	0	0	0	0	0	0	0	0	0	0	0	0	0	0	0	0	0	0	0	0	0	0	0	0	0
累积降水量(mm)	0	0	0	0	0	0	0	0	0	0	0	0	0	0	0	0	0	0	0	0	0	0	0	0	0
能见度(km)	30	30	30	30	30	30	30	30	30	30	30	30	30	30	30	30	30	30	30	30	30	30	30	30	30
体感温度(℃)	-16	-17	-18	-18	-18	-17	-17	-16	-16	-16	-16	-17	-17	-17	-15	-15	-13	-11	-9	-8	-6	-5	-6	-6	-7

72 小时预报

日期	24 日		第 3 日（25 日/星期四）								第 4 日（26 日/星期五）						
时次	20	23	02	05	08	11	14	17	20	23	02	05	08	11	14	17	20
天气现象																	
气温(℃)	-12	-15	-16	-16	-16	-8	-5	-8	-14	-15	-17	-15	-14	-9	-4	-8	-13
相对湿度(%)	50	54	55	57	56	43	47	55	63	63	63	64	65	57	54	50	52
平均风(m/s)	1	1	1	1	1	1	2	2	1	1	1	1	1	1	2	2	1
阵风风速(m/s)	3	2	2	2	2	2	4	4	3	2	2	2	2	2	3	3	2
新增雪深(cm)	0	0	0	0	0	0	0	0	0	0	0	0	0	0	0	0	0
累积雪深(cm)	0	0	0	0	0	0	0	0	0	0	0	0	0	0	0	0	0
降水量(mm)	0	0	0	0	0	0	0	0	0	0	0	0	0	0	0	0	0
累积降水量(mm)	0	0	0	0	0	0	0	0	0	0	0	0	0	0	0	0	0
能见度(km)	30	30	30	30	30	30	30	30	30	30	30	30	30	30	30	30	30
体感温度(℃)	-12	-15	-16	-16	-16	-8	-5	-8	-14	-15	-17	-15	-14	-9	-4	-8	-13

4-10 天预报

日期	26 日	27 日（星期六）		28 日（星期日）		29 日（星期一）		30 日（星期二）		31 日（星期三）		01 日（星期四）		02 日
白天/夜间	夜间	白天	夜间	白天	夜间	白天	夜间	白天	夜间	白天	夜间	白天	夜间	白天
天气现象														
气温(℃)	-16	-4	-15	-4	-15	-3	-15	-6	-17	-4	-15	-5	-20	-8

预报员：尹源　　下次制作时间：2024-01-24 08:00

第十四届全国冬季运动会 气象服务专报

冬运内蒙古气象中心　　2024 年 02 月 13 日 07:00 发布

凉城滑雪场越野滑雪和冬季两项赛道

天气概述

一、未来三天天气预报(今天至 2 月 15 日)

今天（训练日）：晴转多云。白天最高气温较昨日有所上升，可达 8℃左右；夜间最低气温降至-6℃左右。西南风转西北风 1～5m/s，阵风 5～9m/s。

14 日（比赛日）：早晨天气阴，可能有微量降雪，白天大部时间以阴天为主，夜间有小雪。白天最高气温降至 0℃左右；夜间最低气温-12℃左右。西北风 1～3m/s，阵风 3～7m/s。

15 日（比赛日）：多云转晴。白天最高气温-2℃左右；夜间最低气温-8℃左右。西南风 2～6m/s，阵风有所加大，最大阵风 12m/s 左右。

二、未来 4-10 天天气展望(2 月 16 日至 2 月 22 日)

2 月 16-18 日前后，晴间多云，气温持续回升，其中 16-17 日赛道以西南风为主，阵风可达 5 级左右。2 月 19 日前后开始受新一轮冷空气影响，降温明显，降温幅度可达 10℃左右；20 日左右伴有 5 级左右偏北风。

越野滑雪起终点

48 小时预报

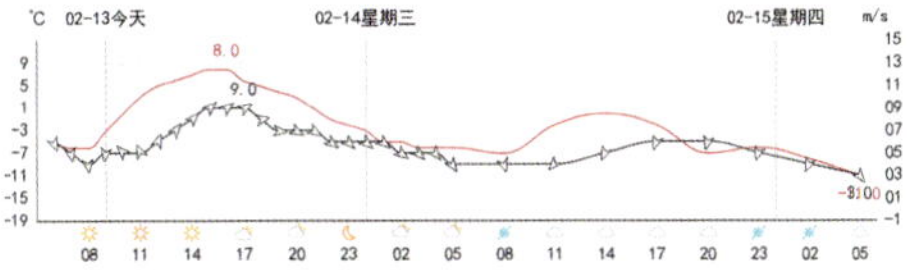

3-10 天预报

15 日（星期四）	16 日（星期五）	17 日（星期六）	18 日（星期日）	19 日（星期一）	20 日（星期二）	21 日（星期三）	22 日（星期四）
-2℃/-8℃	1℃/-3℃	9℃/-2℃	8℃/-10℃	-5℃/-17℃	-7℃/-14℃	-7℃/-11℃	-4℃/-8℃
晴	晴	晴	晴	晴	晴	晴	多云

预报员：陈杰

第十四届全国冬季运动会 气象服务专报

冬运内蒙古气象中心　　2024 年 1 月 14 日 9:00 发布

呼和浩特赛区

比赛地点具体天气预报

时间		天气现象	风向风速	降水量（毫米）	气温（℃）
14 日	09:00	晴	东北风 1 级	0	-15
	09:30		东北风 2 级	0	-15
	10:00		东北风 2 级	0	-14
	10:30		东北风 1 级	0	-13
	11:00		偏北风 2 级	0	-12
	11:30		偏北风 2 级	0	-11
	12:00	晴	偏北风 2 级	0	-10
	12:30		偏北风 2 级	0	-9
	13:00		西南风 2 级	0	-9
	13:30		西南风 2 级	0	-9
	14:00		西南风 2 级	0	-8
	14:30		西南风 2 级	0	-7
	15:00		西南风 3 级	0	-7
	15:30		西南风 2 级	0	-7
	16:00		西南风 2 级	0	-7
	16:30		西南风 2 级	0	-8
	17:00		西南风 2 级	0	-9

注：风力等级对应关系：
0 级：0.0-0.2 米/秒；1 级：0.3-1.5 米/秒；2 级：1.6-3.3 米/秒；3 级：3.4-5.4 米/秒；
4 级：5.5-7.9 米/秒；5 级：8.0-10.7 米/秒；6 级：10.8-13.8 米/秒；7 级：13.9-17.1 米/秒；
8 级：17.2-20.7 米/秒；9 级：20.8-24.4 米/秒；10 级：24.5-28.4 米/秒；11 级：28.5-32.6 米/秒；
12 级：>32.6 米/秒；

➢专项气象服务产品模板

第十四届全国冬季运动会
气象服务专报

冬运内蒙古气象中心　　第36期　　2024年2月16日　17:00发布

海拉尔赛区空气质量预报

一、　环境空气质量实况

核心区及重点保障区空气质量实况

旗县		2月15日			2月16日(0-14时)		
		空气质量等级	AQI值	首要污染物	空气质量等级	AQI值	首要污染物
核心区	海拉尔	优	39	无	优	42	无
	扎兰屯	优	41	无	优	39	无
重点保障区	阿荣旗	优	38	无	优	42	无
	陈巴尔虎旗	优	41	无	优	32	无
	鄂温克族自治旗	优	41	无	优	45	无

空气质量等级：优 0-50 良 51-100 轻度污染 101-150 中度污染 151-200 重度污染 201-300 严重污染 >300

第十四届全国冬季运动会
气象服务专报

冬运内蒙古气象中心　　第11期　　2024年2月16日17:00发布

扎兰屯赛区道路扫雪铲冰专项气象服务

一、气象预报信息

受强冷空气影响，17日夜间至18日扎兰屯市区将出现小雪天气，主要降雪时段集中在18日08时至20时，总降雪量2毫米左右，新增积雪深度2～4厘米。

二、关注与建议

受降雪影响，18日市区将出现对交通有影响的积雪，请有关单位和人员做好防范准备。交通、市政等部门应加强交通管理，做好路面清雪工作。驾驶人员应当注意路况，安全行驶。公众出行应注意防寒保暖和交通安全。

预报：张佳兴　　审核：姜凤友　　签发：金淼

第十四届全国冬季运动会
气象服务专报

冬运内蒙古气象中心　　第10期　　2023年12月27日　17:00发布

凉城赛区周边旅游景点
24小时天气预报

京能岱海旅游度假区：晴，西南风3-4级，最低 -14℃，最高1℃。
集宁战役红色纪念园：晴，西南风3-4级，最低 -15℃，最高0℃。
红石崖寺生态旅游区：晴，西南风3-4级，最低 -17℃，最高-2℃。
林胡古塞旅游区：晴，西南风3-4级，最低 -17℃，最高-2℃。
红召九龙湾生态旅游区：晴，西南风3-4级，最低 -15℃，最高-2℃。
集宁皮革城：晴，西南风3-4级，最低 -15℃，最高0℃。
察尔湖旅游区：晴，西南风3-4级，最低 -14℃，最高0℃。
苏木山旅游区：晴，西南风3-4级，最低 -14℃，最高-1℃。
金基平地泉水世界：晴，西南风3-4级，最低 -14℃，最高0℃。
霸王河主题公园：晴，西南风3-4级，最低 -14℃，最高0℃。
伊利乌兰察布乳品厂：晴，西南风3-4级，最低 -14℃，最高0℃。
集宁路文化商贸旅游区：晴，西南风3-4级，最低 -14℃，最高0℃。
东壕赖旅游区：晴，西南风3-4级，最低 -16℃，最高-1℃。
不冻河西苑生态旅游区：晴，西南风3-4级，最低 -14℃，最高0℃。

第十四届全国冬季运动会
气象服务专报

冬运内蒙古气象中心　　第36期　　2024年1月22日　17:00发布

喀喇沁赛区交通气象影响预报

预报时效：01月22日20时-01月23日20时

1、逐3小时能见度风险预警信息

喀喇沁赛区周边路段无风险预警影响

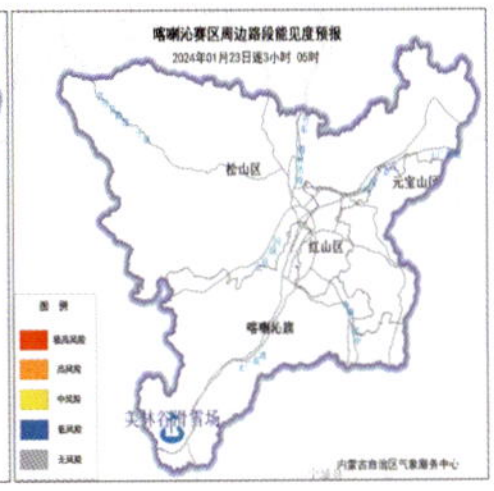

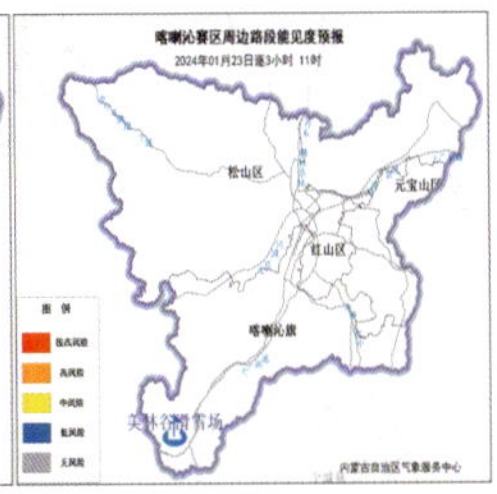

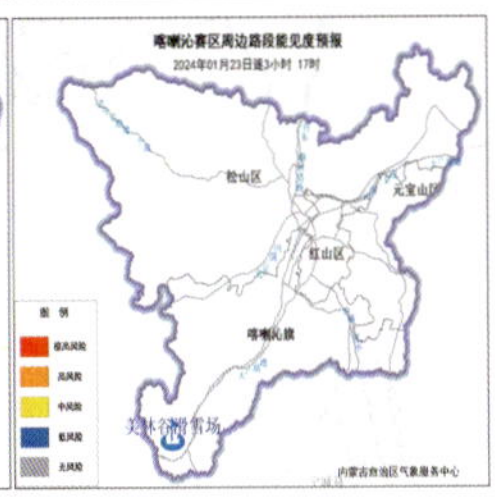

2、逐 3 小时道路结冰风险预警信息

喀喇沁赛区周边路段无风险预警影响

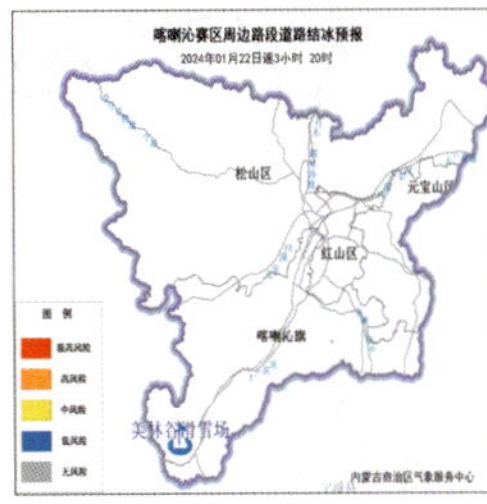

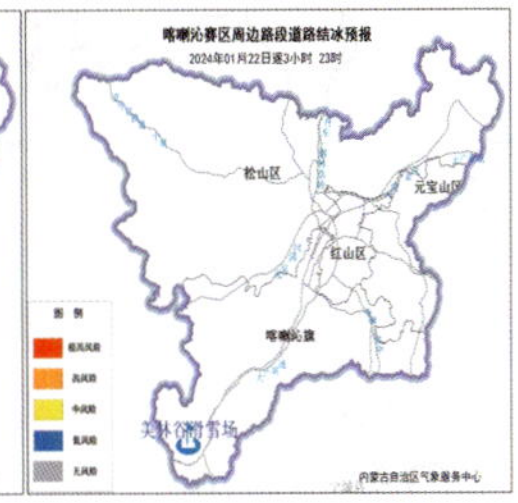

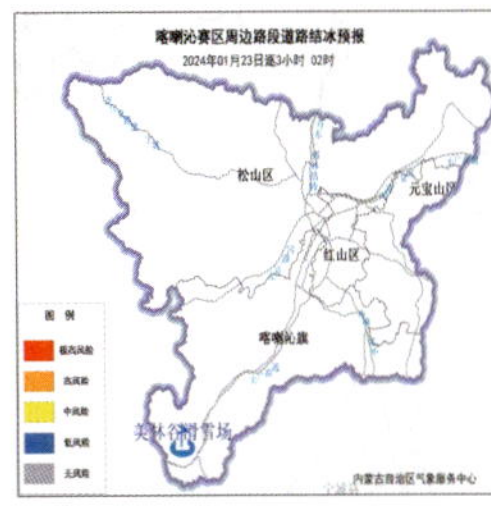

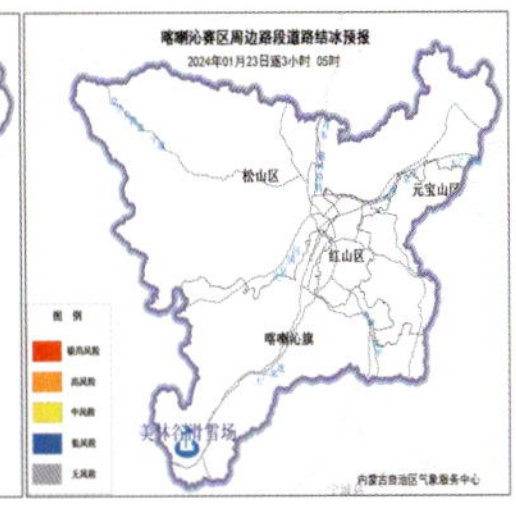

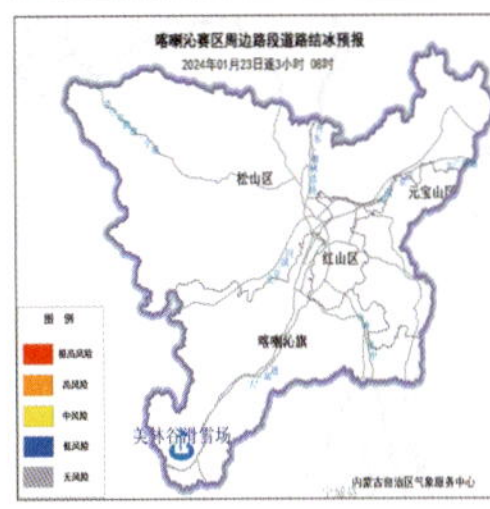

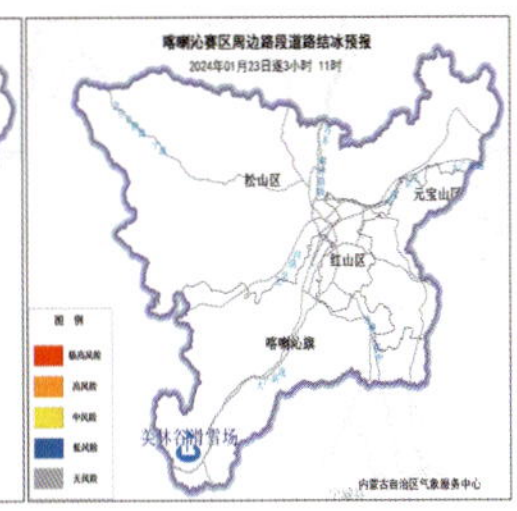

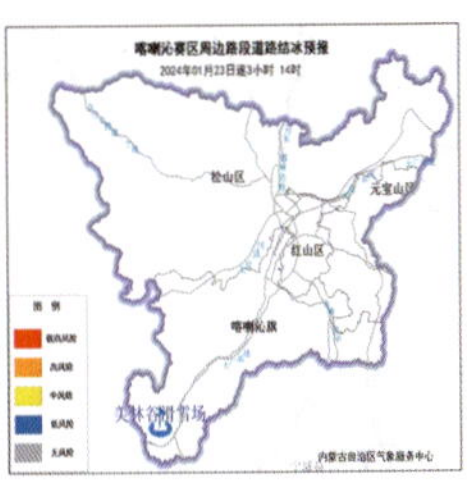

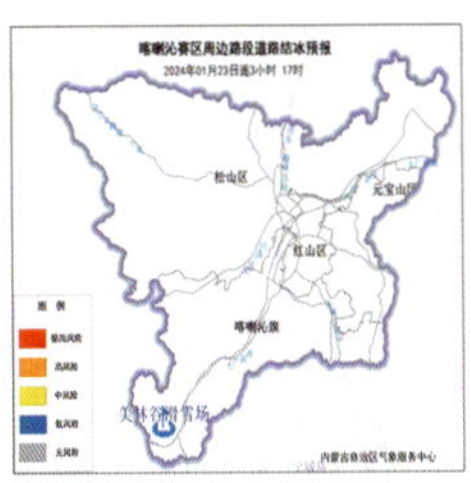

第十四届全国冬季运动会 气象服务专报

INNER MONGOLIA 2024

赤峰气象分中心　　第 7 期　　2024年1月22日发布

喀喇沁赛区供电供气专项气象服务

一、气象预报信息

未来七天喀喇沁赛区天气以晴为主，气温逐步回升。23日晨间气温仍维持较低，白天气温将明显回升，风力较前期有所减弱；24 至 29 日，气温变化不大，风力不大。

具体预报如下：

日期	天气现象	风力、风向	气温（℃）
1月23日	晴	北风4-5级	-23～-8
1月24日	晴	北风3-4级	-19～-5
1月25日	晴	西北风3-4级	-18～-4
1月26日	晴	北风3-4级	-17～-4
1月27日	晴	西风2-3级	-18～-5
1月28日	晴	西北风3-4级	-17～-3
1月29日	晴	西南风2-3级	-14～-3

二、关注与建议

1. 针对低温天气负荷增大的不利因素，调整运行方式，加强设备运行监视，加强负荷侧有序用电、用气管理，保障供给能力。

2. 加强对各电压等级保电线路、设备特巡，进行线路连接点、变压器、隔离开关、断路器等设备，燃气场站、LNG罐、气柜、压缩机、调压撬等调压设施的监控，实施防冰冻、防树害、防外力破坏等措施。

3. 加强用电、用气重点赛区赛场、交通枢纽的保障，并做好应急预案。

4. 合理生产一线、管线巡检、客户和售后服务、应急抢修等岗位人加强值班值守，及时解决突发问题，保障供给。

附录G

“十四冬”雪上竞赛气象要素阈值指标

体育项目	天气影响程度	新增积雪深度	风	赛道上水平能见度	降水	气温和相对湿度
自由式/单板	关键影响决策点	每小时超过 2 cm（比赛期间）或 6 h＞10 cm	平均风速＞5 m/s	U 型槽裁判视程＜200 m；单板追逐、自由式追逐及单板平行大回转的视程＜200 m；自由式雪上技巧裁判视程＜300 m		
	考虑因素	自由式滑雪：新增积雪＞ 0cm	平均风速 3～5 m/s		是否下雨	气温＞5 ℃或气温＜－25 ℃
冬季两项	关键影响决策点					气温＜－20 ℃或体感温度＜－20 ℃
	考虑因素		平均风速＞5 m/s	＜100 m		气温＜－15 ℃，再考虑体感温度
越野滑雪	关键影响决策点					气温＜－20 ℃
	考虑因素					气温＞5 ℃
滑雪登山	关键影响决策点					气温＜－25 ℃
	考虑因素					

致　谢

在“十四冬”气象保障服务过程中，得到中国气象局办公室、应急减灾与公共服务司、预报与网络司、综合观测司、科技与气候变化司、计划财务司、人事司，国家气象中心、国家气候中心、国家卫星气象中心、国家气象信息中心、中国气象局地球系统数值预报中心、中国气象局气象探测中心、中国气象局公共气象服务中心、中国气象科学研究院、中国气象局人工影响天气中心、中国气象局气象宣传与科普中心（中国气象报社）、中国华云气象科技集团有限公司、华风气象传媒集团有限责任公司以及北京市气象局、河北省气象局、黑龙江省气象局和“十四冬”筹委会、组委会、各赛区执委会的高度重视与大力支持，在此表示感谢。

同时感谢呼和浩特市、呼伦贝尔市、赤峰市、乌兰察布市气象局，内蒙古自治区气象局各直属单位、机关各处室以及所有参与“十四冬”气象保障服务人员的辛勤付出。

本书的很多内容参考了许多人的研究成果，除正式刊登的论文、论著外，还有很多资料来自会议、报告、方案等素材。对没有正式发表的资料未能一一列出作者和出处，恳请有关人员谅解，在此也深表谢意。

作者

2024 年 6 月